"国家级一流本科课程"配套教材系列

C语言程序设计
——面向实践能力培养

秦永彬 龙慧云 邓少勋 罗为 王翔 张永军 编著

清华大学出版社
北京

内容简介

本书是国家级线上线下混合式一流本科课程“高级语言程序设计”指定教材，以激发学生求知、探索性学习研究兴趣为目的，不仅是从知识方法和技能普及，更是从新的思维学习、研究学习、探索式学习角度，将C语言编程的诸多知识点和编程细节贯穿于各个大小案例之中，通过大量知识点的分析和实例的训练，启发读者从多角度思考解题思路，培养读者的编程思维和程序设计能力。全书共11章，内容包括程序设计语言基础、C语言的符号体系和规则体系、按部就班——顺序结构程序设计、程序决策——选择结构程序设计、周而复始——循环结构程序设计、数组——具有相同数据类型的一组数、函数——模块化程序设计、指针——内存与地址操作、结构体与共用体——聚合不同属性的数据类型、文件——程序的辅助性存储，最后是综合实践——产品信息管理系统。

本书适合作为高等学校“高级语言程序设计”和“C语言程序设计”课程的教材，也非常适合计算机程序设计初学者和具有其他程序设计语言基础的读者参考使用。

图书在版编目(CIP)数据

C语言程序设计 : 面向实践能力培养 / 秦永彬等编著. -- 北京 : 清华大学出版社, 2024. 7. --（“国家级一流本科课程”配套教材系列）. -- ISBN 978-7-302-66749-0

Ⅰ. TP312.8

中国国家版本馆CIP数据核字第202433M2T0号

责任编辑：龙启铭
封面设计：刘　键
责任校对：刘惠林
责任印制：刘海龙

出版发行：清华大学出版社
　　网　　址：https://www.tup.com.cn，https://www.wqxuetang.com
　　地　　址：北京清华大学学研大厦A座　　**邮　　编**：100084
　　社 总 机：010-83470000　　**邮　　购**：010-62786544
　　投稿与读者服务：010-62776969，c-service@tup.tsinghua.edu.cn
　　质量反馈：010-62772015，zhiliang@tup.tsinghua.edu.cn
　　课件下载：https://www.tup.com.cn，010-83470236
印 装 者：三河市铭诚印务有限公司
经　　销：全国新华书店
开　　本：185mm×260mm　　**印　　张**：27.25　　**字　　数**：649千字
版　　次：2024年8月第1版　　**印　　次**：2024年8月第1次印刷
定　　价：79.00元

产品编号：093719-01

前 言

1. 编写背景

C 语言是一种结构化程序设计语言，其功能强大，使用灵活，用途广泛，是一种面向过程的编程语言。它既可以用来编写应用软件，又可以用来编写较为底层的系统软件及控制硬件的驱动程序，是程序设计人员和大学生学习其他编程语言的基础。

由于 C 语言可使用范围广泛，众多高校都将 C 语言作为专业基础课，是计算机及信息专业学生的关键课程。C 语言数据类型丰富，运算符较为全面，规则性强，表达简洁、紧凑，使用方便、灵活，因此不容易掌握，初学者在学习的初始阶段会有一定的困难。基于此，我们编写了这本 C 语言程序设计教材，主要满足学习计算机程序设计语言的初学者和具有其他程序设计语言基础的学习者，适合作为高等学校“高级语言程序设计”和“C 语言程序设计”课程的教材。

2. 本书特色

(1) 本书以激发学生求知、探索性学习研究兴趣为目的，从新的思维学习、研究学习、探索式学习角度，将 C 语言编程的诸多知识点和编程细节贯穿于各个大小案例之中，通过大量知识点的分析和实例的训练，启发学生从多角度思考解题思路，培养学生的编程思维和程序设计能力。本书内容结构合理，注重点、面、空间的结合和拓展，大小案例驱动演绎，发散思维点拨激活，知识能力交汇升级，是本书区别于其他类似教材的具体体现。

(2) 本书所有作者均是常年承担大学本科 C 语言程序设计教学的教师，具有丰富的 C 语言教学经验。本书对 C 语言的基础知识、规则方法进行了较为详尽的介绍，并根据多年教学过程中学习者可能遇到的理解难点，采用小贴士的方式进行了解释说明与知识拓展。

(3) 教辅资料立体配套，在学银在线平台(https://xueyinonline.com/)有与本书配套的国家级一流本科课程“高级语言程序设计”教学视频和相关教辅资料。使用本书作为教材的教师，可以联系清华大学出版社申请教学课件和习题参考答案。

3. 主要内容

第 1 章介绍程序设计语言基础。通过简单的 C 语言程序实例说明 C 语言的特点、基本结构和开发环境。

第 2 章介绍 C 语言的基本数据类型、运算符和表达式等基本语法知识，主要包括 C 语言的数据类型、常量与变量、整型数据、实型数据、字符型数据、变量赋初值、各类数据间的混合运算、算术运算符和算术表达式、赋值运算符和赋值表达式等。

第3章首先简要介绍程序设计算法的概念、特点和表示方法；接着介绍程序的3种基本结构，计算机解题过程，结构化程序设计与模块化程序设计的思想。通过对赋值表达式和赋值语句，数据的输入/输出在C语言中的实现，输入/输出格式控制等知识点的讲解与实例分析，读者能够掌握顺序结构程序设计方法。

第4章介绍关系运算符和表达式、逻辑运算符和表达式的表示方法和运算规则，着重讲解如何用if语句实现选择结构，用switch语句实现多分支选择结构，帮助读者掌握选择结构程序设计方法。

第5章介绍循环的概念，着重讲解如何用while语句、do-while语句和for语句实现循环，并深入介绍循环的嵌套、break语句和continue语句的使用。通过对几种循环的比较与实例分析，读者能够掌握循环结构程序设计方法。

第6章首先介绍数组的概念；接着介绍一维数组、二维数组的定义与使用方式，数组在内存中存储的方法。通过程序案例讲解与数组有关的算法，读者能够运用数组存储数据并设计相应的程序。

第7章首先介绍函数的概念、定义与使用方式，重点讲述函数的参数传递机制、调用过程、递归调用机制和算法思想；接着介绍变量和函数的分类、存储类别、多文件编程、编译预处理及相关语句、文件包含、宏定义，帮助读者掌握函数的基本知识和使用方法，并对模块化的程序设计思想有更为全面深入的理解。

第8章首先介绍地址与指针的概念，通过将指针与前面章节知识点结合，重点讲解如何用指针处理数组与字符串；接着介绍指向函数的指针、返回指针值的函数、指针数组和指向指针的指针变量等较为高级的指针使用方式，帮助读者理解并掌握指针的使用方法。

第9章首先介绍结构体的概念、定义与使用方式，重点讲解结构体指针变量与结构体数组、结构体作为函数的参数及传递机制。通过运用结构体指针建立动态链表，读者能够掌握动态链表的建立，结点的查找、删除、插入等基本操作；接着简单介绍共用体的定义及使用方式。通过比较结构体与共用体的异同，读者可以对两者有更深的理解。

第10章介绍文件的概念与分类、基本操作、C语言文件的打开与关闭。通过实例讲解顺序文件的操作(读数据、写数据等)、流式文件的操作(读数据、写数据)，读者能够掌握文件的使用方法。

第11章从软件工程角度，综合运用C语言各方面知识来设计并实现一个小型的产品信息管理系统。这个系统阐释了各个基本功能的简单开发过程，为读者运用计算机语言进行实际软件开发做一个简单而有效的尝试。

4. 编写分工

本书第1章由龙慧云编写，第2章由张永军编写，第3～5章和第10章由罗为编写，第6～7章由王翔编写，第8～9章由邓少勋编写，第11章由秦永彬编写。

感谢读者选择使用本书，在本书的编写过程中，难免存在疏漏或不足之处，恳请广大读者批评、指正，并提出宝贵意见，我们将不胜感激。

编　者

2024年1月

目 录

第1章 程序设计语言基础

1.1 计算机程序

计算机之所以能自动进行所有工作，其实是人们事先编写好了指令，计算机的每一个操作都是根据已编写好的指令进行工作的。这些指令的集合就是程序，所谓程序，也就是一组计算机能识别和执行的指令。

每一条指令使计算机执行特定的操作。计算机执行程序，就是逐一按照指令有序地进行操作。为了使计算机能实现各种功能，计算机程序设计人员根据需要设计好成千上万个程序，作为计算机软件提供给用户使用。

总之，计算机程序就是计算机解决问题的每一个操作步骤的集合。只有在程序的控制下，计算机才能进行指定的操作。

1.2 程序设计语言

程序设计语言是人类与计算机进行交流的工具。人们可以使用各种程序设计语言编写计算机指令。当今正在使用的计算机语言有上百种，它们大致可分为如下3类。

(1) 机器语言。

(2) 汇编语言。

(3) 高级语言。

从根本上说，计算机只能识别和接收由0和1组成的指令，一条指令就是机器语言的一条语句。特定的计算机有自身特定的机器语言，这些机器语言与计算机硬件密切相关。例如，1011011000000000表示让计算机进行一次加法操作，而1011010100000000表示进行一次减法操作。用机器语言编写的程序烦琐，不便于阅读且难以记忆。

为了克服机器语言的缺点，程序员使用代表计算机基本操作的英语缩写来表示一条指令，这就是汇编语言的语句。例如，用ADD代表"加"，SUB代表"减"，则两条机器指令可以改写成：

```
ADD A,B    (将寄存器A中的数和寄存器B中的数求和,并把结果存放到寄存器A中)
SUB A,B    (将寄存器A中的数减去寄存器B中的数,并把差存放到寄存器A中)
```

汇编语言编写的程序，比机器语言编写的程序清晰得多。但一条汇编语句只对应一条机器指令，一个简单的任务需要编写许多语句。为了提升程序开发的进程，20世纪50年代，人们创造出了第一个计算机高级语言——FORTRAN。它很接近人们习惯使用的自然语言和数学语言。例如，以上加减运算可写成：

```
A=A+B;
A=A-B;
```

有了高级语言后，人们能够较容易地学会并用它来编写程序，指挥计算机进行操作，而不必深入理解计算机的内部结构和工作原理。这为计算机的推广普及创造了良好的条件。

1.3 最简单的C语言程序

1972年，美国贝尔实验室的D. M. Ritchie(丹尼斯·里奇)在B语言的基础上设计出了C语言。最初的C语言主要是为实现UNIX操作系统提供一种工作语言而设计的。现在，C语言已成为世界上功能最强大、使用范围最广泛的语言之一。

下面介绍两个简单的C语言程序。

【例1.1】 在屏幕上输出“Hello!”数据。

```
1  /* 输出"Hello!" */
2  #include<stdio.h>
3  void main()                                  //定义主函数
4  {                                            //函数开始
5      printf("Hello!");                        //输出信息
6  }                                            //函数结束
```

知识点小贴士：关于语句的行号

真正的C语句是没有行号的，为了方便讲解说明，本书后面部分程序加了行号。

在使用输出函数printf时，系统要求程序提供该函数的有关信息。源程序第1行是编译预处理，就是用于提供printf函数信息的。凡是使用系统提供的函数，均要使用#include指令包含相应头文件(详细使用方式参见7.9.2节)。在程序第2行中，main是函数的名字，表示“主函数”。每一个C语言程序都必须有且仅有一个main函数。main函数前面的void表示此函数的类型(表示为空类型)。第3行和最后一行是一对大括号“{ }”，表示函数体的开始和结束。printf是C语言系统提供的函数库中的输出函数。printf函数用于把双引号内的字符串“Hello!”按原样输出。

程序中的“/*……*/”和“//”表示注释。前者一般放在程序代码开始之前，用来对程序功能进行说明；后者一般放在代码行之前或之后，用来说明某条语句的作用。计算机不会执行注释的内容，注释只用于方便程序设计人员阅读程序。

知识点小贴士：关于程序的基本结构

例1.1所述程序的基本结构为

```
#include<****.h>
void main()
{
    ...
    ...
}
```

如果读者使用的编译器不同，自动生成的程序基本结构也会略有差异。有的编译器生成的基本结构为

```
#include<****.h>
int main()
{
    ...
    ...
    return 0;
}
```

这与函数是否有返回值有关，详情见 7.4.3 节。在此之前，读者在编写程序时可以忽略基本框架的差异，将省略号的部分替换为相应的 C 语句即可。本书后面章节主要采用后一种基本架构。

【例 1.2】 输入两个整数，求它们的和。

```
#include<stdio.h>
int main()
{
    int sum(int a, int b);                      //对被调函数 sum 声明
    int x, y, z;                                //定义变量 x、y、z
    scanf("%d,%d", &x, &y);                     //输入变量 x、y 的值
    z=sum(x, y);                                //调用函数 sum,值赋给 z
    printf("sum=%d", z);                        //输出信息
    returno;
}
int sum(int a, int b)                           //定义 sum 函数
{
    int c;                                      //定义变量 c
    c=a+b;                                      //求变量 a, b 的和并赋给 c
    return (c);                                 //将 c 的值返回到调用位置
}
```

该程序有两个函数，即主函数 main 和被调用函数 sum。sum 函数的作用是将变量 a 和 b 的值求和。return 语句将变量 c 的值返回给调用 sum 函数的主函数。

主函数 main 中的 scanf 为输入函数，其作用是把从键盘上输入的两个整数分别赋给变量 x 和 y。在调用 sum 函数时，将实际参数 x 和 y 的值分别传给 sum 函数的参数 a 和 b(称为形式参数)。经过执行 sum 函数，得到一个返回值(sum 函数中参数 c 的值)，这个值返回到调用 sum 函数的位置，代替了原有的 sum(x, y)，把这个值赋给变量 z。最后，由 printf 函数把 z 值输出显示在显示器上。

程序运行结果：

```
4, 5↙
sum=9
```

此处的符号"↙"表示输入数据后，按回车键以确认数据的输入，后同。

这里输入 4 和 5，分别赋给变量 x 和 y，最后输出两个数的和，即变量 z 的值 9。

通过以上两个例子可以看到，C 程序是由函数构成的，一个 C 程序至少包含一个 main 函数，也可以包含一个 main 函数和若干个其他函数。

1.4 C 语言的开发环境

软件开发环境(Software Development Environment，SDE)是指在基本硬件和宿主软件(操作系统)的基础上，为支持系统软件和应用软件的工程化开发和维护而使用的一组软件。

SDE 由软件工具和环境集成机制构成。其中，软件工具用来支持软件开发的相关过程、活动和任务，环境集成则为工具集成和软件的开发、维护及管理提供统一的支持。

目前使用比较广泛的 C 语言的开发环境有 Turbo C、Win-TC、C-Free、Visual C++、Code::Blocks 等。

1. Turbo C

Turbo C 是美国 Borland 公司于 1987 年开发和维护的一款 C 语言开发工具。Turbo C 提供了全然一新的集成开发环境，通过下拉式菜单方式来提供各类功能，将文本编辑、程序编译、连接以及程序运行一体化，大大方便了程序的开发。

2. Win-TC

Win-TC 是一个基于 Turbo C 2.0 内核的 Windows 平台开发工具，提供了 Windows 平台的开发界面，支持 Windows 平台下的功能，如剪切、复制、粘贴、查找、替换等。它具有 C 语言内嵌汇编、自定义扩展库等众多工具，使得程序的编写更简单。

3. C-Free

C-Free 是一款集成开发环境，集成了 C/C++ 代码解析器，能够实时解析代码，有效提升了 C 语言的开发效率，用户可以轻松地编辑、编译、连接、运行、调试 C/C++ 程序。

4. Visual C++

Visual C++ 是一款功能强大的可视化集成开发工具。Microsoft 公司于 1993 年推出了 Visual C++ 1.0 版本，后来逐渐演化。目前进行 C 程序设计使用最广泛的是 Visual C++ 6.0 版本，该版本有强大的编译器、丰富的 MFC 类库等。

5. Code::Blocks

Code::Blocks 是一个开放了源码的、全功能的跨平台 C/C++ 集成开发环境。开放源码是一种软件发布形式，即公布该软件的所有源代码。Code::Blocks 是由纯粹的 C++ 语言开发的，它使用了著名的图形界面库 wxWidgets。

6. Dev-C++

Dev-C++（或称为 Dev-Cpp）是 Windows 环境下的一个轻量级 C/C++ 集成开发环境（IDE）。它是一款自由软件，遵守 GPL 许可协议分发源代码。它集合了功能强大的源码编辑器、MingW64/TDM-GCC 编译器、GDB 调试器和 AStyle 格式整理器等众多自由软件，适合在教学中供 C/C++ 语言初学者使用，也适合于非商业级普通开发者使用。

7. Visual Studio Code

Visual Studio Code 是一种轻量级但功能强大的源代码编辑器，适用于 Windows、macOS 和 Linux。它内置了对 JavaScript、TypeScript 和 Node.js 的支持，并具有适用于其他语言（如 C++、C#、Java、Python、PHP、Go、.NET）的丰富生态系统。

8. Visual Studio

Visual Studio 是适用于.NET 和 C++ 开发人员的最全面 IDE（Integrated Development Environment），是一款速度非常快的 IDE，完整打包了一系列丰富的工具和功能，可提升和增强软件开发的每个阶段，帮助提高工作效率，可针对任何平台、任何设备进行开发，可构建任何类型的应用程序，可支持实时协同工作，可在问题发生之前诊断并阻止问题。它还可以让代码更加流畅且具有更快响应。

C 语言的各种编译环境的安装和配置略有不同，但设计与调试程序的方式相近，读者可以根据自身的设计需求与使用习惯，选用不同的开发工具。这里建议初学者使用 Code::Blocks 或 Dev-C++ 等较为轻量化的开发工具，因为它们安装简便、配置简单。

1.5 C 程序的开发步骤

C 程序的开发步骤如图 1-1 所示。

第一步，编写源程序。在 C 语言程序开发工具中编写程序代码(通常称为源代码)，然后以“＊.c”的文件类型保存文件，这些文件称为源程序文件。

第二步，编译源程序。源程序是用自然语言编写的，计算机不能直接识别。为了解决这一问题，必须通过编译系统(编译器)将编写好的源程序转换为二进制形式的目标程序。每一个源程序文件至少对应一个目标文件，其文件类型通常为“＊.obj”或“＊.o”。

编译过程中，编译器会对源程序进行各种检查。第一种是检查标识符是否符合规范；第二种是检查源程序中的语法是否符合规范；第三种是检查源程序中的关键字是否正确。编译结束后，编译器会给出各种出错信息。一种是“警告”信息，是指源程序中存在一些不影响程序运行的轻微错误或不合理定义等情形。这类情形不影响程序的编译，系统可以生成目标文件。另一种是“错误”信息，这些“错误”信息包括定义错误、语法错误等。这种出错会影响程序的编译，系统不能生成目标文件，需要修改源程序解决这些“错误”后重新进行编译。

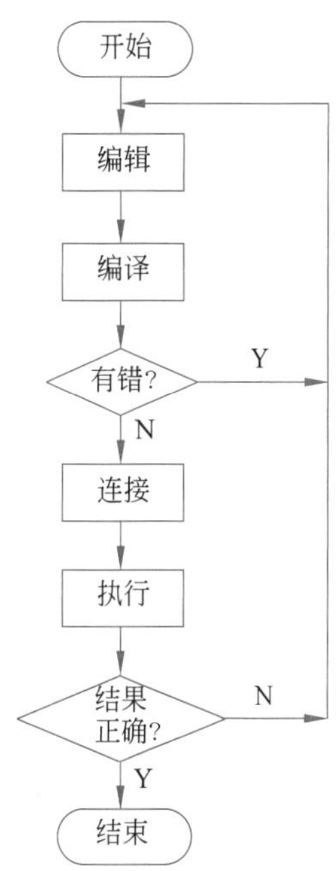

图 1-1 C 程序的开发步骤

第三步，连接目标文件。源程序编译结束后，会得到一个或一个以上的目标文件。此时，通过系统提供的连接程序(linker)将一个程序的所有目标文件、系统的库文件以及系统提供的其他信息连接起来，最终形成一个可执行文件。这个可执行文件是一个二进制文件，其文件类型在 Windows 系统下通常为“＊.exe”。

第四步，运行可执行文件。源程序经过编写、编译、连接生成可执行文件之后，即可运行该可执行文件，得到程序的运行结果。

第五步，程序运行结果分析。程序运行后会得到运行结果，需要测试结果是否正确(程序能够运行，并不一定代表程序是正确的)，如果结果正确，则程序可用，结束程序调试；如果结果不正确，则需要重新修改、调试程序，即检查并修改程序的代码或算法，重复上述步骤。

思考与练习

1. 什么是计算机程序？程序设计语言有哪几类？
2. 简述 C 程序开发的基本步骤。
3. 参照本章例题，编写一个 C 程序，输出以下信息：

```
*****  Hello! *****
```

第 2 章

C 语言的符号体系和规则体系

2.1 数据概述

一个完整的计算机程序，至少应包含两方面的内容：一方面对数据进行描述；另一方面对操作进行描述。数据是程序加工的对象，数据描述是通过数据类型来完成的，操作描述则通过语句来完成。

C 语言不仅提供了多种数据类型，还提供了构造更加复杂的用户自定义数据结构的机制。C 语言把数据类型分为基本类型、构造类型、指针类型和空类型，如图 2-1 所示。

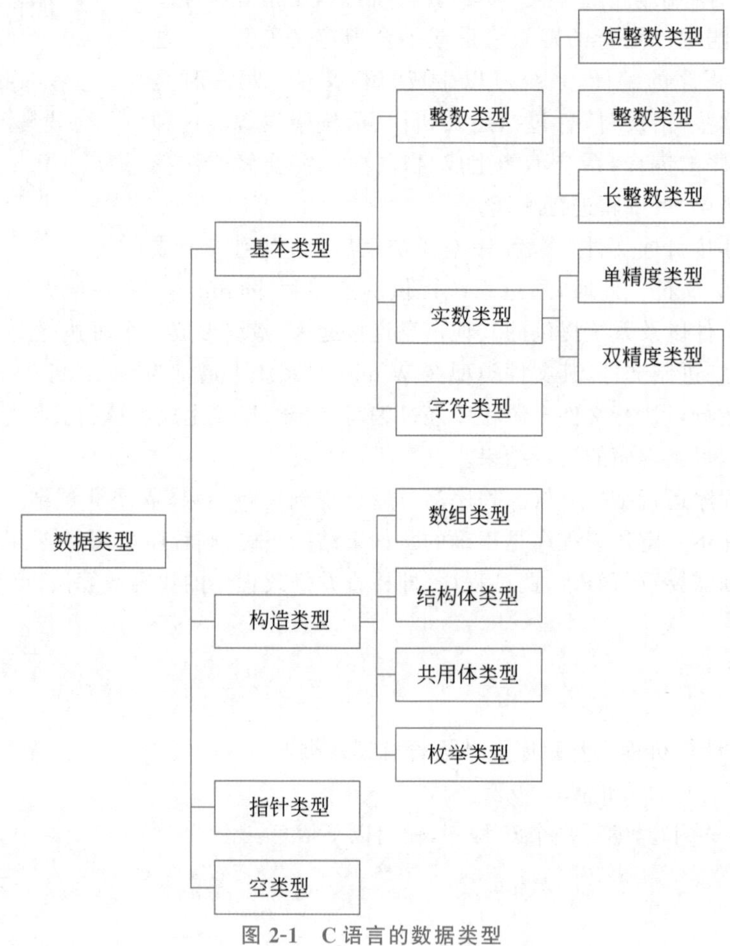

图 2-1　C 语言的数据类型

其中整数类型、实数类型(浮点型)、字符类型和空类型由系统预先定义,又称标准类型。

基本类型的数据又可分为常量和变量,它们可与数据类型结合起来分类,即为整型常量、整型变量、实型常量、实型变量、字符常量、字符变量、枚举常量、枚举变量。在本章中主要介绍基本数据类型,其他数据类型在后续章节中再详细介绍。

标识符、关键字、常量及变量

1. 标识符

在 C 语言中,标识符用来引用存放在某个特定位置的存储单元的数值,变量、符号常量、函数、数组和其他各种用户定义的对象通过标识符进行命名。C 语言规定如下。

(1) 标识符只能由字母、数字和下画线组成,且不能以数字开头。编译系统专用的标识符通常以下画线开头,为避免命名冲突,自定义标识符最好不要使用下画线开头。例如:

- Score、value、stu_name 均是正确的标识符;
- 2number、height/zhang、low@均是不正确的标识符。

(2) 标识符的长度不要超过 **32** 个字符。尽管 C 语言规定标识符的长度最大可达 255 个字符,但是在实际编译时,只有前面 32 个字符能够被正确识别。

(3) 标识符命名应区分大小写。C 语言对大小写字符敏感,所以在编写程序时要注意大小写字符的区分。例如,total 和 Total 是两个完全不同的标识符。

(4) 标识符命名应做到简洁明了、见名知意。这样便于程序的阅读和维护。例如,在描述最大值和最小值时,最好使用 max、min 来定义该标识符。

2. 关键字

C 语言标识符命名不能与关键字同名,关键字是程序代码中的一些特殊字符。每个关键字都有特殊的用途。C 语言一共有 32 个关键字,如表 2-1 所示。

表 2-1 C 语言中的关键字

关键字	描述说明	关键字	描述说明
auto	声明自动变量	break	跳出当前循环
case	开关语句分支	char	声明字符型变量或函数
const	声明只读变量	continue	结束当前循环,开始下一轮循环
default	开关语句中的其他分支	do	循环语句的循环体
double	声明双精度变量或函数	else	条件语句否定分支(与 if 连用)
enum	声明枚举类型	extern	声明变量是在其他文件中声明
float	声明浮点型变量或函数	for	一种循环语句
goto	无条件跳转语句	if	条件语句
int	声明整型变量或函数	long	声明长整型变量或函数
register	声明寄存器变量	return	子程序返回语句(可以带参数,也可不带参数)循环条件
short	声明短整型变量或函数	signed	声明有符号类型变量或函数
sizeof	计算数据类型长度	static	声明静态变量
struct	声明结构体变量或函数	switch	用于开关语句

续表

关键字	描述说明	关键字	描述说明
typedef	用以给数据类型取别名	unsigned	声明无符号类型变量或函数
union	声明共用数据类型	void	声明函数无返回值或无参数,声明无类型指针
volatile	说明变量在程序执行中可被隐含地改变	while	循环语句的循环条件

3. 常量与符号常量

在程序执行过程中,其值固定不变的量称为常量,分为直接常量(字面常量)和符号常量。

字面常量:常量即为常数,一般从其字面即可判别。字面常量包含整型常量、实型常量和字符常量等。例如,

- 整型常量:101、10、－12。
- 实型常量:3.1416、－1.6。
- 字符常量:'a''b'。

符号常量:有时为了使程序更加清晰和便于修改,用一个标识符来代表常量,即给某个常量取个有意义的名字。

符号常量在使用之前必须先定义,其一般形式为

```
#define <符号常量名> <常量>
```

其中,#define 是 C 语言的预处理命令,在编写 C 语言程序时,可直接使用已定义的符号常量。

【例 2.1】 符号常量应用。

```
#include<stdio.h>
#define PI 3.14
int main()
{
    float area, r=10.0;
    area= PI * r * r;
    printf("area=%f\n", area);
    return 0;
}
```

程序运行结果:

```
area=314.000000
```

程序中用 #define 命令行定义 PI 代表圆周率常数 3.14,对程序中出现的 PI,编译系统都以 3.14 替换,有关 #define 命令行的详细用法见第 7 章。

说明:

- 注意符号常量与变量不同,它的值在其作用范围内不能改变,也不能再被赋值。程序中如果再用语句"PI=3.14159;"给 PI 赋值,编译系统将会报错。
- 习惯上符号常量的标识符用大写字母,变量名用小写,以示区别。

4. 变量

在程序执行过程中,取值可以改变的量称为变量。一个变量必须有一个名字,用标识符

来标识变量名。变量在内存中占据一定的存储单元，在该存储单元中存放变量的值，如图 2-2 所示。

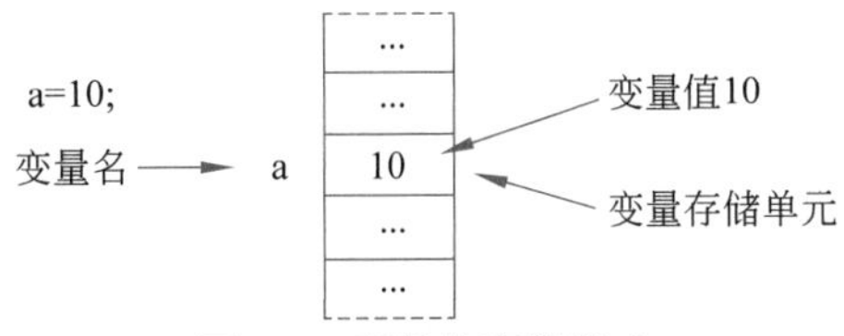

图 2-2　变量的存储形式

变量的名字是一种标识符，它必须遵守标识符的命名规则。

在 C 语言中，常量是可以不经说明而直接引用的，但变量必须使用之前先定义。

定义变量的一般形式如下：

```
<类型名>  <变量列表>;
```

<类型名>必须是有效的 C 语言数据类型，如 int、float、char 等；<变量列表>可以由一个或多个通过逗号隔开的标识符构成，例如：

```
int a,b,c;
float number,pricer;
double length,total;
```

定义好变量之后，可以再给它赋值。

```
a=10;
length=3.5;
```

也可以在定义的同时进行赋值，称为变量初始化。

变量初始化的一般形式如下：

```
<类型名> <变量 1>[=值 1],<变量 2>[=值 2], …;
```

例如：

```
int a=2, b=5;
float x=3.2,y=3.0,z=0.75;
char ch1='k', char ch2='P';
```

注意，在定义中不允许连续赋值，如"a=b=c=5"是不合法的。

【例 2.2】　阅读以下程序，了解变量的定义和使用方法。

```
#include<stdio.h>
int main()
{
    int a=3,b,c=5;
    printf("a=%d,b=%d,c=%d\n",a,b,c);
    return 0;
}
```

程序运行结果：

```
a=3, b=8, c=5
```

说明：

- 变量必须遵循先定义后使用的原则。
- 每一个变量被指定为某一确定的变量类型，在编译时就能为其分配相应的存储单元。

如指定 a 和 b 为整型变量,则为 a 和 b 各分配内存空间,并按整数方式存储数据。下面分别介绍整型、实型、字符型数据及相互转换。

2.2 基本数据类型

2.2.1 整型数据

C 语言中的整型数据包括整型常量和整型变量,描述的是整数的一个子集。

1. 整型常量

整型常量就是整常数。在 C 语言中,使用的整常数有八进制、十六进制和十进制三种,使用不同的前缀来相互区分。除了前缀外,C 语言中还使用后缀来区分不同长度的整数。

1) 八进制整常数

八进制整常数必须以 0 开头,即以 0 作为八进制数的前缀。其数码取值为 0～7。如 0123 表示八进制数 123,即$(123)_8$,等于十进制数 83,即 $1\times8^2+2\times8^1+3\times8^0=83$。

以下是合法的八进制数:

015(十进制为 13)　　0101(十进制为 65)　　0177777(十进制为 65535)

以下不是合法的八进制数:

256(无前缀 0)　　0382(包含了非八进制数码 8)

2) 十六进制整常数

十六进制整常数的前缀为 0X 或 0x,数码取值为 0～9、A～F 或 a～f。如 0x123 表示十六进制数 123,即$(123)_{16}$,等于十进制数 291,即 $1\times16^2+2\times16^1+3\times16^0=291$。

以下是合法的十六进制数:

0X2A(十进制为 42)　　0XA0(十进制为 160)　　0XFFFF(十进制为 65535)

以下不是合法的十六进制数:

5A(无前缀 0X)　　0X3H(含有非十六进制数码)

3) 十进制整常数

十进制整常数没有前缀,数码取值为 0～9。

以下是合法的十进制数:

237　　−568　　1627

以下不是合法的十进制数:

023(不能有前缀 0)　　23D(含有非十进制数码)

注意:在程序中是根据前缀来区分各种进制数的,在书写常数时不要把前缀弄错。

4) 整型常量的后缀

长整型数是用后缀“L”或“l”来表示的(注意,“l”是字母“L”的小写形式,不是数字“1”)。例如:

- 十进制长整型常数 158L(十进制为 158)、358000L(十进制为 358000)。
- 八进制长整型常数 012L(十进制为 10)、0200000L(十进制为 65536)。
- 十六进制长整型常数 0X15L(十进制为 21)、0XA5L(十进制为 165)、0X10000L(十进制为 65536)。

无符号数也可用后缀表示，整型常数的无符号数的后缀为"U"或"u"。例如，358u、0x38Au、235Lu 均为无符号数。前缀、后缀可同时使用以表示各种类型的数。例如，0XA5Lu 表示十六进制无符号长整数 A5，其十进制为 165。整型常量的几种表示方法如表 2-2 所示。

表 2-2　整型常量的表示

进　　制	整 型 常 量	十进制数值
十进制	23	23
八进制	023	19
十六进制	0x23 或 0X23	35
十进制	23L 或 23l	23
十进制	23LU 或 23lu	23

注：表中后缀"L"或"l"表示长整型，后缀"U"或"u"表示无符号整数。

2. 整型变量

1）整型变量的分类

整型变量可分为基本整型、短整型、长整型、双长整型和无符号整型 5 种。

(1) 基本整型(int)。

类型说明符为 int，编译系统分配给基本整型 2 字节（Turbo C 2.0 编译环境）或 4 字节（Visual C++ 编译环境）。

如果给整型变量分配 2 字节，则存储单元中能存放的最大值为 0111111111111111，第 1 位为符号位，0 代表正数，后面 15 位全为 1，此数是($2^{15}-1$)，即十进制数 32 767。最小值为 1000000000000000，第 1 位为符号位，1 代表负数，此数是-2^{15}，即-32 768。因此一个整型变量的值的范围是-32 768～32 767。超过此范围，就会出现数值"溢出"，导致输出结果不正确。如果给整型变量分配 4 字节，其能容纳的数值范围为-2^{31}～($2^{31}-1$)，即-2 147 483 648～2 147 483 647。

(2) 短整型(short int)。

类型说明符为 short int 或 short，编译系统在内存中分配给短整型 2 字节，短整型的取值范围为-2^{15}～($2^{15}-1$)，即-32 768～32 767。

(3) 长整型(long int)。

类型说明符为 long int 或 long，编译系统在内存中分配给长整型 4 字节，长整型的取值范围为-2^{31}～($2^{31}-1$)，即-2 147 483 648～2 147 483 647。

(4) 双长整型(long long int)。

类型说明符为 long long int 或 long long，编译系统在内存中分配给双长整型 8 字节，双长整型的取值范围为-2^{63}～($2^{63}-1$)，即-9 223 372 036 854 775 808～9 223 372 036 854 775 807。

(5) 无符号型(unsigned)。

在实际应用中，有的数据范围常常只有正值（如学号、年龄、库存量、存款额等），为了充分利用变量取值范围，可以将变量定义为无符号型。

无符号型又可与上述四种类型匹配而构成下面四种整型数据：

- 无符号基本型,类型说明符为 unsigned [int]。
- 无符号短整型,类型说明符为 unsigned short [int]。
- 无符号长整型,类型说明符为 unsigned long [int]。
- 无符号双长整型,类型说明符为 unsigned long long [int]。

有符号整型数据存储单元中最高位代表符号(0 为正,1 为负),如果指定为无符号类型,其说明符为 unsigned,存储单元中全部二进位(bit)用作存放数本身,而不包括符号。无符号类型量所占的内存空间字节数与相应的有符号类型量相同,由于省去了符号位,故只能存放不带符号的整数,如 234、3 265 等,不能表示负数,但可存放的数的范围比一般整型变量中数的范围扩大一倍。有符号短整型和无符号短整型表示正数的最大值比较如图 2-3 所示。

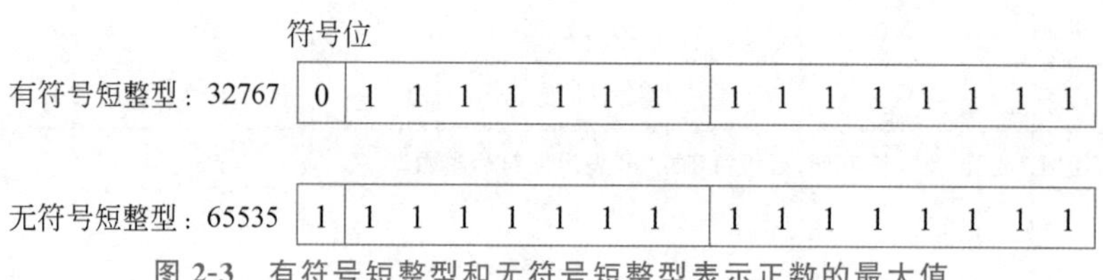

图 2-3　有符号短整型和无符号短整型表示正数的最大值

各类整型变量所占内存字节数及数的表示范围如表 2-3 所示。

表 2-3　整型变量的字节数及表示范围

类型说明符	字节数	数的范围	
int(基本整型)	2	−32 768～32 767	即 $-2^{15}\sim(2^{15}-1)$
	4	−2 147 483 648～2 147 483 647	即 $-2^{31}\sim(2^{31}-1)$
unsigned [int](无符号整型)	2	0～65 535	即 $0\sim(2^{16}-1)$
	4	0～4 294 967 295	即 $0\sim(2^{32}-1)$
short [int](短整型)	2	−32 768～32 767	即 $-2^{15}\sim(2^{15}-1)$
unsigned short(无符号短整型)	2	0～65 535	即 $0\sim(2^{16}-1)$
long [int](长整型)	4	−2 147 483 648～2 147 483 647	即 $-2^{31}\sim(2^{31}-1)$
unsigned long(无符号长整型)	4	0～4 294 967 295	即 $0\sim(2^{32}-1)$
long long(双长整型)	8	−9 223 372 036 854 775 808～9 223 372 036 854 775 807	即 $-2^{63}\sim(2^{63}-1)$
unsigned long long(无符号双长整型)	8	0～18 446 744 073 709 551 615	即 $0\sim(2^{64}-1)$

2) 整型变量的说明

变量的说明,也即变量的声明,一般形式为

```
类型说明符 变量名标识符 1,变量名标识符 2,…;
```

例如:

```
int a,b,c;                          /*a,b,c 为整型变量*/
long m,n;                           /*m,n 为长整型变量*/
unsigned p,q;                       /*p,q 为无符号整型变量*/
```

在书写变量说明时,应注意以下几点。

(1) 允许在一个类型说明符后，说明多个相同类型的变量。各变量名之间用逗号间隔。类型说明符与变量名之间至少用一个空格间隔。

(2) 最后一个变量名之后必须以分号“;”结尾。

(3) 变量说明必须放在变量使用之前。一般放在函数体的开头部分。

另外，也可在说明变量为整型的同时，给出变量的初值。其格式为

```
类型说明符 变量名标识符 1=初值 1,变量名标识符 2=初值 2,…;
```

【例 2.3】 变量使用示例。

```
#include<stdio.h>
int main()
{
    int a=3,b=5;                                    //声明变量 a 和 b,并赋初值
    printf("a+b=%d\n",a+b);
    return 0;
}
```

程序运行结果：

```
a+b=8
```

2.2.2 实型数据

1. 实型常量

实型也称为浮点型。实型常量也称为实数或者浮点数。在C语言中，实数只采用十进制。它有两种形式，十进制数形式和指数形式。

(1) 十进制数形式。由数码0～9和小数点组成。例如，0.0、.25、5.789、0.13、5.0、300.、−267.823 0等均为合法的实数。

(2) 指数形式。由十进制数加阶码标志“e”或“E”以及阶码(只能为整数，可以带符号)组成。其一般形式为 a E n (a 为十进制数，n 为十进制整数)，其值为 $a\times10^n$。例如，

以下是合法的实数：

2.1E5(等于 2.1×10^5)，3.7E−2(等于 3.7×10^{-2})，−2.8E−2(等于 -2.8×10^{-2})。

以下不是合法的实数：

345(无小数点)，E7(阶码标志E之前无数字)，−5(无阶码标志)，53.−E3(负号位置不对)，2.7E(无阶码)。

标准C允许浮点数使用后缀。后缀为“f”或“F”即表示该数为浮点数，如356f和356.是等价的。

2. 实型变量

实型变量分为如下3类。

(1) 单精度型。

类型说明符为float，在Turbo C中单精度型占4字节(32位)内存空间，其数值范围为−3.4E−38～3.4E+38，只能提供7位有效数字。C标准没有规定小数和指数分配的存储单位长度，由C语言编译系统自定。有的编译器以24位表示符号和小数部分，8位表示指数部分。单精度型在内存的存储示意如图2-4所示。

符号	小数	指数
0	.3 1 4 1 5 9	1

图 2-4 单精度型在内存的存储示意

(2) 双精度型。

类型说明符为 double,在 Turbo C 中双精度型占 8 字节(64 位)内存空间,其数值范围为−1.7E−308～1.7E＋308,可提供 16 位有效数字。

实型变量说明的格式和书写规则与整型相同。

例如:

```
float x,y;                              /* x、y为单精度实型变量 */
double a,b,c;                           /* a、b、c为双精度实型变量 */
```

也可在说明变量为实型的同时,给出变量的初值。例如:

```
float x=3.2 , y=5.3;                    /* x、y为单精度实型变量,且有初值 */
double a=0.2 , b=1.3 , c=5.1 ;          /* a、b、c为双精度实型变量,且有初值 */
```

应当注意的是,C 语言中实型常量都是双精度浮点型常量。一个实型常量可以赋给一个 float 或 double 型变量,根据变量的类型截取实型常量中相应的有效位数字。例 2.4 说明了单精度实型变量对有效位数字的限制。

【例 2.4】 单精度变量使用示例。

```
#include<stdio.h>
int main()
{
    float a;
    a=0.123456789;
    printf("a=%f",a);
    return 0;
}
```

由于单精度实型变量只能接收 7 位有效数字,因此例 2.4 中最后两位小数不起作用。程序运行结果:

```
a=0.123457
```

如果把变量 a 改为双精度型,则能全部接收上述 9 位数字并存储在变量 a 中。

例 2.5 说明了 float 和 double 的不同。

【例 2.5】 双精度变量使用实例。

```
#include<stdio.h>
int main()
{
    float a;
    double b;
    a=33333.33333;
    b=33333.33333333333333;
    printf("a=%f\nb=%f\n", a, b);          /* 用格式化输出函数输出 a 和 b 的值 */
    return 0;
}
```

程序运行结果:

```
a=33333.332031
b=33333.333333
```

例 2.5 中,由于变量 a 是单精度型,有效位数只有 7 位。而整数已占 5 位,故小数两位之后均为无效数字。变量 b 是双精度型,有效位为 16 位。但 Visual C++ 2010 规定小数后最多保留 6 位,其余部分四舍五入。

(3) 长双精度型。

类型说明符为 long double,不同的编译器对长双精度型的处理方法不一样,Turbo C 对长双精度型分配 8 字节(64 位)内存空间,其数值范围为−1.7E-308~1.7E+308,可提供 15 位有效数字。Visual C++ 2010 对长双精度型分配 16 字节(128 位)内存空间,其数值范围为−1.1E−4 932~1.1E+4 932,可提供 19 位有效数字。

各类实型量所占内存字节数及数的表示范围如表 2-4 所示。

表 2-4 实型变量的字节数及表示范围

类型说明符	字节数	有效数字	数的范围(绝对值)
单精度(float)	4	6	0 以及 $1.2\times10^{-38}\sim3.4\times10^{38}$
双精度(double)	8	15	0 以及 $2.3\times10^{-308}\sim1.7\times10^{308}$
长双精度(long double)	8	15	0 以及 $2.3\times10^{-308}\sim1.7\times10^{308}$
	16	19	0 以及 $3.4\times10^{-4\,932}\sim1.1\times10^{4\,932}$

知识点小贴士:浮点数的存储

在计算机内存中,浮点数是以指数形式存储的,由于存储单元不可能完全精确存储,单精度型变量能存储的最小正数为 1.2×10^{-38},不能存储绝对值小于此值的数,双精度型和长双精度型变量能存储的最小正数分别为 2.3×10^{-308} 和 $3.4\times10^{-4\,932}$。

2.2.3 字符型数据

字符型数据包括字符常量、字符变量和字符串常量。由于字符是按照其代码(整数)形式存储的,因此 C99 把字符型数据作为整数类型的一种。但是它们在使用上具有各自的特点。

1. 字符与字符代码

C 语言程序并不能识别任意的字符,例如,程序就不能识别圆周率 π,只能使用系统字符集中的字符,目前大多数系统采用 ASCII(American Standard Code for Information Interchange)字符集。各自字符集(包括 ASCII 字符集)的基本集都包括了 127 个字符,具体详见附录 A 中的 ASCII 字符表。

2. 字符常量

字符常量是用单引号括起来的一个字符。例如,'a' 'b' 'A' '+' '?' 都是合法的字符常量。在 C 语言中,字符常量有以下特点。

(1) 字符常量只能用单引号括起来,不能用双引号或括号。

(2) 字符常量只能是单个字符,不能是字符串。

(3) 字符可以是字符集中任意字符。但数字被定义为字符型之后就不再是原来的数值了。如'5'和 5 是不同的量。'5'是字符常量,5 是整型常量。字符'5'以 ASCII 码形式存储,占 1 字节,整数 5 以整数形式存储,占 2 或 4 字节,如图 2-5 所示。

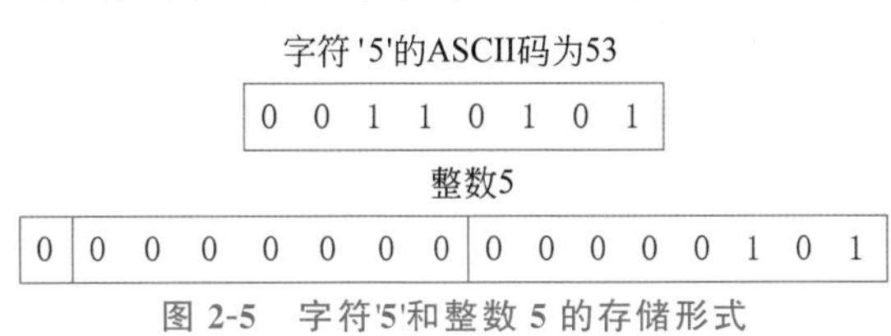

图 2-5 字符'5'和整数 5 的存储形式

3. 转义字符

除了以上形式的字符常量外，C语言还允许用一种特殊形式的字符常量，即转义字符。转义字符以反斜线"\"开头，后跟一个或几个字符。转义字符具有特定的含义，不同于字符原有的意义，故称“转义”字符。例如，在前面各例题 printf 函数的格式串中用到的"\n"就是一个转义字符，其意义是“回车换行”。转义字符主要用来表示那些用一般字符不便于表示的控制代码。常用的转义字符及其含义如表 2-5 所示。

表 2-5　常用的转义字符及其含义

转义字符	转义字符的意义	转义字符	转义字符的意义
\n	换行	\\\\	反斜线
\t	水平制表符	\'	单引号符
\v	垂直制表符	\"	双引号符
\b	退格	\a	警告
\r	回车	\ddd	1～3 位八进制数所代表的字符
\f	换页	\xhh	1～2 位十六进制数所代表的字符

广义地讲，C语言字符集中的任何一个字符均可用转义字符来表示。表 2-5 中的\ddd 和\xhh 正是为此而提出的。ddd 和 hh 分别为八进制和十六进制的 ASCII 码。如\101 表示 ASCII 码为八进制 101 的字符，即为字符'A'。与此类似，\102 表示字符'B'，\134 表示反斜线'\'，\XOA 表示换行。

【例 2.6】　转义字符的使用示例一。

```
#include<stdio.h>
int main()
{
    int a,b,c;                                /*定义 a、b、c 为整数*/
    a=5; b=6; c=7;
    /*按要求格式输出 a,b,c 的值*/
    printf("%d\n\t%d␣␣%d\n␣␣%d␣␣␣%d\t\b%d\n",a,b,c,a,b,c);
    return 0;
}
```

程序运行结果：

```
5
6  7
5   67
```

程序在第一列输出 a 的值 5 之后是“\n”，故回车换行；接着是“\t”，于是跳到下一制表位置(设制表位置间隔为 8)，再输出 b 的值 6；空两格再输出 c 的值 7 后又是“\n”，因此再回车换行；再空两格之后又输出 a 的值 5；再空三格又输出 b 的值 6；再次是“\t”跳到下一制表位置，但下一转义字符“\b”又使退回一格，故输出 c 的值 7。

注意：程序中“␣”代表空格，下同。

【例 2.7】　转义字符的使用示例二。

```
#include<stdio.h>
int main()
{
```

```
    printf("␣␣ab␣c\t␣de\rf\tg\n");
    printf("h\ti\b\bj␣␣␣␣k");
    return 0;
}
```

例 2.7 中的第一个 printf 函数先在第一行左端开始输出“␣␣ab␣c”，然后遇到“\t”，跳到下一制表位置，从第 9 列开始，故在第 9～11 列上输出“␣de”。下面遇到“\r”，它代表“回车(不换行)”，返回到本行最左端(第 1 列)，输出字符“f”，然后“\t”再使当前输出位置移到第 9 列，输出“g”。下面是“\n”，回车换行。第二个 printf 函数先在第 1 列输出字符“h”，后面的“\t”使当前输出位置跳到第 9 列，输出字母“i”，然后输出位置应移到下一列(第 10 列)准备输出下一个字符。下面是两个“\b\b”，由于一个“\b”的作用是“退一格”，因此“\b\b”的作用是使当前输出位置退回到第 8 列，接着输出字符“j␣␣␣␣k”。

程序运行结果：

```
f       gde
h      j    k
```

4. 字符变量

字符变量用来存放字符常量，即单个字符。每个字符变量被分配一个字节的内存空间，因此只能存放一个字符。字符变量的类型说明符是 char。字符变量类型说明的格式和书写规则都与整型变量相同。

例如：

```
char a,b;                                   /*定义字符变量 a 和 b*/
a='x',b='y';                                /*给字符变量 a 和 b 分别赋值'x'和'y'*/
```

将一个字符常量存放到一个变量中，实际上并不是把该字符本身放到存储单元中去，而是将该字符相应的 ASCII 码放到存储单元中。例如，字符'x'的十进制 ASCII 码是 120，字符'y'的十进制 ASCII 码是 121。对字符变量 a、b 赋予'x'和'y'值“a='x';b='y';”，实际上是在 a、b 两个存储单元内存放 120 和 121 的二进制代码：

a:	0	1	1	1	1	0	0	0	(ASCII 120)
b:	0	1	1	1	1	0	0	1	(ASCII 121)

图 2-6　字符变量的二进制代码

既然在内存中，字符数据以 ASCII 码存储，它的存储形式与整数的存储形式类似，所以也可以把它们看成整型量。C 语言允许对整型变量赋予字符值，也允许对字符变量赋予整型值。在输出时，允许把字符数据按整型形式输出，也允许把整型数据按字符形式输出。以字符形式输出时，需要先将存储单元中的 ASCII 码转换成相应字符，然后输出。以整型形式输出时，直接将 ASCII 码当作整数输出。另外，可以对字符数据进行算术运算，此时相当于对它们的 ASCII 码进行算术运算。

如整型数据为 4 字节长度，字符数据为单字节长度，当整型数据按字符型处理时，只有低 8 位字节参与处理。

【例 2.8】 字符变量示例。

```
#include<stdio.h>
int main()
{
    char a,b;
    a=120;
```

```
    b=121;
    printf("%c,%c\n%d,%d\n",a,b,a,b);
    return 0;
}
```

程序运行结果：

```
x,y
120,121
```

例 2.8 中 a、b 为字符变量，但在赋值语句中赋予整型值。从结果看，a、b 值的输出形式取决于 printf 函数格式串中的格式符，当格式符为"c"时，对应输出的变量值为字符，当格式符为"d"时，对应输出的变量值为整数。

【例 2.9】 字符变量示例。

```
#include<stdio.h>
int main()
{
    char a,b;
    a='x';
    b='y';
    a=a-32;                                   /*把小写字母换成大写字母*/
    b=b-32;                                   /*把小写字母换成大写字母*/
    printf("%c,%c\n%d,%d\n",a,b,a,b);         /*以字符型和整型输出*/
    return 0;
}
```

程序运行结果：

```
X,Y
88,89
```

例 2.9 中 a、b 被说明为字符变量并赋予字符值，C 语言允许字符变量参与数值运算，即用字符的 ASCII 码参与运算。由于大小写字母的 ASCII 码相差 32，即每个小写字母比它相应的大写字母的 ASCII 码大 32，如"'a'='A'+32,'b'='B'+32"。因此，程序运算后把小写字母换成大写字母，然后分别以字符型和整型输出。

5. 字符串常量

C 语言除了允许使用字符常量外，还允许使用字符串常量。字符串常量是由一对双引号括起的字符序列。例如，"CHINA"、"C program"和"$12.5"都是合法的字符串常量。可以输出一个字符串，例如：

```
printf("Hello world!");
```

初学者容易将字符常量与字符串常量混淆。'a'是字符常量，"a"是字符串常量，二者不同。假设变量 c 被指定为字符变量：

```
char c;
c='a';
```

是正确的，而

```
c="a"
```

是错误的。

```
c="hello"
```

也是错误的。不能把一个字符串赋给一个字符变量。

那么,'a'和"a"究竟有什么区别呢？C 语言规定：在每一个字符串的结尾加一个字符串结束标记,以便系统据此判断字符串是否结束,且以字符'\0'作为字符串结束标记。'\0'是一个 ASCII 码为 0 的字符,也就是"空操作字符",即它不引起任何控制动作,也不是一个可显示的字符。字符串"hello"实际上在内存中的存储形式如下。

h	e	l	l	o	\0

它的长度不是 5 个字符,而是 6 个字符,最后一个字符为'\0',但在输出时不输出'\0'。例如,在 printf("hello")中,输出时一个一个字符输出,直到遇到'\0'字符,就知道字符串结束并停止输出。注意：①在写字符串时不必加'\0',它是系统自动加上的。②"a"实际包含两个字符,'a'和'\0',因此,把它赋给一个字符变量"char c;c="a";"显然是不行的。

在 C 语言中,没有专门的字符串变量,字符串如果需要存放在变量中,需要用字符数组来存放,在本书第 6 章介绍。

一般来说,字符串常量和字符常量的主要区别如下。

(1) 字符常量由单引号括起来,字符串常量由双引号括起来。

(2) 字符常量只能是单个字符,字符串常量则可以含一个或多个字符。

(3) 可以把一个字符常量赋给一个字符变量,但不能把一个字符串常量赋给一个字符变量。

(4) 字符常量占一个字节的内存空间。字符串常量占的内存字节数等于字符串中字符数加 1。增加的一字节中存放字符'\0'(ASCII 码为 0)。这是字符串结束的标志。

2.3 运算符

2.3.1 基本的算术运算符

几乎每一个程序都需要进行运算,对数据进行加工处理。C 语言提供了基本的算术运算符,如表 2-6 所示。

表 2-6 基本的算术运算符

运算符	含义	举例	结果
+	正号运算符	+a	a 的值
−	负号运算符	−a	a 的算术负值
+	加法运算符	a+b	a 和 b 的和
−	减法运算符	a−b	a 和 b 的差
*	乘法运算符	a * b	a 和 b 的乘积
/	除法运算符	a/b	a 除 b 的商
%	求余运算符	a%b	a 除 b 的余数
++	自加运算符	a++、++a	a 自加 1
−−	自减运算符	a−−、−−a	a 自减 1

赋值语句可以将算术运算的结果赋值给变量，下面的语句可以计算正方形的面积：

```
area_square=side * side;
```

用 * 表示乘号，符号＋和－分别表示加号和减号，符号/表示除法。因此，下面两条语句都是有效的计算三角形面积的公式。

```
area_triangle=0.5 * base * height;
area_triangle=(base * height)/2;
```

其中第二条语句中的圆括号不是必需的，但使用圆括号可以增强可读性。

看下面的赋值语句：

```
x=x+1;
```

在代数中，这条语句是非法的，因为一个数不可能等于它本身加 1。但是在赋值语句中，它的含义不是相等，而是把 x＋1 的值赋给 x，因此上面的语句就是将存在 x 中的值加 1，如果变量 x 是 5，在语句执行后，变量 x 的值就变为 6。

C 语言也包括取模运算符(%)，用来计算两个整数相除的余数。例如，5%2 等于 1，6%3 等于 0，2%7 等于 2(2/7 的商是 0，余数是 2)。当 a 和 b 都是整数时，a/b 计算的是商，a%b 计算的是余数。例如，a 等于 9，b 等于 4，那么 a/b 的值是 2，a%b 的值是 1。但是如果 b 等于 0，那么不管是 a/b 还是 a%b，语句执行都会发生错误，因为计算机不能执行除数为 0 的操作。a%b 的结果常用于判断一个数是否为另一个数的倍数。例如，如果 a%2 等于 0，那么 a 就是偶数，否则 a 就是奇数。如果 a%5 等于 0，那么 a 就是 5 的倍数。

前面提到的 5 个运算符(＋、－、*、/、%)都是双目运算符(binary operator)，它们是需要两个数据参与运算的运算符。C 语言也包含单目运算符(unary operator)，它们是只需要单个数据参与的运算符。例如，像正号和负号，“－x”这样的表达式中就是单目运算符。

双目运算的结果和操作数的数据类型一样，例如，如果 a 和 b 都是 double 型，那么 a/b 的结果也是 double 型的。同样的，如果 a 和 b 都是 int 型，那么 a/b 的结果也是 int 型。但有时候整数相除会得到不准确的结果，因为相除后结果的小数部分会被舍弃，因此得到的结果是被截断后的值，而不是完整的值，所以 5/3 等于 1，3/6 等于 0。

2.3.2 不同类型数据间的混合运算

不同数据类型的值之间的运算称为混合运算(mixed operation)。不同类型的数据进行混合运算时会发生自动类型转换，由编译系统自动完成。在运算前，两个变量中较低的数据类型会被自动转换为较高的数据类型，使得相同数据类型的值进行运算。例如，float 型和 int 型相运算，在运算执行前，int 型会被转换成 float 型，运算后的结果也是 float 型。

假如要计算一组整数的平均值，如果这组整数的总和与个数被存储在了变量 sum 和 count 中，下面的语句似乎能计算出正确的均值：

```
int sum,count;
float average;
...
average=sum/count;
```

然而，两个 int 型数据相除后得到的是 int 型的结果，除法的结果会在赋值时被转换成 float 型。因此，如果 sum 等于 18，count 等于 5，运算后 average 等于 3.0，而不是 3.6。

【例 2.10】 自动数据类型转换。

```
#include<stdio.h>
int main()
{
    float PI=3.14159f;
    int s,r=5;
    s=r*r*PI;
    printf("s=%d\n",s);
    return 0;
}
```

程序运行结果：

```
s=78
```

例 2.10 中，PI 为实数类型，s、r 为整型，在执行“s＝r＊r＊PI”语句时，r 和 PI 都自动转换为 double 型再计算，结果为 double 型，但由于 s 为整型，故赋值结果仍为整型，舍去了小数部分。

2.3.3 强制类型转换运算符

由上可知，不同类型数据间混合运算有时会得不到想要的结果。为了使计算更准确，可以使用强制转换运算符(cast operator)。强制转换运算符是将特定值转换为指定类型的一种单目运算符。例如，将强制转换(float)添加在 sum 之前：

```
average=(float)sum/count;
```

在除法执行之前，sum 的值被转换为 float 型，接下来的除法是 float 型和 int 型间的混合运算，因此 count 的值被转换为 float 型，最后除法的运算结果也是 float 型，并且存储在 average 中。如果 sum 的值是 18，count 的值是 5，此时计算后得到更准确的 average 的值，是 3.6。注意，强制转换运算符只影响计算时的值，不影响存储在变量 sum 中的值。

【例 2.11】 强制数据类型转换。

```
#include<stdio.h>
int main()
{
    float f=5.75;
    printf("(int)f=%d,f=%f\n",(int)f,f);
    return 0;
}
```

程序运行结果：

```
(int)f=5, f=5.750000
```

例 2.11 表明，虽然 f 强制转换为 int 型，但只是在运算中起作用，是临时的，而 f 本身的类型并不改变，因此，“(int)f”的值为 5(减去了小数)，而 f 的值仍为 5.75。

2.3.4 运算符优先级和结合性

当表达式中包含一个以上的算术运算符，就要确定运算符的计算顺序。表 2-7 展示了算术运算符的优先级(precedence)，C 语言中的运算顺序和代数运算顺序是一样的。括号中的先运算，如果括号是嵌套的，那么最里面括号中的先运算，单目运算在双目运算之前运算，二元加减最后运算。如果表达式中有几个优先级相同的运算符，变量或常量与运算符按照表 2-7 中的指定顺序结合。

表 2-7　算术运算符的优先级

优　先　级	运　算　符	结　合　性
1	括号：()	从内向外
2	单目运算符：+、-	从右到左
3	双目运算符：*、/、%	从左到右
4	双目运算符：+、-	从左到右

例如，下面的表达式：

```
a*b+b/c*d
```

因为乘法和除法有相同的优先级，又因为结合性(associativity)对操作进行分组的顺序是从左到右，所以这个表达式的计算顺序可以表示成：

```
(a*b)+((b/c)*d)
```

优先顺序并没有指定 a*b 要在(b/c) *d 之前运算，这种类型的运算顺序是系统相关的(但是不影响运算结果)。

算术表达式中的空格是编程风格的问题，有些人喜欢每个运算符周围都放空格，本书只在二元加减运算符周围放空格，因为二元加减是最后运算的。编程时可以选择自己喜欢的空格使用风格，但是选择之后最好一直使用同一种风格。

假设要计算梯形的面积，已经声明了 4 个 double 型变量：base、height_1、height_2 和 area，假设变量 base、height_1 和 height_2 都已赋值，能够正确计算梯形面积的语句如下：

```
area=0.5*base*(height_1+height_2);
```

假设省略表达式中的括号：

```
area=0.5*base*height_1+height_2;
```

这个表达式将按照下面的表达式执行：

```
area=((0.5*base)*height_1)+height_2;
```

注意，虽然得到的是错误结果，但是不会产生任何错误提示信息。因此，使用 C 语言写表达式时要特别仔细。在复杂的表达式中，可以多使用圆括号来表明运算顺序，这种方式可以避免混淆，确保得到想要的计算结果。

注意，C 语言中没有幂运算符，如 a^x，第 7 章会介绍一个数学函数来进行幂运算。对于指数是整数的幂运算，如 a^3，可以用乘法 $a \times a \times a$ 代替。

一个长的计算公式可以分为几条语句。例如，下面的计算：

$$f=\frac{x^3-2x^2+x-6.3}{x^2+0.05005x-3.14}$$

如果用一条语句来描述这个表达式，就会太长，不容易读：

```
f=(x*x*x-2*x*x+x-6.3)/(x*x+0.05005*x-3.14);
```

我们可以将这条语句写为两行：

```
f=(x*x*x-2*x*x+x-6.3)/
    (x*x+0.05005*x-3.14);
```

另一种解决方法是将分子和分母分开来算：

```
numerator=x*x*x-2*x*x+x-6.3;
denominator=x*x+0.05005*x-3.14;
f=numerator/denominator;
```

为了计算出 f 的正确结果，变量 x、numerator、denominator 和 f 都必须是浮点型变量。

2.3.5 上溢和下溢

存储在计算机中的数值都有一个允许范围，如果计算结果超出了允许范围，就会发生错误。例如，假设单精度浮点数的允许范围是 3.4E－38～3.4E＋38，这个范围对于大多数计算都适用，但是有可能某个表达式的结果会超过这个范围。例如，执行下面的命令：

```
x=2.5e30;
y=1.0e30;
z=x*y;
```

x 和 y 的值都在允许的范围内，但 z 的值为 2.5e60，是超过范围的。这类错误称为指数上溢(overflow)，因为算术运算结果的指数太大，无法存储到分配给变量的内存中。发生指数上溢的行为是系统相关的。

指数下溢(underflow)是类似的错误，是由于算术运算结果的指数太小，以至于不能存储在分配给变量的内存中。假设浮点数的指数允许范围与前面的例子相同，下面是一个指数下溢的例子：

```
x=2.5e-30;
y=1.0e30;
z=x/y;
```

x 和 y 的值在允许范围内，但是 z 的值是 2.5e－60。因为指数比允许的最小值小，所以导致了指数下溢。同样，指数下溢的行为也是系统相关的。在一些系统中，指数下溢的运算结果被存储为 0。

2.3.6 自增运算符和自减运算符

C 语言中一个变量的自增或自减可以通过一些单目运算符来实现，但是这些运算符不能用于常量或者表达式。自增运算符(＋＋)和自减运算符(－－)可以放在前缀(prefix)位置(标识符之前)。如"＋＋count;"，也可以放在后缀(postfix)位置，如"count＋＋"，如果一个变量用了自增或自减运算符，就等价于将自身加 1 或者减 1 后的值赋给自身。因此，语句：

```
y--;
```

等价于语句：

```
y=y-1;
```

如果在表达式中使用自增或自减运算符，那么一定要仔细分析这个表达式。如果运算符被放在前缀位置，那么该变量的值将先被修改，然后用新的值计算表达式的剩余部分。如果运算符被放在后缀位置，那么该变量的值先被用来计算表达式的剩余部分，然后变量的值才会被修改。因此执行语句：

```
w=++x-y;
```

等价于执行下面的语句：

```
x=x+1;
w=x-y;
```

同样，语句：

```
w=x++-y;
```

等价于下面的语句：

```
w=x-y;
x=x+1;
```

假设 x 的值是 5，y 的值是 3，在执行“w＝＋＋x－y”或“w＝x＋＋－y”后，x 的值均会增加为 6。但是，“w＝＋＋x－y”执行后 w 的值为 3，“w＝x＋＋－y”执行后 w 的值为 2。

自增、自减运算符和其他单目运算符的运算优先级是一样的，如果表达式中有好几个单目运算符，它们的结合性是从右向左。

【例 2.12】 使用自增、自减运算符。

```
#include<stdio.h>
int main()
{
    int i=8;
    printf("%d\n",++i);
    printf("%d\n",--i);
    printf("%d\n",i++);
    printf("%d\n",i--);
    printf("%d\n",-i++);
    printf("%d\n",-i--);
    return 0;
}
```

程序运行结果：

```
9
8
8
9
-8
-9
```

i 的初值为 8，第 4 行 i 加 1 后输出 9；第 5 行减 1 后输出 8；第 6 行输出 i 为 8 之后再加 1（为 9）；第 7 行输出 i 为 9 之后再减 1（为 8）；第 8 行输出－8 之后再加 1（为 9）；第 9 行输出－9 之后再减 1（为 8）。

2.3.7 复合赋值运算符

C 语言支持用缩写的形式简化简单的赋值语句。例如，下面每组中包含的两条语句都是等价的：

```
(1) x=x+3;
    x+=3;
```

```
(2) sum=sum+x;
    sum+=x;
(3) d=d/4.5;
    d/=4.5;
(4) r=r%2;
    r%=2;
```

经常使用缩写赋值语句是因为它可以使代码更简洁。例如，可以有以下复合赋值运算：

```
a+=5;
```

等价于

```
a=a+5;
```

```
a*=b+5;
```

等价于

```
a=a*(b+5);
```

```
a%=5;
```

等价于

```
a=a%5;
```

在本节前面，使用了下面的多重赋值(multiple-assignment)语句：

```
x=y=z=0;
```

该语句的表示很清晰，但是下面语句的表示就不那么明确了：

```
a=b+=c+d;
```

为了正确计算，我们根据运算符优先级和结合性(见表2-8)调整语句，则等价于：

```
a=(b+=(c+d));
```

表2-8 算术和赋值运算符优先级

优先级	运算符	结合性
1	括号：()	从内向外
2	单目运算符：+、-、++、--	从右到左
3	双目运算符：*、/、%	从左到右
4	双目运算符：+、-	从左到右
5	赋值运算符：=、+=、-=、*=、/=、%=	从右到左

如果将上述缩写形式写为正常形式，可以写为

```
a=(b=b+(c+d));
```

或者

```
b=b+(c+d);
a=b;
```

虽然这条语句可以很好地练习运算符优先级和结合性，但是严重破坏了程序的可读性。因此，在多重赋值语句中，不推荐使用缩写赋值语句。

2.4 基本数据类型与运算符举例

2.4.1 查找关键字

为了便于程序员编程,C语言预定义了一些必需的关键字。请找出下列单词中的所有关键字: printf、enum、CONST、extern、register、int、Float、signed、main、typedef、struct、sizeof、IF、static、getchar、puts、sqrt、fabs、continue。

【问题分析】

此问题的关键是要熟悉C语言的32个关键字。另外,还需要注意以下三点。

(1) C语言是大小写敏感的,即两个词中只要有一个字母的大小写不一样,其代表的就是不同的词。

(2) C语言不提供输入和输出的关键字。输入和输出是通过标准输入/输出库(stdio.h)中定义的函数来实现的。

(3) main函数是C语言程序的唯一入口,但它不是C语言的关键字。

【问题求解】

题目中的关键字有:

```
enum、extern、register、int、signed、typedef、struct、sizeof、static、continue
```

【应用扩展】

熟练掌握C语言的关键字及其使用方法,有助于更好地编写程序,避免在编程时错误地将关键字作为自定义标识符使用。

2.4.2 标识符的定义

请你针对以下需求取一些合适的标识符。

- 变量名: 姓名、年龄、密码、政治面貌、证件类型、第一个元素的值。
- 符号常量: 数组最大元素个数、最大长度。
- 结构体类型名、枚举类型名: 学生信息类型、图书信息类型、月份类型。
- 函数名: 交换数据,求最大值、最小值和平均值,取得姓名,设置年龄。

【问题分析】

在取自定义标识符时,除了需要遵守标识符的命名规则外,还需要做到以下几点。

(1) 标识符应当直观而且可以拼读,可见名思义,便于记忆和阅读。标识符最好采用英文单词或其组合,不允许使用拼音。程序中的英文单词一般不要太复杂,用词应当准确。

(2) 标识符的长度应当符合"min-length && max-information"原则。标识符的长度一般不要过长,较长的单词可通过去掉元音形成缩写。另外,英文单词尽量不缩写,特别是非常用专业名词,如果要缩写,在同一系统中对同一单词必须使用相同的表示方法,并且注明其含义。

(3) 当标识符由多个词组成时,采用"驼峰式命名法"进行命名。对于变量,第一个词全部小写,其余单词的首字母大写,如int curValue。这样的标识符清晰易懂,远比一长串字符好得多。

(4) 尽量避免命名中出现数字编号,如value1、value2等,除非逻辑上的确需要编号。

例如,驱动开发时为管脚命名,非编号名字反而不好。

(5) 在多个文件之间使用的全局变量或函数,要加范围限定符(建议使用模块名的缩写作为范围限定符)。如 GUI_、etc 这样的命名方式。

(6) 标识符名分为两部分,即"规范标识符前缀或后缀＋含义标识"。非全局变量可以不使用范围限定符前缀。

(7) 程序中不得出现仅靠大小写区分的相似的标识符。

(8) 在同一个程序中,一个标识符仅用于一种用途,禁止被用于多种用途。例如,既用于函数名又用于变量名是不允许的。

(9) 所有宏定义、枚举常数、只读变量全用大写字母命名,用下画线分隔各个单词。

(10) 函数名通过以"动词＋名词"的方式命名,如获取长度可命名为 getLength。

【问题求解】

根据问题分析,可以按如下方法起标识符名。

- 变量名：姓名 name、年龄 age、密码 password 或 pwd、政治面貌 poliStatus(politics status 的缩写)、证件类型 certificateType、第一个元素的值 firstElemtentValue。
- 符号常量：数组最大元素个数 MAX_SIZE、最大长度 MAX_LENGTH。
- 结构体类型名、枚举类型名：学生信息类型 Student、图书信息类型 Book、月份类型 Month。
- 函数名：交换数据 swap,求最大值 max、最小值 min、平均值 average,取得姓名 getName,设置年龄 setAge。

【应用扩展】

在 C 语言中,标识符有其重要的作用。除了 C 语言规定的 32 个关键字之外,在编程的过程中,标识符还经常用来作变量名、符号常量名、结构体类型名、共用体类型名、枚举类型名、函数名等。为了使程序具有更强的可读性和易于理解,要求程序员在自定义标识符时,尽可能做到见名思义。

当然,大家也可以用拼音的简写进行命名。例如,姓名可以定义为 XM,年龄可以定义为 NL,密码可以定义为 MM,求最大值的函数名可以定义为 Qzd 等。

2.4.3 表达式求值

假定有三个整型变量"int x＝3, y＝4, z＝5",两个浮点型变量"double r＝1.0, s＝3.5"。写出以下表达式的结果,并简要说明其计算过程。

① ++x*5　　结果：x=________

② x++ * --y　　结果：x=________　y=________

③ x*=5+z%2　　结果：x=________　z=________

④ z = x>y ? x : ++x==y ? x++ : ++y

结果：x=________　y=________　z=________

⑤ x << y　　结果：x=________　y=________

⑥ x | y　　结果：x=________　y=________

⑦ x=1 && y=3　　结果：x=________　y=________

⑧ x!=2||y=1　　结果：x=________　y=________

⑨ x = r / x　　　　　结果：x=________　y=________　r=________

⑩ s *= r/10*s-x　　　结果：x=________　s=________　r=________

【问题分析】

本问题的关键在于熟悉C语言中各运算的优先级和结合性。

【问题求解】

① 表达式“++x*5”中含有单目运算符(++)和双目运算符(*)，++的优先级高于*，所以该表达式等价于“(++x)*5”。另外，由于x的初始值为3，++在x的前面，其运算特点是“先自增后引用”。因此，表达式“++x*5=(++x)*5=4*5=20”，运算完成之后“x=4”。

② 表达式“x++*--y”中含有单目运算符(++、--)和双目运算符(*)，++和--的优先级高于*，所以该表达式等价于“(x++)*(--y)”。另外，由于x和y的初始值分别为3和4，而“x++”中的++在变量x的后面，其运算特点是“先引用后自增”，“--y”中的--在变量y的前面，其运算特点是“先自减后引用”。因此，表达式“x++*--y=(x++)*(--y)=3*3=9”，运算完成之后“x=4,y=3”。

③ 表达式“x*=5+z%2”存在复合赋值运算(*=)，其等价于“x = x*(5+z%2)”，而%的优先级高于+，所以“x = x*(5+z%2) = x*(5+(z%2))= 3*(5+1) = 18”。

④ 表达式“z = x>y ? x : ++x==y ? x++ : ++y”中有两个条件运算符，而条件运算符的结合性是从右到左，所以其等价于“z = x>y ? x : (++x==y ? x++ : ++y)”。由于“x=3,y=4”，所以“++x==y”的结果为真(比较运算之后“x=4”)，表达式“++x==y ? x++ : ++y”的结果为返回“x++”的值4，执行之后“x=4”(注意此时整个表达式还没有执行完成，“x++”的自增还没有增加)，“y=4”。此时执行判断“x>y”，结果为假，返回子表达式“(++x==y ? x++ : ++y)”的结果为5并赋值给变量z，待赋值运算执行之后，子表达式“(++x==y ? x++ : ++y)”中“x++”的自增便得以执行。因此，运算完成之后“x=5,y=4,z=4”。

⑤ 表达式“x << y”中的<<运算是向左位移的运算符，因此“x<<y”等价于“3<<4”。由于$(3)_{10}=(00000011)_2$，其向左位移4位之后得$(00110000)_2=(48)_{10}$。

⑥ 表达式“x | y”中的|是位运算中的按位或运算符，由于$x=(3)_{10}=(00000011)_2$，$y=(4)_{10}=(00000100)_2$，所以“x|y=$(00000111)_2$=7”。

⑦ 表达式“x=1 && (y=3)”中含有括号运算符、赋值运算符和逻辑与运算符，而&&的优先级高于=，所以其等价于“x=(1 && (y=3))=(1 && 3) = 1”，所以“x=1 && (y=3)”的运算结果为1，运算完成之后“x=1,y=3”。

⑧ 表达式“x!=2 || (y=1)”中含有括号运算符、关系运算符(!=)、逻辑或运算符和赋值运算符，其优先级由高到低依次是!=、||、=，所以其等价于“(x!=2) || (y=1)=1 || (y=1)”。此时，该逻辑运算已经能够判断其结果为真。根据逻辑或运算符的截断特性，无须进行y=1的运算。因此，整个表达式运算完成之后，结果为1，而且“x=3,y=4”。

⑨ 表达式“x = r / x”中含有赋值运算和除法运算，根据赋值运算符的结合性为从右到左可知，应当先进行r/x计算。由于变量“r=1.0”为实数，“x=3”为整数，所以“r/x”的结果为double类型的浮点数0.333333。在进行赋值运算时，由于左侧的变量x为整数，所以会将右侧的计算结果(double类型的浮点数)自动转换为整数。因为0.333333为大于0的数，

所以最终的计算结果(向下取整)为0。

⑩ 表达式"s *= r / 10 * s - x"中含有复合赋值运算符 *=、除法运算符和乘法运算符。乘法运算符和除法运算符的优先级相同且结合性为从左到右,所以其等价于"s = s * (r/10*s-x) = 3.5*(1.0/10*3.5-3) = 3.5*(0.1*3.5-3) = 3.5*(0.35-3) = 3.5*(-2.65)= -9.275"。

【应用扩展】

编程的主要目的是对给定的数据进行运算或处理以得到预期的结果,这就决定了在编程时会运用大量的表达式来完成计算。对表达式计算过程的理解,则有助于编写出更好的程序。

思考与练习

一、简答题

1. C语言标识符的命名规则是什么?请举例说明。

2. C语言基本的数据类型及其他主要的数据类型有哪些?

3. C语言中常量有哪几种?与变量的区别是什么?

4. 什么是复合赋值语句?请举例说明。

二、选择题

1. 在C语言中,字符型数据在内存中以(　　)形式存放。

A. ASCII码　　B. 整数类型　　C. 反码　　D. 补码

2. 下面关于标识符的叙述,正确的是(　　)。

A. 标识符必须以字母或下画线开头

B. 标识符中可以出现下画线和分隔线

C. 标识符中可以出现数字,并可放在标识符开头

D. 标识符可以出现下画线、数字和关键字

3. 下面关于转义字符的描述,错误的是(　　)。

A. '\a'　　B. '\t'　　C. '\c'　　D. '\b'

4. 下面描述中,不合法的C语言常量是(　　)。

A. "hello"　　B. 'a'　　C. '\n'　　D. a_b

5. 在C语言中,其运算对象必须为整型的运算符是(　　)。

A. %　　B. /=　　C. *=　　D. =

6. 与"b=a++"完全等价的表达式是(　　)。

A. b=a+1　　B. b=a, a=a+1　　C. b=++a　　D. a=a+1,b=a

三、填空题

1. C语言的标识符只能由大小写字母、数字和下画线三种字符组成,而且第一个字符必须为________。

2. 在C语言中(以32位PC为例),一个char数据在内存中所占字节数为1,其数值范围为________;一个int型数据在内存中所占字节数为4,其数值范围为________;一个long型数据在内存中所占字节数为4,其数值范围为________;一个float型数据在内存中所占字节数为4,其数值范围为________。

3. 字符常量使用一对________界定单个字符，而字符串常量使用一对________界定若干字符的序列。

4. 设有“int a＝2，b＝3；float x＝3.5，y＝2.5”，则表达式“(x＋y)/2＋a%b”为________。

5. 字符串常量"Hello,everyone!"占据的内存空间为________字节。

四、程序阅读题

1. 写出下列程序的运行结果。

```
#include<stdio.h>

int main()
{
    int i, j, m, n;
    i=5;
    j=8;
    m=i++; n=++j;
    printf("i=%d, j=%d, m=%d, n=%d", i, j, m, n);
    return 0;
}
```

程序运行结果：________。

2. 写出下列程序的运行结果。

```
#include<stdio.h>

int main()
{
    char c1='a',c2='b',c3='c',c4='\101',c5='116';
    printf("a%c b%c\tc%c\tabc\n",c1,c2,c3);
    printf("\t\b%c %c",c4,c5);
    return 0;
}
```

程序运行结果：________。

五、编程题

已知“int a=5,b=10;”，实现将a和b的值互相交换的表达式。

六、思考题

假设 x 是一个三位数，思考将 x 的个位、十位、百位反序而成的三位数(例如，532反序为235)的C语言表达式是什么？

第3章

按部就班——顺序结构程序设计

3.1 程序设计的基本步骤及程序执行的流程

我们已经了解了一个完整的C语言程序由哪些基本要素组成。当我们需要编写程序去解决某个问题时，通常要按如下步骤设计程序。

(1) 首先针对要求解的问题思考解决思路或建立相应的数学模型。

(2) 根据解决思路或数学模型设计出程序的算法，并将其用易于理解的方式表示出来。

(3) 用正确的语法将算法变换成对应的程序语句，从而编写出完整的可以正确执行的程序。

(4) 根据程序运行结果，验证算法的正确与否，对于不正确的算法要返回第一步进行修改或重新设计。

要想设计正确的算法，通常会用到“顺序、选择、循环”3种基本的程序控制结构，无论多复杂的程序，都可由这3种基本流程完成。

(1) 顺序结构：各操作按照从上到下的顺序按部就班顺序执行，是一种最简单的基本结构。如同现实世界中，我们解决许多问题要遵从一定的先后次序是一样的，是一种非常常见的情形。通过本章的学习，读者将掌握如何设计和编写这种简单结构的程序。

(2) 选择结构：又称分支结构，根据是否满足给定的条件从多种操作中选择一种操作。将在第5章进行详细说明。

(3) 循环结构：在一定条件下重复执行某种操作。将在第6章进行详细说明。

3.2 算法及其表示形式

计算机科学把程序设计过程分为两个基本任务：算法设计和算法实现。算法设计是指用文字或符号描述一组解决某个问题的步骤，而算法实现是指把算法设计的描述翻译成让计算机能够执行的代码。算法的表示方式不仅可以指导程序设计人员理解算法的基本实现思路，而且可以促进思考，提高程序的可读性、可靠性，改善程序执行效率，因此算法设计是计算机编程的关键。

为了便于我们对程序设计算法的理解，我们需要学习算法的表示方法，通常表示算法有以下几种方式：自然语言表示、流程图表示、伪代码表示。

3.2.1 用自然语言表示算法

自然语言就是人们日常使用的语言，可以是汉语、英语或其他语言。虽然用自然语言表示算法通俗易懂,但自然语言表示的含义往往不太严格,文字也比较冗长,容易出现歧义。例如,某天你要出门,你妈妈对你说:“能穿多少穿多少。”这句话的意思是要多穿还是少穿,要根据当时的天气情况才能判断。因此,除了一些比较简单的问题外,一般不用自然语言表示算法。

3.2.2 用流程图表示算法

流程图是用一些特定的符号来表示程序的各种操作及执行流程。用流程图表示算法直观形象,易于理解,是我们常用的算法表示方法,也是本书主要的算法表示方法,需要读者熟练掌握。

1. 传统流程图

美国国家标准学会(American National Standards Institute,ANSI)规定了一些常用的符号标准,如图 3-1 所示,且已为世界各国程序设计人员普遍采用。

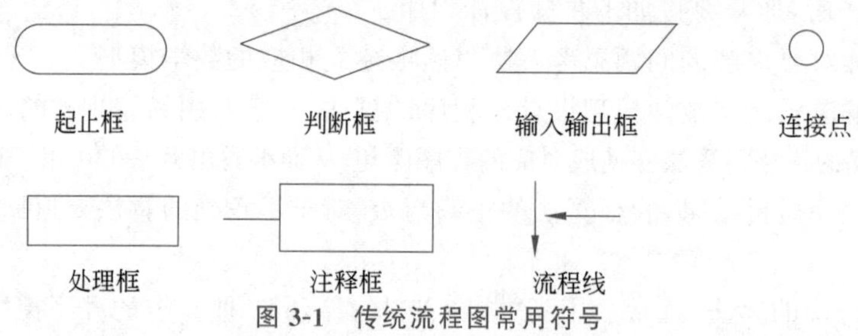

图 3-1 传统流程图常用符号

1966 年,Bohra 和 Jacopini 运用这些基本符号,针对前述 3 种基本的程序控制结构,提出了 3 种良好的算法表示单元。

(1) 顺序结构。如图 3-2 所示,虚线框内是一个顺序结构,其中 A、B 两个操作指令按照箭头方向顺序执行。

(2) 选择结构。如图 3-3 所示,虚线框内是一个选择结构。此结构必须包含一个判断框(菱形),根据给定的 P 条件是否成立而选择是执行 A 指令还是执行 B 指令。

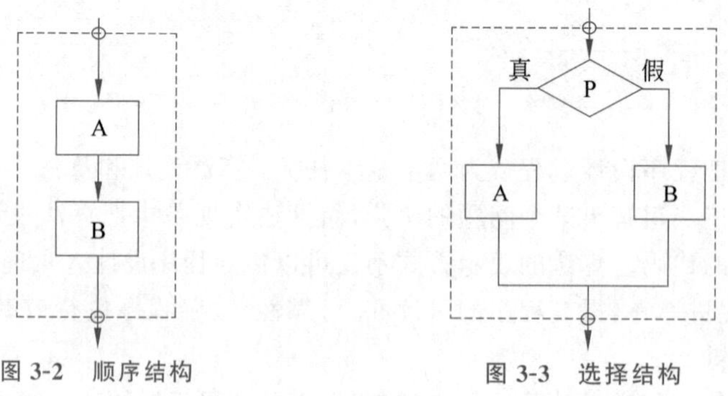

图 3-2 顺序结构　　　　图 3-3 选择结构

(3) 循环结构。反复执行某一部分操作,主要分为以下两类。

- while 循环结构。如图 3-4(a)所示,当给定的条件 P 成立(值为真),执行 A 指令,执行完 A 后,返回并再次判断条件 P 是否成立,如果仍然成立,则再次执行 A 指令,如此反复判断 P 条件并执行 A 指令,直到某次 P 条件不成立(值为假),此时不再执行

A 指令，退出循环结构，继续执行后续语句。

- do-while 循环结构。如图 3-4(b)所示，先执行 A 指令，再判断给定的条件 P 是否成立，如果条件 P 成立(值为真)，返回再次执行 A 指令，如此反复执行 A 指令并判断 P 条件，直到某次 P 条件不成立(值为假)，此时不再返回执行 A 指令，退出循环结构，继续执行后续语句。

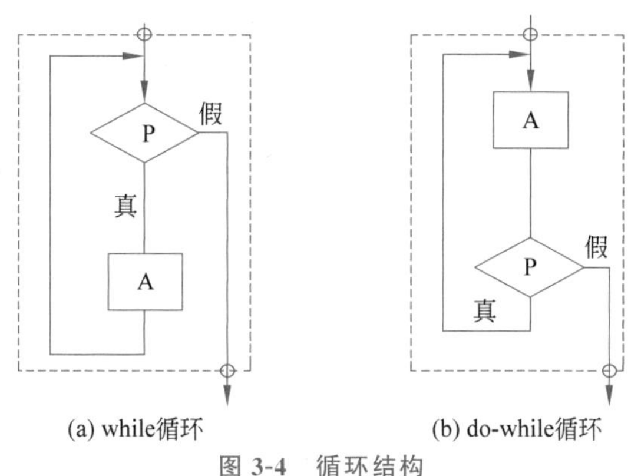

图 3-4　循环结构

2. N-S 流程图

传统流程图由于流程线的存在，比较占空间，不太适合较为复杂的算法表示，1973 年，美国学者 I. Nassi 和 B. Shneiderman 提出了一种新的流程图形式，去掉了带箭头的流程线，大大节约了绘图空间，很好满足了复杂算法的表示需求。该流程图由提出者的名字首字母命名，称为 N-S 流程图。

(1) 顺序结构。如图 3-5(a)所示，A、B 两个操作指令按照从上到下顺序执行。

(2) 选择结构。如图 3-5(b)所示，按照从上到下顺序，先判断条件 P 的值，根据给定的 P 条件是否成立而选择执行 A 指令或 B 指令。

(3) 循环结构。while 循环结构如图 3-5(c)所示，先判断条件 P 是否成立，如果成立执行循环体中的 A 指令，而后反复判断条件 P，成立执行 A，直到条件 P 不成立，退出循环。do-while 循环结构如图 3-5(d)所示，先执行循环体中的 A 指令，再判断条件 P 是否成立，如果成立返回去再次执行 A 指令，如此循环往复，直到条件 P 不成立退出循环。

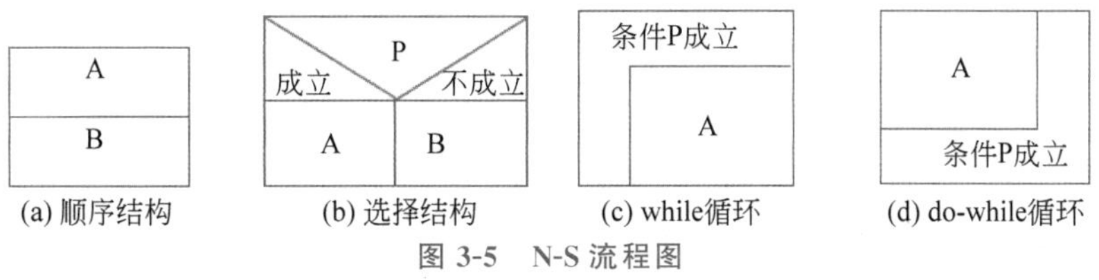

图 3-5　N-S 流程图

3.2.3　用伪代码表示算法

伪代码是用介于自然语言和计算机语言之间的文字和符号来描述算法。它如同一篇文章一样，自上而下地写下来。每一行(或几行)表示一个基本操作。它不用图形符号，不需遵循固定的、严格的语法规则，可用英文也可中英文混用，但一般要写成清晰易懂的格式，因此其书写方便、格式紧凑、修改方便、容易看懂，便于向符合语法规则的计算机语言算法(程序)

过渡。由于具有这些特点，其一般用来设计复杂程度不高的程序算法。

【例 3.1】 求自然数 1～10 之和，用伪代码表示其算法。

```
begin  (算法开始)
0=>sum
1=>i
当 i<=10
{
    sum+i=>sum
     i+1=>i
}
输出 sum
end  (算法结束)
```

3.3 实际问题引例

问题 1：已知，某银行一年期的利率为 1.5%，二年期的利率为 2.1%。某人去银行存钱，一年期存款 5 000 元，二年期存款 10 000 元。到期后他共获得多少存款和利息？

解题思路：求解该问题的关键是，先求出一年期存款所获得的利息，再求出二年期存款所获得的利息，最后将这两项利息相加，再加上存款数目就得到总的存款收益。

问题 2：某人去银行兑换外币，人民币对美元的汇率为 1 人民币兑换 0.151 2 美元，若要兑换的人民币的金额为 10 000 元，则可兑换多少美元？

解题思路：该问题的求解实际上是一个一元一次方程的求解，只需将人民币的总金额乘以 0.151 2，即可求出 10 000 人民币所对应的美元总数。

问题 3：已知直角三角形的两条直角边分别为 3 和 4，求三角形的周长和面积。

解题思路：欲求三角形的周长，必须首先求出三角形第三条边的长度，可利用勾股定理求出，再分别计算三角形的周长和面积，这是一个按照顺序逐步求解的解题过程。

问题 4：输入三角形的三边长，使用海伦公式计算三角形的面积(假设三边长符合组成三角形的边长条件)。

解题思路：假设在平面内，有一个三角形，知边长分别为 a、b、c，则三角形的面积 S 可由以下公式求得：

$$S=\sqrt{p(p-a)(p-b)(p-c)}$$

而公式中的 p 为半周长：

$$p=(a+b+c)/2$$

据此，我们可以用 N-S 流程图表示算法，如图 3-6 所示。

可以看到，该问题算法主要由 4 个步骤组成，按照从上至下的顺序，就可得到三角形的面积，这是一个简单的顺序结构算法。

上述几个问题都是现实生活中经常遇到的，每个问题的求解我们都将按照一定的顺序进行，先完成一个步骤，再完成下一步骤。这就是本章要介绍的顺序结构程序设计。

输入三边长 a，b，c
计算 p，$p=(a+b+c)/2$
计算面积 S， $S=\sqrt{p(p-a)(p-b)(p-c)}$
输出 S 的值

图 3-6 算法流程

编写程序：有了解题思路，我们就可以将算法用 N-S 流程图等方法表示出来，编写求解问题的程序。前面章节我们已经了解到 C 程序的基本框架为

```
#include<stdio.h>
int main()
{
    ...
    return 0;
}
```

我们要做的就是将程序中省略号的部分，用合乎 C 语言语法的语句进行替换，实现算法，要做到这件事，我们需要先掌握 C 语言的基本语法知识。

3.4 C 语句

3.4.1 分类

通过前面章节的学习，我们已经了解到 C 程序是由函数中的一条一条语句组成的，从表现形式和功能来看，通常 C 语句分为 5 类。

1. 控制语句

控制语句完成程序流程的控制功能，有以下 9 种。

(1) if()-else：条件语句。

(2) for()：循环语句。

(3) while()：循环语句。

(4) do-while()：循环语句。

(5) continue：结束本次循环语句。

(6) break：中止语句。

(7) switch：多分支。

(8) return：返回语句。

(9) goto：转向语句。

上面语句表示形式中的“()”表示里面有判别条件，“-”表示内嵌有语句，例如：

```
if (a>b) max=a;
else max=b;
```

这里“a>b”就是判别条件，而“max=a;”和“max=b;”为内嵌语句。即比较变量 a 与 b 值的大小，将较大的值存放到变量 max 中。

2. 函数调用语句

函数调用语句由一个函数调用加一个分号构成。例如：

```
printf("Welcome to the world of C.");
```

3. 表达式语句

表达式语句由一个表达式加一个分号构成。例如：

```
a=b+5;
```

其中“a=b+5”为表达式，加一个分号为语句。

4. 空语句

空语句是只有一个分号的语句。例如：

```
;
```

空语句无实际操作，一般用来作为循环语句中的循环体(表示循环什么也不做)。

5. 复合语句

复合语句是用一对{}括起来的语句。例如：

```
{
    z=x+y;
    t=z/100;
    printf("%f",t);
}
```

复合语句常用在 if 语句或循环中，将一条或多条内嵌语句用大括号括起来组成复合语句，除了能保证程序的执行流程正确，也能使程序更清晰，可读性更强。

注意：复合语句中最后一条语句后的分号不能忽略不写，且大括号后不能加分号。

由以上 5 类语句，我们可以看到 C 语句的标志是每条语句结尾有一个分号，没有分号就不能称其为语句。

3.4.2 赋值语句

在 C 程序中，最常使用赋值语句和输入/输出语句。我们通常会把程序中的值赋给某些变量，用于进行下一步运算或者作为结果输出。本节我们先介绍赋值语句，3.5 节再来学习程序的输入/输出。

1. 赋值运算符

一个表达式中的"＝"就是赋值运算符，和数学里表示式子两边相等不同，它的作用是将"＝"右边的数据赋给"＝"左边的某个变量，例如：

```
a = 3+6
```

这条赋值表达式的作用是将"＝"右边的计算结果 9，赋值给左边的变量 a。

注意：赋值运算符左侧的标识符称为"左值"，出现在赋值运算符右侧的表达式称为"右值"。右值可以是一个数值，也可以是能计算出结果的表达式，而左值只能是一个变量而不能是表达式或常量。

2. 复合赋值运算符

在赋值符"＝"之前加上其他双目运算符，可以构成复合运算符。＋＝、－＋、*＝、/＝、%＝都是较为常见的复合赋值运算符，例如下面的复合赋值表达式：

```
a + = 8;
```

等价于

```
a = a+8;
```

```
a %= b;
```

等价于

```
a = a%b;
```

```
x *= y+8;
```

等价于

```
x = x * (y+8);
```

注意：右值如果是表达式，要看作一个整体加括号，保证运算的优先级。

C语言采用这种复合运算符，一是为了简化程序，使程序精练，二是为了提高编译效率，能产生质量较高的目标代码。

3. 赋值运算的结合性

赋值运算符与复合赋值运算都是按照“自右而左”的结合顺序，例如：

```
a=b=8;
```

等价于

```
a=(b=8);
```

即先执行“b＝8”，再执行“a＝b”的运算。

```
a+=a-=a*a;
```

等价于

```
a+=(a-=a*a);
```

即先进行“a－＝a＊a”的运算，再将运算结果作为“a＋＝”的右值，计算出结果。

4. 赋值表达式的特殊用法

赋值表达式作为表达式的一种，不仅可以出现在赋值语句中，而且可以以表达式形式出现在其他语句(如输出语句、循环语句等)中。例如：

```
printf("%d",a=b+8);
```

将“b＋8”的结果存放到变量a中，并输出a的值。

5. 赋值过程中的类型转换

如果赋值运算符两侧的类型一致，则直接进行赋值。

如果赋值运算符两侧的类型不一致，但都是数值型或字符型时，在赋值时要进行类型转换。类型转换是系统自动进行的。转换规则如下。

(1) 将浮点型数据(包括单、双精度)赋给整型变量时，先对浮点数取整，然后赋予整型变量。例如：

```
int i;
i = 7.8;
```

这时i的值为7，由于i是整型变量，对右值做了截断处理。

(2) 将整型数据赋给单、双精度变量时，数值不变，但以浮点数形式存储到变量中。

(3) 将一个双精度型数据赋给单精度变量时，截取其前面7位有效数字，存放到单精度变量的存储单元(4字节)中。但应注意数值范围不能溢出；将一个单精度型数据赋给双精度变量时，数值不变，有效位数扩展到16位，在内存中以8字节存储。

(4) 字符型数据赋给整型变量时，将字符的ASCII码赋给整型变量。例如：

```
int i;
i = 'a';
```

这时i的值为97，即'a'字符的ASCII码。

(5) 将一个占多字节的整型数据赋给一个占字节少的整型变量或字符变量时，只将其低字节原封不动地送到该变量，如图 3-7 所示。

例如：

```
int i=293;                        //i=293
char c='A';
c=i;                              //c=37
```

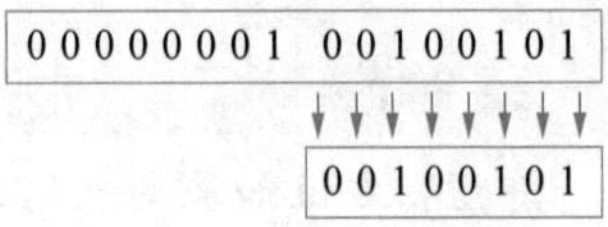

00000001 00100101

00100101

图 3-7 低位字节赋值

注意：要避免进行这种赋值，因为赋值后数值可能失真。如果一定要进行这种赋值，应当保证赋值后数值不会发生变化。

(6) 将有符号整数赋值给长度相同的无符号整型变量时，按字节原样赋值。

(7) 将无符号整数赋值给长度相同的有符号整型变量时，应注意不要超出有符号整型变量的数值范围，否则会出错。

6. 赋值语句

赋值语句是由赋值表达式加上一个分号构成。赋值语句具有计算和赋值双重功能。程序中的计算功能主要是由赋值语句来完成。

当我们掌握了赋值语句的用法，我们就可以对变量进行初始化，并进行相应的运算了。现在让我们补充 3.3 节的问题 4 中缺少的语句。

```
#include<stdio.h>
#include<math.h>                          //包含数学函数库,因为要调用 sqrt 函数
int main()
{
    float a=3.4,b=4.5,c=5.6;              //a、b、c 为三边长
    float p,S;                            //p 为半周长,S 为面积
    p=1.0/2*(a+b+c);
    S=sqrt(p*(p-a)*(p-b)*(p-c));          //调用开算术平方根函数
    …
    return 0;
}
```

可以看到，算法的前三步我们已经完成，接下来读者需要学习 C 语言的输入/输出语句，从而完成最后一步，输出三角形的面积。

3.5 数据的输入/输出

3.5.1 数据输入/输出的概念

输入/输出是以计算机主机为主体而言的，所谓输出是指从计算机向外部(标准)输出设备(显示器、打印机)输出数据，反之，输入是指从(标准)输入设备(键盘、鼠标、扫描仪)向计算机输入数据。C 语言本身不提供输入/输出语句，输入/输出操作是由 C 函数库中的函数来实现的。

在使用系统库函数时，要用预编译命令＃include 将有关的“头文件”包括到用户源文件中(通常写在程序开头)。例如：

```
#include<stdio.h>
```

或

```
#include "stdio.h"
```

其中#include<stdio.h>先从系统目录开始查找要包含的头文件，若找不到，再到用户项目目录查找，适用于要包含系统提供的头文件情况，以提升查找效率。而#include“stdio.h”先从项目目录开始查找，若找不到，用户可制定路径查找，常用于包含用户自定义头文件的情况。

> 知识点小贴士：stdio.h 头文件
>
> stdio 是 standard input & output 的意思，即标准输入/输出头文件，包含该头文件通常是为在程序中做输入/输出操作时调用相应的库函数做引用声明。

3.5.2 字符数据的输入/输出

常用的字符输入/输出函数如下。

- 字符输入函数：getchar。
- 字符输出函数：putchar。
- 格式输入函数：scanf。
- 格式输出函数：printf。
- 字符串输入函数：gets。
- 字符串输出函数：puts。

3.5.2.1 用 putchar 函数输出一个字符

格式：

```
putchar(c)
```

参数：c 为字符常量、变量或表达式。

功能：把字符 c 输出到显示器。

返值：正常，为显示的字符 ASCII 码；出错，返回−1(EOF)。

【例 3.2】 用 putchar 函数输出字符。

```
#include<stdio.h>
void main()
{
    char a='C', b='A', c='R';
    putchar(a);                                    //输出变量 a 的值
    putchar(b);
    putchar(c);
    putchar('\n');
}
```

程序运行结果：

```
CAR
```

还可用 putchar 函数输出转义字符，例如：

```
putchar('\102');
```

程序运行结果：

```
B
```

此处的 102 为八进制数，等于十进制的 66，因而输出字符 B。

3.5.2.2 用 getchar 函数输入一个字符

格式：

```
getchar()
```

功能：从键盘读一字符。

返值：正常，返回读取的代码值；出错，返回－1(EOF)。

注意：无参数。

【例 3.3】 用 getchar 函数输入字符。

```
#include<stdio.h>
void main()
{
    char c;
    c=getchar();                                  //输入的字符存入变量 c 中
    putchar(c);
    putchar('\n');
}
```

程序运行情况：

```
B↙
B
```

从键盘输入字符 B 按 Enter 键，屏幕上将显示输出的字符 B。

【例 3.4】 getchar、putchar 函数的使用。

```
#include<stdio.h>
void main()
{
    char a, b, c;
    a=getchar();                                  //输入的字符存入变量 a 中
    b=getchar();
    c=getchar();
    putchar(a);                                   //输出变量 a 的值
    putchar(b);
    putchar(c);
    putchar('\n');
}
```

程序运行情况：

```
CAR↙
CAR
```

可以看到连续输入 CAR 并按 Enter 键后，CAR 三个字符分别通过 getchar 函数存入了三个变量中，又通过 putchar 函数将变量的值输出。

如果不连续输入字符，而在输入一个字符后马上按 Enter 键，会得到如下运行情况：

```
C↙
A↙
C
A
```

请读者自行思考是什么原因？(提示：输入的回车符为有效字符)。

3.5.2.3 用 printf 函数输出数据

printf 函数(格式输出函数)的作用是向终端(或系统隐含指定的输出设备，通常是显示器)输出若干个任意类型的数据,并可灵活指定数据输出格式。

> 知识点小贴士:printf 函数
>
> printf 函数又称为标准输出函数,它在 stdio.h 库函数中定义,只能在控制台程序中使用。

1. printf 函数的一般格式

printf 函数的一般格式为

```
printf(格式控制,输出表列)
```

例如:

```
printf("%d, %c, %f\n", i, c, f);
```

printf 函数的参数包括两部分:

(1)"格式控制"是用双引号括起来的字符串,也称转换控制字符串,包括以下两种信息。

- 格式说明。格式说明由"%"和格式字符组成,如%d、%f 等。它的作用是将输出的数据转换为指定的格式输出。格式说明总是由"%"字符开始的。
- 普通字符。普通字符即需要原样输出的字符。如上面 printf 函数中双引号内的空格、逗号和换行符。

(2)"输出表列"是需要输出的一些数据,可以是常量、变量或表达式,通常与格式控制中的控制符按顺序一一对应。

【例 3.5】 printf 函数的格式说明与输出表列。

```
int a=3;b=4;
printf("a=%d  b=%d",a,b);
```

格式说明 输出表列

程序运行结果:

```
a=3  b=4
```

注意:此处的"a="、空格、"b="就是原样输出的普通字符。而前后两个"%d"为格式说明符,控制输出表列中整型变量 a 和 b 的数据输出格式。

2. 基本的格式说明符

基本的格式说明符有以下几种。

(1) %d 或 %i 格式符。按十进制整型数据的实际长度输出。

(2) %c 格式符。用来输出一个字符。

【例 3.6】 字符数据的输出。

```
#include<stdio.h>
void main()
{
    char c='a';
    int i=97;
    printf("%c,%d\n",c,c);
    printf("%c,%d\n",i,i);
}
```

运行结果：

```
a, 97
a, 97
```

无论整型变量还是字符型变量，都可以用%d 和%c 格式符得到相应的运行结果，但要注意，超出 ASCII 码范围，整型变量就无法输出对应的正确字符了。

(3) %s 格式符。用来输出一个字符串。

例如：

```
printf("%s", "CHINA");
```

输出字符串"CHINA"(不包括双引号)。

(4) %f 格式符。用来输出实数，以小数形式输出，如不指定整个字段的长度，由系统自动指定。一般的处理方法：整数部分全部输出，并输出 6 位小数。

【例 3.7】 输出实数时的有效位数。

```
#include<stdio.h>
void main()
{
    float x,y;
    x=111111.111;y=222222.222;
    printf("%f\n",x+y);
}
```

程序运行结果：

```
333333.328125
```

结果中只有前 7 位是有效数字。由于 x 和 y 是单精度变量，所以"x+y"也只能保证 7 位的精度，后面几位没有意义。

(5) %e 格式符。用格式说明%e 指定以指数形式输出实数。

例如：

```
printf("%e",123.456);
```

输出如下：

```
1.234560 e+002
```

C 编译系统自动指定给出数字部分的小数位数为 6 位，指数部分为 5 位。

printf 函数支持的基本格式控制符如表 3-1 所示。

表 3-1 **printf** 函数支持的基本格式控制符

格式字符	说　明	举　例	结　果
d,i	十进制整数	int a=567; printf("%d",a);	567
u	无符号的十进制整数	int a=567; printf("%u",a);	567
o	八进制无符号整数	int a=65; printf("%o",a);	101
x,X	十六进制无符号整数(大小写作用相同)	int a=255; printf("%x",a);	ff
c	单个字符	char a=65; printf("%c",a);	A
s	字符串	printf("%s","ABC");	ABC
f	小数形式输出浮点数	float a=567.89; printf("%f",a);	567.890000

续表

格式字符	说　明	举　例	结　果
e,E	指数形式输出浮点数	float a=567.89; printf("%e",a);	5.678900e+02
g,G	以e和f中较短的一种进行输出,且不输出无意义的零	float a=567.89; printf("%g",a);	567.89
%%	百分号本身	printf("%%");	%

说明:

(1) 除了x、e、g格式字符可以大写外,其余格式控制符要用小写。

(2) 格式字符与输出项个数应相同,按先后顺序一一对应。

(3) 可以在printf函数中的"格式控制"字符串中包含转义字符。

(4) 一个格式说明必须以"%"开头,以9个格式字符之一为结束。

(5) 格式字符与输出项类型不一致,自动按指定格式输出。

另外,在"%"与格式控制符之间可以插入附加格式字符,即表示为

```
% 附加格式字符　格式字符
```

以实现对输出格式更为灵活的控制。

printf函数支持的附加格式控制符如表3-2所示。

表3-2　printf函数支持的附加格式控制符

修饰符	功　能
m	输出数据域宽,数据长度<m,左补空格,否则按实际输出
.n	对实数,指定小数点后位数(四舍五入)
	对字符串,指定实际输出位数
-	输出数据在域内左对齐(默认右对齐)
+	在有符号数的正数前显示正号(+)
0	输出数值时指定左面不使用的空位自动用0填充
#	在八进制和十六进制数前显示0,0x前导符
l	在d、o、x、u前,指定输出精度为long型
	在e、f、g前,指定输出精度为double型

【例3.8】 附加格式控制符的使用。

```
int a=1234;
float f=123.456;
printf("%08d\n",a);                       //输出 00001234
printf("%010.2f\n",f);                    //输出 0000123.46
printf("%0+8d\n",a);                      //输出 000+1234
printf("%0+10.2f\n",f);                   //输出 000+123.46
```

3.5.2.4　用scanf函数输出数据

scanf函数(格式输入函数)的作用是按照变量在内存的地址将变量值存进去。

知识点小贴士：scanf 函数

scanf 函数又称为标准输入函数，其只能在控制台程序中使用，在 stdio.h 库函数中定义。

scanf 函数一般格式为

```
scanf(格式控制,地址表列)
```

例如：

```
scanf("%d%c", &i, &c);
```

其中"%d%c"为格式控制部分，支持的格式控制符与 printf 函数一样。输入数据时，在两个数据之间以一个或多个空格间隔，也可以 Enter 键、Tab 键作为间隔。

地址表列是由若干地址组成的表列，可以是变量的地址，或字符串的首地址，如语句中的"&i,&c"。"&"是地址运算符，用于自动获取变量在内存中的地址。

scanf 函数支持的基本格式控制符如表 3-3 所示。

表 3-3 scanf 函数支持的格式控制符

格式字符	说　明
d,i	用来输入有符号的十进制整数
u	用来输入无符号的十进制整数
o	用来输入无符号的八进制整数
x,X	用来输入无符号的十六进制整数(大小写作用相同)
c	用来输入单个字符
s	用来输入字符串，将字符串送到一个字符数组中，在输入时以非空白字符开始，以第一个空白字符结束。字符串以串结束标志'\0'作为其最后一个字符
f	用来输入实数，可以用小数形式或指数形式输入
e,E,g,G	与 f 作用相同，e 与 f、g 可以互相替换(大小写作用相同)

scanf 函数支持的附加格式控制符如表 3-4 所示。

表 3-4 scanf 函数支持的附加格式控制符

修饰符	功　能
l	用于输入长整型数据(可用%ld、%lo、%lx、%lu)以及 double 型数据(用%lf 或%le)
h	用于输入短整型数据(可用%hd、%ho、%hx)
域宽	指定输入数据所占宽度(列数)，域宽应为正整数
*	表示本输入项在读入后不赋给相应的变量

【例 3.9】 scanf 函数附加格式控制符的使用。

```
scanf("%4d%2d%2d", &yy, &mm, &dd);
```

输出如下：

```
输入 19991015↙
```

由于指定了域宽，则连续输入的数据会自动根据域宽分割，1999 存入变量 yy 中，10 存入变量 mm 中，15 存入变量 dd 中。

前面已经介绍，输入多个数据时，默认用空格、Enter 键、Tab 键做输入数据的分隔符，除此之外，还可自定义分隔符。

【例 3.10】 scanf 函数指定输入分隔符。

```
scanf("%d,%d",&a,&b);
```

输出如下：

```
输入  3,4↙
```

此处输入语句用了逗号作为指定分隔符，输入数据时必须用逗号做分隔符，才能将 3 存入变量 a，4 存入变量 b。如果再用空格等默认分隔符输入数据，将会得不到正确的数据。以此类推，读者可以自行指定其他的数据输入格式。

注意：

(1) 用“%c”格式符时，空格和转义字符会作为有效字符输入。例如：

```
scanf("%c%c%c",&c1,&c2,&c3);
```

输出如下：

```
输入  a  b  c↙
```

则字符'a'存入变量 c1，两个空格字符存入变量 c2，字符'b'存入变量 c3。

(2) 输入数据时，遇到以下情况认为该数据结束。

- 遇到空格、Tab 键或 Enter 键。
- 遇到宽度结束。
- 遇到非法输入。

例如：

```
scanf("%d%c%f",&a,&b,&c);
```

输出如下：

```
输入  1234a123o.26↙
```

则 1234 存入变量 a，字符'a'存入变量 b，123 存入变量 c。

至此，读者已学习了基本的输入/输出方法，可以将 3.3 节的问题 4 补充完整：

```
#include<stdio.h>
#include<math.h>                           //包含数学函数库，因为要调用 sqrt 函数
int main()
{
    float a=3.4,b=4.5,c=5.6;               //a、b、c 为三边长
    float p,S;                             //p 为半周长，S 为面积
    p=1.0/2*(a+b+c);
    s=sqrt(p*(p-a)*(p-b)*(p-c));           //调用开算术平方根函数
    printf("a=%7.2f,\nb=%7.2f,\nc=%7.2f\n",a,b,c);
    printf("s=%7.2f\n",s);
    return 0;
}
```

输出如下：

```
输入 3.4,4.5,5.6↙
a=   3.40,
```

```
b=   4.50,
c=   5.60
s=   7.65
```

3.6 顺序结构程序设计举例

1. 求存款利息

已知,某银行一年期的利率为1.5%,二年期的利率为2.1%。某人去银行存钱,一年期存款5000元,二年期存款10 000元。到期后他共获得多少存款利息?(3.3节的问题1)

【问题分析】

欲求该人能够获得的存款利息,需要先求出一年期存款所获得的利息,再求二年期存款所获得的利息,最后将一年期所获利息与二年期所获利息相加即可得到总的存款利息。

【问题求解】

综合案例1:求存款利息

```
#include<stdio.h>
int main()
{
    float a, b, sum;
    a = 5000 * 0.015;
    b = 10000 * 0.021;
    sum = a + b;
    printf("%f", sum);
    return 0;
}
```

程序运行结果:

```
285.000000
```

【应用扩展】

由此,我们可以扩展计算企业利润、个人所得税、股票收益率等。

2. 兑换外币

某人去银行兑换外币,人民币对美元的汇率为1人民币兑换0.151 2美元。若要兑换的人民币金额为10 000元,则可兑换多少美元?(3.3节的问题2)

【问题分析】

求解该问题只需将已有人民币的总金额乘以0.151 2即可。

【问题求解】

综合案例2:外币兑换

```
#include<stdio.h>
int main()
{
    float d;
    d = 10000 * 0.1512;
    printf("%f", D);
    return 0;
}
```

程序运行结果:

```
1512.000000
```

【应用扩展】

本实例中，如果汇率不变，已知有 5 000 美元，请问可以兑换多少人民币呢？

3. 出国货币兑换

随着我国经济的快速增长，人们的生活水平日益提高，越来越多的人选择出国旅游以增长阅历，但要在异国消费，首先便是兑换目的旅游国的货币。假如，你要携带父母到美国旅游，已知今日的人民币兑换美元的汇率为 rate，请编程实现给定任意的人民币 x，计算可以兑换多少美元 y。

【问题分析】

本问题的求解关键是要找到人民币与美元之间的换算公式。由于货币汇率是指两种不同货币之间的兑换价格，若已知人民币兑换美元的汇率为 rate，则人民币 x 与美元 y 的兑换公式为 $y=x\times \text{rate}$。

【问题求解】

根据问题分析所得人民币与美元的兑换公式，可以在给定汇率下，对任意的人民币完成与美元之间的兑换，其算法流程如图 3-8 所示。

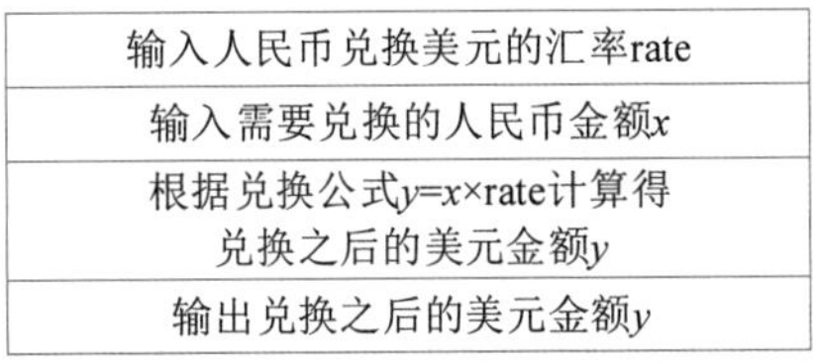

输入人民币兑换美元的汇率rate
输入需要兑换的人民币金额x
根据兑换公式y=x×rate计算得兑换之后的美元金额y
输出兑换之后的美元金额y

图 3-8 外部兑换算法流程图

根据流程图 3-8，可以编写相应的 C 语言程序代码如下：

综合案例 3：货币兑换

```
#include<stdio.h>
int main()
{
    double rate, x, y;
    printf("请输入当前的人民币兑换美元的汇率(大于 0 且小于 1 的小数):");
    scanf("%lf", &rate);
    printf("请输入所要兑换的人民币金额(大于 0 的数):");
    scanf("%lf", &x);
    //根据汇率将人民币兑换成美元
    y = x * rate;
    printf("%.2f 人民币在汇率为 %.4f 时可以兑换 %.2f 美元\n", x, rate, y);
    return 0;
}
```

程序运行结果：

```
请输入当前的人民币兑换美元的汇率(大于 0 且小于 1 的小数):0.1439↙
请输入所要兑换的人民币金额(大于 0 的数):10000↙
10000.00 人民币在汇率为 0.1439 时可以兑换 1439.00 美元
```

【应用扩展】

本问题的求解思路可以运用于很多不同单位的数据之间的换算，如重量换算、温度换算、体积换算等。

4. 求三角形的周长和面积

已知直角三角形的两条直角边分别为 3 和 4，求三角形的周长和面积。(3.3 节的问题 3)

【问题分析】

本题已知直角三角形的两条直角边，欲求直角三角形的周长，必须首先求出三角形的第三条边的长度,可利用勾股定理求出。再分别计算三角形的周长和面积。

【问题求解】

综合案例 4:求直角三角形的周长和面积

```
#include<stdio.h>
#include<math.h>
int main()
{
    int a, b;
    float c, L, S;                          //变量 c 为直角三角形第三条边,L 为周长,S 为面积
    scanf("%d,%d", &a, &b);
    c = sqrt(a * a + b * b);
    L = a + b + c;
    S = 1.0 / 2 * a * b;
    printf("%f, %f", L, S);
    return 0;
}
```

程序运行结果:

```
3,4↙
12.000000, 6.000000
```

【应用扩展】

由此,我们也可以已知正方形的边长,计算正方形的周长和面积;已知长方形的长和宽,求长方形的周长和面积;已知圆的半径,求圆的周长和面积等。

5. 输出简单的字符图形

请用输出函数输出如图 3-9 所示的字符图案。

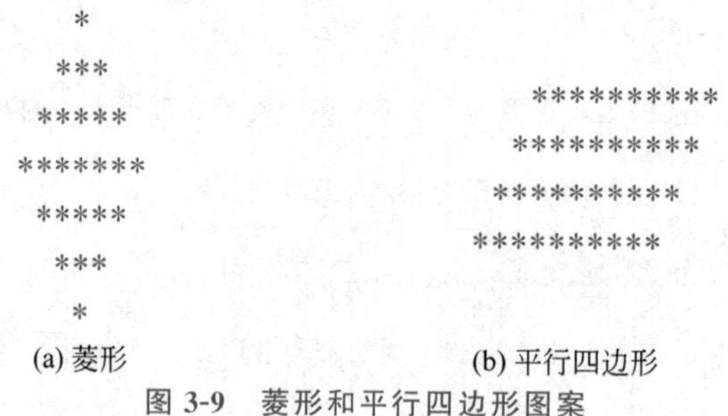

(a) 菱形　　(b) 平行四边形

图 3-9　菱形和平行四边形图案

【问题分析】

通过观察可知,图 3-9(a)中的菱形总共有 7 行,每行星号(*)的个数依次为 1、3、5、7、5、3、1。从形态上看,每行星号都是居中显示的。图 3-9(b)中的平行四边形总共有 4 行,各行星号的个数均为 10。从形态上看,上一行的第一个星号与下一行的第一个星号相比在前面多了一个空格。为了能够使输出的星号呈现出题目要求的形态,可以在正式输出每行星号之前,先输出相应个数的空格符来实现。

【问题求解】

根据以上分析,借助流程图绘制软件可以作出相应的算法流程图,如图 3-10 所示。

根据算法流程图,可以写出相应的 C 语言实现代码。显示图 3-9(a)中的菱形图案的 C 语言代码如下:

输出3个前导空格和1个*号
输出2个前导空格和3个*号
输出1个前导空格和5个*号
输出0个前导空格和7个*号
输出1个前导空格和5个*号
输出2个前导空格和3个*号
输出3个前导空格和1个*号

(a) 菱形的算法流程图

输出3个前导空格和10个*号
输出2个前导空格和10个*号
输出1个前导空格和10个*号
输出0个前导空格和10个*号

(b) 平行四边形的算法流程图

图 3-10　算法流程图

综合案例 5(a)：显示图 3-9(a)中的菱形

```
#include<stdio.h>
int main()
{
    printf("   *\n");                       //输出第 1 行的星号,前面有 3 个空格
    printf("  ***\n");                      //输出第 2 行的星号,前面有 2 个空格
    printf(" *****\n");                     //输出第 3 行的星号,前面有 1 个空格
    printf("*******\n");                    //输出第 4 行的星号,前面有 0 个空格
    printf(" *****\n");                     //输出第 5 行的星号,前面有 1 个空格
    printf("  ***\n");                      //输出第 6 行的星号,前面有 2 个空格
    printf("   *\n");                       //输出第 7 行的星号,前面有 3 个空格
    return 0;
}
```

显示图 3-9(b)中的平行四边形图案的 C 语言代码如下：

综合案例 5(b)：显示图 3-9(b)中的平行四边形

```
#include<stdio.h>
int main()
{
    printf("   **********\n");              //输出第 1 行的星号,前面有 3 个空格
    printf("  **********\n");               //输出第 2 行的星号,前面有 2 个空格
    printf(" **********\n");                //输出第 3 行的星号,前面有 1 个空格
    printf("**********\n");                 //输出第 4 行的星号,前面有 0 个空格
    return 0;
}
```

【应用扩展】

本问题的算法核心是充分运用 printf 函数输出数据时的格式控制能力,结合输出前导空格和回车换行,可以打印各式各样的图案。但现在的这种实现方式在打印很大的图案时会显得很烦琐,在学习完循环结构程序设计之后,我们可以用更有效的方法来实现。

6. 简易计算器菜单

请用输出函数实现在命令行提示符窗口中输出简易的计算机菜单,如图 3-11 所示。

```
==========简易计算器==========
1. 加法运算
2. 减法运算
3. 乘法运算
4. 除法运算
您要执行的运算是（请输入上述菜单项前的编号）:
```

图 3-11　简易的计算机菜单

【问题分析】

题目中要求输出的简易计算机菜单信息都是由普通字符串构成，使用 printf 函数来输出即可。每个菜单项和提示信息各自占据一行，则可以通过回车换行来实现。

【问题求解】

根据问题分析可以写出相应的 C 语言代码如下：

综合案例 6：输出菜单

```
#include<stdio.h>
int main()
{
    printf("==========简易计算器==========\n");
    printf("1. 加法运算\n");
    printf("2. 减法运算\n");
    printf("3. 乘法运算\n");
    printf("4. 除法运算\n");
    printf("您要执行的运算是(请输入上述菜单项前的编号):");
    return 0;
}
```

【应用扩展】

在一个完整的 C 语言应用程序中，通常包含有多个功能模块，为了提供更加人性化的功能，一般都会给出一个功能菜单供用户选择所要执行的操作。

7. 交换两个瓶中的液体

有两个瓶子 A 和 B，分别盛放醋和酱油，要求将它们互换(A 瓶原来盛放醋，现改盛酱油，B 瓶则相反)。

【问题分析】

要使 A、B 容器所盛的液体互换，关键是需要借助一个空的容器 C(假定 3 个容器的大小相同，避免液体溢出)来暂存交换中的液体。具体交换步骤：先将 A 中的液体倒入 C 中，再将 B 中液体倒入 A 中，最后将 C 中的液体倒入 B 中。

【问题求解】

根据以上分析，借助流程图绘制软件可以画出相应的算法流程图，如图 3-12 所示。

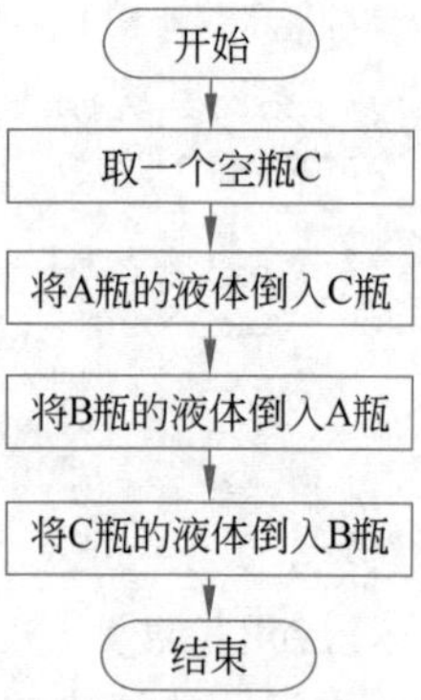

开始
取一个空瓶C
将A瓶的液体倒入C瓶
将B瓶的液体倒入A瓶
将C瓶的液体倒入B瓶
结束

图 3-12　算法流程图

根据问题分析可以写出相应的 C 语言代码如下：

综合案例 7：互换两个瓶子 **A** 和 **B** 中的液体

```
#include<stdio.h>
int main()
{
    int a, b, c;                                    //代表三个同样的瓶子
    printf("请输入两个整数:");
    scanf("%d%d", &a, &b);
    c = a;
    a = b;
    b = c;
    printf("交换后的结果是:%d %d\n", a, b);
    return 0;
}
```

程序运行结果：

```
请输入两个整数:15 60↙
交换后的结果是:60 15
```

【应用扩展】

本问题的求解算法可以很好地运用于对两个变量的值进行交换的应用场景。例如，比较大小、冒泡排序算法等。

8. 输出学生信息表

输出如图3-13所示的学生信息列表。其中，标题行居中对齐，“姓名”列数据左对齐，“成绩”列数据保留两位小数且右对齐，“排名”列数据居中对齐。

姓名	成绩	排名
张三	85.00	2
李思源	95.50	1
王辉	76.00	3

图3-13 学生信息表

【问题分析】

通过对输出信息的分析可知，其特征是包含一行标题和三行数据。标题行的信息都是居中对齐，数据信息的显示特征是姓名列都是字符串信息，以左对齐的格式显示；成绩列都是包含两位小数的信息，以右对齐的格式显示；排名列都是整数，以居中对齐的格式显示。为此，可以运用printf函数来输出数据。printf函数在运用时，若要控制输出数据的宽度可以在格式控制符中指定，而且其对数据的显示默认是右对齐，若要使其左对齐则可以在格式控制符中加上“-”实现。值得注意的是，printf函数没有居中对齐的格式控制方式，为了实现居中对齐，可以通过增加辅助空格来实现。

【问题求解】

根据问题分析，可以写出相应的C语言实现代码如下：

综合案例8：输出学生信息列表

```
#include<stdio.h>
int main()
{
    /* 输出标题行 */
    printf("|   %s    |    %s    |    %s    |\n", "姓名", "成绩", "排名");
    printf("|%-10s|%10.2f|   %-6d|\n", "张三", 85.00, 2);          //输出第一行
    printf("|%-10s|%10.2f|   %-6d|\n", "李思源", 95.50, 1);        //输出第二行
    printf("|%-10s|%10.2f|   %-6d|\n", "王辉", 76.00, 3);          //输出第三行
    return 0;
}
```

【应用扩展】

运用计算机完成各类数据的运算、处理之后，最终都需要将其处理结果显示或输出以供用户使用。为了使用户更加容易理解数据，通常需要在输出之时对数据的输出格式进行控制。例如，显示宽度、左对齐、右对齐、居中对齐、保留指定位数的小数等，这些都可以通过对printf函数的运用来实现。

9. 求算术平均数

现有五只猴子，已知每只猴子摘到的桃子的数量，求猴子摘到桃子的算术平均值。

【问题分析】

求解该问题，需要获取每只猴子摘到桃子的数量，而后将它们求和后再求平均值。

综合案例 9：求猴子摘到桃子的平均数

```
#include<stdio.h>
int main()
{
    int a1,a2,a3,a4,a5;
    float ave;
    scanf("%d,%d,%d,%d,%d", &a1,&a2,&a3,&a4,&a5);
    ave=(a1+a2+a3+a4+a5)/5;
    printf("the average of peach is %f", ave);
    return 0;
}
```

【问题求解】

程序运行结果：

```
10,9,5,6,7↙
the average of peach is 7.400000
```

【应用扩展】

简单的算术平均值是日常数据计算中常用的一种计算。在数据计算中，多用于表示数据集中趋势指标，是一种典型的常用的集中趋势指标。例如，一个班级数学的平均成绩，一个家庭的平均收入，一个公司员工的平均月薪，一个省的人均收入，等等。将某个数据集合的所有数据值相加所得到的和再除以数值个数，就可以得到简单的算术平均值。

假设有一组数，包含 n 个数值，它们的数值分别为 $x_1,x_2,\cdots,x_n$，则我们可以计算该组数的简单算术平均值为

$$\bar{x}=\frac{x_1+x_2+\cdots+x_n}{n}$$

10. 求解一元二次方程

求一元二次方程 $ax^2+bx+c=0$ 的根，假定根的判别式 $\Delta=b^2-4ac\geqslant 0$，则该方程肯定存在实根。

【问题分析】

根据一元二次方程求解的公式法可知，若 $\Delta=b^2-4ac>0$，则有两个不同实根 $x=\frac{-b\pm\sqrt{b^2-4ac}}{2a}$；若 $\Delta=b^2-4ac=0$，则有两个相同的实根 $x=\frac{-b}{2a}$；若 $\Delta=b^2-4ac<0$，则无实根。

【问题求解】

根据问题分析可知，$\Delta=b^2-4ac>0$，则方程有两个不同实根 $x=\frac{-b\pm\sqrt{b^2-4ac}}{2a}$。我们可以先计算 Δ 的值，然后再计算 $p=\frac{-b}{2a}$ 和 $q=\frac{\sqrt{b^2-4ac}}{2a}$，最后根据求根公式计算出该方程的两个实根，如图 3-14 所示。

根据算法流程图可以写出相应的 C 语言代码如下：

输入一元二次方程的系数a、b、c
计算$\Delta=b^2-4ac$
计算$p=\frac{-b}{2a}$
计算$q=\frac{\sqrt{b^2-4ac}}{2a}$
计算$x_1=p+q$、$x_2=p-q$
输出一元二次方程的根x_1和x_2

图 3-14 算法流程

综合案例 10：计算方程的根

```
#include<stdio.h>
#include<math.h>
int main()
{
    double a, b, c, delta, x1, x2, p, q;
    scanf("%lf%lf%lf", &a, &b, &c);             //输入一元二次方程的系数
    delta = b*b-4*a*c;
    p = -b/(2.0*a);
    q = sqrt(delta)/(2.0*a);
    x1 = p+q;                                     //计算第一个实根的值
    x2 = p-q;                                     //计算另外一个实根的值
    printf("x1=%7.2f\nx2=%7.2f\n",x1,x2);    //输出方程的实根信息
    return 0;
}
```

程序运行结果：

```
1 5 6↙
x1=   -2.00
x2=   -3.00
```

【应用扩展】

本问题的求解关键是要熟悉一元二次方程的求根公式及根的存在条件。这种求解问题的思路对于很多数学问题的求解都是适用的。

第 4 章我们会去掉 $b^2-4ac>0$ 这个假设条件，再次求解一元二次方程的根。在此之前，我们需要学习一种新的程序控制结构——选择结构。

思考与练习

一、简答题

1. C 语言中的标准输入和标准输出函数是在哪里定义的？
2. 请列举 C 语言中的标准输入函数有哪些。
3. 请列举 C 语言中的标准输出函数有哪些。
4. C 语言中输入/输出函数的格式控制字符串都有哪些，各自的作用是什么？
5. 输入/输出函数的格式控制字符串中的普通字符，各自的作用是什么？有什么区别？
6. 请简述%x 与%X 之间的差别。
7. 可以传递给 putchar 函数进行输出的数据类型有哪些？

8. 在 gets 函数中，对于接收到的回车换行符是如何处理的？

二、选择题

1. 已有定义语句“int x; float y; char z;”，下面正确的语句是(　　)。

A. scanf("%d,%lf,%c\n", &x, &y, &z);

B. scanf("%d,%f,%c\n", &x, &y, &z);

C. scanf("%d,%f,%s\n", &x, &y, &z);

D. scanf("%d,%f,%c\n", x, y, z);

2. 已有如下定义和输入语句，若要求 a、b、x、y 的值分别为 10、15、A、B，则正确的数据输入方式是(　　)。

```
int a,b;
char x,y;
scanf("%d%c%d%c", &a, &x, &b, &y);
printf("a=%d,x=%c,b=%d,y=%d", a, x, b, y);
```

A. 10　A　15　B<回车>　　B. 10A　15B<回车>

C. 10A15 B<回车>　　D. 10A15B<回车>

3. 已知有语句“float f1, f2;”，数据的输入方式“f1=4.52, f2=2.3587”。根据下面的运行结果，正确的程序段是(　　)。

```
4.520000, 2.358700
```

A. printf("%f,%f",f1,f2);　　B. printf("%3.2f,%2.1f", f1,f2);

C. printf("%f%f",f1,f2);　　D. printf("%f3.2%2.1f", f1,f2);

4. 运行下面的程序，正确的运行结果是(　　)。

```
#include<stdio.h>
int main()
{
    double x=2.7563, y=187.127, z;
    z=y+1;
    printf("%f,%f,%10.2f\n", x, y, z);
    return 0;
}
```

A. 2.7563,187.127, 188.13　　B. 2.756300,187.127000,　　188.13

C. 2.7563,187.127,　　188.13　　D. 2.756300,187.127000,188.13

三、填空题

1. 用 scanf 函数输入数据，使得 $x=4.55$，$y=2.17$。

```
#include<stdio.h>
int main()
{
    float x;
    double y;
    scanf("____(1)____", ____(2)____);
    scanf("____(3)____", ____(4)____);
    printf("x=%f", x);
    printf("y=%f", y);
    return 0;
}
```

2. 根据下面的运行结果，完善程序。

```
x=76.4351, y=764.35
```

```
#include<stdio.h>
int main()
{
    float x=76.43512, y;
    y=x*10;
    printf("____(1)____", x, y);
    return 0;
}
```

四、程序阅读题

1. 写出以下程序的运行结果。

```
#include<stdio.h>
int main()
{
    float x = 2.23, y = 4.35;
    printf("x=%f,y=%6.2f\n", x, y);
    printf("x+y=%8.6f,y-x=%4.2f\n", x+y, y-x);
    return 0;
}
```

程序运行结果：________。

2. 写出以下程序的运行结果。

```
#include<stdio.h>
int main()
{
    int x = 66;
    char ch = 'b';
    printf("char=%c,ASCII=%d\n", x-1, x-1);
    printf("char=%c,ASCII=%d\n", ch, ch);
    return 0;
}
```

程序运行结果：________。

3. 若程序运行时从键盘输入 48，则运行结果为________。

```
#include<stdio.h>
int main()
{
    char c1, c2;
    scanf("%d", &c1);
    c2 = c1 + 9;
    printf("%c%c\n", c1, c2);
    return 0;
}
```

4. 写出以下程序的运行结果。

```
#include<stdio.h>
int main()
{
    double d = 3.2;
    int x, y;
    x = 1.2;
```

```
    y = (x+3.8)/5.0;
    printf("%d\n", d * y);
    return 0;
}
```

程序运行结果：________。

五、编程题

已知

```
int i=19, j=12; double x=3.1415, y=153.125;
```

根据以下运行结果，编写程序。

```
i=19    j=12
x=3.14    y=1.53e+002
```

六、思考题

1. 请思考如何运用 getchar 函数实现与 gets 函数相同的功能，然后用 C 语言实现。

2. 请思考如何运用 putchar 函数实现与 puts 函数相同的功能，然后用 C 语言实现。

3. 若有如下代码，欲用 scanf 函数从终端接收整型数据，请上机验证其中的 int 类型变量 x 和 y 实际接收的数据是什么，思考造成这一现象的原因。

```
#include<stdio.h>
int main()
{
    int x, y;
    scanf("%d", &x);                        //程序运行时输入 99
    printf("x = %d\n", x);
    scanf("%d", &y);                        //程序运行时输入 9999999999
    printf("y = %d\n", y);
    return 0;
}
```

4. 若有如下代码，欲想运用 scanf 函数从终端接收浮点型数据，请上机验证其中的 float 类型变量 x、y 和 z 实际接收的数据是什么，思考造成这一现象的原因。

```
#include<stdio.h>
int main()
{
    float x, y, z;
    scanf("%f", &x);                        //程序运行时输入 99
    printf("x = %f\n", x);
    scanf("%f", &y);                        //程序运行时输入 99.9
    printf("y = %f\n", y);
    scanf("%f", &z);                        //程序运行时输入 99999999
    printf("z = %f\n", z);
    return 0;
}
```

第4章

程序决策——选择结构程序设计

第3章介绍了顺序结构的程序设计方法，可以解决一些简单的问题，但在现实世界中，要解决的问题常常需要经过判断，才能进行后续步骤的操作。这就需要我们学习选择结构的程序设计方法。

4.1 实际问题引例

问题1：我们有时会说，如果明天天气晴朗，我将外出郊游。这是一个单一条件的判断，如果"天气晴朗"的判断条件成立，则执行"外出郊游"的计划。又如，我们还会说，如果明天天气晴朗并且温度超过25℃，我将外出郊游。这仍是一个并列条件的判断，如果"天气晴朗"且"温度超过25℃"两个条件都成立，则执行"外出郊游"的计划。上述两种情况，我们都需要经过一个判断后，才能选择干什么。

问题2：有一个分段函数，当 x 大于0时，$y=x-5$；当 x 小于或等于0时，$y=x+5$。要通过程序计算 y 的值，首先应该判断 x 与0的大小。分段函数可以根据变量 x 的取值，选择合适的计算公式。

对于类似的问题，我们都需要进行条件判断之后才能进行相应的选择，C语言引入if语句(条件语句)来解决条件判断的问题。另外在问题1中，我们要表示并列条件常常要用到逻辑表达式；在问题2中，我们要比较两个值的大小，需要用到关系表达式。因此，我们先来了解和选择结构相关的运算及其运算规则。

4.2 条件判断

4.2.1 关系运算符和关系表达式

1. 关系运算符及其优先次序

C语言支持的关系运算符如下：

① <　(小于)
② <=　(小于或等于)
③ >　(大于)
④ >=　(大于或等于)
}优先级相同(高)

⑤ ==　(等于)
⑥ !=　(不等于)
}优先级相同(低)

注意：关系运算符的优先级低于算术运算符，高于赋值运算符。

2. 关系表达式

用关系运算符将两个表达式（可以是算术表达式或关系表达式、逻辑表达式、赋值表达式、字符表达式）连接起来的式子，称为关系表达式。

例如：

- a>b，(a=5) > (b=3)，'a'<'b'，(a>b) > (b<c)；
- a = b < c 等价于 a = (b < c)（关系运算优先级高于赋值运算）；
- a == b < c 等价于 a == (b < c)（小于运算优先级高于等于运算）；
- a+b > b+c 等价于 (a+b) > (b+c)（关系运算优先级低于算术运算）。

都可以称为关系表达式。

早期 C 语言中没有专用的逻辑值，非零代表真，零代表假，关系表达式的运算结果通常是 1 或 0，即"逻辑真"或"逻辑假"。

例如：

- (a=5) > (b=3) 的值为 1，即"逻辑真"；
- (a=5) == (b=3) 的值为 0，即"逻辑假"。

知识点小贴士：关于逻辑值

从 C99 标准开始。C 语言支持布尔(bool)类型数据，用 true 代表逻辑"真"，false 代表逻辑"假"。

4.2.2 逻辑运算符和逻辑表达式

1. 逻辑运算符及其优先次序

逻辑运算符如下。

- !（逻辑非）：相当于其他语言中的 NOT。
- &&（逻辑与）：相当于其他语言中的 AND。
- ||（逻辑或）：相当于其他语言中的 OR。

运算规则如下。

- !a：若 a 为真，则 !a 为假；若 a 为假，则 !a 为真。
- a&&b：若 a、b 都为真，则 a&&b 为真，否则为假。
- a||b：若 a、b 有一个以上为真，则结果为真；两者都为假，则结果为假。

优先次序：逻辑运算符与其他运算符的优先次序如图 4-1 所示。

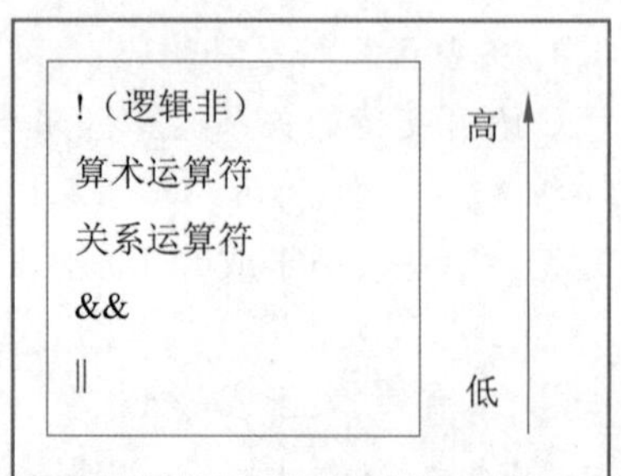

图 4-1 逻辑运算符的优先级

注意：三个逻辑运算符的优先级不同，!（逻辑非）优先级最高，&&（逻辑与）优先级高于||（逻辑或）。

2. 逻辑表达式

用逻辑运算符将关系表达式或逻辑量连接起来的式子就是逻辑表达式。

与关系运算类似，逻辑表达式的值是 1 或 0，即逻辑

“真”或“假”。

【例 4.1】 逻辑运算举例。

设“a=4,b=5,c=0”,则:

- !a 的值为 0。
- a&&b 的值为 1。
- a||b 的值为 1。
- !a||b 的值为 1。
- a&&b||c 的值为 1。

【例 4.2】 求 6<9&&8<10-!0 的值。

系统在求解时自左向右扫描表达式,结合运算符的优先级,求解过程如下。

(1) 6<9 值为 1。

(2) !0 值为 1。

(3) 10-1 值为 9。

(4) 8<9 值为 1。

(5) 1&&1 值为 1。

表达式最终结果为 1。

在逻辑表达式的求解中,为了提升程序运行效率,并不是所有的逻辑运算符都要被执行。

(1) a&&b&&c:只有 a 为真时,才需要判断 b 的值;只有 a 和 b 都为真时,才需要判断 c 的值。

(2) a||b||c:只要 a 为真,就不必执行后续运算;只有 a 为假,才判断 b 的值;a 和 b 都为假才需要判断 c 的值。

【例 4.3】 当 $a=6,b=7,c=8,d=9$,m 和 n 的原值为 1,执行运算“$(m=a<b)||(n=c>d)$”后,求 m 和 n 的值。

【解】 由于“a<b”的值为 1,因此 $m=1$,由于是“||”运算,求出前半部分式子的值为 1,可知整个表达式的结果为 1,不必再执行“n=c>d”,因此 n 的值不是 0 而仍保持原值 1。

【例 4.4】 用逻辑表达式表示闰年的条件:

变量 year 中存放了年份信息,判别 year 是否是闰年。

一个年份是闰年要满足的条件:

能被 4 整除,但不能被 100 整除,或能被 400 整除。

这时,可以考虑用逻辑表达式来表示闰年的条件:

```
(year%4 == 0 && year%100 != 0) || year%400 == 0
```

如果表达式值为真(1)是闰年,否则为非闰年。

了解了关系运算与逻辑运算后,我们现在可以来学习基本的选择结构程序了。选择结构程序通常会使用两种语句结构,一种是 if 语句体,另一种是 switch 语句体,我们先来学习 if 语句结构。

4.3 用 if 语句实现选择结构

4.3.1 if 语句的 3 种形式

if 语句体有 3 种基本结构。

形式一：单分支选择

格式：

```
if (expression)
    statement
```

此处 expression 为要判断的条件，可以是变量、常量或表达式。当 expression 值为真(1 或非 0)，就会执行 statement 表示的语句(体)，否则什么也不执行，执行过程如图 4-2 所示。

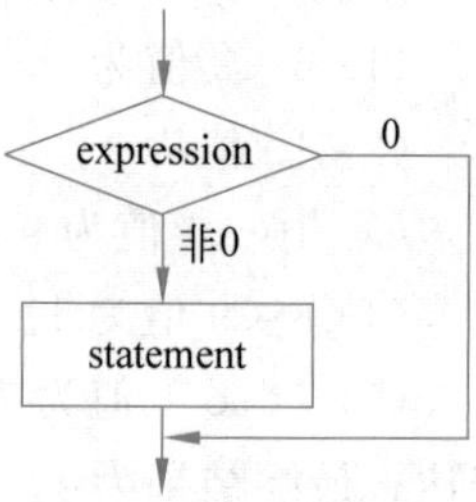

图 4-2 单分支选择结构流程图

【例 4.5】 输入一个数 x，如果 x 小于 0，则 $y=x+10$，输出 y 的值。

【问题分析】

对于一个输入数，需要判断 x 是否满足小于 0 的条件，可以根据判定条件来进行相应的加减计算。

【问题求解】

```
/*程序代码 4.5:计算 y 的值*/
#include<stdio.h>
int main()
{
    int x, y;
    y=0;
    scanf("%d", &x);
    if(x<0)
        y=x+10;
    printf("%d", y);
    return 0;
}
```

程序运行结果：

```
-5↙
5
```

【应用扩展】

本题的解题思想是运用数学条件进行判断，然后进行对应条件的计算。这种方法适用于任何需要依靠条件进行相应判断的问题。

【例 4.6】 输入两个实数，按代数值由小到大的顺序输出这两个数。

【问题分析】

对于一个输入数，需要判断 x 是否满足小于 0 的条件，可以根据判定条件来进行相应的加减计算。

【问题求解】

```
/*程序代码 4.6:两个数的排序*/
```

```
#include<stdio.h>
int main()
{
    float a,b,t;
    scanf("%f,%f",&a,&b);
    if(a>b)
    {
        t=a;                                    //交换 a,b 的值,流程见图 4-3
        a=b;
        b=t;
    }
    printf("a=%f,b=%f\n",a,b);
    return 0;
}
```

程序运行结果:

```
9.8,2.3↙
a=2.3,b=9.8
```

形式二:双分支选择

格式:

```
if (expression)
    statement1
else
    statement2
```

当 expression 值为真(1 或非 0),就会执行 statement1 表示的语句(体),否则执行 statement2 语句(体),也就是说无论 expression 真假如何,总有一个分支会被执行。执行过程如图 4-4 所示。

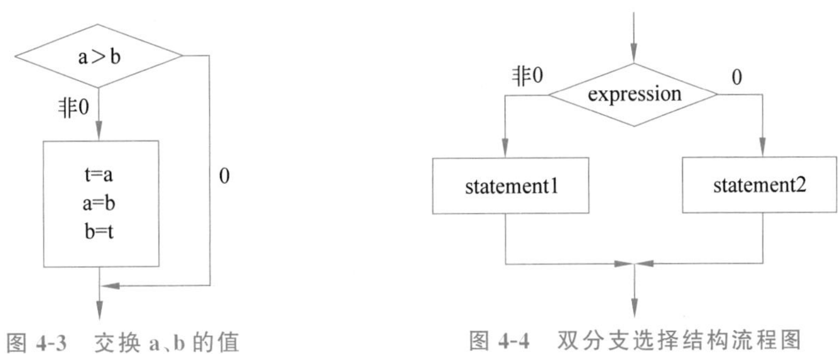

图 4-3 交换 a、b 的值　　图 4-4 双分支选择结构流程图

【例 4.7】 输入一个数 x,如果 x 小于 0,则 $y=x+10$,如果 x 大于或等于 0,则 $y=x+5$。最后输出 y 的值。

【问题分析】

根据题意可知,需要对输入的数进行条件判断,如果表达式 x 的值小于 0,则执行语句 $y=x+10$,否则执行语句 $y=x+5$。

【问题求解】

```
/*程序代码 4.7:计算 y 的值*/
#include<stdio.h>
int main()
{
```

```
    int x,y;
    scanf("%d", &x);
    if(x<0)
        y=x+10;
    else
        y=x+5;
    printf("%d", y);
    return 0;
}
```

程序运行结果：

```
10↙
15
```

【应用扩展】

通常,这种带有 else 语句的 if 语句解决的是双分支选择问题,但是需要注意每种条件的临界值。

形式三：多分支选择

格式：

```
if (expr1)          statement1
else if (expr2)     statement2
else if (expr3)     statement3
……
[else               statementn]
```

执行过程如图 4-5 所示。

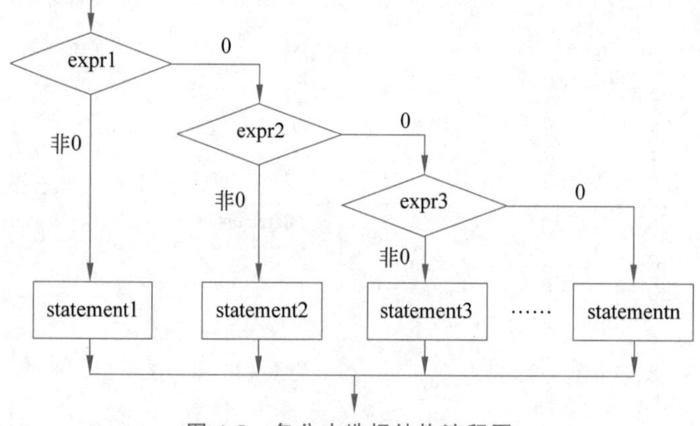

图 4-5　多分支选择结构流程图

当 expr1 值为真(1 或非 0),就会执行 statement1 表示的语句(体),并结束整个多分支语句体的执行,不再进行其他分支的判断,否则不执行 statement1,继续判断条件 expr2 的值;如果 expr2 值为真(1 或非 0),就会执行 statement2 表示的语句(体),并结束整个多分支语句体的执行,不再进行其他分支的判断,否则不执行 statement2,继续判断条件 expr3 的值,以此类推,如果前面条件都不满足(为假),会进入最后一个 else 分支执行语句 statementn,然后结束整个多分支语句体的执行,继续执行程序余下的语句。

说明：

(1) if 后面的表达式类型任意,一般为逻辑表达式或关系表达式。

(2) 语句可以是复合语句。

例如：

```
if(x>y)
    { x=y;  y=x; }
else
    { x++;  y++; }
```

(3) if 语句中有内嵌语句，每个内嵌语句必须以分号结束。

(4) else 语句不能作为语句单独使用，它是 if 语句的一部分，必须与 if 配对使用。

【例 4.8】 输入一个数 x，如果 x 小于 0，则 $y=x+10$；如果 x 大于或等于 0 且小于 10，则 $y=x+5$；如果 x 大于或等于 10，则 $y=x-5$。最后输出 y 的值。

【问题分析】

根据题意可知，需要对输入的数进行条件判断，需要判断变量 x 的值的大小范围，如果变量 x 的值小于 0，则执行语句“y=x+10;”；如果变量 x 的值大于或等于 0 且小于 10，则执行语句“y=x+5;”；若前两者皆不符合，则执行语句“y=x-5;”。

【问题求解】

```
/*程序代码 4.8:计算 y 的值*/
#include<stdio.h>
int main()
{
    int x, y;
    scanf("%d", &x);
    if(x<0)
        y=x+10;
    else if(x<10)
        y=x+5;
    else
        y=x-5;
    printf("%d", y);
    return 0;
}
```

程序运行结果：

```
12↙
7
```

【应用扩展】

本题的 if-else-if 形式不仅适用于三分支结构，也适用于多分支问题，应用于多分支问题时可以先将问题的各分支一分为二，再逐步细分的思路来确定多分支的具体界限，相应地增加 else-if 语句即可。

4.3.2 if 语句的嵌套

在 if 语句体的 3 种基本的结构中又包含一个或多个 if 语句体基本结构，称为 if 语句的嵌套。一般有如下几种形式。

形式 1：

```
if (expr1)
    statement1
else
{
    if(expr3)
        statement3           内嵌 if
    else
        statement4
}
```

形式 2：

```
if (expr1)
{
    if (expr2)               内嵌 if
    statement1
}
else
    statement3
```

形式 3：

```
if (expr1)
    if (expr2)
        statement1           内嵌 if
    else
        statement2
```

形式 4：

```
if (expr1)
    if (expr2) statement1    内嵌 if
    else statement2
else
    if(expr3) statement3     内嵌 if
    else statement4
```

上面仅是 if 语句嵌套的几个例子，嵌套形式灵活多样，读者可以根据具体的问题需求，用几种基本形式灵活嵌套组合。

在嵌套时需要遵循如下 if 语句体的配对原则，进行匹配，缩进对齐，以增强程序的可读性：

匹配原则：else 总是与它上面的、最近的、同一复合语句中的、未配对的 if 语句配对。当 if 和 else 数目不同时，可以加花括号来确定配对关系，例如：

```
if()
   {  if()    statement1  }
else
   if()    statement2
   else    statement3
```

【例 4.9】 有一个函数：

$$y=\begin{cases}-x-1 & (x>0)\\ 0 & (x=0)\\ x+1 & (x<0)\end{cases}$$

编一程序，输入一个 x 值，输出 y 值。

【问题分析】

根据题意可知，需要将 x 与 0 进行大小比较，根据比较的不同条件及结果，选择相应的式子求解出 y。

```
算法 1(用 3 个独立的单分支)
输入 x
    若 x>0，则 y=-x-1
    若 x=0，则 y=0
    若 x<0，则 y=x+1
输出 y
```

【问题求解】

```
/*程序代码 4.9(a):求解分段函数*/
#include<stdio.h>
int main()
```

```
{
    int x,y;
    scanf("%d",&x);
    if(x>0)   y=-x-1;
    if(x=0)   y=0;
    if(x<0)   y=x+1;
    printf("x=%d,y=%d\n",x,y);
    return 0;
}
```

程序运行结果：

```
-5↙
x=-5,y=-4
```

【应用扩展】

```
算法 2(用 if 语句的嵌套)
    输入 x
    若 x<0,则 y=x+1
    否则
        若 x=0,则 y=0
        否则(x>0),则 y=-x-1
    输出 y
```

【问题求解】

```
/*程序代码 4.9(b):求解分段函数*/
#include<stdio.h>
int main()
{
    int x,y;
    scanf("%d",&x);
    {
        //请读者根据算法 2 在此将程序补充完整
    }
    printf("x=%d,y=%d\n",x,y);
    return 0;
}
```

【应用扩展】

读者可以看到，上面我们用不同的算法思路解决了同样的问题，思考哪个算法更简单呢？还能设计出其他的算法吗？

4.3.3 条件运算符与表达式

在处理选择结构的问题时，有一种专门的运算符帮助我们简洁快速地编写双分支选择结构，这就是C语言中唯一的三目运算符——条件运算符“?:”，一般形式：

```
expr1 ? expr2 : expr3
```

功能相当于双分支条件语句执行过程：判断表达式 expr1 的值，如果为非零(真)，则以 expr2 的值作为整个表达式的结果，否则以 expr3 的值作为整个表达式的结果，如图 4-6 所示。

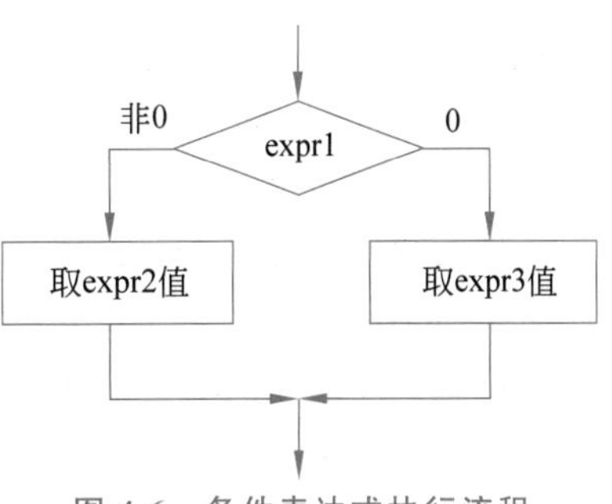

图 4-6 条件表达式执行流程

例如：

```
                                    if (a>b)
                                        printf("%d",a);
                           等价于
printf("%d",a>b?a:b);  <------->    else
                                        printf("%d",b);
```

例如，求 a+|b|：

```
printf("a+|b| = %d\n", b>=0?a+b:a-b);
```

说明：

(1) expr1、expr2、expr3 类型可不同。

(2) 条件运算符可嵌套，如“x>0?1:(x<0?-1:0)”。

(3) 条件运算符优先级高于赋值运算符，低于关系运算符和算术运算符。结合方向：自右向左。例如：

```
a>b?a:c>d?c:d
```

等价于

```
a>b?a:(c>d?c:d)
```

【例 4.10】 输入一个字符，判别它是否是大写字母。如果是，将它转换成小写字母；如果不是，不转换；然后输出最后得到的字符。

【问题分析】

这里需要判断输入的字符是否是大写字母，从而进行两种不同的操作，并赋值给同一个结果变量，是典型的双分支结构，也符合条件运算符的常用场景，可考虑使用条件运算符，简化程序。

【问题求解】

```
/* 程序代码 4.10:转换大写字母 */
#include<stdio.h>
int main()
{
    char ch;
    scanf("%c",&ch);
    ch=(ch>='A'&&ch<='Z')?(ch+32):ch;       //字符转换
    printf("%c\n",ch);
    return 0;
}
```

程序运行结果：

```
A↙
a
```

【应用扩展】

条件运算符常用场合：若在 if 语句中，无论被判别的表达式的值为“真”或“假”，都执行一个赋值语句且向同一个变量赋值时，可以用一个条件运算符来替换该 if 结构。

前面我们学习了各种 if 语句结构，在很多实际问题中，我们常常会遇到多分支的判断，需要用多分支的 if 语句或者更为复杂的 if 语句嵌套来处理，但是分支过多，嵌套层次过多容易导致程序过于复杂，造成程序可读性变差，不易于维护。C 语言提供了一种更为明晰的方式处理多分支的情况，这就是 switch 多分支选择结构。

4.4 利用 switch 语句实现多分支选择结构

switch 语句(开关分支语句)一般形式：

```
switch( 表达式)
{   case  E1:
         语句组 1;
   case  E2:
        语句组 2;
         ….
   case  En:
        语句组 n;
   [default:
        语句组 ;]
}
```

程序会先计算 switch 括号内表达式的值，根据计算出的值与各个 case 的 E1 到 En 进行匹配，与哪个 case 分支的 E 值相等，就执行哪个 case 分支，其中，最后一个 default 分支根据不同的问题需求有可能省略。具体执行流程如图 4-7 所示。

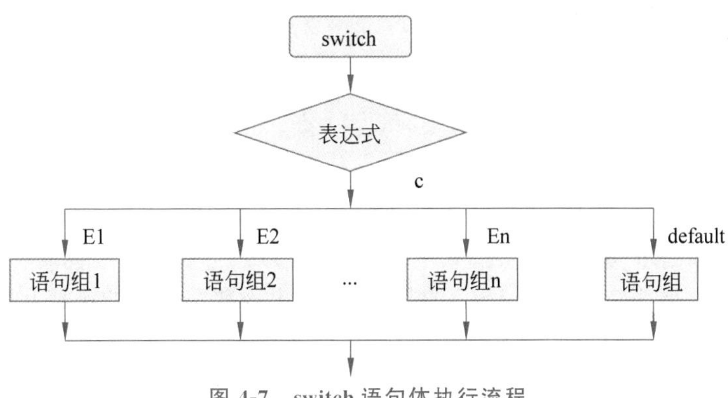

图 4-7 switch 语句体执行流程

然而，实际执行流程果真如此吗？我们来看下面的 switch 结构程序片段。

```
switch(score)
{
    case 5:printf("Very good!");
    case 4:printf("Good!");
    case 3:printf("Pass!");
    case 2:printf("Fail!");
    default:printf("data error!");
}
```

上面的程序片段无任何语法错误，符合我们前面介绍的 switch 语句基本结构，我们期望运行程序后能得到其中一种成绩的评级，例如，score 为 5 时，期望输出为"Very good!"。然而实际运行结果却是："Very good! Good! Pass! Fail! data error!"。也就是说当 score 为 5，匹配第一个分支输出"Very good!"后，程序并没有如期望那样结束整个 switch 语句体，而是忠实地顺序执行了后面所有分支。这不是我们期望的，所以我们要使某分支执行后便强制终止 switch 语句体的执行，这就需要用到 break 语句，程序修改如下：

```
switch(score)
{
    case5:printf("Very good!"); break;
    case4:printf("Good!"); break;
    case3:printf("Pass!"); break;
    case2:printf("Fail!"); break;
    default:printf("data error!");
}
```

读者可以看到，我们在每个分支最后一句用了 break 语句，强制终止了整个 switch 语句体的执行，当 score 为 5 时，我们可以得到期望的输出"Very good!"，程序不再匹配余下分支。关于 switch 语句体，我们需注意以下几点。

(1) switch 后面括号内的"表达式"，ANSI 标准允许它为任何类型(通常表达式结果为离散的，区别明显的常量)。

(2) E1、E2、…、En 是常量表达式，且值必须互不相同。

(3) 执行完一个 case 后面的语句后，流程控制转移到下一个 case 继续执行。应该在执行一个 case 分支后，用一个 break 语句来终止 switch 语句的执行。

(4) case 分支后的语句组可包含多个可执行语句，且不必加{ }。

(5) switch 可嵌套。

(6) 多个 case 可共用一组执行语句。

例如：

```
case  'A':
case  'B':
case  'C':
   printf("score>60\n");
   break;
…
```

【例 4.11】 根据用户输入的 1～7 的整数值，输出该数字对应的星期几。

【问题分析】

根据题意可知，需要对输入的整数值进行多重条件判断，应使用 switch-case 语句。

【问题求解】

```
/*程序代码 4.11:输出数字对应的星期*/
#include<stdio.h>
int main()
{
    int n;
    scanf("%d", &n);
    switch(n)
    {
        case 1: printf("星期一\n"); break;
        case 2: printf("星期二\n"); break;
        case 3: printf("星期三\n"); break;
        case 4: printf("星期四\n"); break;
        case 5: printf("星期五\n"); break;
        case 6: printf("星期六\n"); break;
        case 7: printf("星期天\n"); break;
        default: printf("输入不符合规定\n");
    }
```

```
        return 0;
}
```

程序运行结果：

```
3↙
星期三
```

【应用扩展】

switch 中的 default 包含特殊用法。如果 default 语句位于所有 case 之后，此时可以不加 break。如果 default 语句之后还有 case 语句，此时若不加 break，则 default 语句执行之后会继续下面的 case 语句，因此必须在 default 之后加 break 语句。但这种 default 用法是不推荐的，default 顾名思义是默认情况，只有在任何条件都不匹配的情况下才会执行，所以一般将 default 语句放在所有 case 之后。

4.5 选择结构程序设计举例

1. 求方程 $ax^2+bx+c=0$ 的解

【问题分析】

第 3 章我们曾经在 $b^2-4ac>0$ 这个前提条件满足的情况下求解过一元二次方程的解，由于现在没有这个前提条件，我们不得不根据 b^2-4ac 的结果来求解方程的不同根，本章学习的分支结构正好就能解决此类问题。对应 b^2-4ac 的结果，有：

① $a=0$，不是二次方程。

② $b^2-4ac=0$，有两个相等实根。

③ $b^2-4ac>0$，有两个不等实根。

④ $b^2-4ac<0$，有两个共轭复根。

【问题求解】

根据问题分析可知，需要先判断系数是否为 0，若为 0 则提示“所输入的系数不符合要求，无法构成一元二次方程”。否则，根据求解一元二次方程的公式法即可解决，其算法流程图如图 4-8 所示。

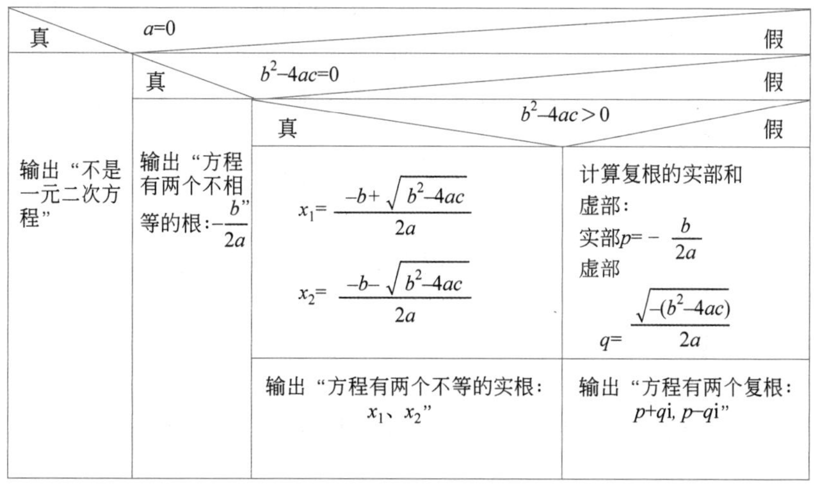

图 4-8 求一元二次方程的解

根据流程图,编写程序如下。

综合案例 1:求二元方程的根

```
#include<stdio.h>      /*因为使用了输入输出函数,所以需要引入此头文件*/
#include<math.h>       /*因为使用了 fabs 和 sqrt 两个数学函数,所以需引入此头文件*/
int main()
{
    double a, b, c, delta, p, q, x1, x2;

    printf("请输入一元二次方程的三个系数(可以是小数,并以空格作为分隔符):");
    /*由于变量是 double 类型,使用%lf 格式来接收输入,否则有可能无法正常接收数据*/
    scanf("%lf%lf%lf", &a, &b, &c);
    if(fabs(a)<=1e-6)                               //首先判断系数 a 是否为 0
        printf("不是一元二次方程!\n");
    else
    {
        deltas=b*b-4*a*c;
        if(fabs(delta)<=1e-6)                       //b²-4ac = 0
            printf("方程有两个相等的根:%8.4f\n",-b/(2*a));
        else if(delta>1e-6)                         //b²-4ac > 0
        {
            x1=(-b + sqrt(delta))/(2*a);
            x2=(-b - sqrt(delta))/(2*a);
            printf("方程有两个不等的实根:%8.4f and %8.4f\n",x1,x2);
        }
        else                                        //b²-4ac < 0
        {
            realpart=-b/(2*a);
            imagpart=sqrt(-delta)/(2*a);
            printf("方程有两个复根:\n");
            printf("%8.4f+%8.4fi\n",realpart,imagpart);
            printf("%8.4f-%8.4fi\n",realpart,imagpart);
        }
    }
    return 0;
}
```

【应用扩展】

本题的解题思想是运用数学公式来求解方程,这种方法适用于任何可以转换为某些数学公式求解的问题。另外,对于“浮点数的值是否为 0”的判断,是通过判断其绝对值是否小于某个“足够小的数”(如 1×10^{-6})来检验的,而不是直接判断其是否等于 0。因为在 C 语言中,浮点数都是以有效位数近似保存的,若直接比较其是否等于 0,有可能造成结果不正确。

2. 判断年份是否为闰年

编程实现输入一个年份值(整数),判断其是否为闰年。

【问题分析】

对于一个给定的年份 year,若是闰年,则需要满足两个条件之一。

① 能被 4 整除且不能被 100 整除。

② 能被 400 整除。

【问题求解】

根据问题分析得到的闰年判定条件,可以画出判断一个给定年份是否为闰年的流程图如图 4-9 所示。

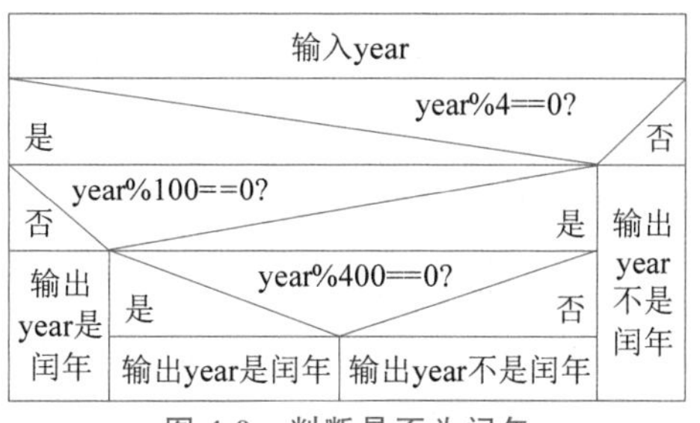

图 4-9 判断是否为闰年

根据流程图,编写代码如下。

综合案例 2:判断闰年

```
#include<stdio.h>
int main()
{
    int year;
    printf("请输入年份(整数):");              /*输出提示用户输入年份值的信息*/
    scanf("%d", &year);                      /*输入年份值*/
    if(year%4 == 0)                          /*若 year 能够被 4 整除,则需要继续判断*/
    {
        if(year%100 == 0)                    /*若 year 能被 100 整除,则需要继续判断*/
        {
            if(year%400 == 0)                /*若 year 能被 400 整除,则其是闰年*/
                printf("年份 %d 是闰年!\n", year);
            else                             /*若 year 不能被 400 整除,则其不是闰年*/
                printf("年份 %d 不是闰年!\n", year);
        }
        else                                 /*若 year 不能被 100 整除,则其是闰年*/
            printf("年份 %d 是闰年!\n", year);
    }
    else                                     /*若 year 不能被 4 整除,则其不是闰年*/
        printf("年份 %d 不是闰年!\n", year);
    return 0;
}
```

【应用扩展】

闰年的判断对于与日历相关的应用有着直接的关联,据此可以很容易解决某年某月有几天、给定的日期是该年的第几天、给定两个日期计算相隔几天之类的问题。

本题还可以借助 4.2.2 节例 4.4 中的逻辑表达式来进行闰年条件的判断,思考如何实现,是否能够简化程序?

3. 对成绩进行分级

输入一百分制成绩,要求输出成绩等级 A、B、C、D、E。每 10 分为一个等级。例如,90 分以上(含)为 A 等级,80~89 为 B 等级,以此类推,60 分以下为 E 等级。

【问题分析 1】

算法思路:根据题意可知,一个百分制成绩的取值范围是[0, 100]的小数,根据成绩值的大小总共划分 5 个等级。为此,可以使用 if 语句的嵌套来实现所有的分支判断。

【问题求解 1】

根据问题分析,可以画出相应的流程图如图 4-10 所示。

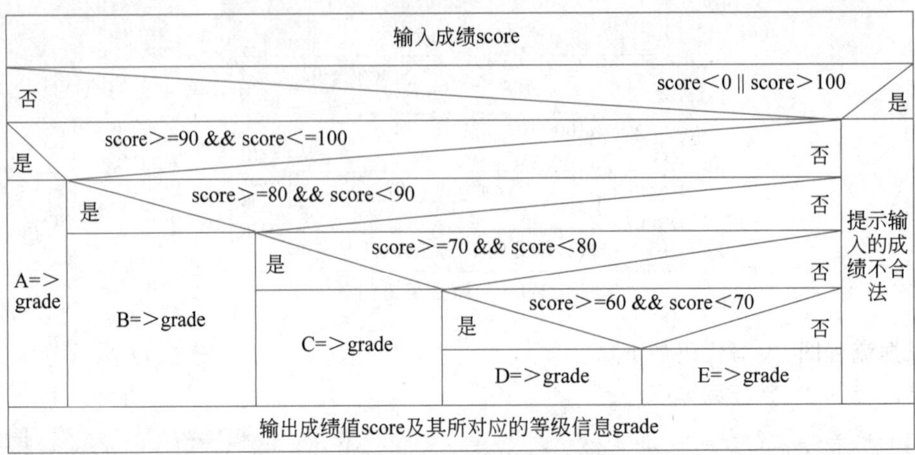

图 4-10　成绩分级

根据流程图,编写代码如下。

综合案例 3:根据成绩给出其所属等级

```
#include<stdio.h>
int main()
{
    double score;
    char grade;

    printf("请输入一个百分制的成绩(可以是小数):");
    scanf("%lf", &score);                              /*输入成绩*/
    /*验证成绩的合法性,若不合法则给出相应提示并结束程序*/
    if(score < 0 || score > 100)
    {
        printf("您输入的成绩有误,正确的为:[0, 100]!\n");
        return 1;
    }
    /*根据成绩的值进行判断和设定相应的等级值*/
    if(90 <= score && score <= 100)
        grade = 'A';
    else if(80 <= score && score < 90)
        grade = 'B';
    else if(70 <= score && score < 80)
        grade = 'C';
    else if(60 <= score && score < 70)
        grade = 'D';
    else
        grade = 'E';
    /*输出成绩值及其所对应的等级信息*/
    printf("%.2lf 对应的等级为:%c\n", score, grade);
    return 0;
}
```

【应用扩展】

此算法用到了多分支选择结构,思考还有没有更简单的 if 结构实现此问题?试着做一做。

【问题分析 2】

算法思路:根据题意可知,一个百分制成绩的取值范围是[0, 100]的小数,按照 10 分为一个等级，可以考虑整除 10 的方式将连续的分数离散化，从而使用 switch 多分支结构。

【问题求解 2】

用 switch 多分支结构设计程序。

综合案例 3：根据成绩给出其所属等级

```
#include<stdio.h>
int main()
{
    float score;
    printf("Please input the sore 0~100:\n");
    scanf("%f",&score);
    if (score>100||score<0)
        printf("Input data error!");
    else
        switch((int)score/10)                                //转换为离散的值
        {
            case 10:
            case 9:
                printf("The grade is:%c\n",'A'); break;
            case 8:
                printf("The grade is:%c\n",'B'); break;
            case 7:
                printf("The grade is:%c\n",'C'); break;
            case 6:
                printf("The grade is:%c\n",'D'); break;
            default:
                printf("The grade is:%c\n",'E');
        }
    return 0;
}
```

【应用扩展】

每个 case 分支后面的值是一些离散的常量，而输入的分数 score 存放的是浮点数据(可视作连续的量)，如何将连续的量变为离散常量从而匹配各个 case 分支的值，是在使用 switch 结构时常常要面对的问题。

4. 创建分段函数

输入一个自变量 x 的值，计算并输出如下分段函数的值。

$$f(x)=\begin{cases} x+5 & (x<-1) \\ \sqrt{3x+7} & (-1\leqslant x\leqslant 1) \\ x^2-2x+1 & (x>1) \end{cases}$$

【问题分析】

根据题意可知，该分段函数的定义域总共划分 3 个区间，因此可以运用 if 语句的嵌套来进行分支判断。值得注意的是，当 $-1\leqslant x\leqslant 1$ 时，$f(x)=\sqrt{3x+7}$ 函数是一个求平方根的方程，可以运用 C 语言的 math 函数库中的 sqrt 函数来计算，其原型为“double sqrt(double x);”，该函数返回的是非负实数 x 的平方根。当 $x>1$ 时，$f(x)=x^2-2x+1$ 函数是一个一元二次方程，对于其中的二次项可以通过“$x * x$”来表达，也可以借助 C 语言的 math 函数库中所提供的 pow 函数来实现，其原型为“double pow(double x, double y);”，该函数返回的是幂指数 x^y 的值。

【问题求解】

根据题意和问题分析，可以画出对应的算法流程图如图 4-11 所示。

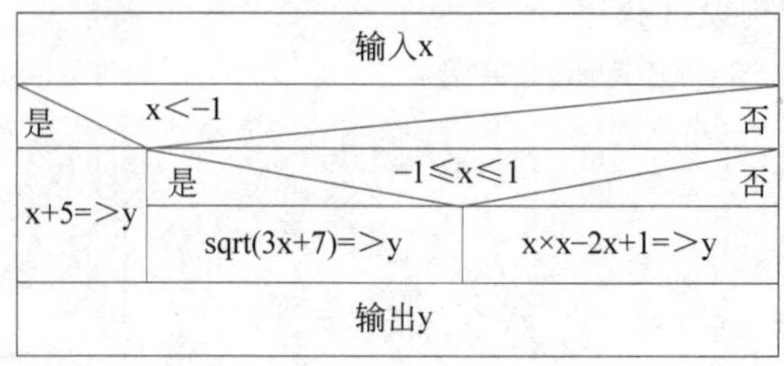

图 4-11　创建分段函数

根据流程图，编写代码如下。

综合案例 4：计算分段函数值

```
#include<stdio.h>                  /* 调用输入输出函数所需要引入的头文件 */
#include<math.h>                   /* 调用 sqrt 函数所需要引入的头文件 */
int main()
{
    double x, y;

    printf("请输入一个小数:");      /* 输出提示输入数据要求的信息 */
    scanf("%lf", &x);              /* 接收输入,注意 double 类型需要使用%lf 格式控制 */
    if(x < -1)                     /* 根据自变量的值进行判断和计算相应的函数值 */
    {
        y = x + 5;
    } else if(x >= -1 && x <= 1){
        y = sqrt(3 * x + 7);       /* 调用 sqrt 函数实现求平方根 */
    } else{
        y = x * x - 2 * x + 1;     /* 本语句可改为 y = pow(x, 2) - 2 * x + 1; */
    }
    /* 输出当前自变量所对应的函数值 */
    printf("%.2lf 对应的函数值为:%.2lf\n", x, y);
    return 0;
}
```

【应用扩展】

在现实生活中，有非常多分段函数的应用场景。例如，根据话费充值金额的不同通常会有不同的优惠等级，商场做活动会根据购买商品数量和金额的多少给出不等的优惠，银行会根据存款的年限不同设定不同的年利率等。

5. 计算器菜单

实现从键盘接收两个浮点型数据，显示如图 4-12 所示的计算器操作功能菜单，再根据用户所选择的功能进行相应的计算和输出相应的计算结果。

```
==========简易计算器==========
1.加法运算
2.减法运算
3.乘法运算
4.除法运算
您要执行的运算是（请输入上述菜单项编号）：
```

图 4-12　计算器菜单

【问题分析】

根据题目要求，需要输入和保存两个浮点型数据并完成指定的运算，因此需要定义两个浮点型的变量来接收和保存所输入的数据和一个浮点型变量用于保存执行相应计算的结果。功能选择菜单的显示可以运用 printf 函数来实现。为了实现根据用户所选择的功能来进行相应的计算，则可以运用 switch 分支语句来实现。

【问题求解】

根据问题分析可知,需要定义 3 个浮点型变量 x1、x2 和 y,其中 x1 和 x2 用于保存用户输入的操作数,y 用于保存计算的结果。此外,还需要定义一个整型变量,用于保存用户输入的操作选择编号。据此,可以画出相应的算法流程图,如图 4-13 所示。

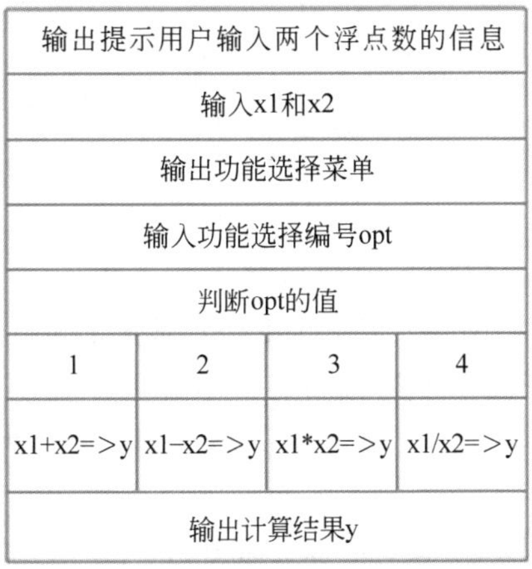

<table>
<tr><td colspan="4">输出提示用户输入两个浮点数的信息</td></tr>
<tr><td colspan="4">输入x1和x2</td></tr>
<tr><td colspan="4">输出功能选择菜单</td></tr>
<tr><td colspan="4">输入功能选择编号opt</td></tr>
<tr><td colspan="4">判断opt的值</td></tr>
<tr><td>1</td><td>2</td><td>3</td><td>4</td></tr>
<tr><td>x1+x2=>y</td><td>x1−x2=>y</td><td>x1*x2=>y</td><td>x1/x2=>y</td></tr>
<tr><td colspan="4">输出计算结果y</td></tr>
</table>

图 4-13 计算器菜单算法

根据流程图,编写出代码如下。

综合案例 5:简单计算器

```
#include<stdio.h>
int main()
{
    double x1, x2, y;
    int opt;

    /* 输出提示信息和接收操作数 */
    printf("请输入两个小数,以逗号作为分隔符:");
    scanf("%lf,%lf", &x1, &x2);
    /* 输出功能选择菜单 */
    printf("==========简易计算器==========\n");
    printf("1.加法运算\n");
    printf("2.减法运算\n");
    printf("3.乘法运算\n");
    printf("4.除法运算\n");
    printf("您要执行的运算是(请输入上述菜单项编号):");
    scanf("%d", &opt);                    /* 接收功能选择 */
    /* 根据功能选择编号进行判断和执行相应的运算 */
    switch(opt)
    {
        case 1:
            y = x1 + x2;
            printf("%.2lf + %.2lf 的计算结果为:%.2lf\n", x1, x2, y);
            break;
        case 2:
            y = x1 - x2;
            printf("%.2lf - %.2lf 的计算结果为:%.2lf\n", x1, x2, y);
            break;
        case 3:
```

```
            y = x1 * x2;
            printf("%.2lf * %.2lf 的计算结果为:%.2lf\n", x1, x2, y);
            break;
        case 4:
            y = x1 / x2;
            printf("%.2lf / %.2lf 的计算结果为:%.2lf\n", x1, x2, y);
            break;
        default: printf("输入有误(合法的操作功能编号为 1~4),无法完成计算。\n");
    }
    return 0;
}
```

【应用扩展】

通常情况下,一个完善的应用程序包含多个功能模块,为了让用户能够更加方便地使用,一般都会提供一个功能选择菜单,以便用户能够根据自己的需要来选择所要执行的操作。本案例的解决方案在众多的应用场景中都可以使用。在学习完第 7 章之后,我们将懂得如何充分运用 C 语言的模块化编程思想,以更优雅的方式提供更强大的程序功能。

学习了顺序和分支结构以后,我们可以处理具有一定复杂度的某些实际问题了,然而要想能够解决所有类别的问题,我们还需要学习最后一种程序控制结构——循环结构。

思考与练习

一、简答题

1. C 语言中的选择结构有哪些类型,各自的特点是什么?

2. if 语句有哪些形式,各自的特点是什么?

3. 什么是关系表达式,其结果是什么数据类型?

4. 在 C 语言中,当需要表示满足多个条件(条件表达式)才可以执行相关操作时,可以运用什么表达式来实现,其有哪些类型?

5. 阐述逻辑与和逻辑或表达式求值的"截断"特性。

6. 阐述条件运算符的运算过程。

7. 阐述 switch 语句的运算过程。

8. 阐述在 switch 的 case 语句中有和没有 break 语句的区别。

二、选择题

1. 若有定义语句"int w=1, x=2, y=3, z=4, a=5, b=6;",则执行语句"(a=w>x) && (b=y>z);"后,a 和 b 的值为(　　)。

A. 1 和 3　　　　B. 0 和 6

C. 5 和 0　　　　D. 0 和 0

2. 设 x、y、t 均为 int 型变量,则执行语句"x=y=3; t=++x||++y;"后,y 值为(　　)。

A. 4　　　　B. 3

C. 1　　　　D. 不定值

3. 给定条件表达式"(m) ? (a++) : (a--)",则其中表达式 m 和(　　)等价。

A. (m!=0)　　　　B. (m!=1)

C. (m==0)　　　　D. (m==1)

4. 下列语句能表达“若 x 不为 0,则 y 赋值为 x,否则 y 赋值为 x 的平方”语义的是(　　)。

A. if(x!=0) y=x; y=x * x;

B. y=x!=0? x * x: x;

C. if(x!=0) y=x; else y=x * x;

D. if(x!=0) y==x; else y==x * x;

5. 下列语句的运行结果是(　　)。

```
int x=-10, y=2;
if(x>0) y=1;
else if(x=0) y=0;
else y=-1;
```

A. 1　　　　B. 0　　　　C. −1　　　　D. 2

6. 下列语句的运行结果是(　　)。

```
int x=1, y=2;
switch(x)
{
    case 1: y=1;
    case 0: y=0;
    case -1: y=-1; break;
    default: y=5;
}
```

A. 1　　　　B. 0　　　　C. −1　　　　D. 5

三、填空题

1. $10<x\leqslant 20$ 的 C 语言表达式是________。

2. 假设定义变量“int i=10;”,则执行语句“i=i>10? i++: i--;”之后,i 的值为________。

3. C 语言中的条件表达式可以转换为________或________语句。

4. C 语言中的逻辑值“真”用________表示,逻辑值“假”用________表示。逻辑表达式值为“真”是用________表示,逻辑表达式值为“假”是用________表示。

5. switch 后的表达式和 case 后的常量表达式有________区别,必须满足的条件是________、________或________。

四、程序阅读题

1. 若从键盘输入 58,以下程序的运行结果是________。

```
#include<stdio.h>
int main()
{
    int a;
    scanf("%d", &a);
    if(a>50) printf("%d", a);
    if(a>40) printf("%d", a);
    if(a>30) printf("%d", a);
    return 0;
}
```

2. 若从键盘输入 58,以下程序的运行结果是________。

```
#include<stdio.h>
int main()
{
    int x;
    scanf("%d", &x);
    if(x>15) printf("%d", x-5);
    if(x>10) printf("%d", x);
    if(x>5) printf("%d\n", x+5);
}
```

3. 以下程序的运行结果是________。

```
#include<stdio.h>
int main()
{
    int a=-1, b=1, k;
    if((++a<0) && (b--<=0)) printf("%d,%d\n", a, b);
    else printf("%d,%d\n", b, a);
}
```

五、编程题

1. 输入一个整数,计算并输出其绝对值。

2. 从键盘输入年份和月份,试计算该年该月共有多少天。

3. 输入某一天的日期 y(年)、m(月)、d(日),输出第二天的日期。

4. 实现给定一个百分制的成绩,输出其对应的等级。其中,[90, 100]为 A 等、[80, 90)为 B 等、[70, 80)为 C 等、[60, 70)为 D 等、[0, 60)为 E 等。要求使用 switch 语句实现。

六、思考题

1. 假定以下两个程序运行时的输入数均为 8,思考它们的运行结果,并说明造成这一现象的原因。

```
#include<stdio.h>
int main()
{
    int x;
    scanf("%d", &x);
    if(x > 10) printf("%d\n", x-5);
    if(x > 5) printf("%d\n", x);
    if(x > 0) printf("%d\n", x+5);
    return 0;
}
```

```
#include<stdio.h>
int main()
{
    int x;
    scanf("%d", &x);
    if(x > 0) printf("%d\n", x+5);
    if(x > 5) printf("%d\n", x);
    if(x > 10) printf("%d\n", x-5);
    return 0;
}
```

2. 假定以下两个程序运行时的输入数均为 7,思考它们的运行结果,并说明造成这一现象的原因。

```
#include<stdio.h>
int main()
{
    int x;
    scanf("%d", &x);
    if(x > 10) printf("%d\n", x-5);
    if(x > 5) printf("%d\n", x);
    if(x > 0) printf("%d\n", x+5);
    return 0;
}
```

```
#include<stdio.h>
int main()
{
    int x;
    scanf("%d", &x);
    if(x>10) printf("%d\n", x-5);
    else if(x>5) printf("%d\n", x);
    else if(x>0) printf("%d\n", x+5);
    return 0;
}
```

3. 假定以下两个程序运行时的输入数均为 5,思考它们的运行结果,并说明造成这一现象的原因。

```
#include<stdio.h>
int main()
{
    int x;
    scanf("%d", &x);
    switch(x)
    {
        case 0:printf("%d\n",x+5);break;
        case 5:printf("%d\n",x);break;
        case 10:printf("%d\n",x-5);break;
    }
    return 0;
}
```

```
#include<stdio.h>
int main()
{
    int x;
    scanf("%d", &x);
    switch(x)
    {
        case 10:printf("%d\n",x-5);break;
        case 5:printf("%d\n",x);break;
        case 0:printf("%d\n",x+5);break;
    }
    return 0;
}
```

4. 假定以下两个程序运行时的输入数均为 5,思考它们的运行结果,并说明造成这一现象的原因。

```
#include<stdio.h>
int main()
{
    int x;
    scanf("%d", &x);
    switch(x)
    {
        case 0:printf("%d\n",x+5);break;
        case 5: printf("%d\n",x);break;
        case 10:printf("%d\n",x-5);break;
    }
    return 0;
}
```

```
#include<stdio.h>
int main()
{
    int x;
    scanf("%d", &x);
    switch(x)
    {
        case 0: printf("%d\n",x-5);
        case 5:printf("%d\n",x);
        case 10:printf("%d\n",x+5);
    }
    return 0;
}
```

第 5 章

周而复始——循环结构程序设计

我们已经了解了顺序和选择结构的程序设计方法，可以解决现实世界的某些问题，但还有一些问题，常常需要周而复始地重复执行某些流程或过程，直到满足某种限定条件才停止。

5.1 实际问题引例

问题 1：一般情况下，两个数相加，我们会直接计算两个数相加的结果；三个数相加，我们也会将这三个数直接相加。但是，如果要计算从 1 累加到 100 的值，通常我们会有一个计数器，其初始值为 0，然后加 1，再加 2，继续加 3，一直加到 100。我们发现，最终进行了 100 次加法，只是每次加的数增加 1。也就是说，加法运算重复进行了 100 次。

问题 2：判断从 1～100 哪些数能够被 3 整除。我们需要从 1 开始，一直到 100，依次验证对应的数是否能被 3 整除。这又是一个不断选择数的过程。这个计算过程需要将 1～100 的所有数反复与 3 进行整除计算，继而选择 1～100 能够被 3 整除的所有数。

如同问题 1 和问题 2 中所描述的那样，在现实生活中，我们经常会遇到累加、计数、重复判断等问题，这就相当于要多次进行同样的操作和过程。这一类现实问题转化为抽象的程序设计，就需要在程序当中对某部分程序代码重复执行多次(其执行的是“一遍又一遍”的算法步骤)。为此，C 语言提供了一种解决此类问题的控制结构——循环结构。

5.2 循环的概念

循环结构是结构化程序设计的基本结构之一，它和顺序结构、选择结构共同作为各种复杂程序的基本构造单元。所谓循环，就是指反复执行相同性质的一个或多个操作步骤。如反复执行加、减、乘、除等。

循环分为两种：无休止循环(无限循环)和有终止循环(有限循环)，无限循环是指循环无限次地执行，不会终止。反之，有限循环是指有一定循环次数，或者满足某种条件就会结束的循环。初学者应将重点放在对有限循环的掌握上。

C 语言用如下语句体实现循环结构。

(1) while 语句结构。

(2) do-while 语句结构。

(3) for 语句结构。

(4) 用 goto 和 if 构成循环(已基本不使用)。

无论采用哪种语句结构，在编写循环结构程序时，需要重点设计构成有效循环的条件：循环体内的语句和循环结束条件。

5.3 用 while 语句实现循环

5.3.1 while 语句的基本形式

一般形式：

```
while (表达式)
    循环体语句
```

当表达式为非 0 值时，执行 while 语句体中的循环语句。执行过程如图 5-1 所示。

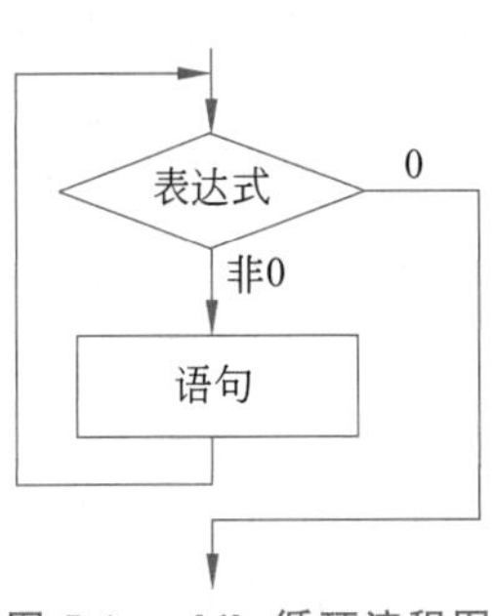

图 5-1 while 循环流程图

5.3.2 while 语句特点和说明

特点：while 循环是先判断表达式，再决定是否执行循环体。

说明：

(1) 循环体有可能一次也不执行。

(2) 循环体可为任意类型语句。

(3) 下列情况，退出 while 循环：

① 条件表达式不成立(为零)。

② 循环体内遇到 break、return。

【例 5.1】 用 while 循环求 $\sum_{n=1}^{100} n$。

【问题分析】

(1) 这是一个典型的累加运算，需要反复执行加法运算，故需要用到循环结构。

(2) 在累加过程中，加数从 1 开始，每次累加的数都比上一次累加上去的数大 1，故可以设置一个变量，例如，变量 i，初值为 1，每次都用上次累加的结果加上变量 i，累加一次后 i 就加 1，当 i>100，就结束循环(循环 100 次)。

(3) 还需要一个变量存放每次累加的结果，例如，变量 sum，不断地在 sum 上做累加，循环结束后 sum 的值就是最终的累加结果。

【问题求解】

```
/*程序代码 5.1:求 1~100 的和*/
#include<stdio.h>
int main()
{
    int i,sum;
    i = 1;
    sum = 0;
    while(i <= 100)
    {
        sum = sum + i;
```

```
        i = i+1;
    }
    printf("sum=%d\n", sum);
    return 0;
}
```

程序运行结果：

```
sum=5050
```

【应用扩展】

(1) 循环体如果包含一个以上的语句，应该用花括号括起来，以复合语句形式出现。

(2) 循环开始前，需要对循环变量赋初值，如程序中的“i=1;”。

(3) 在循环体中应有使循环趋向于结束的语句。如程序中的“i++;”，i的自增保证了循环结束条件最后变为不满足。循环变量的增值称为步长，可以为正(增加)，也可以为负(减小)，此处步长为1。

(4) 循环变量赋初值，循环结束条件，循环变量增、减值称为循环的三要素，它们直接影响到循环的执行次数。

【例5.2】 输入一批整数，输入的数为0时终止输入，计算这批数之积。

【问题分析】

(1) 由于要反复执行乘法求积运算，考虑使用循环。

(2) 由于是以输入0作为输入的结束，也就是说循环次数无法预知，输入0后退出循环，不再进行乘法运算。

【问题求解】

```
/*程序代码5.2:求一批整数的乘积*/
#include<stdio.h>
int main()
{
    int i, mul=1;
    scanf("%d", &i);
    while(i != 0)
    {
        mul=mul*i;
        scanf("%d", &i);                         //输入新的乘数
    }
    printf("mul=%d",mul);
    return 0;
}
```

程序运行结果：

```
1↙
3↙
5↙
7↙
0↙
mul=105
```

【应用扩展】

注意循环体最后一句修改了循环变量值，否则循环有可能无法结束。

【例 5.3】 用 while 语句实现 $n!$。

【问题分析】

根据题意,需要运用 while 循环语句来实现数学问题的求解,即 $n!=n\times(n-1)\times(n-2)\times(n-3)\times\cdots\times2\times1$。注意要考虑输入的为 0 或者 1 的情况。

【问题求解】

```
/*程序代码 5.3:求 n! */
#include "stdio.h"
int main()
{
    int i, n;
    float s;                                         //累乘结果变量
    i = 1;
    s = 1.0;
    scanf("%d", &n);
    while(i <= n)
    {
        s = s*i;
        i = i+1;
    }
    printf("%f\n", s);
    return 0;
}
```

程序运行结果:

```
5↙
120.000000
```

【应用扩展】

若要解决 $n!$ 的问题,还可以使用递归的方法(第 7 章),即多次自调用自定义函数进行迭代计算。

【例 5.4】 用 while 语句判断 1~100 哪些数能够被 3 整除,并输出这些数(5.1 节的问题 2)。

【问题分析】

根据题意,分析此题的特点,需要利用 while 控制 1~100 的数据,从数据中循环寻找满足被 3 整除条件的数并输出。

【问题求解】

```
/*程序代码 5.4:求 1~100 能够被 3 整除的数 */
#include<stdio.h>
int main()
{
    int i;
    i = 1;
    while(i <= 100)
    {
        if(i%3 == 0)
        printf("%d  ", i);
        i = i + 1;
    }
    return 0;
}
```

程序运行结果：

```
3  6  9  12  15  18  21  24  27  30  33  36  39  42  45  48  51  54  57  60  63
66  69  72  75  78  81  84  87  90  93  96  99
```

【应用扩展】

由该例题拓展，我们也可以编写程序来求解能够被 5 整除的数，既能够被 3 整除又能够被 5 整除的数，求解能被 2 整除的数(偶数)等。

5.4 用 do-while 语句实现循环

5.4.1 do-while 语句的基本形式

一般形式：

```
do
    循环体语句
while (表达式);
```

先执行一次指定的循环体语句，然后判别表达式，当表达式的值为非零时，返回重新执行循环体语句，如此反复，直到表达式的值等于 0 为止，此时循环结束。执行过程如图 5-2 所示。

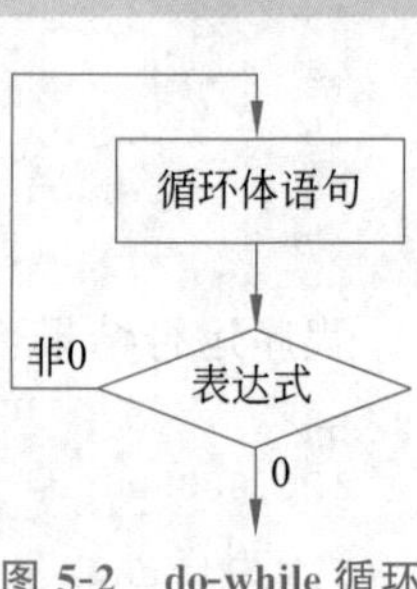

图 5-2 do-while 循环流程图

5.4.2 do-while 语句特点和说明

特点：do-while 循环是先执行循环体，再判断表达式的值。

说明：

(1) 循环体至少执行一次。

(2) 循环体可为任意类型语句。

(3) 下列情况，退出 do-while 循环：

① 条件表达式不成立(为零)。

② 循环体内遇到 break、return。

【例 5.5】 用 do-while 循环求 $\sum_{n=1}^{100} n$。

【问题分析】

根据题意，该题与例 5.1 相似，不过这里要求使用 do-while 语句实现循环结构。

【问题求解】

```
/* 程序代码 5.5:do-while 循环求 1~100 的和 */
#include<stdio.h>
int main()
{
    int i,sum;
    i = 1;
    sum = 0;
    do
    {
        sum = sum + i;
        i = i + 1;
```

```
    } while(i <= 100);
    printf("sum=%d\n", sum);
    return 0;
}
```

程序运行结果：

```
sum=5050
```

【应用扩展】

很多情况下，我们可用 while 循环和 do-while 循环处理同一问题，若两者的循环体部分是一样的，那么结果通常也一样。如例 5.1 和例 5.5 程序中的循环体是相同的，得到的结果也相同。那么 while 循环和 do-while 循环是否在任何情况下都完全等价呢？

5.4.3 while 和 do-while 循环的比较

while 循环与 do-while 循环通常可相互替换，但两者并不完全等价。

在一般情况下，用 while 语句和用 do-while 语句处理同一问题时，若两者的循环体部分是一样的，它们的结果也一样。但是如果循环结束条件一开始就为假时，两种循环的结果是不同的。

【例 5.6】 求 1～10 的累加和，分别用 while 和 do-while 循环。

```
/*while 循环求 1~10 的累加和*/
#include<stdio.h>
void main()
{
    int sum=0,i;
    scanf("%d",&i);
    while (i<=10)
    {
      sum=sum+i;
     i++;
    }
    printf("sum=%d\n",sum)
}
```

```
/*do-while 循环求 1~10 的累加和*/
#include<stdio.h>
void main()
{
    int sum=0,i;
    scanf("%d",&i);
    do
    {
       sum=sum+i;
       i++;
    }
    while (i<=10);
    printf("sum=%d\n",sum);
}
```

程序运行结果：

```
1↙
sum=55
```

```
1↙
sum=55
```

再运行一次结果：

```
11↙
sum=0
```

```
11↙
sum=11
```

【应用扩展】

可以看到，当 while 后面表达式的第一次值为“真”时，两种循环得到的结果相同。否则，两者结果不相同。

5.4.4 while 与 do-while 循环程序举例

【例 5.7】 用 while 循环输出华氏—摄氏温度转换表，将华氏温度 30～35℉的每一度都转换成相应的摄氏温度。

【问题分析】

(1) 华氏-摄氏温度转换公式为 $C=5\times(F-32)/9$,其中 C 为摄氏温度,F 为华氏温度。

(2) 由于要转换 30～35℉的每一度,意味着转换公式会反复执行,故考虑用循环。

(3) 循环变量初值为 30℉,终值为 35℉,步长(增值)为 1。

【问题求解】

```
/*程序代码 5.7:输出华氏-摄氏温度转换表*/
#include "stdio.h"
int main()
{
    int fah;
    float cent;
    fah=30;
    while(fah<=35)
    {
        cent=5.0*(fah-32)/9;
        printf("Fah=%d  Cent= %.1f \n", fah,cent);
        fah++;
    }
    return 0
}
```

程序运行结果:

```
Fah=30  Cent=-1.1
Fah=31  Cent=-0.6
Fah=32  Cent=-0.0
Fah=33  Cent= 0.6
Fah=34  Cent= 1.1
Fah=35  Cent= 1.7
```

【应用扩展】

是否能用 do-while 循环实现相同的功能呢?试着做一做。

【例 5.8】 用 do-while 循环求 n!。

【问题分析】

(1) 求阶乘的公式为

$$s=1\times2\times3\times\cdots\times(n-1)\times n$$

(2) 可以看到反复执行了乘法,考虑用循环。

(3) 循环变量初值为 1,步长为 1,流程图如图 5-3 所示。

【问题求解】

```
/*程序代码 5.8:用 do-while 循环求 n!*/
#include<stdio.h>
void main()
{
    int  i=1,n;
    long s=1;
    scanf(" %d ",&n);
    do
    {
        s*=i;
        i++;
```

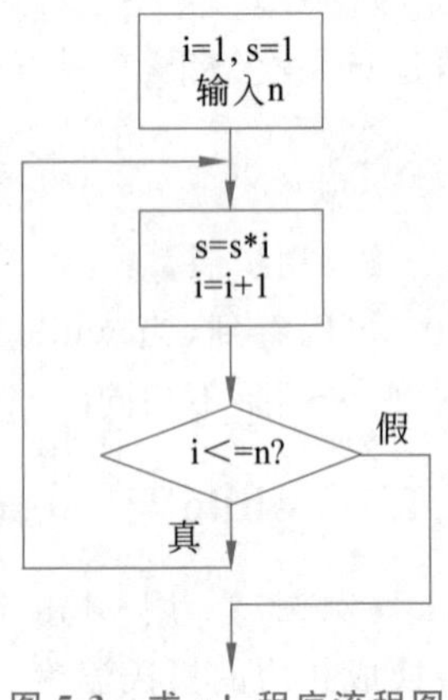

图 5-3 求 n! 程序流程图

```
    } while (i<=n);
    printf("%d!=%ld\n",n,s);
}
```

程序运行结果：

```
5↙
5!=120
```

【应用扩展】

在例 5.3 中，我们曾用 while 循环实现了求 n!，比较两个程序有什么不同？

5.5 用 for 语句实现循环

5.5.1 for 语句的一般形式

一般形式：

```
for(表达式 1;表达式 2;表达式 3)
    循环体语句
```

for 循环先执行表达式 1，再判断表达式 2，根据表达式 2 的值决定是否执行循环体语句，如果表达式 2 的值为非零，则执行循环体语句，执行完循环体后再执行表达式 3，然后再次判断表达式 2(表达式 1 不再执行)，根据表达式 2 的值再次决定是否执行循环体语句，如此反复执行，直到表达式 2 的值为零，退出循环。具体执行流程如图 5-4 所示。

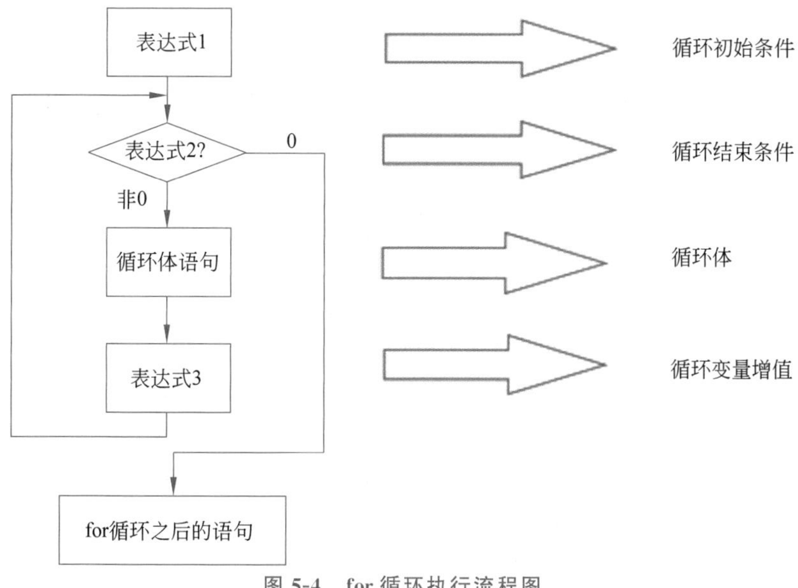

图 5-4 for 循环执行流程图

说明：

(1) 表达式 1 只执行一次。

(2) 循环体可为任意类型语句。

(3) 表达式 2 执行完并不马上执行表达式 3。

(4) 下列情况，退出 for 循环：

① 表达式 2 不成立(为零)。

② 循环体内遇到 break、return。

通常情况下,for 语句可以理解为

```
for(循环变量赋初值;循环条件;循环变量增值)
```

例如:

```
for(i=1;i<=100;i++)
    sum=sum+i;
```

上面的 for 循环相当于:

```
i=1;
while(i<=100)
{
    sum=sum+i;
    i++;
}
```

可以看出用 for 循环,程序会更简洁。

5.5.2 for 语句的各种形式

for 语句相当灵活,形式变化多样。

(1) for 语句的一般形式中的"表达式 1"可以省略,此时应在 for 语句之前给循环变量赋初值。注意省略表达式 1 时,其后的分号不能省略。例如:

```
for(;i<=100;i++)  sum=sum+i;
```

执行时,跳过"求解表达式 1"这一步,其他不变。

(2) 如果表达式 2 省略,即不判断循环条件,循环无终止地进行下去。也就是认为表达式 2 始终为真。例如:

```
for(i=1; ;i++)    sum=sum+i;
```

表达式 1 是一个赋值表达式,表达式 2 空缺,相当于循环结束条件永真。

(3) 表达式 3 也可以省略,但此时程序设计者应另外设法保证循环能正常结束。例如:

```
for(i=1;i<=100;)
{
    sum=sum+i;
     i++;
}
```

在上面的 for 语句中只有表达式 1 和表达式 2,而没有表达式 3。"i++"操作不放在 for 语句的表达式 3 的位置处,而作为循环体的一部分,效果是一样的,都能使循环正常结束。

(4) 可以省略表达式 1 和表达式 3,只有表达式 2,即只给循环条件。例如:

```
for(;i<=100;)
{
    sum=sum+i;
    i++;
}
```

在这种情况下,完全等同于 while 语句。可见 for 语句比 while 语句功能强,除了可以给出循环条件外，还可以赋初值，使循环变量自动增值等。

(5) 3 个表达式都可省略，即不设初值，不判断条件（认为表达式 2 为真值），循环变量不增值。无终止地执行循环体。例如：

```
for(; ;)
```

相当于语句

```
while(1)
```

(6) 表达式 1 可以是设置循环变量初值的赋值表达式，也可以是与循环变量无关的其他表达式（通常不要这么做）。例如：

```
for (sum=0;i<=100;i++)
    sum=sum+i;
```

表达式 3 也可以是与循环控制无关的任意表达式（通常不要这么做）。

表达式 1 和表达式 3 可以是一个简单的表达式，也可以是多个表达式，中间用逗号间隔，形成逗号表达式。例如：

```
for(sum=0,i=1;i<=100;i++)
    sum=sum+i;
```

(7) 表达式 2 一般是关系表达式（如 i<=100）或逻辑表达式（如 a<b && x<y），但也可以是数值表达式或字符表达式，只要其值为非零，就执行循环体。例如：

```
for(i=0;(c=getchar())!='\n';i+=c);
```

在表达式 2 中先从终端接收一个字符赋给变量 c，然后判断此赋值表达式的值是否不等于'\n'（换行符），如果不等于'\n'，就执行循环体。

注意：此 for 语句直接以分号结束，没有循环体，这种语句称为空循环体语句，把本来要在循环体内处理的内容放在表达式 3 中。可见 C 语言的 for 语句功能强，使用灵活，可以使程序短小简洁。但过分地利用这一特点会使 for 语句显得杂乱，可读性低，最好不要把与循环控制无关的内容放到 for 语句中。

5.5.3 for 循环程序举例

【例 5.9】 用 for 语句计算 1～100 的累加值，并输出结果。

【问题分析】

根据题意，需要使用 for 语句，那么需明确在本题中 for 语句的执行过程。“i=1”给循环变量 i 设置初值为 1，“i<=100”是循环条件。当循环变量 i 的值小于或等于 100 时，循环继续执行。“i++”的作用是使循环变量 i 的值不断变化，以便最终满足终止循环的条件，使循环得以结束。

【问题求解】

```
/*程序代码 5.9:for 循环求 1~100 的和*/
#include<stdio.h>
int main()
{
    int i,sum;
    for(i=1, sum=0; i<=100; i++)
    {
```

```
        sum=sum+i;
    }
    printf("sum=%d\n", sum);
    return 0;
}
```

程序运行结果：

```
sum=5050
```

【例 5.10】 求 Fibonacci(斐波那契)数列前 20 个数。这个数列有如下特点：第 1、2 两个数都为 1；从第 3 个数开始，该数是其前面两个数之和。即

$$F(n)=\begin{cases}1 & (n=1)\\ 1 & (n=2)\\ F(n-1)+F(n-2) & (n\geqslant 3)\end{cases}$$

【问题分析】

(1) 已知前两个数都为 1，可以定义两个变量分别存储前两个数。

(2) 根据数学模型，从第 3 个数开始，反复执行 $F(n)=F(n-1)+F(n-2)$ 可求得后面的数，故使用循环。

(3) 数列的前两个数可以马上输出。

(4) 输出后两个变量的值可以用新计算出的后两个数替代，如此往复，直至输出数列的前 40 个数为止。程序流程图如图 5-5 所示。

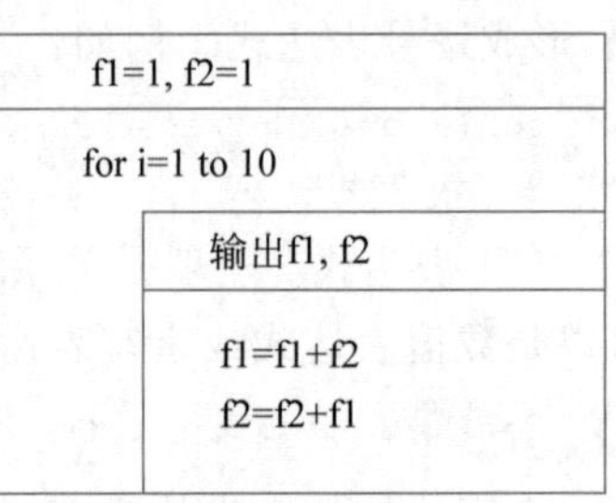

图 5-5 求 Fibonacci 数列

【问题求解】

```
/*程序代码 5.10:for 循环求 Fibonacci 数列前 20 个数*/
#include<stdio.h>
void main()
{
    long int f1,f2;
    int i;
    f1=1;f2=1;
    for(i=1; i<=10; i++)
    {
        printf("%12ld %12ld ",f1,f2);
        if(i%2==0) printf("\n");                //每输出 4 个数换一行
        f1=f1+f2;
        f2=f2+f1;}
    }
```

程序运行结果：

```
1           1           2           3
5           8           13          21
34          55          89          144
233         377         610         987
1597        2584        4181        6765
```

5.6 循环的嵌套

一个循环体内又包含另一个完整的循环结构称为循环的嵌套。内嵌的循环中还可以嵌套循环，这就是多层循环。while 循环、do-while 循环、for 循环可以相互嵌套。例如，下面的嵌套形式都是合法的。

```
(1)  while()
     {   ……
         while()
         {   ……
         }
         ……
     }
```

```
(2)  do
     {   ……
         do
         {   ……
         } while();
         ……
     }while();
```

```
(3)  while()
     {   ……
         do
         {   ……
             for( ; ; )
             {   ……
             }
         } while();
         ……
     }
```

```
(4)  for( ; ; )
     {   ……
         do
         {   ……
         } while();
     ……
     while()
         {   ……
         }
         ……
     }
```

说明：

(1) 三种循环可互相嵌套，层数不限。

(2) 外层循环可包含一个以上内循环，但不能相互交叉。

(3) 嵌套循环的跳转禁止：

- 从外层跳入内层。
- 跳入同层的另一循环。
- 向上跳转。

【例 5.11】 显示九九乘法表。

【问题分析】

根据题意，九九乘法表共 9 行 9 列，要实现一个九九乘法表，实际上需要两层循环，即乘数和被乘数各一层，需要定义两个参数 i 和 j 来分别控制行和列，从 1 开始一直乘至 9，其执行的步骤：当 i 为 1 时，执行 j 从 1 到 9 的循环操作，然后 i 递增 1；当 i 为 2 时，再次执行 j 从 1 到 9 的循环操作，i 再递增 1。以此类推，直到 i 为 9 时，执行 j 从 1 到 9 的循环操作，i 继续递增 1，变为 10，跳出 for 语句。如此，就完成了一个九九乘法表的输出。

【问题求解】

```
/*程序代码 5.11:显示九九乘法表*/
#include<stdio.h>
int main()
{
    int i, j;
```

```
    for(i=1; i<=9; i++)
    {
        for(j=1; j<=9; j++)
        printf("%d*%d=%d;\t", i, j, i*j);
        printf("\n");
    }
    return 0;
}
```

程序运行结果：

```
1*1=1; 1*2=2;  1*3=3;  1*4=4;  1*5=5;  1*6=6;  1*7=7;  1*8=8;  1*9=9;
2*1=2; 2*2=4;  2*3=6;  2*4=8;  2*5=10; 2*6=12; 2*7=14; 2*8=16; 2*9=18;
3*1=3; 3*2=6;  3*3=9;  3*4=12; 3*5=15; 3*6=18; 3*7=21; 3*8=24; 3*9=27;
4*1=4; 4*2=8;  4*3=12; 4*4=16; 4*5=20; 4*6=24; 4*7=28; 4*8=32; 4*9=36;
5*1=5; 5*2=10; 5*3=15; 5*4=20; 5*5=25; 5*6=30; 5*7=35; 5*8=40; 5*9=45;
6*1=6; 6*2=12; 6*3=18; 6*4=24; 6*5=30; 6*6=36; 6*7=42; 6*8=48; 6*9=54;
7*1=7; 7*2=14; 7*3=21; 7*4=28; 7*5=35; 7*6=42; 7*7=49; 7*8=56; 7*9=63;
8*1=8; 8*2=16; 8*3=24; 8*4=32; 8*5=40; 8*6=48; 8*7=56; 8*8=64; 8*9=72;
9*1=9; 9*2=18; 9*3=27; 9*4=36; 9*5=45; 9*6=54; 9*7=63; 9*8=72; 9*9=81;
```

【应用扩展】

除了九九乘法表以外，$x \times y$ 的矩阵也可使用循环的嵌套来处理。用外循环控制行数据的输出，再用内循环控制列数据的输出。

5.7 用 break 语句和 continue 语句改变循环状态

有时候，我们需要改变循环执行的正常流程，让其提前结束，这时候我们就需要用到 break 和 continue 这样的流程控制语句。

5.7.1 用 break 语句提前退出循环

在 switch 分支结构中我们已经见过 break 语句的用法，break 语句还可以用来从循环体内跳出，即提前结束循环，接着执行循环下面的语句。

一般形式：

```
break;
```

注意：

(1) break 语句不能用于循环语句和 switch 语句之外的任何其他语句中。

(2) break 语句只能终止并跳出最近一层的结构。

遇到 break 语句后程序执行流程改变如图 5-6 所示。

【例 5.12】 计算半径 $r=1$ 到 $r=10$ 时的圆面积 area，r 步长为 1，直到面积大于 100 为止。

【问题分析】

如果不做任何控制，那么应该输出 10 个圆的面积，根据题意，当圆面积大于 100 时要提前结束循环，终止计算，因而考虑使用流程控制语句 break 提前结束循环。

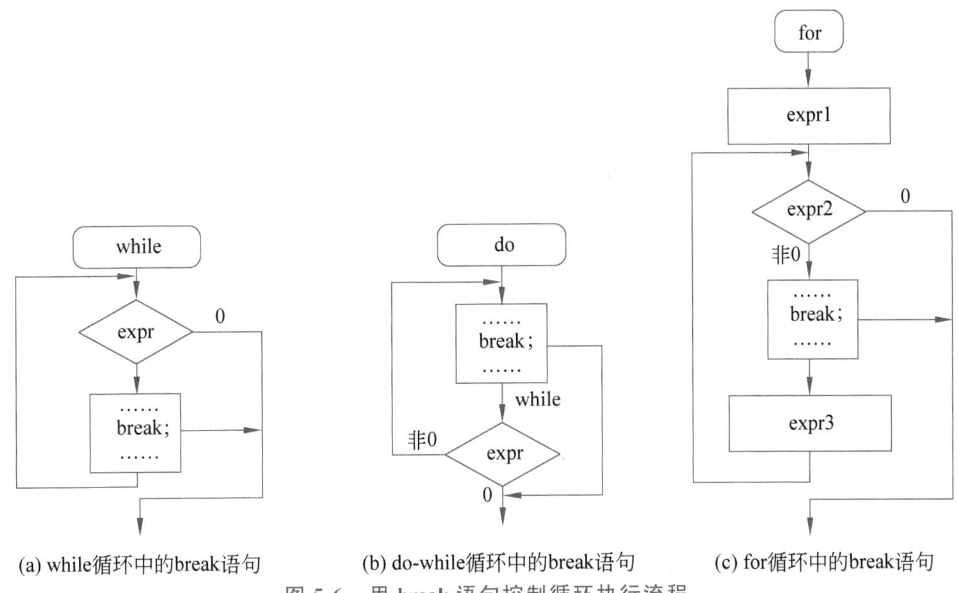

图 5-6 用 break 语句控制循环执行流程

【问题求解】

```
/*程序代码 5.12:用 break 语句实现程序的控制性计算与输出*/
#include<stdio.h>
int main()
{
    float pi=3.14159;
    for(r=1;r<=10;r++)
    {
        area=pi*r*r;
        if (area>100)
            break;
        printf("r=%.2f,area=%.2f\n",r,area);
    }
    return 0;
}
```

程序运行结果：

```
r = 1.00,area = 3.14
r = 2.00,area = 12.57
r = 3.00,area = 28.27
r = 4.00,area = 50.27
r = 5.00,area = 78.54
```

5.7.2 用 continue 语句提前结束本次循环

continue 语句的作用是结束本次循环，即跳过循环体中下面尚未执行的语句，接着进行下一次是否执行循环的判定。仅用于循环语句。

一般形式：

```
continue;
```

遇到 continue 语句后程序执行流程改变如图 5-7 所示。

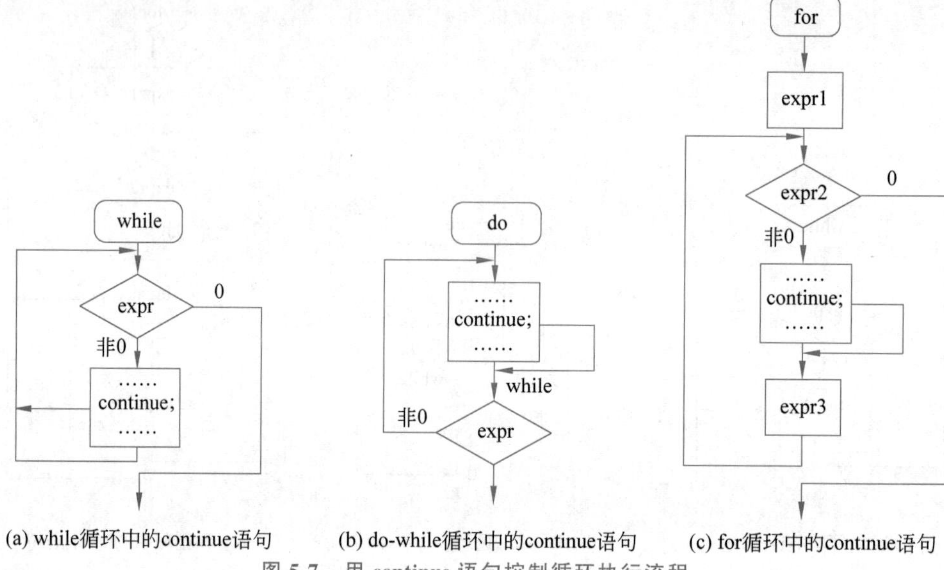

(a) while循环中的continue语句　(b) do-while循环中的continue语句　(c) for循环中的continue语句

图 5-7　用 continue 语句控制循环执行流程

【例 5.13】 输出 1～100 中能被 3 或 5 整除的整数。

【问题分析】

根据题意，此题依然是在一个循环中进行选择的问题。在循环体内部，需要对不能被 3 整除和被 5 整除的数进行判断，一旦某数不能被 3 和 5 整除，就需要用流程控制语句跳过输出语句，继续下次循环判断新的数，而不是结束整个循环的执行，因而考虑用流程控制语句 continue 跳过输出语句。

【问题求解】

```
/* 程序代码 5.13:输出 1~100 中能被 3 或 5 整除的整数 */
#include<stdio.h>
int main()
{
    int i;
    for(i=1; i<=100; i++)
    {
        if(i%3!=0 && i%5!=0)
            continue;
        printf("%d ", i);
    }
    return 0;
}
```

程序运行结果：

```
3 5 6 9 10 12 15 18 20 21 24 25 27 30 33 35 36 39 40 42 45 48 50 51 54 55 57 60 63 65 66 69 70
72 75 78 80 81 84 85 87 90 93 95 96 99 100
```

5.8 基于循环的简单算法

5.8.1 穷举法

穷举法是一种最为简单的问题求解算法，其基本思想是根据所要解决的问题，列举所有可能的情况，据此获得问题的所有解。

例5.13就是一种简单的穷举法，通过穷举1～100所有的整数，验证符合条件的整数并输出它们。

穷举法通常用于解决“是否存在”和“所有的可能结果”等类型的问题。穷举法是计算机应用领域中一种十分重要的算法，针对许多现实问题，用人工穷举的方式去解决这些问题是有很大难度的，但是利用计算机超强的运算速度和计算能力去实现复杂的穷举，则可以有效地解决组合、查找、搜索等类似的问题。

【例5.14】 百钱买百鸡问题。公鸡5元钱1只，母鸡3元钱1只，小鸡1元钱3只。今有100元钱，要买100只鸡，编程计算100只鸡中公鸡、母鸡、小鸡各有多少只。

【问题分析】

设公鸡有 x 只，母鸡有 y 只，小鸡有 z 只，则有如下约束条件：

$$x+y+z=100$$

$$5x+3y+z/3=100$$

其中，x，y，z 大于或等于0且小于或等于100，并且 z 必须为3的倍数，即 $z\%3=0$。

【问题求解】

```
/* 程序代码 5.14:百钱买百鸡问题 */
#include<stdio.h>
int main()
{
    int x, y, z;
    for(x=0; x<=100; x++)
        for(y=0; y<=100; y++)
            for(z=0; z<=100; z++)
            {
                if(z%3 == 0 && x*5+y*3+z/3 == 100 && x+y+z == 100)
                    printf("母鸡:%3d,公鸡:%3d,小鸡:%3d\n", x, y, z);
            }
    return 0;
}
```

程序运行结果：

```
母鸡:  0,公鸡: 25,小鸡: 75
母鸡:  4,公鸡: 18,小鸡: 78
母鸡:  8,公鸡: 11,小鸡: 81
母鸡: 12,公鸡:  4,小鸡: 84
```

【应用扩展】

在求解那些没有一个非常行之有效的算法且带有一定约束条件的问题时，穷举法是值得考虑的一种解决方法，但它并非对所有这类问题均有效。特别是对于问题的解空间特别大，所需要的运行时间有可能是无法接受的，这类问题最好先考虑其他解决方法。

5.8.2　程序加密

通信中,通信双方为了实现信息的加密交换,通常,发送方会对发送的信息进行加密,然后接收方对信息进行解密。这个过程中,比较简单的一种加密方法就是将发送信息中的每一个英文字母通过某种方式转换为其他字母,非英文字母则保持不变。例如,可以将一个英文字母转换为其后的第 3 个字母或者第 5 个字母。例如,a 可以转换为 d 或者 f。

【例 5.15】 从键盘输入一行字符,将其中的英文字母进行"加密"并输出。

【问题分析】

本题主要考虑的是将英文字母通过位置平移而进行加密,转换为其他字母。

【问题求解】

```
/*程序代码 5.15:字符"加密"问题*/
#include<stdio.h>
int main()
{
    char c;                                   //要加密的字符
    int n;
    scanf("%d", &n);
    getchar();
    c = getchar();
    while(c != '\n')
    {
        if((c >= 'a' && c <= 'z') || (c >= 'A' && c <= 'Z'))
        {
            c = c + n;                        //转换为其后第 n 个字符
            if(c > 'z' || (c > 'Z' && c <= 'Z' + n))
                c = c - 26;
        }
        printf("%c", c);
        c = getchar();
    }
    return 0;
}
```

程序运行结果:

```
4↙
abcdxyz↙
efghbcd
```

从例 5.15 的程序运行结果来看,程序将输入字符中的英文字母都向后"平移"了指定的位数。

【应用扩展】

程序加密方法还可运用一个文本串事先给定的字母映射表进行加密。例如,字母映射表为 abcdefghigklmnopqrstuvwxyz,可映射为 ngzqtcobmuhelkpdawxfyivrsj,则字符串"encrypt"将被加密为"tkzwsdf"。

5.9　循环结构程序设计举例

1. 判断素数

给定一个数 m,判断它是否是素数。

【问题分析】

让 m 被 2 到 $\sqrt{m}$ 的数除，如果 m 能被 $2\sim\sqrt{m}$（设为 k）之中任何一个整数整除，说明该数不是素数，提前结束循环，此时循环变量 i（初始值为 2）必然小于或等于 k；如果 m 不能被 $2\sim k$ 的任一整数整除，则在完成最后一次循环后，i 还要加 1，因此“$i=k+1$”，然后才终止循环。在循环之后判别 i 的值是否大于或等于 $k+1$，若是，则表明未曾被 $2\sim k$ 任一整数整除过，因此输出“是素数”，流程图如图 5-8 所示。

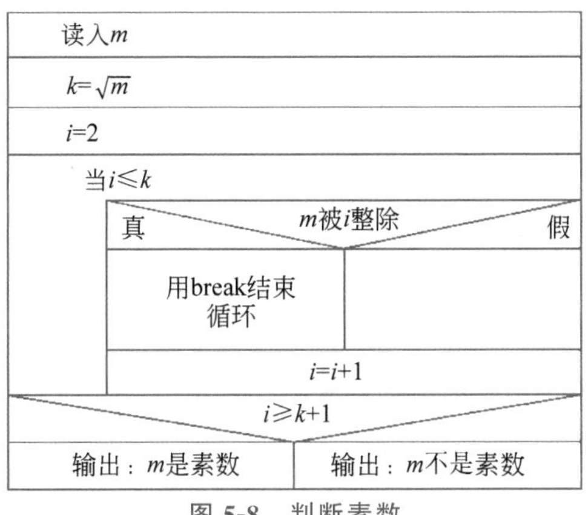

图 5-8　判断素数

【问题求解】

根据流程图，编写代码如下。

综合案例 1：判断一个数 m 是否是素数

```
#include<stdio.h>
#include<math.h>
int main()
{
    int m,i,k;                              //i 为循环变量
    scanf("%d",&m);
    k=sqrt(m);
    for (i=2;i<=k;i++)
        /*若 m 能够被 i 整除,则退出循环*/
        if(m%i==0)  break;
        /*若循环没有提前退出,则是素数,需要输出*/
        if(i>=k+1)
            printf("%d is a prime number\n",m);
        else
            printf("%d is not a prime number\n",m);
    return 0;
}
```

程序运行结果：

```
23↙
23  is a prime number
```

【应用扩展】

我们学会了如何判断一个数是否是素数后，就可以寻找某个范围的所有素数。

2. 查找素数

编程实现找出100～200的素数并输出。

【问题分析】

我们已经知道了如何判定一个数是否是素数,此题需要对100～200的数逐个判断,因而要用循环,可以从100开始逐渐增加循环变量的值,依次判断当前循环变量是否是素数,由于判断某个数是否是素数也要用到循环,很明显,解此题要用到循环的嵌套,请思考哪个循环是外循环,哪个是内循环。

【问题求解】

综合案例2：找出**100～200**的素数

```
#include<stdio.h>
#include<math.h>
int main()
{
    int m,k,i,n=0;                              //i为循环变量,n用于计数控制换行
    for(m=101;m<=200;m=m+2)
    {
        k=sqrt(m);
        for (i=2;i<=k;i++)
            if (m%i==0) break;                  //若m能够被i整除,则退出循环
            if (i>=k+1)                         //若循环没有提前退出,则是素数,需要输出
            {
                printf("%d ",m);
            }
        n=n+1;
        if(n%10==0)  printf("\n");              //控制每行输出的10个数
    }
    return 0;
}
```

程序运行结果：

```
101  103  107  109  113  127  131  137  139  149
151  157  163  167  173  179  181  191  193  197
199
```

【应用扩展】

素数在密码学中非常重要,典型的便是RSA加密算法,其原理：将两个大素数相乘十分容易,但是想要对其乘积进行因式分解却极其困难。当然,素数在日常生活中还有很多应用。例如,在设计汽车时,相邻的两个大小齿轮的齿数最好设计成素数,以使两齿轮内两个相同的齿相遇啮合次数具有最小公倍数,从而能够增强耐用度,减少故障。素数次数地使用杀虫剂是最合理的,刚好使用在害虫繁殖的高潮期,这个时期害虫很难产生抗药性。多数生物的生命周期也是素数(单位为年),这样可以最大限度地减少碰见天敌的机会。

3. 水仙花数

水仙花数是指一个3位数,它的每个位上的数字的3次幂之和等于它本身(如$1^3+5^3+3^3=153$),找出所有的水仙花数。

【问题分析】

根据题意,一个数是水仙花数需要满足两个条件：一是这个数是一个3位数,二是该数每个位上的数字的3次幂之和等于它本身。因此,水仙花数只可能出现于[100, 999]这个

区间,而要判断一个 3 位数是否是水仙花数,关键是如何分解出各个位上的数字。

【问题求解】

根据 C 语言整数的除法运算与求余运算规律,对于一个给定的 3 位数 num,可以采用 num/100 分解出其百位数,num/10%10 分解出其十位数,num%10 分解出其个位数,然后便可判断 num 是否是水仙花数。若要找出所有的水仙花数,则需要对[100, 999]区间的每个数逐一判断,可以采用 for 语句来实现这种区间范围固定的循环操作。据此,可以画出本问题的算法流程图如图 5-9 所示。

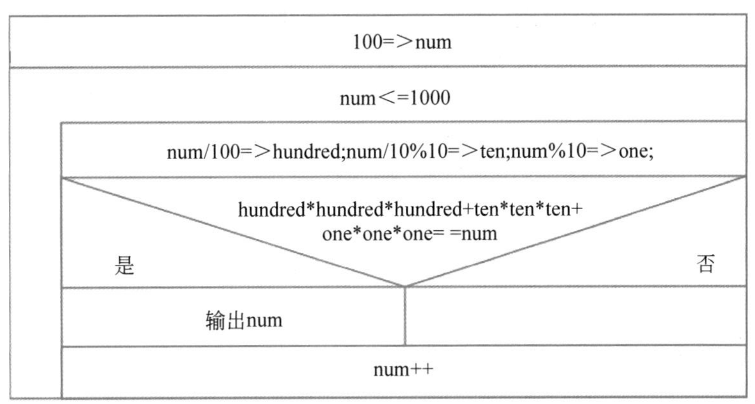

图 5-9 找出所有水仙花数的流程图

根据流程图,编写代码如下。

综合案例 3:找出所有水仙花数

```
#include<stdio.h>
int main()
{
    int num, hundred, ten,one;

    printf("所有的水仙花数是:");
    for(num = 100; num < 1000; num++)
    {
        hundred = num / 100;                        /*分解百位数*/
        ten = num / 10 % 10;                        /*分解十位数*/
        one = num % 10;                             /*分解个位数*/
        /*判断各位数的 3 次方之和是否等于原数的值,若是,则其是水仙花数*/
        if(hundred * hundred * hundred + ten * ten * ten + one * one * one == num)
            printf("%d,", num);
    }
    /*使用退格(\b)和空格将输出最后一个水仙花数时输出的逗号覆盖删除*/
    printf("\b \n");
    return 0;
}
```

程序运行结果:

```
所有的水仙花数是:153,370,371,407
```

【应用扩展】

自幂数是指一个 n 位数,它的每个位上的数字的 n 次幂之和等于它本身。水仙花数是 3 位自幂数,常见的其他位数的自幂数分别有一位自幂数(独身数)、四位自幂数(四叶玫瑰数)、五位自幂数(五角星数)、六位自幂数(六合数)、七位自幂数(北斗七星数)、八位自幂数(八仙数)、九位自幂数(九九重阳数)、十位自幂数(十全十美数)。使用与本题目相同的方法可以找到各种自幂数。在 6.6 节将对求解自幂数做进一步的探讨。

4. 利用公式求 sin(x)的近似值

已知 $\sin(x)\approx x-x^3/3!+x^5/5!-\cdots\cdots+(-1)^{n+1}x^{2n-1}/(2n-1)!$,求 sin($x$)。

注意这里的 x 是弧度值。

【问题分析】

(1) 这是典型的级数求和问题,考虑用循环将各项累加,设循环变量为 i,代表第 i 项,则 i 的初值为 1,终值为 n,步长为 1。

(2) 根据公式,第 i 项的分子为 x 的 $2\times i-1$ 次方,因而可以用循环控制反复做 x 的自乘,设循环变量为 k,k 的初值为 1,终值为 $2\times i-1$,步长为 1。此循环与第一步的循环组成循环的嵌套。

(3) 第 i 项的分母是$(2\times i-1)!$,需要从 1 一直连乘到 $2\times i-1$,我们注意到第二步的循环变量 k 正好是这个变化范围,且步长为 1,正好可以用 k 来求阶乘,因而每一项分子分母的求解可以在同一个循环处理。

(4) 符号的变化规律满足$(-1)^{i+1}$,即第 i 项为$(-1)^{i+1}x^{2i-1}/(2i-1)!$。

【问题求解】

根据流程图,编写代码如下。

综合案例 4:计算 sin(x) 的近似值

```
#include<stdio.h>
#include<math.h>
#define PI 3.1415926
int main()
{
    int  k,i,n;                         //i 为外层循环变量,k 为内层循环变量
    double s,a,b,x;                     //s 为累加结果,a 为分子,b 为分母,x 为弧度值
    scanf("%d%lf",&n,&x);
    s = 0;
    x = x * PI/180;                     //弧度转角度值
    for(i=1;i<=n;i++)
    {
        a=b=1;
        for (k=1;k<=2 * i-1;k++)
        {
            a=a * x;
            b=b * k;
        }
        s=s+pow(-1,i+1) * a/b;
    }
    printf("sin(x)=%lf\n",s);
    return 0;
}
```

程序运行结果:

```
30  20↙
sin(x)=0.342020
```

【应用扩展】

我们可以用相似的算法思路,求解其他三角函数的近似值。

5. 乒乓球组队赛

两个乒乓球队进行比赛,各出三人。甲队为 a,b,c 三人,乙队为 x,y,z 三人。已抽签决定比赛名单。有人向队员打听比赛的名单。a 说他不想和 x 比,c 说他不想和 x,z 比,找出三队赛手的名单。

【问题分析】

假设 i 是 a 的对手,j 是 b 的对手,k 是 c 的对手,i,j,k 分别是 x,y,z 之一。根据题意和乒乓球的比赛规则可知,i,j,k 互不相等,i 不能是 x(i 只能是 y 或 z),k 不能是 x 和 z。

【问题求解】

由此字符'x'、'y'、'z'的 ASCII 值是连续的,可以运用变量的自增运算来实现它们之间的枚举,而本问题的可能情况较少,可以采用穷举法来实现。据此可以画出相应的算法流程图如图 5-10 所示。

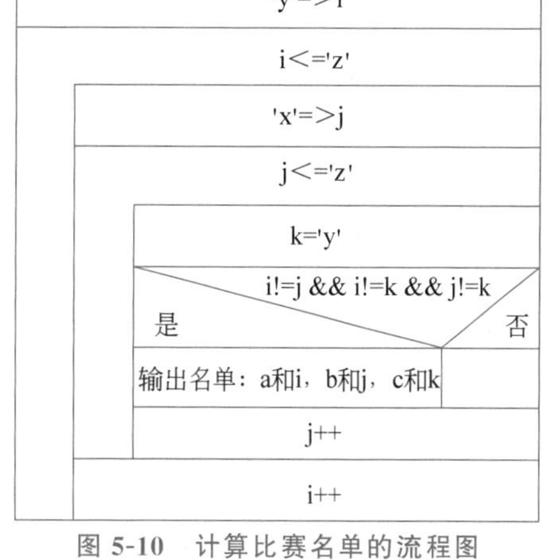

图 5-10 计算比赛名单的流程图

根据流程图,编写代码如下。

综合案例 5:计算比赛名单

```
#include<stdio.h>
int main()
{
    /*假定甲队的出赛名单为 a,b,c,用 i,j,k 分别表达与甲队的三名队员比赛的队员*/
    char i, j, k;

    /*穷举乙队与甲队的 a,b,c 三名队员进行比赛的所有可能组合*/
    for(i = 'y'; i <= 'z'; i++)                /*穷举与 a 比赛的队员*/
    {
        for(j = 'x'; j <= 'z'; j++)            /*穷举与 b 比赛的队员*/
        {
            k = 'y';
            /*一名队员只能比赛一次,通过判断排除同一队员重复比赛的情况*/
            if(i != j && i != k && j != k)
            {
                /*根据题意排除不符合的情况*/
                if(i != 'x' && k != 'x' && k != 'z')
                    printf("比赛名单是:a 和%c、b 和%c、c 和%c\n", i, j ,k);
            }
        }
    }
    return 0;
}
```

程序运行结果:

```
比赛名单是:a 和 z、b 和 x、c 和 y
```

【应用扩展】

穷举法是解决很多问题最为直接的办法。在本例中,为了得到比赛名单,可以穷举所有配对方案,并排除不满足条件的方案,也就是最终结果。这种方法在很多案例中均可使用,但是穷举法一般不是最有效的方法,可以根据实际情况选择高效率的解决方法。

6. 计算器功能菜单

实现显示如图 5-11 所示的计算器操作功能菜单。

从键盘接收用户的操作选择,若用户输入的菜单项编号不是 1～4,则提示“输入有误(合法的操作功能编号为 1～4),请重新输入:”并等待重新输入,直到用户输入合法的功能菜单编号为止。从键盘接收两个浮点型数据,再根据用户选择的功能进行相应的计算,输出相应的计算结果。

【问题分析】

根据题意,要求用户先输入一个功能菜单项编号,若所输入的功能菜单项编号是非法的,则提示其重新输入,直至输入了合法的功能菜单项编号为止。这符合先执行一次再判断是否合法的循环特征,因此,可以采用 do-while 循环来实现。

【问题求解】

根据问题分析,可以画出相应的算法流程图如图 5-12 所示。

```
==========简易计算器==========
1.加法运算
2.减法运算
3.乘法运算
4.除法运算
您要执行的运算是(请输入上述菜单项编号):
```

图 5-11　计算器操作功能菜单

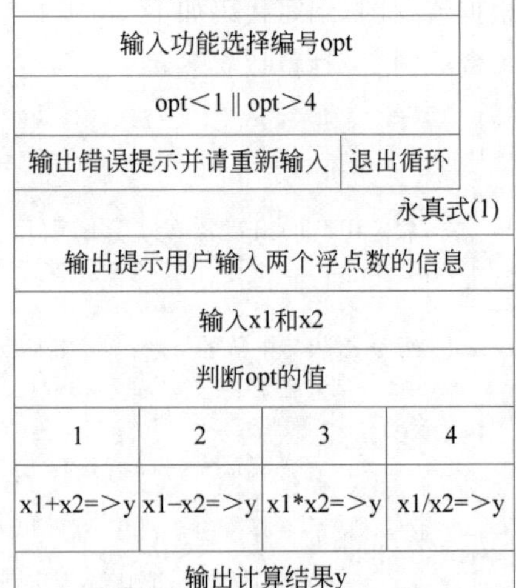

图 5-12　简单计算器的流程图

根据流程图,编写代码如下。

综合案例 6:简单计算器

```
#include<stdio.h>                /* 因为使用了输入输出函数,所以需要引入此头文件 */
int main()
{
    double x1, x2, y;
    int opt;
    /* 输出功能选择菜单 */
    printf("==========简易计算器==========\n");
    printf("1.加法运算\n");
```

```
    printf("2.减法运算\n");
    printf("3.乘法运算\n");
    printf("4.除法运算\n");
    printf("您要执行的运算是(请输入上述菜单项编号):");

    do{
        scanf("%d", &opt);       /* 接收功能选择 */
        if(opt < 1 || opt > 4)    /* 验证所输入的功能选择编号是否合法 */
            printf("输入有误(合法的操作功能编号为 1~4),请重新输入:");
        else
            break;
    }while(1);
    /* 输出提示信息和接收操作数 */
    printf("请输入两个小数,以逗号作为分隔符:");
    scanf("%lf,%lf", &x1, &x2);
    /* 根据功能选择编号进行判断和执行相应的运算 */
    switch(opt)
    {
        case 1:
            y = x1 + x2;
            printf("%.2lf + %.2lf 的计算结果为:%.2lf\n", x1, x2, y);
            break;
        case 2:
            y = x1 - x2;
            printf("%.2lf - %.2lf 的计算结果为:%.2lf\n", x1, x2, y);
            break;
        case 3:
            y = x1 * x2;
            printf("%.2lf * %.2lf 的计算结果为:%.2lf\n", x1, x2, y);
            break;
        case 4:
            y = x1 / x2;
            printf("%.2lf / %.2lf 的计算结果为:%.2lf\n", x1, x2, y);
    }
    return 0;
}
```

程序运行结果:

```
==========简易计算器==========
1.加法运算
2.减法运算
3.乘法运算
4.除法运算
您要执行的运算是(请输入上述菜单项编号):5↙
输入有误(合法的操作功能编号为 1~4),请重新输入:4↙
请输入两个小数,以逗号作为分隔符:9,0.5
9.00 / 0.50 的计算结果为:18.00
```

【应用扩展】

本案例是 4.5 节"简易计算器"的增强版,它能够确保用户先输入合法的功能菜单项,再执行进一步的操作,具有更强的容错性。本案例的解决方案也可以运用于其他需要确保用户准确操作或输入数据合法的应用场景。

至此,我们已经学习了顺序、选择和循环三种程序的基本结构,将来我们要解决的问题都满足这 3 种基本结构中的一种或多种组合的情况。

思考与练习

一、简答题

1. 简述C语言中有哪些循环语句。
2. 简述while循环语句的执行流程。
3. 简述do-while循环语句的执行流程。
4. 阐述while循环语句和do-while循环语句的区别。
5. 简述for循环语句的执行流程。
6. 简述for循环语句中有哪些表达式是可以省略的,省略之后有何影响。
7. 简述循环语句中用来控制循环跳转的语句。
8. 简述break语句与continue语句的区别。

二、选择题

1. 在C语言中,有关do-while循环语句,以下说法正确的是(　　)。

   A. do-while循环语句中,根据情况可以省略关键字while

   B. do-while循环语句中,当条件为非0时结束循环

   C. do-while循环语句中,当条件为0时结束循环

   D. do-while循环语句中,必须使用break语句退出循环

2. 下列语句中,错误的是(　　)。

   A. while(x=y)　　　　B. while(0)

   C. do 2; while(a==b)　　　　D. do x++ while(x==10)

3. 假定a和b为int型变量,则执行以下语句后b的值为(　　)。

```
a = 1;
b = 10;
do
{
    b -= a;
    a++;
} while(b-- < 0);
```

   A. 9　　　　B. 8　　　　C. −2　　　　D. −1

4. 设i、j、k均为整型变量,则执行以下语句后,k的值为(　　)。

```
for(i=0, j=10; i<=j; i++, j--)
{
    k = i + j;
}
```

   A. 8　　　　B. 9　　　　C. 10　　　　D. 11

5. 下面程序的运行结果是(　　)。

```
int i, sum = 0;
for(i=1; i<6; i++)
{
    sum += i;
}
printf("%d\n", sum);
```

A. 15　　B. 14　　C. 0　　D. 不确定

6. 下面程序的运行结果是(　　)。

```
int a, b;
for(a = 1, b = 1; a <= 100; a++)
{
    if(b >= 10)
    {
        break;
    }
    if(b % 3 == 1)
    {
        b += 3;
        continue;
    }
}
printf("%d\n", a);
```

A. 101　　B. 6　　C. 5　　D. 4

7. 下面程序的运行结果是(　　)。

```
int x = 5, y = 5, i;
for(i = 0; x > 3; y = i)
{
    printf("%d %d ", x--, y);
}
```

A. 5 5 3 0　　B. 5 5 4 0　　C. 4 4 3 0　　D. 4 4 4 0

8. 下面程序的运行结果是(　　)。

```
int i;
for(i = 1; i <= 6; i++)
{
    if(i % 2)
    {
        printf("#");
        continue;
    }
    printf("*");
}
```

A. # * # * # *　　B. # # # # # #　　C. ******　　D. * # * # * #

三、程序填空题

1. 等比数列的第一项 $a=3$，公比 $q=4$，求满足前 n 项和小于 200 的最大 n。

```
#include<stdio.h>
int main()
{
    int a, q, n, sum = 0;
    a = 3;
    q = 4;
    n = 0;
    do
    {
        ____(1)____
        n++;
```

```
        a *= q;
    }while(____(2)____);
    ____(3)____
    printf("%d\n", n);
    return 0;
}
```

2. 计算 1－3＋5－7＋…－99 的值。

```
#include<stdio.h>
int main()
{
    int i, t=1, s=0;
    for(i=1; i<=99; i+=2)
    {
        ____(1)____
        ____(2)____
    }
    printf("1-3+5+…-99=%d\n", s);
    return 0;
}
```

3. 输出 100 以内个位数为 5 且能被 3 整除的数。

```
#include<stdio.h>
int main()
{
    int i, j;
    for(i=1; i<____(1)____; i++)
    {
        j = i * 10 + 5;
        if(____(2)____)
            printf("%d\n",____(3)____);
    }
    return 0;
}
```

四、程序阅读题

1. 有以下程序代码,回答程序运行的结果。

```
#include<stdio.h>
int main()
{
    int i;
    for(i = 'c'; i < 'k'; i++)
    {
        printf("%c", i-30);
    }
    return 0;
}
```

程序运行结果：________。

2. 有以下程序代码,回答程序运行的结果。

```
#include<stdio.h>
int main()
{
    int i, j, x = 0;
    for(i = 0; i < 3; i++)
```

```
    {
        x++;
        for(j = 0; j < 4; j++)
        {
            if(j % 2)
            {
                continue;
            }
            x++;
        }
        x++;
    }
    printf("x=%d\n", x);
    return 0;
}
```

程序运行结果：________。

3. 有以下程序代码，回答程序运行的结果。

```
#include<stdio.h>
int main()
{
    int a = 3, b = 7;
    do
    {
        b -= a;
        a++;
    }while(b-- < 0);
    printf("a=%d,b=%d\n", a, b);
    return 0;
}
```

程序运行结果：________。

4. 有以下程序代码，回答程序运行的结果。

```
#include<stdio.h>
int main()
{
    int x=1, y=7, z=5;
    while(z-- > 0 && ++x < 5)
    {
        y--;
    }
    printf("x=%d,y=%d,z=%d\n", x, y, z);
    return 0;
}
```

程序运行结果：________。

5. 有以下程序代码，回答程序运行的结果。

```
#include<stdio.h>
int main()
{
    int k, s;
    for(k = 0, s = 1; k < 5; k++)
    {
        if(s > k)
```

```
        {
            break;
        }
        else
        {
            s += k;
        }
    }
    printf("k=%d,s=%d\n", k, s);
    return 0;
}
```

程序运行结果：________。

五、编程题

1. 输入一个整数，判断它是否是素数。

2. 求以下级数前 10 项的和。

$$e=1+\frac{1}{1!}+\frac{1}{2!}+\frac{1}{3!}+\cdots+\frac{1}{n!}$$

3. 统计 1～100 中能被 3 整除同时也能被 5 整除的整数的个数。

4. 求分数序列$\frac{1}{2},\frac{2}{3},\frac{3}{5},\frac{5}{8}\cdots$前 10 项之和。

5. 从键盘随意输入 100 个字符，统计其中字母的个数。

六、思考题

1. 思考 C 语言中对于循环操作，为何要提供 3 种循环语句，它们各自的应用场景有何不同，是否可以相互转换？

2. 在使用循环语句的时候，尤其要注意避免死循环。因此，对循环的控制尤为重要。思考 while、do-while、for 语句各自可以在哪些位置进行循环是否继续的控制。

3. 众所周知，操作系统在开机运行之后，若用户没有操作则会空闲等待用户的指令，若用户有下达指令则会进行相应的操作，而且只有当用户下达关机命令之后，它才会关机。思考如何用 C 语言实现这些功能，并编写一个简单的程序模拟这一过程(提示：现在的主流操作系统的内核基本都是用 C 语言来编写的)。

第 6 章

数组——具有相同数据类型的一组数

6.1 数组的概念

计算机程序通常需要对数据进行各种处理,包括输入数据、输出数据、存储数据、对数据进行各种加工计算等。程序中需要处理的数据有时可能只是一些孤立的、简单的数值或字符,但有时也可能是存在着内在联系的批量数据。在此前的章节中已经学习了整型、字符型、浮点型等简单的基本类型。使用这些数据类型在程序中可以进行一些简单的数据处理。然而,在面对一些相对复杂的问题时,仅使用这些简单的基本类型就可能有些捉襟见肘了。

为了方便命名和统一组织管理批量数据,本章将引入新的数据类型——数组。每一个数组具有唯一的数组名,可以使用统一的命名机制,即数组名加下标的形式,对数组中一系列相同类型的数据进行访问。在后续章节中还将学习结构体和共用体(联合)类型,它们与数组不同,组织管理的是不同类型的一组数据。无论是数组还是结构体或共用体,都是在既有数据类型的基础上构造出来的类型。本章将介绍在 C 程序中怎样使用数组来处理相同类型的批量数据。

数组是具有相同数据类型的一组数据的有序集合。关于数组概念的这个定义强调了以下两点。

(1) 数组中可以有多个数据且同一数组中的多个数据的类型是一致的。例如,可以都是 int 型数据,或者都是 double 型数据等。数组中的数据项被称为数组的元素。数组元素事实上就是某个类型的变量,既可以是基本类型的变量,也可以是自定义类型的变量。每个数组都有唯一的数组名,不需要对每个数组元素单独命名,而是用数组名加下标的形式来对数组元素进行标识和访问。数组名加下标相当于数组元素的名字。

(2) 数组中的同型数据是有序的,即数组元素是有序的。访问数组元素需要使用下标。所谓下标,就是数组元素在数组中的序号,代表了数组元素在数组中的存储顺序。在 C 程序中,数组元素的下标是从 0 开始的。

6.2 数组实际问题引例

问题 1:对学校里 60 个学生的考试成绩数据进行处理,求所有学生的平均分。

解题思路:求解该问题首先需要存储 60 个学生的成绩数据,然后在此基础上进行计算。如果使用普通的整型变量来存储某个学生的考试成绩,不得不单独定义 60 个整型变量,这 60 个整型变量需要分别进行不同的命名。此后如果要使用循环语句对 60 个变量进行各种处理在表达上也非常不便。当问题的规模增加到 1 000 个学生甚至 10 000 个学生时处理将更加烦琐。因此可以使用数组来存储所有的成绩数据,使用数组名加下标的形式可以方便地对数组元素进行访问,将所有数组元素求和并计算平均值。

问题 2:将 10 个城市的 GDP 数据按从大到小顺序输出。

解题思路:求解该问题首先需要使用数组存储 10 个城市的 GDP 数据。由于原始数据可能是无序的,为了从大到小地输出这些数据,可以使用特定的排序算法对数组元素进行排序,实现数组元素的降序存储(从大到小),最后再按存储顺序依次输出数组元素。

问题 3:实现矩阵乘法计算。

解题思路:求解该问题首先需要实现矩阵的存储。无论相乘的两个矩阵还是结果矩阵都需要使用二维数组进行存储。在实现矩阵存储的基础上按照矩阵乘法的计算规则依次计算出结果矩阵中所有元素的值。

问题 4:比较两个字符串的内容是否相同。

解题思路:在 C 程序中,字符串是以字符型数组的形式进行存储的。要比较两个字符串的内容是否相同,就需要对两个字符型数组的元素依次进行比较。如果两个字符串的长度一致且所有位置上的字符都完全相同,则两个字符串的内容相同。

上述问题都涉及类型相同的批量数据,需要使用数组对数据进行存储并在此基础上进行各种计算处理从而解决问题。在本章中,首先需要学习数组定义和数组访问的方式,然后再通过一组实例学习如何进行批量数据的各种处理。

6.3 一维数组的定义和使用

6.3.1 一维数组的定义

根据下标的数量,可以将 C 数组分为一维数组、二维数组、三维数组等。我们首先讨论最简单的一维数组。一维数组只有一个下标,使用一个下标就可以唯一确定某个元素。定义一维数组的一般形式为

```
类型说明 数组名[正整型表达式];
```

例如:

```
int a[10];
```

上面的代码定义了一个名为 a 的一维整形数组,该数组共有 10 个元素。

关于数组的定义有以下几点说明。

(1) 数组需要先定义,然后才能使用。数组名和变量名一样都需要遵循标识符的命名规则。定义一个数组意味着给该数组的所有元素分配存储空间,系统会根据数组元素的类型和数组元素的个数分配对应的存储空间。

(2) 定义数组时需要明确数组元素的类型。数组名之前的类型说明用来描述数组元素的类型,数组中所有元素都是该类型的变量。数组元素的类型可以是基本类型,也可以是程序中已有的自定义类型,如结构体类型。

(3) 定义数组时需要指定数组元素的个数,即数组的大小。数组的大小由结果为正整

数的整型表达式给出。

(4) 数组的元素是连续存储的。系统会根据数组定义时的元素类型和元素个数在内存中为数组的所有元素分配连续的存储空间。同一数组中的不同元素根据下标的顺序在内存中逐一进行存储。例如,数组 int a[10],该数组的 10 个元素一共需要 40 字节(每个元素都是一个整型变量,需要 4 字节)。数组 a 的 10 个元素分别为 a[0]~a[9],即数组的第一个元素是 a[0],最后一个元素为 a[9]。在分配到的连续内存空间中依次存储这 10 个元素,它们的存储顺序如图 6-1 所示。

a[0]	a[1]	a[2]	a[3]	a[4]	a[5]	a[6]	a[7]	a[8]	a[9]

图 6-1 一维数组元素的存储顺序

知识点小贴士:关于变长数组

早期 ANSI C 只支持大小在编译时就能确定的数组。当时编译系统只支持用整型常量表达式来指定数组的大小。例如,int a[10] 或 int b[4+6]都是合法的,但 int c[n](n 是 int 型变量)却不合法,即编译时就必须确定数组的大小,而不能用程序运行时才能确定值的变量或表达式来指定数组的大小。这就使得那些需要在程序执行时动态决定数组大小的场合无法用这种方式来创建数组,而只能使用动态内存分配的机制,如 malloc 或 calloc 函数来解决问题。

ISO C99 对 C 语言进行的重要扩充之一,就是允许创建变长数组(Variable-Size Arrays)。所谓变长数组(可变大小数组),是指可以根据程序运行时的某个变量或表达式的值来指定数组的大小,从而创建数组。使用变长数组,在编译时数组的大小是无法确定的,只有等到程序执行时才能计算并确定数组的大小。

下面的代码(出现在函数或复合语句内部)对于不支持 ISO C99 标准的 C 编译系统来说可能是不合法的,而对支持 ISO C99 标准的 C 编译系统却是合法的:

```
int n;
scanf("%d", &n);                    /* 输入整型变量 n */
double a[n];                        /* 根据用户输入的 n 的值决定数组的大小 */
```

6.3.2 一维数组的引用

对数组的使用是通过对数组元素的访问来实现的。在完成一维数组的定义后,需要对数组元素进行赋值,然后才可以使用数组元素。在 C 程序中只能逐一引用数组元素而不能整体引用整个数组的所有元素。例如,要输出一个数组中所有元素的值,只能逐一输出各个元素的值,无法一次性整体输出所有元素的值。

引用一维数组元素的形式为

```
数组名[下标]
```

用数组名加下标的形式,可以唯一地标识和确定一维数组的某个元素。例如:

```
int a[5];  a[3]=10;
```

上面的代码表示将一维数组 a 的第 4 个元素赋值为 10。

关于一维数组元素的引用需要注意以下几点。

(1) 引用数组元素时，下标可以是常量，可以是变量，也可以是整型表达式。

(2) C数组的下标从0开始而不是从1开始。如果一个一维数组有 N 个元素，该数组的合法下标是从 $0\sim N-1$，即第1个元素的下标是0，而最后一个元素的下标是 $N-1$。

(3) 使用 $0\sim N-1$ 之外的下标对数组进行访问，会产生数组越界问题，即程序会访问到数组合法内存空间之外的内存部分，这有可能会引发程序出错甚至崩溃。C编译系统本身不会对数组越界问题进行检查。因此作为程序设计者应该仔细检查程序，保证对数组空间的访问是安全合法的。

【例6.1】 建立一个包含10个数组元素的整型数组，对这10个数组元素进行输入并逆序输出它们，最后还要输出10个元素的和。

本例是最基本的对数组的访问操作。首先建立数组，然后使用循环对所有的数组元素进行输入。在循环中可以使用循环变量作为下标对数组元素依次进行访问，在本例中下标从0～9递增。为了逆序输出数组元素，只需要在循环时使得下标从9～0递减即可。为了对数组元素求和，需要在输入数组元素的循环中增加一个操作，即将新的元素累加到求和变量。示例程序如下：

```
1   #include<stdio.h>
2   int main()
3   {
4       int i, sum = 0;
5       int a[10];
6       /* 下面的循环用于输入数组元素并求和 */
7       for(i = 0; i < 10; i++)
8       {
9           scanf("%d", &a[i]);
10          sum += a[i];
11      }
12      /* 下面的循环用于逆序输出数组元素 */
13      for(i = 9; i >= 0; i--)
14          printf("%d ", a[i]);
15      printf("\n");
16      printf("sum = %d\n", sum);
17      return 0;
18  }
```

程序运行结果：

```
12 34 56 78 21 3 144 -17 99 -20↙
-20 99 -17 144 3 21 78 56 34 12
sum = 410
```

在上面的执行中，从键盘输入10个整数并按Enter键，屏幕上逆序输出数组的所有元素，最后输出所有数组元素的和。

该程序使用两个for循环(7～11行和13～14行)完成了大部分工作。相对于使用一组简单变量，使用数组更方便，程序也更清晰简洁。在不同的问题中，如果需要操作数组里连续的多个元素或全部元素，通常可以使用和上面示例程序相似的程序结构，即使用for循环语句并利用循环控制变量来作为下标对数组元素进行访问，例如：

```
for(i = 起始下标; i < 数组长度; i++)
...
```

或者

```
for(i = 起始下标; i <= 最后一个要访问的下标; i++)
...
```

作为初学者,这里有一个容易犯的错误,就是将程序中第 7～11 行的 for 循环(对于第 13～14 行的 for 循环也存在同样的问题)写成:

```
for(i =0; i <= 10; i++)
{
    scanf("%d", &a[i]);
    sum += a[i];
}
```

在上面的代码片段中,循环的控制条件写成了"i <= 10"而不是"i < 10"。注意,C 编译系统对此是不会报告错误的,因为编译系统不对下标是否越界进行检查。但程序在执行中会出现对数组元素 a[10]进行访问的情况(最后一个 i 的值就是 10)。由于数组 a 的合法下标范围是 0～9,因此元素 a[10]事实上已经超越了数组的合法空间。对 a[10]进行输入操作将导致对数组 a 最后一个元素(a[9])之后的内存空间进行写操作,而该空间已经不属于数组 a 了。这种超出数组合法内存空间的访问是一种错误,被称为数组的越界访问。这是使用数组的程序中最常见的一种错误。

这里应该注意,编译系统不报错并不说明程序就没有错误,对数组的越界访问引起的后果无法预料。在编写处理数组的程序时一定要特别注意这个问题,不要出现数组越界访问。

6.3.3 一维数组的初始化

在定义一维数组的同时直接给各个数组元素赋初值,这称为一维数组的初始化。对一维数组进行初始化需要使用"初始值列表"。在"初始值列表"中列出一系列初始值,并用这些值在创建数组的同时给对应的数组元素赋初值。所谓"初始值列表"是在一对花括号里列出的若干初始值表达式,这些表达式通过逗号进行分隔。数组元素的初始值表达式必须是常量表达式。

> 知识点小贴士: *变长数组无法初始化*
>
> 需要注意的是,此前提到的 ISO C99 所引入的变长数组是不能在定义时进行初始化操作的。对于变长数组,只能通过语句给这种数组的元素依次赋值。这主要是由于变长数组的元素个数在编译时无法确定,因此无法用给定初始值列表的方式进行初始化。只有那些在定义时使用常量表达式指明数组大小的数组才可以进行初始化,这样的数组的长度在编译时就确定了。

一维数组的初始化方式有以下几种。

(1) 在初始值列表中给出全部数组元素的初始值,例如:

```
int a[10] = {1, 2, 3, 4, 5, 6, 7, 8, 9, 10};
double b[5] = {1.1, 2.2, 3.3, 4.4, 5.5};
```

以上代码分别定义了长度为 10 的 int 型数组 a 和长度为 5 的 double 型数组 b。定义数组的同时,通过初始值列表为所有数组元素提供了初始值。数组中的元素依次用初始值列表中的初始值进行初始化。例如，b[0]赋的初始值是 1.1，b[4]赋的初始值是 5.5。注意，初始值列表中的初始值的个数不应超过数组元素的个数，否则可能引发错误。

(2) 在初始值列表中仅给出部分数组元素的初始值。在 C 程序中，允许在初始化数组时，只给数组开始部分的若干元素指定初始值，而未指定初始值的数组元素都自动初始化为 0。例如：

```
int a[5] = {1, 2};
```

相当于

```
int a[5] = {1, 2, 0, 0, 0};
```

(3) 将全部数组元素初始化为 0，例如：

```
int a[10] = {0};
```

相当于

```
int a[10] = {0, 0, 0, 0, 0, 0, 0, 0, 0, 0};
```

(4) 在给出初始值列表的前提下，定义一维数组时可以省略数组大小，这时由初始值列表中初始值的个数推断出数组的大小，例如：

```
int a[] = {1, 2, 3, 4, 5};
```

相当于

```
int a[5] = {1, 2, 3, 4, 5};
```

一维数组的初始化只能在定义数组时进行，当数组定义完毕后，就不能用这种方式来改变数组元素的值了，而只能单独对数组元素进行赋值。

> **知识点小贴士：如果不进行数组初始化会怎样？**
>
> 如果定义数组时没有进行初始化，全局数组和静态局部数组的元素都自动初始化为 0(包括字符型数组的情况，字符型数组元素初始化为 0，相当于初始化为'\0')或 NULL(指针型数组的情况，NULL 表示空指针)；函数或复合语句内部的非静态局部数组如果不进行初始化，则所有的元素都没有有意义的初始值，此时应该先对数组元素进行赋值再使用。

6.3.4 一维数组应用举例

【例 6.2】 编写程序，输入 10 个整数，找出其中的最大值、最小值并输出，同时还要计算平均值并输出。

要找出 10 个整数的最大值和最小值，可以将这 10 个数存储在数组中，先将数组的第一个元素 a[0]的值设为当前最大值和当前最小值，然后用打擂的方式，使用循环去看后续其他元素是否会大于当前最大值或小于当前最小值，如果是，则更新当前最大值或当前最小值。在循环的同时，对所有数组元素求和，最后就能计算出所有数的平均值。示例程序如下：

```
#include<stdio.h>
int main()
```

```
{
    int i;
    int a[10];
    for(i = 0; i < 10; i++)
        scanf("%d", &a[i]);
    int max, min, sum;
    max = min = sum = a[0];          /* 先将 a[0]的值设为当前最大值和当前最小值 */
    for(i = 1; i < 10; i++)
    {
        sum += a[i];
        if(a[i] > max) max = a[i];
        if(a[i] < min) min = a[i];
    }
    printf("max = %d, min = %d, avg = %.2f\n", max, min, (double)sum / 10);
    return 0;
}
```

程序运行结果：

```
32 45 12 83 23 77 54 67 37 79↙
max = 83, min = 12, avg = 50.90
```

在上面的执行中，先输入 10 个整数，程序输出 10 个整数的最大值、最小值和平均值，平均值以小数形式输出，小数点后输出 2 位。

【例 6.3】 输出一维数组的最大值及其出现的次数。

本例要求找出一个一维数组的最大值，同时还要统计其出现的次数。要解决这个问题，可以采用下面的方法：最开始时，先设数组的第一个元素为当前最大值，并将最大值的出现次数置为 1。然后使用循环对数组后续元素依次进行处理。如果后续某元素大于当前最大值，则将该元素的值设置为新的当前最大值，同时将最大值的出现次数重置为 1；如果后续某元素等于当前最大值，则只需将当前最大值的出现次数加 1；如果后续某元素小于当前最大值，则什么也不做。示例程序如下：

```
#include<stdio.h>
int main()
{
    int n, i;
    scanf("%d", &n);
    /* 建立数组并输入数组元素 */
    int a[n];
    for(i = 0; i < n; i++)
        scanf("%d", &a[i]);
    int max = a[0];                 /* max 用于存储当前最大值 */
    int count = 1;                  /* count 用于存储当前最大值出现的次数 */
    /* 从第 2 个元素开始依次处理后续元素 */
    for(i = 1; i < n; i++)
    {
        if(a[i] > max)
        {
```

```
17             max = a[i];
18             count = 1;
19         }
20         else if(a[i] == max)
21             count++;
22     }
23     printf("数组的最大值是%d,其出现次数为%d\n", max, count);
24     return 0;
25 }
```

本例演示了变长数组的用法。程序第5行输入变量n的值并在第7行使用n作为数组长度创建了数组a,第8～9行使用for循环输入所有的数组元素。第13行for语句的循环条件是“i<n”。

程序运行结果:

```
10↙
12 45 23 77 -34 -10 0 77 56 9↙
数组的最大值是 77,其出现次数为 2
```

在上面的执行中,先从键盘输入数组的长度10,然后输入10个数组元素,程序最后输出数组的最大值及其出现次数。

【例6.4】 建立并输出包含Fibonacci数列前20个数的数组。

Fibonacci数列的第1个数和第2个数都是1,从第3个数开始,每个数是该数前两个数之和。根据题目要求,要建立一个包含Fibonacci数列前20个数的数组。因此在程序中可以先定义长度为20的数组fib,并将fib[0]和fib[1]两个数组元素直接初始化为1(fib[0]和fib[1]分别存储Fibonacci数列的第1个数和第2个数),然后在此基础上使用循环依次计算出后续18个元素的值并输出。示例程序如下:

```
#include<stdio.h>
int main()
{
    int i;
    /*创建 fib 数组并将第1个元素和第2个元素初始化为1*/
    int fib[20] = {1, 1};
    /*下面的循环用于计算剩余的数*/
    for(i = 2; i < 40; i++)
        fib[i] = fib[i - 1] + fib[i - 2];
    /*下面的循环用于输出数组*/
    for(i = 0; i < 20; i++)
        printf("%d ", fib[i]);
    printf("\n");
    return 0;
}
```

在上面的程序中,首先创建数组fib并将第1个元素和第2个元素进行初始化。此后使用一个for循环计算剩余的18个数。这个循环的循环控制变量i的值从2开始(表示从第3个数开始计算)。对于每一个i,使用“fib[i]=fib[i-1]+fib[i-2]”来计算得到对应的元素的值。最后再使用一个for循环输出数组的所有元素,即Fibonacci数列的前20个数。

程序运行结果：

```
1 1 2 3 5 8 13 21 34 55 89 144 233 377 610 987 1597 2584 4181 6765
```

在上面的执行中，屏幕上输出了 Fibonacci 数列的前 20 个数。

6.4 二维数组

目前已经讨论了一维数组的问题。一维数组的元素呈线性排列，只需一个下标即可进行访问。这种结构可以表示数学中的向量、数据的有限序列、成组的被处理数据等。实际应用中有时需要更加复杂的结构，如在数值计算应用中经常要表示和处理的矩阵。矩阵有两个维度，其中的元素需要通过两个下标才能确定位置(两个下标分别指明元素所在的行和列)。又如要表示三维空间中的点需要三个坐标才能确定具体位置。这些问题在 C 程序中怎样去表示和处理呢？

C 语言支持定义二维和维度更高的数组。从语法形式看，二维数组就是具有两个下标的数组，三维数组就是具有三个下标的数组，N 维数组就是具有 N 个下标的数组。可以认为一维数组是由若干相同类型的变量为元素所组成的数组，而二维数组则可以看成由若干等长、元素类型相同的一维数组按行拼接所组成的数组。在本节中主要讨论二维数组的问题，在二维数组的基础上，相关概念和方法可以扩展到更高维的数组。

6.4.1 二维数组的定义

定义二维数组的一般形式为

```
类型说明 数组名[正整型表达式 1][正整型表达式 2];
```

同一维数组的定义类似，定义二维数组也需要指定数据类型，这个类型是组成二维数组的一维数组的元素的类型，也就是二维数组中用于存储数据的变量的数据类型。和一维数组相比，二维数组在定义时，需要通过两个正整型表达式分别指定两个维度的大小。例如，用二维数组来存储矩阵时，这两个维度的大小相当于矩阵的行数和列数。

```
int a[2][3];  double b[3][4];
```

以上代码片段定义了一个 2 行 3 列具有 6 个 int 型元素的二维数组和一个 3 行 4 列具有 12 个 double 型元素的二维数组。

前面说到，可以把二维数组看成一维数组的数组。以刚才定义的数组 double b[3][4] 为例，逻辑上它分成 3 行 4 列，它的每一行事实上就是一个一维数组。每一行对应的一维数组都有 4 个 double 型的元素(4 列)。

数组 b 的 3 行该如何称呼呢？用二维数组名 b 加 1 个下标即表示某一行，这个下标被称为行下标。因此组成二维数组 b 的三个一维数组分别是 b[0]、b[1]和 b[2]。用 b[0]、b[1]和 b[2]可以作为三个一维数组的数组名，它们本身又分别包含 4 个元素：

```
b[0] ---- b[0][0]  b[0][1]  b[0][2]  b[0][3]
b[1] ---- b[1][0]  b[1][1]  b[1][2]  b[1][3]
b[2] ---- b[2][0]  b[2][1]  b[2][2]  b[2][3]
```

数组的数据实际上是存储在三个一维数组的元素中的。在二维数组中这些元素需要两个下标才能表示：除了用行下标指明元素所在的行(所在的一维数组)之外，还需要用一个列下标来指明元素在对应行中所在的列。无论行下标还是列下标,都是从 0 开始。

这里需要注意,二维数组有两个维度,三维数组有三个维度,N 维数组有 N 个维度。从逻辑上讲,它们是非线性结构。但是无论几维数组,实际的数据都要存储在内存空间中。而内存空间本身是线性的,并没有多个维度。那么逻辑上多维数组如何存储在线性的内存空间中呢?

以刚才的二维数组 b 为例,数组元素在内存中实际是按行存放的,即先依次存储 b[0]这一行的 4 个元素,然后再存储 b[1]这一行的 4 个元素,最后再依次存储 b[2]这一行的 4 个元素,如图 6-2 所示。

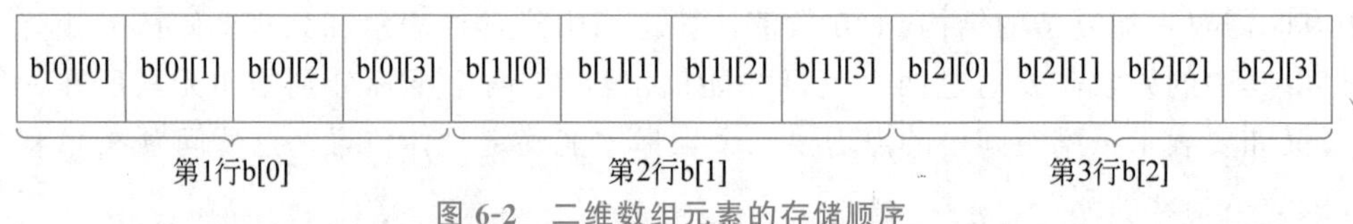

图 6-2　二维数组元素的存储顺序

无论是几维数组,都可以按照上面的方法来存储所有数组元素。例如,三维数组是由若干二维数组组成的,因此在存储时将依次分别存储多个二维数组。对于其中某个二维数组,则按刚才叙述的方式依次存储其内部的各个一维数组。

6.4.2　二维数组的引用

引用二维数组元素的形式为

```
数组名[下标 1][下标 2]
```

即访问二维数组的元素需要两个下标(习惯称为行下标和列下标)。用数组名加两个下标的形式,可以唯一标识和确定二维数组的某个元素。

例如:

```
int a[3][3];  a[1][2] = 10;
```

上面的代码片段定义了一个 3 行 3 列的二维数组 a,并将数组第 2 行第 3 列的元素 a[1][2]赋值为 10。

关于二维数组元素的引用需要注意以下几点。

(1) 引用数组元素时,下标可以是常量,可以是变量,也可以是整型表达式。

(2) 二维数组的行下标和列下标都是从 0 开始而不是从 1 开始的,最大的合法行下标或列下标的值是行数减 1 或列数减 1。无论几维数组,任何一维的下标都是从 0 开始的。

(3) 和一维数组一样,必须对数组越界问题进行关注。C 编译系统本身不会对数组访问是否越界进行检查,需要由程序设计者自己对其负责。

> **知识点小贴士:二维数组元素访问时的地址计算**
>
> 当访问二维数组元素 a[i][j]时,和访问一维数组元素一样,也会进行地址计算,但要比计算一维数组元素的地址复杂一些。首先从二维数组名代表的数组起始位置跳过 i 行,找到 a[i]这一行的起始位置。这意味着要跳过前面 i 行中的所有元素。当找到 a[i]这一行的起始位置之后,再在这一行上跳过前面的 j 个元素,最后计算得到 a[i][j]在内存中的地址,从而对其进行访问。

6.4.3 二维数组的初始化

同一维数组一样，二维数组也可以在定义时直接初始化(只有非变长数组才能进行初始化操作)。初始化形式有以下几种。

(1) 在初始值列表中，用内嵌花括号的形式，分行对二维数组进行初始化，例如：

```
int a[3][4] = {{1, 2, 3, 4}, {5, 6, 7, 8}, {9, 10, 11, 12}};
```

这种方式非常直观地对二维数组的每一行进行了初始化。初始值列表中内嵌的第一个花括号中的初始值用来初始化第一行(a[0])的元素，第二个花括号中的初始值则用来初始化第二行(a[1])的元素等。

(2) 初始值列表中也可以不明确分行，直接列出所有初始值。这时会按照数组元素在内存中的存储顺序依次赋初值，例如：

```
int a[3][4] = {1, 2, 3, 4, 5, 6, 7, 8, 9, 10, 11, 12};
```

(3) 可以只给出部分元素的初始值，没有给出初始值的元素将初始化为0，例如：

```
int a[3][4] = {{1, 2}, {3, 4}, {5, 6}};
```

每一行都只给出了部分元素的初始值，会给每一行最开始的若干元素用这些值进行初始化，而其他元素则初始化为0。又例如：

```
int a[3][4] = {1, 2, 3, 4, 5, 6};
```

只列出了6个初始值。按照根据存储顺序依次赋初值的原则，数组a的第一行的四个元素和第二行的前两个元素会用这6个值进行初始化，而其他元素的值则会初始化为0。还可以像下面这样：

```
int a[3][4] = {{1, 2, 3}, {4,5}};
int b[3][4] = {{1, 2}, { }, {3}};
```

在这个例子中，数组a只给出了前两行的部分元素的初始值，而数组b的第二行没有给出初始值。没有给出初始值的元素都初始化为0。

(4) 如果在定义数组时进行初始化且给出了所有元素的初始值，则定义数组时可以省略第一维长度，但第二维长度不能省略，例如：

```
int a[3][4] = {1, 2, 3, 4, 5, 6, 7, 8, 9, 10, 11, 12};
```

也可以写成：

```
int a[][4] = {1, 2, 3, 4, 5, 6, 7, 8, 9, 10, 11, 12};
```

或者在明确分行时给出所有行的初始值，可以这样定义数组：

```
int a[][4] = {{1, 2}, {3, 4}, {5, 6}};
```

6.4.4 二维数组应用举例

【例6.5】 矩阵转置。创建并输入一个3×4的整型矩阵，生成该矩阵的转置矩阵并输出。

一个$m \times n$的矩阵的转置矩阵是一个$n \times m$的矩阵，它和原矩阵正好行列互换。例如，矩阵a如下：

1 2 3

4 5 6

其转置矩阵 b 为

1 4

2 5

3 6

题目中要求创建的矩阵的大小为 3 行 4 列，需要使用两个二维数组来存储原矩阵 a 和对应的转置矩阵 b。矩阵转置问题的关键在于，原矩阵中的 a[i][j]元素，对应在其转置矩阵 b 中的位置是 b[j][i]，即两个矩阵行下标和列下标发生了互换。示例程序如下：

```
1   #include<stdio.h>
2   int main()
3   {
4       int i, j;
5       /*创建矩阵 a 和对应的转置矩阵 b*/
6       int a[3][4], b[4][3];
7       /*使用二重循环输入矩阵 a 的所有元素*/
8       for(i = 0; i < 3; i++)
9           for(j = 0; j < 4; j++)
10              scanf("%d", &a[i][j]);
11      /*使用二重循环计算转置矩阵 b 的所有元素*/
12      for(i = 0; i < 3; i++)
13          for(j = 0; j < 4; j++)
14              b[j][i] = a[i][j];
15      /*输出矩阵 a*/
16      printf("Matrix A:\n");
17      for(i = 0; i < 3; i++)
18      {
19          for(j = 0; j < 4; j++)
20              printf("%d\t", a[i][j]);
21          printf("\n");
22      }
23      /*输出矩阵 b*/
24      printf("Matrix B:\n");
25      for(i = 0; i < 4; i++)
26      {
27          for(j = 0; j < 3; j++)
28              printf("%d\t", b[i][j]);
29          printf("\n");
30      }
31      return 0;
32  }
```

在上面的程序中，对矩阵 a 和矩阵 b 访问时要注意它们的行数和列数正好是互换的。因此访问矩阵的二重循环的循环变量的终值的设置不要出错。其中程序第 12～14 行的 for 循环实现矩阵 b 元素的计算：

```
for(i = 0; i < 3; i++)
    for(j = 0; j < 4; j++)
        b[j][i] = a[i][j];
```

这个循环按照行顺序依次读取矩阵 a 的元素，然后将其赋值给矩阵 b 中的对应元素。要完成这个任务，该循环也可以写成：

```
for(i = 0; i < 4; i++)
    for(j = 0; j < 3; j++)
        b[i][j] = a[j][i];
```

这个循环的写法是按照行顺序依次对矩阵 b 的元素用矩阵 a 中的对应元素进行赋值。两种写法略有不同，但结果是一致的。

程序运行结果：

```
1 2 3 4 2 3 4 5 5 6 7 8↙
Matrix A:
1       2       3       4
2       3       4       5
5       6       7       8
Matrix B:
1       2       5
2       3       6
3       4       7
4       5       8
```

在上面的执行中，从键盘输入矩阵 a 的所有元素，程序按行和列分别输出矩阵 a 和对应的转置矩阵 b。

【例 6.6】 建立 n 阶方阵，输出主对角线元素之和与副对角线元素之和。

n 阶方阵是一个 $n \times n$ 的矩阵，行数和列数都是 n。其主对角线从左上到右下，副对角线从右上到左下。本题的关键在于找到对角线元素的行下标和列下标的对应关系。示例程序如下：

```
#include<stdio.h>
int main()
{
    int n, i, j;
    scanf("%d", &n);
    /* 建立 n 阶方阵并输入数组元素 */
    int a[n][n];
    for(i = 0; i < n; i++)
        for(j = 0; j < n; j++)
            scanf("%d", &a[i][j]);
    int sum1 = 0, sum2 = 0;
    for(i = 0; i < n; i++)
    {
        sum1 += a[i][i];                        /* 计算主对角线元素之和 */
        sum2 += a[i][n - 1 - i];                /* 计算副对角线元素之和 */
    }
    /* 输出结果 */
    printf("主对角线元素之和为%d\n", sum1);
    printf("副对角线元素之和为%d\n", sum2);
    return 0;
}
```

在上面的程序中，演示了二维变长数组的用法，n 由用户输入并创建 $n \times n$ 的二维数组。为了计算主对角线元素之和与副对角线元素之和，找出了这些元素的行下标与列下标的对应关系，即主对角线上的元素的行下标与列下标是相同的，而副对角线上的元素的行下标为 i 时，其列下标为 $n-1-i$。

程序运行结果：

```
4↙
1 2 3 4↙
5 6 7 8↙
3 4 5 6↙
9 8 7 5↙
主对角线元素之和为 17
副对角线元素之和为 24
```

在上面的执行中，从键盘先输入 n 的值，然后输入 n 阶方阵所有元素的值，程序计算后输出主对角线元素之和与副对角线元素之和。

【例 6.7】 计算并输出 4×5 矩阵每一行的平均值和每一列的平均值。

要计算行平均值，需要对每一行都进行求和，然后除以一行上元素的个数，即矩阵的列数；而要计算列平均值，需要对每一列都进行求和，然后除以一列上元素的个数，即矩阵的行数。示例程序如下：

```
#include<stdio.h>
int main()
{
    int i, j;
    /* 建立 4×5 矩阵并输入数组元素 */
    int a[4][5];
    for(i = 0; i  < 4; i++)
        for(j = 0; j < 5; j++)
            scanf("%d", &a[i][j]);
    int sum;
    /* 计算并输出各行的平均值 */
    for(i = 0; i < 4; i++)
    {
        sum = 0;                                /* 某行求和前先将 sum 重置为 0 */
        for(j = 0; j < 5; j++)
            sum += a[i][j];
        printf("第%d行的平均值为%.2f\n", i + 1, sum * 1.0 / 5);
    }
    printf("- - - - - - - - - - - -\n");
    /* 计算并输出各列的平均值 */
    for(j = 0; j < 5; j++)
    {
        sum = 0;                                /* 某列求和前先将 sum 重置为 0 */
        for(i = 0; i < 4; i++)
            sum += a[i][j];
        printf("第%d列的平均值为%.2f\n", j + 1, sum * 1.0 / 4);
    }
    return 0;
}
```

在上面的程序中，注意求和变量 sum 在每一行或每一列开始求和之前，都需要重置为 0。如果忘记重置，则会将之前的 sum 值代入计算，导致计算结果出错。

程序运行结果：

```
1 2 3 4 5↙
2 3 4 5 6↙
3 4 5 6 7↙
4 5 6 7 8↙
```

```
第 1 行的平均值为 3.00
第 2 行的平均值为 4.00
第 3 行的平均值为 5.00
第 4 行的平均值为 6.00
--------------
第 1 列的平均值为 2.50
第 2 列的平均值为 3.50
第 3 列的平均值为 4.50
第 4 列的平均值为 5.50
第 5 列的平均值为 6.50
```

在上面的执行中,从键盘输入矩阵的所有元素,程序计算后依次输出所有行和所有列的平均值。

【例 6.8】 输出 4×5 矩阵外围元素之和。

矩阵的外围元素是指矩阵第一行、最后一行、第一列或最后一列的元素。可以使用循环对所有数组元素依次进行判断,看其是否属于外围元素,从而决定是否求和。示例程序如下:

```
#include<stdio.h>
int main()
{
    int i, j;
    /* 建立 4×5 矩阵并输入数组元素 */
    int a[4][5];
    for(i = 0; i < 4; i++)
        for(j = 0; j < 5; j++)
            scanf("%d", &a[i][j]);
    int sum = 0;
    /* 对所有外围元素求和 */
    for(i = 0; i < 4; i++)
        for(j = 0; j < 5; j++)
            if(i == 0 || i == 3 || j == 0 || j == 4)
                sum += a[i][j];
    printf("该矩阵的外围元素之和为%d\n", sum);
    return 0;
}
```

程序运行结果:

```
1 2 3 4 5↙
2 3 4 5 6↙
3 4 5 6 7↙
4 5 6 7 8↙
该矩阵的外围元素之和为 63
```

在上面的执行中,从键盘先输入矩阵的所有元素,程序计算后输出所有外围元素之和。

在上面的程序中,判断是否属于外围元素的条件:

```
i == 0 || i == 3 || j == 0 || j == 4
```

如果题目的要求改为求所有非外围元素之和,则条件只需要修改为:

```
i != 0 && i != 3 && j != 0 && j != 4
```

6.5 字符数组与字符串

字符数组就是元素类型为字符的数组。和其他类型一样，可以定义一维字符数组、二维字符数组和多维字符数组。在C程序中，字符串是用字符数组进行存储和处理的，C标准库也提供了一系列库函数对字符串的处理进行支持。本节对字符数组和字符串的处理进行学习。

6.5.1 字符数组的定义与初始化

定义字符数组的形式与定义其他类型数组的形式一致。下面的例子定义了一个包含128个字符元素的一维字符数组textline：

```
char textline[128];
```

完成数组的定义后，就可以像访问其他类型数组那样去访问该数组了，例如：

```
for(i = 0; i < 128; i++)
    textline[i] = getchar();
```

这里循环进行128次，使用getchar函数输入128个字符依次存储在数组中。

定义字符数组时也可以像其他数组一样进行初始化，例如：

```
char city[15] = {'S', 'h', 'a', 'n', 'g', 'h', 'a', 'i'};
```

这里定义了一个长度为15的字符数组，并给前8个元素赋初值。没有给出初值的其他元素自动置0，即用ASCII码为0的特殊字符设置那些元素。ASCII码为0的字符称为"0字符"或"空字符"(对应转义字符'\0')，空字符在C程序里有特殊的意义。这里应该注意，数字字符'0'的ASCII码是48，和空字符'\0'是两个不同的字符。

6.5.2 字符串

我们已经学习过字符串常量(字符串文字量)了。字符串与字符数组关系密切，在C程序中字符串常量就是用字符数组形式存储的。编译系统会为每一个字符串常量分配一块连续内存空间，把字符串中的字符顺序存入。除了存储字符串中所有的字符之外，还会将空字符'\0'存储在最后面作为字符串的结束标志，所以空字符在C程序中扮演了字符串结束符的角色。也就是说，保存字符串常量所需的内存空间比字符串中的字符数量要多一个字节。例如，字符串常量"Shanghai"中有8个字符，但需要9字节才能保存，因为还需要一个空字符作为字符串的结束标志，如图6-3所示。

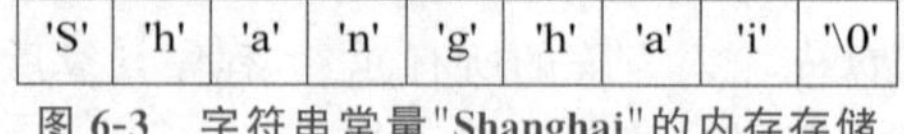

图 6-3 字符串常量"Shanghai"的内存存储

知识点小贴士：空字符的作用

使用空字符作为字符串结束符是为了方便字符串的处理。与基本类型的数据不同，字符串的长度是不确定的。当处理一个字符串时，如何判断字符串到哪里结束呢？由于字符串在存储时以空字符结尾，因此可以确定字符串的结束位置。尽管空字符不是字符串内容的一部分,但在字符串表示中不可或缺。各种对字符串进行处理的函数或程序都会用空字符对字符串的结束位置进行判断。

接下来的问题是,字符串常量的内容是无法修改的,可以使用程序中定义的字符数组来存储内容可修改的字符串数据吗?答案是肯定的。只要在字符数组里顺序存入所需字符,最后再放入空字符,这个字符数组里的数据就具有字符串的形式,这个字符数组的内容就可以作为字符串使用了(如用C标准库中的字符串函数进行各种处理),也就是说这个数组里存储了一个字符串。反之,如果字符数组里存储了字符型的数据,却没有存储空字符,那这就只是一个普通的字符数组,而不能称其存储了字符串,自然也就不能用处理字符串的方式来处理它,而只能用处理常规数组的方式来处理。例如:

```
char a[5] = {'H', 'e', 'l', 'l', 'o'};
char b[5] = {'H', 'a', 'v', 'e'};
char c[5] = {'W', 'o', 'r', 'k', '\0'};
char d[5] = {'O', 'k', '\0'};
char e[5] = {'O', 'k', '\0', '#', '#'};
```

在上面的代码片段中,定义了五个字符数组并分别进行初始化。数组a是一个普通的字符数组,无法看成存储了字符串数据的数组,因为它没有存储字符串结束符。而其余四个数组都可以看成存储了字符串数据的数组。其中数组b初始化时只提供四个字符值,因此最后一个元素会自动初始化为0,即空字符;数组c明确以空字符进行结尾;数组d的第三个元素初始化为0,最后两个元素也会自动初始化为0,在数组中有多个空字符的情况下,最前面的第一个空字符作为字符串的结束标志;最后的数组e比较特殊,在数组的中间出现了空字符,尽管空字符之后还有普通字符,但在作为字符串处理时,遇到空字符就认为字符串结束了。

为了方便处理,当使用字符数组存储字符串时,C语言提供了特殊的初始化形式,可以不用以依次列出字符常量的形式为字符数组进行初始化,而是可以直接使用字符串常量为字符数组进行初始化,例如:

```
char name[25] = {"Tsinghua University"};
```

或者:

```
char name[25] = "Tsinghua University";
```

以上的例子使用字符串常量中的字符依次初始化数组name的前19个元素,数组中剩余的空间用空字符进行填充。按照这种方式初始化字符数组时要注意用于初始化数组的字符串所需空间不应超过数组的大小。当然也可以采用下面的方式:

```
char name[] = "Tsinghua University";
```

即定义数组时省略数组的大小,系统会根据字符串实际所需空间大小为数组分配空间。

6.5.3 字符数组的输入与输出

要对字符数组中的数据进行输入/输出,有以下两种方法。

(1) 按照处理其他类型数组的相同方式,对字符数组中的元素(字符型变量)逐一进行输出。由于数组中的元素是字符型的,因此使用scanf或printf函数进行输入/输出时,需要使用%c格式;也可以使用getchar函数或putchar函数对字符数组元素进行输入/输出。

例如：

```
char c[10];
int i;
for(i = 0; i < 10; i++)
    scanf("%c", &c[i]);
for(i = 0; i < 10; i++)
    printf("%c", c[i]);
```

或者

```
char c[10];
int i;
for(i = 0; i < 10; i++)
    c[i] = getchar();
for(i = 0; i < 10; i++)
    putchar(c[i]);
```

需要注意的是，在使用上面的方法对字符数组元素进行输入时，用户如果在键盘上输入空格、换行、水平制表符等分隔符，也会被视作正常的字符输入而存入数组中。

(2) 使用字符数组存储字符串数据时，可以对字符串进行整体的输入与输出。使用 scanf 和 printf 函数对字符串进行输入/输出时，需要使用%s 格式。

【例 6.9】 字符串的输入/输出。

```
1   #include<stdio.h>
2   int main()
3   {
4       char c[20];
5       scanf("%s", c);
6       printf("%s", c);
7       return 0;
8   }
```

程序运行结果：

```
HelloWorld↙
HelloWorld
```

在上面的执行中，从键盘输入“HelloWorld”，程序将输出“HelloWorld”。

使用 scanf 和 printf 函数输入/输出字符串时应该注意以下问题。

(1) 使用 scanf 函数输入字符串时与输入单个数组元素时不同，地址表列的位置应该出现字符数组的名字。字符数组的名字代表字符数组在内存中的起始位置，本身就代表一个内存地址，因此不需要再对字符数组名取地址。例如，例 6.9 中程序第 5 行的“scanf("%s", c)”，不能写成“scanf("%s", &c)”。

(2) 使用 scanf 函数输入字符串时，遇到空格、换行或水平制表符等分隔符时输入就结束了。例 6.9 如果按下面的方式执行，将产生和之前不同的输出：

```
Hello World↙
Hello
```

在上面的执行中，从键盘输入字符串时，在“Hello”和“World”之间有空格，程序最后只输出了“Hello”。这是由于 scanf 函数输入字符串时遇到空格就输入结束了。空格及后面的内容不会输到数组中，自然也就不会被输出。因此使用 scanf 函数无法输入包含空格或水平制表符的完整句子，只能使用其他函数完成这样的任务，如 gets 函数。

(3) 数组的长度应能完整地存储字符串(包括字符串结尾的空字符)。如果实际输入的字符串长度加上空字符大于字符数组分配的空间,将会产生内存越界问题。而 scanf 函数本身不会对此进行检查,因此,使用 scanf 函数输入字符串可能是不安全的。

(4) 使用 printf 函数输出字符数组中的字符串时,在输出列表中直接列出要输出的数组名即可。在输出该数组中的字符串时,遇到空字符就结束输出。空字符只代表字符串的结束,本身不会产生输出。在字符数组中无论后面是否还有其他内容,当遇到第一个空字符时,就认为字符串结束了。

6.5.4 字符串处理函数

在各种 C 程序中,字符串都是常见的数据处理对象。C 标准库提供了一系列和字符串处理相关的函数。这些字符串处理函数的原型在头文件 string.h 中,因此要使用这些函数,需要包含该头文件。本节简单介绍几个常用的字符串处理函数,更多的关于字符串处理函数的信息,可以查阅有关 C 标准库的文献。

1. 字符串输出函数 puts

该函数调用的一般形式为

```
puts(字符串)
```

puts 函数的参数可以是存储字符串的字符数组名,也可以是字符串常量。该函数将字符串输出到屏幕,同时会在输出完成之后自动换行。

2. 字符串输入函数 gets

该函数调用的一般形式为

```
gets(字符数组名)
```

gets 函数从键盘输入一个字符串存储在对应的字符数组中并以字符数组的首地址作为函数返回值。使用 gets 函数输入字符串时遇到换行符输入结束,但字符串内部可以包含空格和水平制表符。用于存储字符串的字符数组应该是此前定义好的,且空间大小能够完整容纳输入的字符串加上结尾的空字符。如果字符数组的大小不满足这个要求,将会产生内存越界问题,而 gets 函数本身不会对此进行检查。因此使用 gets 函数输入字符串可能是不安全的。某些编译系统可能会对使用 gets 函数输入字符串发出警告。

一个相对安全的输入字符串的替代方案是使用 fgets 函数。由于 fgets 函数涉及一些目前还没有学习的知识点,这里只简单介绍一下它的使用方法:

```
fgets(字符数组名, 数组长度, stdin)
```

该函数需要三个参数,第一个参数是用于存储字符串的字符数组的名字,第二个参数是数组的长度,当从键盘获取输入时第三个参数直接写 stdin(stdin 代表标准输入流,即从键盘获取输入)。与 gets 函数不同,使用 fgets 函数除了需要提供存储字符串的数组名,还需要提供一个参数用来指明可用的内存空间大小。

使用 fgets 函数从键盘输入字符串时,和 gets 函数相同的是输入遇到换行符结束,字符串内部可以包含空格与水平制表符。在实际输入时如果换行之前的输入长度大于数组可用空间大小,会自动截取数组能实际存储的部分存入数组中(数组的最后仍会自动加上空字符)。例如:

```
char c[10];
fgets(c, 10, stdin);
puts(c);
```

执行上面的代码片段情况如下：

```
Hello World↙
Hello Wor
```

执行时从键盘输入“Hello World”，程序只输出“Hello Wor”。这是因为数组长度只有10个字符，除去最后的空字符之外，最多只能输入9个字符。

如果实际输入长度小于数组空间大小又会如何呢？再次执行上面的代码片段：

```
Hi World↙
Hi World
```

这一次在键盘输入“Hi World”（一共8个字符），这时将会输出“Hi World”及一个空行。为什么会多出一个空行呢？这是由于fgets函数在数组空间允许的情况下，会将输入结束时键入的换行符号也存到数组中，而gets函数并不会这样做。

由于fgets函数在输入字符串时会根据数组可用空间大小在必要时进行截取，不会引发数组越界问题，因此相对于scanf函数和gets函数是安全的。

3. 字符串连接函数strcat

该函数调用的一般形式为

```
strcat(字符数组名1,字符串2)
```

strcat函数将第二个参数对应的字符串的内容连接到第一个参数对应的字符数组中原有的字符串之后，形成一个长串。字符串连接时会将前面字符串结尾的空字符去掉，再连上后面的字符串，最后以空字符结尾。函数调用的第二个参数可以是另一个字符数组的名字，也可以是一个字符串常量。例如：

```
char s1[30] = "Hello World";
char s2[] = " Hello Beijing";
strcat(s1, s2);
puts(s1);
```

或者

```
char s1[30] = "Hello World";
strcat(s1, " Hello Beijing");
puts(s1);
```

程序运行结果：

```
Hello World Hello Beijing
```

使用strcat函数时需要注意：第一个参数对应的字符数组的空间应足够大，能够容纳连接后的字符串，否则也会出现数组内存越界问题。

对于字符串连接，还可以使用连接函数strncat，该函数将字符串2中的前n个字符连接到第一个字符数组后面，例如：

```
char s1[20] = "Beijing";
char s2[] = "Hello";
strncat(s1, s2, 3);
puts(s1);
```

程序运行结果：

```
BeijingHel
```

4. 字符串复制函数 strcpy

该函数调用的一般形式为

```
strcpy(字符数组名 1,字符串 2)
```

strcpy 函数将第二个参数对应的字符串的内容复制到第一个参数对应的字符数组中去。第二个参数可以是另一个字符数组的名字，也可以是一个字符串常量。字符串复制时，会连同空字符一起进行复制。例如：

```
char s1[20];
char s2[] = "Hello World";
strcpy(s1, s2);
puts(s1);
```

程序运行结果：

```
Hello World
```

使用 strcpy 函数复制字符串时应注意，第一个参数对应的数组空间大小应能容纳复制的字符串，否则也会出现数组内存越界问题。

此外，不能企图用简单赋值的方式直接将一个字符串常量或字符数组直接赋值给另一个字符数组来完成字符串复制。字符数组名代表的是数组在内存中的起始地址，是一个地址常量，是不能赋值的。因此下面的用法是错误的：

```
s1 = s2;                    /* 错误,不能将字符数组名直接赋值给字符数组名 */
s1 = "Hello World"          /* 错误,不能将字符串常量直接赋值给字符数组名 */
```

对于字符串复制，还可以使用 strncpy 函数将字符串 2 中前 n 个字符复制到字符数组 1 中去取代字符数组 1 中原有的前 n 个字符。例如：

```
char s1[20] = "World";
char s2[] = "Hello";
strncpy(s1, s2, 3);
puts(s1);
```

程序运行结果：

```
Helld
```

5. 字符串比较函数 strcmp

该函数调用的一般形式为

```
strcmp(字符串 1,字符串 2)
```

strcmp 函数比较两个字符串的大小关系并返回结果。两个参数可以是字符数组名，也可以是字符串常量。字符串比较大小的规则：将两个字符串自左至右逐个字符进行比较(根据 ASCII 码的大小进行比较)，直到出现不一样的字符或遇到空字符为止。若全部字符相同，则认为两个字符串相等。若出现不相同的字符，则以第一对不相同的字符的比较结果为准。例如：

"ABC"与"ADC"，这两个字符串第一对不同的字符是'B'和'D'，因此后面的字符串大于前面的字符串。又例如：

"abc"与"ABC"，这两个字符串第一对不同的字符是'a'和'A'，小写字母编码大于对应的大写字母，因此前面的字符串大于后面的字符串。又例如：

"abcd"与"abc"，这两个字符串的前三个字符完全相同，前面的字符串最后一个字符是'd'，而后面字符串对应的位置是空字符，因此前面的字符串大于后面的字符串。

字符串比较的结果由函数返回值带回：

(1) 如果字符串 1 与字符串 2 相同，函数返回值为 0；

(2) 如果字符串 1＞字符串 2，函数返回值为一个正整数；

(3) 如果字符串 1＜字符串 2，函数返回值为一个负整数。

注意，如果 str1 和 str2 是两个字符数组的名字，比较字符串的大小不能采用下面的方式：

```
if(str1 > str2) ...                    /* 错误,不能对字符数组名直接进行比较 */
```

这是因为数组名代表的是数组的内存地址而不是内容，使用这种方法无法比较字符串内容的大小关系。要比较大小关系，正确的做法：

```
if(strcmp(str1, str2) > 0) ...
```

6. 字符串长度检测函数 strlen

该函数调用的一般形式为

```
strlen(字符串常量或字符数组名)
```

strlen 函数检测字符串的实际长度并返回。字符串的实际长度不包含空字符。例如：

```
char str[] = "Hello World";
printf("%d", strlen(str));
```

程序运行结果：

```
11
```

6.5.5 字符串处理应用举例

【例 6.10】 输入 5 个字符串并输出最小的字符串和最大的字符串。

本例要求找到 5 个字符串中的最小字符串和最大字符串。首先要解决的问题是输入 5 个字符串。为了便于处理，可以通过定义二维字符数组的方式来存储 5 个字符串。二维字符数组的每一行都相当于一个一维字符数组，正好可以存储一个字符串。然后在二维数组的基础上使用前面介绍的字符串比较函数对所有字符串进行比较并找出最小字符串和最大字符串。示例程序如下：

```
#include<stdio.h>
#include<string.h>
int main()
{
    int i, max, min;
    char str[5][100];
    for(i = 0; i < 5; i++)                          /* 输入 5 个字符串 */
        gets(str[i]);
    max = min = 0;  /* 变量 max 和 min 分别用于存储最大字符串和最小字符串的行下标 */
    for(i = 1; i < 5; i++)
    {
        if(strcmp(str[max], str[i]) < 0)
            max = i;
```

```
        if(strcmp(str[min], str[i]) > 0)
            min = i;
    }
    printf("最大字符串是:%s\n", str[max]);
    printf("最小字符串是:%s\n", str[min]);
    return 0;
}
```

例 6.10 创建了一个 5×100 的二维字符数组。由于每行的长度为 100,因此每行能够存储的字符串长度不超过 99。接下来使用循环语句输入 5 个字符串并存储在二维字符数组的各行中。

完成字符串的输入后,接下来查找二维数组中的最小字符串和最大字符串。示例程序采用的方法是,使用变量 min 和 max 来存储最小字符串和最大字符串的行下标。先设定第一个字符串是当前最小字符串和最大字符串,将 min 和 max 都初始化为 0。然后使用循环对其他的字符串依次进行比较,看是否有比当前最小字符串更小的字符串,或是否有比当前最大字符串更大的字符串。如果有更小的字符串则更新 min,如果有更大的字符串则更新 max。循环结束后,min 和 max 的值就是二维数组中最小字符串和最大字符串的行下标,即 str[min]就是最小字符串,而 str[max]就是最大字符串。

程序运行结果:

```
Guiyang↙
Guangzhou↙
Guilin↙
Guangdong↙
guanshanhu↙
最大字符串是:guanshanhu
最小字符串是:Guangdong
```

【例 6.11】 输入一个字符串,以换行结束。将字符串中原来的大写字母转换成对应的小写字母,将原来的小写字母转换成对应的大写字母,其余字符不变。输出转换后的字符串。

要将一个字符串中的大小写字母进行转换并不困难。同样的英文字母,大写字母和小写字母的 ASCII 码正好相差 32。例如,'A' 的 ASCII 码是 65,而 'a' 的 ASCII 码是 97。因此只需要使用循环对字符串中所有的字符进行扫描,如果是英文字母就进行大小写变换,否则保持不变。示例程序如下:

```
#include<stdio.h>
#include<string.h>
int main()
{
    char str[100];
    gets(str);
    int i, len;
    len = strlen(str);                              /* 计算数组的实际长度 */
    for(i = 0; i < len; i++)
    {
        if(str[i] >= 'A' && str[i] <= 'Z')
            str[i] += 32;
        else if(str[i] >= 'a' && str[i] <= 'z')
            str[i] -= 32;
```

```
15      }
16      puts(str);
17      return 0;
18  }
```

程序运行结果：

```
abcDE012fhiJK#xYz↙
ABCde012FHIjk#XyZ
```

在例 6.11 中，有两点需要注意：一是 for 循环中循环变量 i 的终值是 len－1，len 是字符串的实际长度。由于数组下标从 0 开始，因此字符串的最后一个字符的下标是 len－1；二是 for 循环的循环体（程序第 11～14 行）中使用的是 if… else if…的句式来处理大小写字母的转换。思考该 for 循环能否改成下面的写法？为什么？

```
for(i = 0; i < len; i++)
{
    if(str[i] >= 'A' && str[i] <= 'Z')
        str[i] += 32;
    if(str[i] >= 'a' && str[i] <= 'z')
        str[i] -= 32;
}
```

【例 6.12】 在不使用字符串处理函数 strcpy 和 strcat 的前提下，实现字符串的复制与字符串的连接。

本例要求实现字符串的复制和连接，但不能使用 strcpy 函数和 strcat 函数。下面先来实现字符串的复制。要实现字符串复制，可以使用循环将要复制的字符串中的字符一个一个地复制到目标数组中，最后还要加上一个字符串结束符。示例程序如下：

```
#include<stdio.h>
int main()
{
    char str1[100], str2[100];
    gets(str2);
    int i;
    for(i = 0; str2[i] != '\0'; i++)
        str1[i] = str2[i];
    str1[i] = '\0';                          /* 为 str1 的结尾加上空字符 */
    puts(str1);
    return 0;
}
```

在例 6.12 中，首先输入字符串 str2，然后使用循环将 str2 中的字符逐一复制到 str1 数组的对应元素中去，直到 str2 字符串结束。因此程序中 for 循环的条件是“str2[i]!='\0'”，即 str2 的当前元素不等于空字符。当循环结束时，str2 中的空字符并没有复制到 str1 中，因此需要单独给 str1 的结尾加上字符串结束符。

程序运行结果：

```
Hello World↙
Hello World
```

下面来实现字符串的连接。字符串的连接其实和字符串的复制有些相似，其不同之处在于字符串的连接是将第二个字符串复制到第一个字符串的后面。因此要实现字符串的连接需要首先确定第一个字符串的结束位置，然后再将第二个字符串复制到这个位置的后面。

示例程序如下：

```
1   #include<stdio.h>
2   int main()
3   {
4       char str1[100], str2[100];
5       gets(str1);
6       gets(str2);
7       int i, j;
8       /*下面的 for 循环用于确定 str1 字符串中空字符的位置*/
9       for(i = 0; str1[i] != '\0'; i++);
10      /*下面的 for 循环从 str1 中原来空字符的位置开始将 str2 复制过来*/
11      for(j = 0; str2[j] != '\0'; j++)
12          str1[i + j] = str2[j];
13      str1[i + j]='\0';                              /*为 str1 的结尾加上空字符*/
14      puts(str1);
15      return 0;
16  }
```

其中，第一个 for 循环语句（程序第 9 行）虽然是空语句，但并非什么也不做。当循环结束时，循环变量 i 的值就是 str1 数组中字符串结束符所在位置的下标。接下来就从这个位置开始将 str2 数组中的字符串复制到后面。第二个 for 循环（程序第 11～12 行）和之前字符串复制的程序的区别在于循环体的写法为“str1[i + j] = str2[j];”，即将 str2[j]复制到 str1[i+j]中。这是因为在字符串连接时，是将第二个字符串连接在第一个字符串的后面。第一个 for 循环已经探明了之前 str1 中字符串结束符的下标是 i，因此 str1[i+j]就是 str2 数组中的对应字符 str2[j]复制到 str1 中后应该存放的位置。

程序运行结果：

```
Hello↙
World↙
HelloWorld
```

【例 6.13】 输入一行字符串，判断这一行上有几个单词。

要统计一行字符串上的单词个数，关键问题在于如何判断一个新单词的开始。使用循环对字符串进行扫描，当出现一个新单词之后对统计变量加 1 即可。那么怎样判断一个新单词的开始呢？可以通过设置一个标志变量 isWord 来实现。isWord 的值为 0 代表此前处于非单词状态，isWord 的值为 1 则代表此前处于单词状态。程序开始时，先将标志标量 isWord 的值设置为 0，代表非单词状态。

在一行字符串上，单词之间可能使用一个或多个空格或水平制表符来分隔，整个字符串的开头也可能有若干空格或水平制表符，这是在处理时需要考虑的。因此在使用循环扫描整个字符串时，只要遇到的是空格或水平制表符，isWord 的状态就设置为 0，代表非单词状态。第一种可能的情况是，此前是非单词状态，现在又遇到了空格或水平制表符，那么 isWord 继续保持为 0，如连续的多个空格。第二种可能的情况是，此前是单词状态，现在遇到空格或水平制表符了，那说明此前的单词结束了，现在要将 isWord 的状态设置成 0。

以上这两种情况无论哪一种，都要将 isWord 设置为 0。也就是说，无论此前是否是单词状态，只要遇到的是空格或水平制表符，就将 isWord 设置为 0。

第三种可能的情况是，此前是非单词状态，而现在遇到的字符既非空格也非水平制表符，则说明开始了新的单词，此时需要将 isWord 设置为 1 并将统计变量加 1。

第四种可能的情况是，此前是单词状态，而现在遇到的字符既非空格也非水平制表符，说明单词还没结束，这时什么也不用做，单词状态继续保持。

根据以上分析，对应的示例程序如下：

```
#include<stdio.h>
#include<string.h>
int main()
{
    char str[200];
    gets(str);
    int count = 0;                          /* count 用于统计单词的个数 */
    int isWord = 0;                         /* isWord 标志用于判断是否处于单词状态 */
    int i;
    int len = strlen(str);
    for(i = 0; i < len; i++)
    {
        if(str[i] == ' ' || str[i] == '\t')
            isWord = 0;
        else if(isWord == 0)
        {
            count++;
            isWord = 1;
        }
    }
    printf("count = %d",count);
    return 0;
}
```

程序运行结果：

```
This is a C program. I like it.↙
count = 8
```

6.6 数组综合案例

1. *n* 位自幂数问题

输出所有的 n 位自幂数。n 由用户输入，只需要考虑 n 大于或等于 3 且小于或等于 9 的情况。

【问题分析】

自幂数是这样的自然数：n 位自幂数一共有 n 位，其每一位数字的 n 次幂之和等于它自身。自幂数问题的典型例子就是水仙花数问题(n 等于 3 的自幂数称为水仙花数)。水仙花数是一个 3 位的正整数，它的每一位数字的 3 次幂之和正好等于它自身。在本题中，要求输出所有的 n 位自幂数。n 的值在程序执行时由用户输入，并满足 n 大于或等于 3 且小于或等于 9 的条件。之所以限制 n 的范围是考虑到 int 型数据的表示范围有限，暂时只在 int 型范围内考虑这个问题。

不妨先考虑最简单的 n 等于 3(水仙花数)的情形。由于只有 3 位，可以用穷举法对 100～999 内的所有 3 位正整数依次进行判断，看每一个数是否满足自幂数的要求。n 等于 3 的自幂数即百、十、个位的 3 次幂之和等于其自身的 3 位正整数。因此可以用下面的方法来找出所有的 3 位自幂数(水仙花数)：

```
#include<stdio.h>
int main()
{
    int i;
    int n1, n2, n3;
    /* 从 100~999,用穷举法依次判断所有的 3 位正整数 */
    for(i = 100; i <= 999; i++)
    {
        n1 = i / 100;                            /* 分解出 i 的百位 */
        n2 = i / 10 % 10;                        /* 分解出 i 的十位 */
        n3 = i % 10;                             /* 分解出 i 的个位 */
        /* 如果满足 3 位自幂数的条件则输出 */
        if(n1 * n1 * n1 + n2 * n2 * n2 + n3 * n3 * n3 == i)
            printf("%d ", i);
    }
    printf("\n");
    return 0;
}
```

在上面程序中，关键问题怎样分解出一个 3 位数的百、十、个位。3 位自幂数一共只有 4 个，程序运行结果：

```
153 370 371 407
```

也可以使用下面的三重循环来解决这个问题：

```
#include<stdio.h>
int main()
{
    int i, j, k;                         /* 用 i、j、k 进行百、十、个位的不同组合 */
    for(i = 1; i <= 9; i++)
        for(j = 0; j <= 9; j++)
            for(k = 0; k <= 9; k++)
            {
                if(i*i*i + j*j*j + k*k*k == i * 100 + j * 10 + k)
                    printf("%d ",i * 100 + j * 10 + k);
            }
    printf("\n");
    return 0;
}
```

在上面的第二种解决方法中，没有去分解 3 位数，而是用三重循环的方式去组合得到 3 位数。3 个循环控制变量 i、j 和 k 分别表示可能的百位、十位和个位。通过三重循环得到所有可能的 3 位数组合，对每一种组合分别进行判断，看是否满足自幂数的要求。程序执行后仍然输出：

```
153 370 371 407
```

下面回到最初的问题上来。当 n 的值无法事先确定时(可能是 3～9 中的某一个)，就无法用上面的方法来简单处理了。这里要解决两个关键问题：①将一个 n 位正整数的 n 个数值位分别分解出来；②对分解出的每一位数字都计算其 n 次幂并求和。

第 1 个问题可以通过除 10 取余的循环来达到目的。对于第 2 个问题，可能很自然地想到通过循环累乘的方式来计算某位数字的 n 次幂，当然也可以通过调用数学库函数 pow 达到同样的目的。但是需要注意的是，当 n 比较大时，需要用穷举法判断的 n 位数非常多。如果对每一个数的每一位数字都计算 n 次幂并求和，计算量是非常大的。特别是如果用调用 pow 函数的方式来计算每一位数字的 n 次幂，这将导致 pow 函数被高频调用，会引入巨大的开销，计算非常慢。用循环的方式通过累乘来求 n 次幂会比调用 pow 函数快很多。

任何十进制正整数的每一位数字无外乎是 0～9，一共只有 10 种可能。没有必要对于每一个 n 位数都去重复计算每一位数字的 n 次幂。在下面的示例程序中，将借助一维数组将 0～9 这 10 个数字的 n 次幂事先计算出来并存储在数组中，然后通过累加的方式来快速计算某个数的 n 位数字的 n 次幂之和，这样可以提升计算速度，较快地完成计算。

【问题求解】

综合案例 1：n 位自幂数问题

```
#include<stdio.h>
int main()
{
    int n, i, j, min = 1, max;
    scanf("%d", &n);
    if(n < 3 || n > 9)                          /*检查 n 的范围是否在 3~9 之间*/
        printf("n should be between 3 and 9!\n");
    else
    {
        /*定义 pows 数组用来存储 0~9 这 10 个数字的 n 次幂*/
        int pows[10];
        for(i = 0; i <= 9; i++)
        {
            pows[i] = 1;
            for(j = 1; j <= n; j++)
                pows[i] *= i;
        }
        /*求最小的 n 位数 min 和最大的 n 位数 max*/
        for(i = 1; i < n; i++)
        {
            min *= 10;
        }
        max = min * 10 - 1;
        /*下面的循环用穷举法从 min 到 max 依次判断是否满足 n 位自幂数的条件*/
        for(i = min;i <= max; i++)
        {
            int sum = 0, num = i;
            /*用下面的 while 循环分解出每一位数字，并将其 n 次幂累加到 sum*/
            while(num)
            {
                sum += pows[num%10];
                num /= 10;
            }
            /*判断是否满足 n 位自幂数的条件*/
            if(sum == i) printf("%d ", i);
        }
        printf("\n");
    }
    return 0;
}
```

在上面的程序中，事先将 0～9 这个数字的 n 次幂存储在数组 pows 中。while 循环中的“num%10”将分解得到当前 n 位数的某一位数字。以这个数字为下标去访问 pows 数组，即可得到该位数字的 n 次幂，然后累加到 sum 即可，不需要每一次单独去求某位数字的 n 次幂。

程序运行结果：

```
3↙
153 370 371 407
```

在上面的执行中，从键盘输入整数 3，程序输出所有的 3 位自幂数。

再次执行该程序，运行结果：

```
9↙
146511208 472335975 534494836 912985153
```

这次从键盘输入整数 9，程序输出所有的 9 位自幂数。

【应用扩展】

事实上，上面的程序还可以进一步优化。例如，对于 n 位正整数来说，每 10 个数的前 $n-1$ 位数字是完全一样的，只有最后一位不同。例如，$n=7$ 时，数字 1234560～1234569 这 10 个数的前 6 位是完全一样的。因此，对于每 10 个数只需对前 $n-1$ 位数字的 n 次幂做一次求和就可以了，然后用这个和分别加上不同的最后一位数字的 n 次幂即可完成 n 位数字的 n 次幂求和，这样可以进一步提升计算速度。读者可以尝试对上面的程序进行修改，并比较执行时间的差异。

2. 输出某日期是其所在年份中的第几天

输入一个日期，输出该日期是其所在年份中的第几天。

【问题分析】

本例要求用户从键盘输入年、月、日信息，然后判断对应的日期在其所在年份中是第几天并输出。要解决这个问题，可以将用户输入的日期之前所有已经过去的月份的天数累加起来，然后再加上用户输入的日信息（所在月的第几天）即可。

此外还需要考虑一个问题，就是在用户输入的月信息大于 2 的情况（2 月份之后的某个日期）下，需要判断日期所在年份是否为闰年。所谓闰年，就是 2 月有 29 天的年份，非闰年则 2 月只有 28 天。除了 2 月，所有月份的天数在不同年份中都是一样的。判断某一年是否闰年的方法：(1)代表年的整数能够被 4 整除但不能被 100 整除；(2)代表年的整数能够被 400 整除。满足这两个条件之一的年份即为闰年。

【问题求解】

综合案例 2：输出某日期是其所在年份中的第几天

```c
#include<stdio.h>
int main()
{
    /* 定义数组 daysOfMonth 用于存储普通年份中不同月份的天数 */
    int daysOfMonth[12] = {31, 28, 31, 30, 31, 30, 31, 31, 30, 31, 30, 31};
    int year, month, day;
    int i;
    /* 输入年月日信息，中间用斜杠分隔 */
    scanf("%d/%d/%d", &year, &month, &day);
    /* 变量 isLeap 用于存储日期所在年是否是闰年的判断结果，结果为 1 或 0 */
    int isLeap = (year % 4 == 0 && year % 100 != 0) || (year % 400 == 0);
    int days = 0;                   /* 变量 days 用于计算用户输入的日期是第几天 */
    /* 用循环将该日期前面所有月份的天数累加 */
    for(i = 0; i < month-1; i++)
        days += daysOfMonth[i];
    days += day;                    /* 加上用户输入的日信息 */
```

```
    /* 如果是 2 月份之后,需要对天数进行修正,加上 isLeap */
    if(month > 2) days += isLeap;
    /* 输出结果 */
    printf("%d\n", days);
    return 0;
}
```

在上面的程序中，建立了一维数组 daysOfMonth 并用普通年份 12 个月的天数对其进行初始化。在用户输入年、月、日信息之后，计算变量 isLeap 的值。当月份大于 2 时，需要判断该年份是否是闰年。因此变量 isLeap 用于存储日期所在年是否是闰年的判断结果，结果为 1 或 0。此后，使用循环语句将已经过去的所有月份的天数累加起来，再加上用户输入的日信息。最后，判断 month 是否大于 2，如果是则用 isLeap 对结果进行修正。

程序运行结果：

```
2020/3/12↙
72
```

在上面的执行中，从键盘输入日期：2020/3/12，程序输出 72，即该日期是 2020 年的第 72 天。

再次执行程序，运行结果：

```
2022/10/18↙
291
```

在上面的执行中，从键盘输入日期：2022/10/18，程序输出 291，即该日期是 2022 年的第 291 天。

【应用扩展】

可以将上面的问题扩展为输入一个日期，输出该日期是其所在世纪的第几天。读者不妨思考一下这个问题该怎样解决。

3. 数组逆序存储

创建一个长度为 10 的整型数组并输入数组元素的值，将该数组逆序存储后输出该数组。

【问题分析】

所谓数组逆序存储，是指将此前数组元素的存储顺序完全颠倒。要解决这个问题，在不借助其他数组辅助的情况下可以用首尾交换的办法来实现逆序存储。所谓首尾交换，即第 1 个元素和倒数第 1 个元素交换，第 2 个元素和倒数第 2 个元素交换等。随着交换的进行，要交换的两个元素的下标会逐渐靠拢。当它们的大小关系发生逆转时，数组逆序存储的过程就完成了。

【问题求解】

综合案例 3：数组逆序存储

```
#include<stdio.h>
int main()
{
    int i, j, temp;
    int a[10];                                    /* 创建数组 */
    /* 输入 10 个数组元素的值 */
    for(i = 0; i < 10; i++)
        scanf("%d", &a[i]);
```

```
    /*用循环进行首尾交换,完成数组逆序存储*/
    for(i = 0, j = 9; i < j; i++, j--)
    {
        temp = a[i];
        a[i] = a[j];
        a[j] = temp;
    }
    /*输出逆序存储后的数组*/
    for(i = 0; i < 10; i++)
        printf("%d ", a[i]);
    printf("\n");
    return 0;
}
```

在上面的程序中,使用 for 循环语句对数组元素进行逐一的“首尾交换”,最终实现了逆序存储。在这个 for 循环中使用了两个循环变量 i 和 j,i 的初值是 0,而 j 的初值是 $n-1$,即初始状态下 i 是数组第一个元素的下标而 j 是数组最后一个元素的下标。在循环体中实现数组元素 a[i]和 a[j]的交换,此后 i 进行自增操作,j 进行自减操作,i 和 j 的值逐渐靠拢。当满足 $i<j$ 时,继续进行循环。当循环条件打破时,数组逆序存储就完成了。

程序运行结果:

```
1 2 3 4 5 6 7 8 9 10↙
10 9 8 7 6 5 4 3 2 1
```

在上面的执行中,先输入数组长度,然后输入所有的数组元素,程序最后输出逆序存储后的数组。

【应用扩展】

数组的逆序存储是解决其他一些问题的基础手段,在接下来的数组循环右移问题的解决中将使用它。

4. 数组循环右移

创建一个长度为 10 的整型数组并输入数组元素的值。输入正整数 m,对数组循环右移 m 个位置并输出循环右移后的数组。

【问题分析】

所谓数组循环右移,是指数组的所有元素都向右移动若干存储位置,从数组右端移出去的元素,又从数组左端移进来。相应的,也可以进行数组循环左移。下面是关于数组循环右移的例子:

假设 $m=3$,数组的初始状态是

$$[1, 2, 3, 4, 5, 6, 7, 8, 9, 10]$$

将该数组循环右移 3 个位置后,数组的状态将变为

$$[8, 9, 10, 1, 2, 3, 4, 5, 6, 7]$$

下面在不依靠其他数组辅助的前提下来完成这个任务,将给出两种解决方法。

【问题求解 1】

先来看一下将数组循环右移 1 个位置该怎么做,然后再扩展到循环右移 m 个位置的情况。下面是将数组循环右移 1 个位置的示例代码:

```
1   #include<stdio.h>
2   int main()
3   {
4       int i, temp;
5       /* 下面创建数组并输入数组元素 */
6       int a[10];
7       for(i = 0; i < 10; i++)
8           scanf("%d", &a[i]);
9       /* 先将最后一个元素暂存在变量 temp 中 */
10      temp = a[9];
11      /* 使用循环将除了最后一个元素之外的其他元素逐一向右(向后)移动一个位置 */
12      for(i = 9; i > 0; i--)
13          a[i] = a[i - 1];
14      /* 将此前暂存的最后一个元素放在第一个元素的位置上 */
15      a[0] = temp;
16      /* 最后输出循环右移后的数组 */
17      for(i = 0; i < 10; i++)
18          printf("%d ", a[i]);
19      printf("\n");
20      return 0;
21  }
```

在上面的程序中，为了实现循环右移一个位置使用的方法是先将数组的最后一个元素暂存在变量 temp 中，然后使用 for 循环将除了最后一个数组元素之外的其他数组元素依次向右(向后)移动一个位置(程序第 12～13 行)：

```
for(i = 9; i > 0; i--)
    a[i] = a[i - 1];
```

这个 for 语句的循环变量 i 的初值是 9，每次进行自减，终值是 1。由于最后一个元素(a[9])此前已经暂存到 temp 中了，因此 a[9]的空间可以用于存储原来的 a[8]。当原来的 a[8]移动到 a[9]之后，a[8]的空间则可以用于存储原来的 a[7]，以此类推，将所有元素均向右(向后)进行移动。最后用 temp 的值覆盖 a[0]，相当于原先最右端的元素从最左边又移入了数组。

上面的程序完成了将数组循环右移一个位置的操作。将该操作重复 m 次，即可实现数组循环右移 m 个位置。这只需对上面的程序进行少许修改即可。首先要增加一个变量 m 用于存储循环右移的位置数，然后需要在循环右移一个位置的代码的外面再包裹一层循环。

综合案例 4：数组循环右移(解法 1)

```
#include<stdio.h>
int main()
{
    int m, i, j, temp;                          /* m 是循环右移的位置数 */
    scanf("%d", &m);
    /* 下面创建数组并输入数组元素 */
    int a[10];
    for(i = 0; i < 10; i++)
        scanf("%d", &a[i]);
    m = m % 10;                                 /* 对可能的 m 大于 n 的情况进行处理 */
    /* 下面的代码增加了一层循环,用变量 j 进行控制,重复 m 次 */
    for(j = 1; j <= m; j++)
    {
        /* 先将最后一个元素暂存在变量 temp 中 */
```

```
            temp = a[9];
            /* 将除了最后一个元素之外的其他元素逐一向右移动一个位置 */
            for(i = 9; i > 0; i--)
                a[i] = a[i - 1];
            /* 将此前暂存的最后一个元素放在第一个元素的位置上 */
            a[0] = temp;
        }
        /* 最后输出循环右移后的数组 */
        for(i = 0;i < 10; i++)
            printf("%d ", a[i]);
        printf("\n");
        return 0;
    }
```

在上面的程序中,考虑了 m 可能大于 10 的可能性并做了“m=m%10”的处理来避免不必要的移动操作。当 m 大于 10 时,循环右移 m 个位置和循环右移“m%10”的位置的效果是一样的。

程序运行结果:

```
13↙
1 2 3 4 5 6 7 8 9 10↙
8 9 10 1 2 3 4 5 6 7
```

在上面的执行中,在第一行上先输入 13,代表循环右移的位置数。然后在第二行上输入 10 个整数存储在数组中。程序最后输出循环右移之后的数组。

【问题求解 2】

解法 1 虽然可以完成数组循环右移的操作,但需要进行的数组元素的移动次数是比较多的。下面看一下第 2 种解决方法,这种方法可以大幅减少数组元素的移动次数。首先假设“m=3”,数组的初始状态是

[1, 2, 3, 4, 5, 6, 7, 8, 9, 10]

下面要对这个数组循环右移 3 个位置,实现最终数组的状态为

[8, 9, 10, 1, 2, 3, 4, 5, 6, 7]

操作步骤如下。

(1) 将数组整体逆序存储(逆序存储的方法可参考 6.6 节综合案例 3),数组状态变为

[10, 9, 8, 7, 6, 5, 4, 3, 2, 1]

(2) 将数组中前 $m(m=3)$个元素实现逆序存储,数组状态变为

[8, 9, 10, 7, 6, 5, 4, 3, 2, 1]

(3) 将数组中后 $10-m(10-m=7)$个元素实现逆序存储,数组状态变为

[8, 9, 10, 1, 2, 3, 4, 5, 6, 7]

通过三次逆序存储的操作(一次是数组的全体元素,两次是数组中的部分元素)实现了数组的循环右移。

同样,可以按照下面的操作步骤进行处理:

(1) 将数组的前 $10-m(10-m=7)$个元素实现逆序存储,数组状态变为

[7, 6, 5, 4, 3, 2, 1, 8, 9, 10]

(2) 将数组中后 $m(m=3)$个元素实现逆序存储,数组状态变为

[7, 6, 5, 4, 3, 2, 1, 10, 9, 8]

(3) 将数组整体逆序存储,数组状态变为

[8, 9, 10, 1, 2, 3, 4, 5, 6, 7]

两种操作方法有所不同,但结果是一致的。下面给出按照第一种操作步骤所写出的程序。

综合案例 4: 数组循环右移(解法 2)

```
#include<stdio.h>
int main(){
    int m, i, j, temp;                          /* m是循环右移的位置数 */
    scanf("%d", &m);
    /* 下面创建数组并输入数组元素 */
    int a[10];
    for(i = 0; i < 10; i++)
        scanf("%d", &a[i]);
    m = m % 10;                                 /* 对可能的 m 大于 10 的情况进行处理 */
    /* (1)对数组整体逆序存储 */
    for(i = 0, j = 9; i < j; i++, j--)
    {
        temp = a[i];
        a[i] = a[j];
        a[j] = temp;
    }
    /* (2)对数组前 3 个元素逆序存储 */
    for(i = 0, j = m - 1; i < j; i++, j--)
    {
        temp = a[i];
        a[i] = a[j];
        a[j] = temp;
    }
    /* (3)对数组后 7 个元素逆序存储 */
    for(i = m, j = 9; i < j; i++, j--)
    {
        temp = a[i];
        a[i] = a[j];
        a[j] = temp;
    }
    /* 最后输出循环右移后的数组 */
    for(i = 0; i < 10; i++)
        printf("%d ", a[i]);
    printf("\n");
    return 0;
}
```

在上面的程序中,三次逆序存储的差异仅在于循环变量 i 和 j 的初值设定。对数组整体逆序存储时,i 的初值为 0 而 j 的初值为 9;对数组前 m 个元素逆序存储时,i 的初值为 0 而 j 的初值为 $m-1$;对数组后 $10-m$ 个元素逆序时,i 的初值为 m 而 j 的初值为 9。

程序运行结果:

```
7↙
1 2 3 4 5 6 7 8 9 10↙
4 5 6 7 8 9 10 1 2 3
```

在上面的执行中,在第一行上先输入 7,代表循环右移的位置数。然后在第二行上输入 10 个整数存储在数组中。程序最后输出循环右移之后的数组。

采用数组逆序存储的方式来实现数组循环右移，当数组规模较大时能较大幅度减少数组元素的移动次数，提高执行效率。

【应用扩展】

数组的循环右移问题还有其他方法可以解决，如使用其他数组进行辅助的方法。读者可以对程序进行改写，使用其他方法实现数组的循环左移。

5. 数组排序

创建一个整型数组并输入数组元素的值，对数组中的元素按从小到大顺序进行排序并输出排序后的数组。

【问题分析】

排序是一种常见的数据操作。在很多应用场合中，往往根据实际问题，需要将一组数据进行升序排列（从小到大）或降序排列（从大到小）。例如，对所有参加高考的学生的高考成绩进行排序，或者对全国所有城市的 GDP 进行排序等。接下来使用两种排序方法：冒泡排序和选择排序来对数组进行排序。

【问题求解】

(1) 冒泡（起泡）排序。

冒泡排序的基本思想是（下面描述的是升序排列的方法，降序排列类似）：用第一个数和第二个数进行比较，如果前数大于后数，则交换两个数，否则不进行交换；再用第二个数和第三个数进行比较，如果前数大于后数，则交换两个数，否则不进行交换；依次类推，直到最后一对数完成两两比较并进行可能的交换。完成这一系列的比较后，所有数中的最大数会被放置到最靠后的位置。这是一个大数“沉底”而小数“浮起”的过程。

如果有 n 个数，第一遍要经过 $n-1$ 次两两比较和可能的交换，才能使得最大数沉底。接下来的第二遍处理，不再考虑此前的最大数，而是用相同的方法将其余 $n-1$ 个数中的最大数放置到第二靠后的位置，这需要 $n-2$ 次两两比较。继续这个过程，经过若干遍处理，直到所有的数排序完成。

在冒泡排序中，n 个数一共需要进行 $n-1$ 遍处理。在每一遍处理中，又需要进行若干次的两两比较及可能的交换。每一遍需要处理的数逐渐减少，而每一遍需要完成的比较次数及可能的交换次数也逐渐减少。

用下面的例子来说明冒泡排序的过程，假设 $n=6$，数组的初始状态为

$$[17,\ 6,\ 25,\ 14,\ 7,\ 2]$$

第一遍处理，通过对数组所有 6 个元素进行两两比较及交换，最大数 25 被放到了数组最后的位置上，数组状态变为

$$[6,\ 17,\ 14,\ 7,\ 2,\ 25]$$

第一遍处理的具体过程如图 6-4 所示。

在图 6-4 中，为了便于表示，将要排序的一组数竖着写。在第一遍的处理中，先比较第一个数和第二个数，也就是 17 和 6，由于前数大于后数，因此将它们进行交换；然后比较第二个数和第三个数，也就是 17 和 25，由于前数小于后数，因此不需要交换；然后比较 25 和 14，这时需要交换；接下来 25 和 7 交换；最后 25 和 2 交换；最大数 25 放到了最后的位置。

下面按照上述第一遍处理同样的方法，对数组进行后续的处理。

第二遍处理，通过对数组前 5 个元素进行两两比较及交换，数组的状态变为

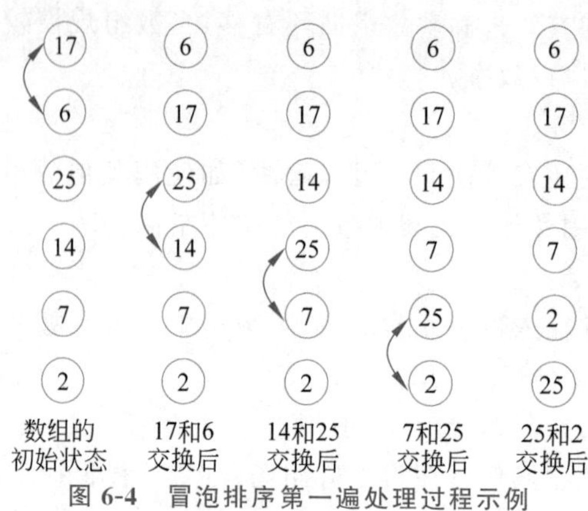

图 6-4　冒泡排序第一遍处理过程示例

[6，14，7，2，17，25]

第三遍处理，通过对数组前 4 个元素进行两两比较及交换，数组的状态变为

[6，7，2，14，17，25]

第四遍处理，通过对数组前 3 个元素进行两两比较及交换，数组的状态变为

[6，2，7，14，17，25]

第五遍处理，通过对数组前 2 个元素进行两两比较及交换，数组的状态变为

[2，6，7，14，17，25]

经过五遍处理后，最终完成了升序排列。

在编程实现时，上面的排序方法可以采用二重循环的方式来处理。外层循环变量控制处理的遍数(共 $n-1$ 遍)，内层循环变量控制每一遍要比较的次数。下面的程序实现中，根据用户输入的 n 的大小建立数组，并在此基础上使用冒泡排序进行升序排列并输出排序后的数组。

综合案例 5：数组排序(冒泡排序)

```
#include<stdio.h>
int main(){
    int n, i, j, temp;
    scanf("%d", &n);
    /*创建数组并输入数组元素*/
    int a[n];
    for(i = 0;i < n; i++)
        scanf("%d", &a[i]);
    /*下面的二重循环完成冒泡排序*/
    for(i = 0; i < n - 1; i++)
        for(j = 0; j < n - 1 - i; j++)
            if(a[j] > a[j + 1])
            {
                temp = a[j];
                a[j] = a[j + 1];
                a[j + 1] = temp;
            }
    /*输出排序后的数组*/
    printf("After sorted:\n");
    for(i = 0; i < n; i++)
        printf("%d ", a[i]);
```

```
    printf("\n");
    return 0;
}
```

为了提高排序算法的通用性,本例使用了变长数组来存储数据。在上面的程序中,关键在于实现排序的二重循环。外层循环变量 i 用于控制处理的遍数。n 个数共需要进行 $n-1$ 遍处理。因此 i 的初值为 0,而终值为 $n-2(i<n-1)$。如当 $n=10$ 时,i 从 0~8,一共需要处理 9 遍。内层循环变量 j 用于控制每一遍处理要进行的两两比较的次数。由于内层循环要比较的数的个数和比较的次数是随着外层循环变量 i 的值的增加而递减的,因此内层循环变量 j 的终值受控于外层循环变量 i。j 的初值是 0,而终值为 $n-2-i(j<n-1-i)$。在这个二重循环中,找到内外层循环变量的约束关系成为关键。

程序运行结果:

```
10↙
12 34 -4 0 23 -65 98 17 46 78↙
After sorted:
-65 -4 0 12 17 23 34 46 78 98
```

在上面的执行中,在第一行先输入数组大小,然后在第二行输入所有的数组元素,程序最后输出排序后的数组。

(2) 选择排序。

在冒泡排序中,内层循环需要对相邻的数组元素两两进行比较,并在前数大于后数的情况下进行交换。在最极端的情况下,有可能每一次比较都需要进行两个数组元素的交换。选择排序采用的思路则是第一遍处理先找到 n 个数的最小数(假设进行升序排列,降序排列可以进行类似处理),然后将最小元素和数组的第一个元素进行交换。这样,数组的最小元素就放在最前面了。要确定数组的最小元素,当然需要对所有数组元素进行比较,但和冒泡排序不同的是,只需要记录最小元素的下标即可,并不需要在两两比较的过程中去交换元素。只有当第一遍处理完成之后,才需要将最小元素和第一个元素进行交换。第一遍处理完毕后,第二遍对除了第一个元素之外的剩余 $n-1$ 个元素做相同的处理,将剩下 $n-1$ 个元素中的最小元素交换到数组第二个元素的位置上。继续这个过程,经过若干遍处理,直到所有的数排序完成。

在选择排序中,n 个数一共需要进行 $n-1$ 遍处理,在每一遍处理中,又需要进行若干次的比较及最后的交换。每一遍需要处理的数逐渐减少,每一遍需要比较的次数也逐渐减少。

仍以前面同样的例子来说明选择排序的过程。假设 $n=6$,数组的初始状态为

$$[17,\ 6,\ 25,\ 14,\ 7,\ 2]$$

第一遍处理,确定数组所有 6 个元素中的最小值为第六个元素 2,然后将其与第 1 个元素 17 进行交换,数组状态变为

$$[2,\ 6,\ 25,\ 14,\ 7,\ 17]$$

第二遍处理,确定数组后 5 个元素中的最小值为 6,然后将其与第二个元素进行交换。由于 6 本来就存储在第二个元素中,因此数组状态仍为

$$[2,\ 6,\ 25,\ 14,\ 7,\ 17]$$

第三遍处理,确定数组后 4 个元素中的最小值为 7,然后将其与第三个元素 25 进行交换,数组状态变为

[2, 6, 7, 14, 25, 17]

第四遍处理,确定数组后 3 个元素中的最小值为 14,然后将其与第四个元素进行交换。由于 14 本来就存储在第四个元素中,因此数组状态仍为

[2, 6, 7, 14, 25, 17]

第五遍处理,确定数组后 2 个元素中的最小值为 17,然后将其与第五个元素 25 进行交换,数组状态变为

[2, 6, 7, 14, 17, 25]

经过五遍处理后,最终完成了升序排列。上述排序过程如图 6-5 所示。

数组的初始状态	17和2交换后	25和7交换后	17和25交换后
17	2	2	2
6	6	6	6
25	25	7	25
14	14	14	14
7	7	25	17
2	17	17	25

图 6-5 选择排序过程示例

在编程实现时,选择排序也可以采用二重循环的方式来处理。外层循环变量控制比较的遍数,内层循环变量控制每一遍要比较的次数。在下面的程序实现中,根据用户输入的 n 的大小建立数组,并在此基础上使用选择排序方法进行排序并输出排序后的数组。

综合案例 5：数组排序(选择排序)

```
#include<stdio.h>
int main()
{
    int n, i, j, temp, min;
    scanf("%d", &n);
    /*创建数组并输入数组元素*/
    int a[n];
    for(i = 0; i < n; i++)
        scanf("%d", &a[i]);
    /*下面的二重循环完成选择排序*/
    for(i = 0; i < n - 1; i++)
    {
        min = i;                    /*变量 min 用于存储每一遍处理中最小元素的下标*/
        /*内层循环确定最小元素下标*/
        for(j = i + 1; j < n; j++)
            if(a[min] > a[j]) min = j;
        /*完成交换*/
        temp = a[i]; a[i] = a[min]; a[min] = temp;
    }
    /*输出排序后的数组*/
    printf("After sorted:\n");
    for(i = 0; i < n; i++)
        printf("%d ", a[i]);
    printf("\n");
    return 0;
}
```

为了提高排序算法的通用性,本例使用了变长数组来存储数据。在上面的程序中,关键在于实现排序的二重循环。外层循环变量 i 用于控制处理的遍数。n 个数共需要进行 $n-1$ 遍处理。因此 i 的初值为 0,而终值为 $n-2(i<n-1)$。如当 $n=10$ 时,i 从 0～8,一共需要处理 9 遍。内层循环变量 j 用于控制每一遍要比较的次数。由于内层循环要比较的数的个数和比较的次数是随着外层循环变量 i 的值的增加而递减的,因此内层循环变量 j 的初值受控于外层循环变量 i。j 的初值是 $i+1$,而终值为 $n-1(j<n)$。找到内外层循环变量的

约束关系是这个二重循环的关键。

在每一遍的处理中，要处理的第一个元素即为 a[i]，这一遍找到的最小值也需要和 a[i]进行交换。因此在进入内层循环之前先设 a[i]是当前最小的，将 min 赋值为 a[i]的下标 *i*(min 用于存储每一遍处理中最小元素的下标)。然后在内层循环中从 a[i+1]开始，通过一系列比较，确定这一遍的最小元素的下标 min。内层循环确定这一遍的最小元素的下标后，交换 a[i]和 a[min]。二重循环完成所有处理后，选择排序就完成了。

程序运行结果：

```
10↙
12 34 -4 0 23 -65 98 17 46 78↙
After sorted:
-65 -4 0 12 17 23 34 46 78 98
```

在上面的执行中，在第一行先输入数组的大小，然后在第二行输入所有的数组元素，程序最后输出排序后的数组。

【应用扩展】

排序在程序设计中是经常涉及的问题。除了以上两种排序方法，还有哪些排序方法可以使用？

6. 十进制转换为二进制

按十进制格式输入一个有符号整型数据，输出其对应的 32 位二进制编码。

【问题分析】

本例要求用户从键盘输入一个有符号整数，然后输出其对应的二进制编码。要将一个十进制正整数转换成二进制形式，可以采用除 2 取余的办法。例如，要将正整数 125 转换为二进制表示，可以按照图 6-6 所示的过程进行。

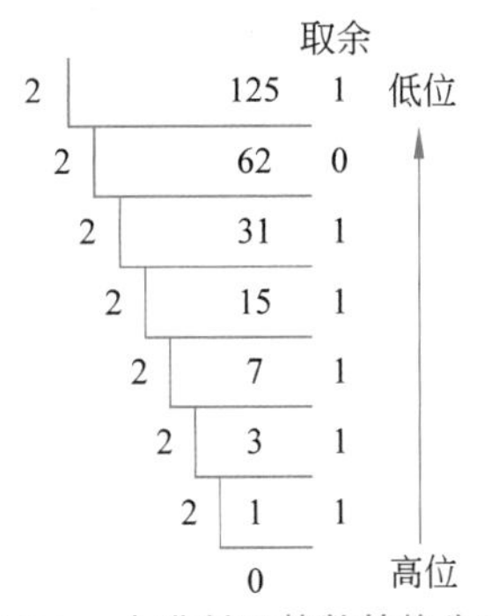

图 6-6 十进制正整数转换为二进制表示的计算过程

在上面的转换过程中，不断地进行除 2 取余，即可得到对应的二进制表示，例如，125 转换为二进制表示为 $(01111101)_2$。对于其他正整数和零都可以按照同样的方法进行处理。

但是对于负整数该如何处理呢？从编程实现的角度来说，在 C 程序中，除 2 取余需要使用%运算符。(%运算符的规则是余数和被除数符号相同。)一个正整数使用%运算符除 2 取余的结果不是整数 1 就是整数 0，直接可以对应二进制表示中的 1 和 0。而一个负整数除 2 的余数则可能是−1 或 0，无法与二进制表示直接对应。这个问题可以采用下面的方法来解决：定义一个无符号整型变量，然后将要处理的整数赋值给这个对应的无符号整型变量，例如：

```
int n;
unsigned un;
scanf("%d", &n);
un = n;
```

在上面的代码片段中，将变量 *n* 赋值给变量 un，这个赋值并不会改变内存中的二进制表示，即变量 un 和变量 *n* 在内存中的二进制表示是一致的。un 是无符号的整型变量，其对

应的十进制值和 n 可能是不一致的(当 n 是负数时)。但由于变量 un 和变量 n 在内存中的二进制表示是一致的,接下来如果使用变量 un 代替变量 n 进行上面的除 2 取余操作,得到的结果和 n 的二进制表示应该是一致的。由于 un 是无符号整型变量,对它除 2 的余数不是 1 就是 0,不会出现 −1 的情况,可以直接和二进制表示对应。

在本例中,由于要处理任意的 int 型数据,而 int 型通常需要 4 字节或 32 位进行存储,因此可以定义一个长度为 32 的整型数组,用于依次存储除以 2 的余数,最后对这个数组进行逆序输出即可得到对应的二进制表示。

【问题求解】

综合案例 6：十进制转换为二进制

```
#include<stdio.h>
int main()
{
    int n;
    unsigned un;
    scanf("%d", &n);
    un = n;
    int bit[32];                                    /*数组 bit 用于存储除以 2 的余数*/
    int i;
    /*用循环除以 2 取余,存储在数组 bit 中*/
    for(i = 0; i < 32; i++)
    {
        bit[i] = un % 2;
        un = un / 2;
    }
    /*逆序输出数组*/
    for(i = 31; i >= 0; i--)
    {
        printf("%d",bit[i]);
    }
    return 0;
}
```

程序运行结果：

```
1234567↙
00000000000100101101011010000111
```

在上面的执行中,从键盘输入整数 1234567,程序输出 1234567 的 32 位二进制编码。

再次运行程序,运行结果：

```
-54321↙
11111111111111110010101111001111
```

在上面的执行中,从键盘输入整数 −54321,程序输出 −54321 的 32 位二进制编码。

【应用扩展】

除了以上方法实现十进制转换为二进制表示之外,思考是否还有其他方法可以实现?例如,使用位运算符。

7. 矩阵乘法

求矩阵 $a_{m\times n}$ 与矩阵 $b_{n\times p}$ 相乘的乘积矩阵 $c_{m\times p}$ 并输出。

【问题分析】

矩阵乘法是矩阵的常见运算。两个矩阵相乘需要满足的条件：前矩阵的第二维长度（列数）与后矩阵的第一维长度（行数）一致。乘积矩阵的第一维长度和前矩阵一致，第二维长度和后矩阵一致。

按照矩阵乘法规则，矩阵 a 一共有 m 行，而矩阵 b 一共有 p 列，因此矩阵 a 的行和矩阵 b 的列一共有 $m\times p$ 种组合，而每种组合对应矩阵 c 中的一个元素。在每种组合下需要计算矩阵 a 中的某一行与矩阵 b 中的某一列对应元素的乘积之和，即计算乘积矩阵 c 的元素的公式是

$$c_{ij}=\sum_{k=1}^{n}a_{ik}b_{kj}$$

即乘积矩阵的元素 c_{ij} 等于前矩阵 a 的第 i 行与后矩阵 b 的第 j 列对应元素的乘积之和。因此，矩阵乘法可以使用一个三重循环来完成。

【问题求解】

综合案例 7：矩阵乘法

```
#include<stdio.h>
int main()
{
    int m, n, p;
    int i, j, k;
    scanf("%d%d%d", &m, &n, &p);
    /*创建矩阵 a、b、c*/
    int a[m][n], b[n][p], c[m][p];
    /*二重循环输入矩阵 a 的所有元素*/
    printf("Please input Max a:\n");
    for(i = 0; i < m; i++)
        for(j = 0; j < n; j++)
            scanf("%d", &a[i][j]);
    /*二重循环输入矩阵 b 的所有元素*/
    printf("Please input Max b:\n");
    for(i = 0; i < n; i++)
        for(j = 0; j < p; j++)
            scanf("%d", &b[i][j]);
    /*三重循环完成矩阵乘法*/
    for(i = 0; i < m; i++)
        for(j = 0; j < p; j++)
        {
            c[i][j] = 0;                        /*求乘积和之前先赋值为 0*/
            for(k = 0; k < n; k++)
                c[i][j] += a[i][k] * b[k][j];
        }
    /*输出乘积矩阵 c*/
    printf("Matrix c:\n");
    for(i = 0; i < m; i++)
    {
        for(j = 0; j < p; j++)
            printf("%d\t", c[i][j]);
        printf("\n");
    }
    return 0;
}
```

本例为了提高矩阵乘法计算的通用性，使用了二维变长数组来存储矩阵。程序实现的关键在于完成矩阵乘法的三重循环。第一层循环变量 i 控制矩阵 a 的行进行变化，第二层循环变量 j 控制矩阵 b 的列进行变化。当进入第二层循环的循环体中时，形成了矩阵 a 的第 i 行与矩阵 b 的第 j 列的特定组合。矩阵 a 的第 i 行与矩阵 b 的第 j 列（它们的长度相同，都是 n）的对应元素的乘积之和就是矩阵 c 的元素 c[i][j]。因此为了计算 c[i][j]，首先将其赋值为 0，再内嵌第三层循环来累加矩阵 a 的第 i 行与矩阵 b 的第 j 列的对应元素的乘积从而完成 c[i][j]的计算。

程序运行结果：

```
2 3 4↙
Please input Max a:
1 2 1↙
2 1 3↙
Please input Max b:
1 1 2 2↙
4 1 1 3↙
5 6 2 1↙
Matrix c is:
14    9     6     9
21    21    11    10
```

在上面的执行中，首先输入 m、n 和 p 的值，然后根据提示分别输入矩阵 a 和矩阵 b 的元素，最后输出乘积矩阵 c。

8. 矩阵鞍点

查找一个 3×4 矩阵的鞍点并输出其位置，如果没有鞍点则输出无鞍点的提示信息。

【问题分析】

一个矩阵中的鞍点是在其所在行最大而在其所在列最小的元素，一个矩阵不一定存在鞍点。本例要求对一个矩阵查找是否有鞍点，如果有鞍点就输出鞍点的行号和列号，否则输出无鞍点的提示信息。

根据鞍点的定义可知，如果要判断是否存在鞍点，需要找出每一行的最大值，然后判断这个最大值在对应的列中是否最小。如果两个条件都满足，则鞍点存在。为了简化问题，只考虑每一行最大值唯一的矩阵。

【问题求解】

综合案例 8：矩阵鞍点

```
#include<stdio.h>
int main()
{
    int i, j, max;
    int isFound = 0;                    /* isFound 标志用来判断是否找到鞍点 */
    /* 创建矩阵 a 并输入矩阵 a 的所有元素 */
    int a[3][4];
    for(i = 0; i < 3; i++)
        for(j = 0; j < 4; j++)
            scanf("%d", &a[i][j]);
    /* 使用二重循环查找鞍点 */
    for(i = 0; i < 3; i++)
    {
        max = 0;                        /* 用变量 max 记录每一行最大元素的列下标 */
```

```
        /* 下面的 for 循环完成后,当前行的最大元素的列下标被记录在 max 中 */
        for(j = 1; j < 4; j++)
            if(a[i][j] > a[i][max]) max = j;
        /* 下面判断该行的最大值是否在所在列是最小值 */
        for(j = 0; j < 3; j++)
            if(a[j][max] < a[i][max]) break;
        /* 输出鞍点信息 */
        if(j == 3)
        {
            printf("鞍点存在,第%d行,第%d列,鞍点为%d\n", i + 1,
                    max + 1,a[i][max]);
            isFound = 1;
        }
    }
    if(!isFound) printf("矩阵无鞍点存在!\n");
    return 0;
}
```

程序运行结果:

```
1 9 7 6↙
4 6 0 5↙
8 7 6 2↙
鞍点存在,第 2 行,第 2 列,鞍点为 6
```

思考与练习

一、简答题

1. 数组的合法下标范围是怎样的?
2. 数组的主要用途是什么?
3. 如何计算数组所需内存空间大小?
4. 一维数组的数组名代表什么含义?
5. C 程序中的二维数组是如何存储的?
6. 数组元素的存储地址是怎么计算的?
7. 字符串的存储有什么特点?
8. 常用的字符串处理函数有哪些?

二、选择题

1. C 程序中,数组名代表(　　)。

A. 数组全部元素的值　　B. 数组的首地址
C. 数组第一个元素的值　　D. 数组元素的个数

2. 下列选项中,不合法的数组定义是(　　)。

A. char a[ ] = {0,1,2,3,4,5};　　B. int a[5] = {0,1,2,3,4,5};
C. char a[ ][3] = {0,1,2,3,4};　　D. char a[ ] = "string";

3. 不能把字符串"GuiYang!" 成功存入数组 b 的语句是(　　)。

A. char b[10]={'G','u','i','Y','a','n','g','!','\0'};
B. char b[10]; b="GuiYang!";

C. char b[10]; strcpy(b,"GuiYang!");

D. char b[10]="GuiYang!";

4. 假设有"char s1[50], s2[50];",能够用于判断存放在s1和s2中的字符串是否相等的表达式是(　　)。

A. s1 = s2　　B. s1 == s2

C. strcmp(s1,s2) == 0　　D. strcpy(s1,s2) == 0

5. 假设有"int a[ ][3] = {1,2,3,4,5,6};",则a[1][1]的值是(　　)。

A. 1　　B. 2　　C. 4　　D. 5

6. 假设有"int a[ ][4]={1,2,3,4,5,6,7,8,9,10};",下列说法中错误的是(　　)。

A. 数组a一共有3行　　B. 数组a一共需要48字节的存储空间

C. 数组元素a[2][2]的值为0　　D. 数组中值为5的元素为a[1][1]

三、填空题

1. 下面程序的功能是将整型数组a中下标为奇数的元素实现降序排列,其他元素保持不变。请将该程序补充完整。

```
#include<stdio.h>
int main()
{
    int n;
    int i, j, t;
    scanf("%d", &n);
    int a[n];
    for(i = 0; i < n; i++)
        scanf("%d", &a[i]);
    for(____(1)____; i < n - 2; i += 2)
        for(j = i + 2; j < n; ____(2)____)
            if(____(3)____)
            {
                t = a[i]; a[i] = a[j]; a[j] = t;
            }
    for(i = 0; i < n; i++)
        printf("%d ",a[i]);
    printf("\n");
    return 0;
}
```

2. 下面程序的功能是输出蛇形数阵:

001 002 003 004

008 007 006 005

009 010 011 012

016 015 014 013

请将该程序补充完整。

```
#include<stdio.h>
int main()
{
    ____(1)____;
    int i, j;
    int count = 1;
```

```
    for(i = 0; i < 4; i++)
        for(j = 0; j < 4; j++)
        {
            a[i][j] = count;
            ____(2)____;
        }
    for(i = 0; i < 4; i++)
     {
        if(____(3)____)
            for(j = 0; j < 4; j++)
                printf("%03d ", a[i][j]);
        else
            for(j = 3; j >= 0; j--)
                printf("%03d ", a[i][j]);
        printf("\n");
    }
    return 0;
}
```

3. 下面程序的功能是将字符串 s2 的内容插到字符串 s1 的第 3 个和第 4 个字符之间，输出新的字符串“HelABCloWord”。请将该程序补充完整。

```
#include<stdio.h>
#include<string.h>
int main()
{
    char s1[20] = ____(1)____;
    char s2[20] = "ABC";
    char s3[20] = {'\0'};
    strncpy(s3, ____(2)____);
    strcat(s3, s2);
    strcat(s3, ____(3)____);
    puts(s3);
    return 0;
}
```

4. 下面程序的功能是计算字符串的实际长度。请将该程序补充完整。

```
#include<stdio.h>
#include<string.h>
int main()
{
    char s[30];
    gets(s);
    int len;
    for(____(1)____; ____(2)____; ____(3)____);
    printf("s字符串的长度为%d\n", len);
    return 0;
}
```

四、程序阅读题

1. 请写出以下程序的运行结果。

```
#include<stdio.h>
int main()
{
    int a[8] = {1,0,1,0,1,0,1,0};
```

```
    int i;
    for(i = 2; i < 8; i++)
        a[i] += a[i - 1] + a[i - 2];
    for(i = 0; i < 8; i++)
        printf("%d ", a[i]);
    return 0;
}
```

程序运行结果：________。

2. 请写出以下程序的运行结果。

```
#include<stdio.h>
int main(){
int a[4][4] = {1,2,3,4,5,6,7,8,9,10,11,12,13,14,15,16};
int i, j, sum1 = 0,sum2 = 0;
for(i = 0; i < 4; i++)
    for(j = 0; j < 4; j++)
    {
        if(i + j == 3)
            sum1 += a[i][j];
          if(i == j)
            sum2 += a[i][j];
    }
    printf("product=%d\n", sum1 * sum2);
    return 0;
}
```

程序运行结果：________。

3. 请写出以下程序的运行结果。

```
#include<stdio.h>
int main()
{
    int i;
    char a[] = "Time", b[] = "Tom";
    for(i = 0; a[i] != '\0' && b[i] != '\0'; i++)
    {
        if (a[i] == b[i])
            if (a[i] >= 'a' && a[i] <= 'z')
                printf("%c", a[i] - 32);
            else
                printf("%c", a[i] + 32);
        else printf("*");
    }
    return 0;
}
```

程序运行结果：________。

4. 请写出以下程序的运行结果。

```
#include<stdio.h>
int main()
{
    char ch[2][5] = {"6937", "7254"};
    int i, j, s = 0;
```

```
    for(i = 0; i < 2; i++)
    {
        for(j = 0; ch[i][j] > '\0'; j += 2)
        {
            s = 10 * s + ch[i][j] - '0';
        }
    }
    printf("%d\n", s);
    return 0;
}
```

程序运行结果：________。

五、编程题

1. 编写程序，创建一个长度为 n 的一维数组（$n>0$，由用户输入），在数组中按顺序依次存储前 n 个素数，最后对数组求和并输出结果。

2. 编写程序，创建一个 $m\times n$ 的矩阵并输入数组元素，输出该矩阵所有的局部最大值以及对应的行下标和列下标，如果不存在局部最大值则输出 None。所谓局部最大值是指比其上、下、左、右四个相邻元素都要大的元素。

3. 编写程序，创建一个 $m\times n$ 的矩阵并输入数组元素。对矩阵的每一列实现升序排列并输出排序后的矩阵。

4. 编写程序，输入一个字符串，判断该字符串是否回文。所谓回文，是指正序和逆序完全一致的字符串，如“abcba”。

5. 编写程序，输入 n 个字符串，将 n 个字符串按照从小到大的顺序依次输出。

6. 编写程序，输入一个字符串，将字符串中的数字字符分解出来组成一个整数输出。例如，输入的字符串为“ab12sce9SD%67KLB8”，则输出的整数为 129678，如果字符串中没有数字字符，则输出 0。

六、思考题

1. 本章提到，二维数组可以看成一维数组的数组，二维数组的每一行都是一个一维数组，用二维数组名加一个下标代表每一行的名字。那么同样的道理，三维数组可以看成由二维数组组成的，即三维数组是二维数组的数组。

假设有下面的三维数组定义：

```
double arr[3][4][5];
```

思考并回答：

(1) arr 数组中共有多少个二维数组，每个二维数组分别是几行几列，整个三维数组总的存储空间需要多少字节？

(2) 三维数组是怎样进行存储的？

(3) 三维数组名加一个下标代表什么含义？三维数组名加两个下标代表什么含义？三维数组名加三个下标又代表什么含义？

(4) arr 数组的第 1 个元素、第 27 个元素、第 49 个元素和最后 1 个元素分别怎么称呼？

(5) 数组名 arr 是数组的首地址，如何根据 arr 计算出元素 a[i][j][k]的存储地址？

2. 杨辉三角的前 7 行如下所示：

```
1
1  1
1  2  1
1  3  3  1
1  4  6  4  1
1  5  10  10  5  1
1  6  15  20  15  6  1
```

要按上述格式输出杨辉三角的前 n 行（n 由用户输入），使用一维数组和二维数组分别可以怎样实现？

3. 已知有两个字符数组，分别用于存储中文字符串“我爱中国”和英文字符串“I love China”。这两个数组中的字符串的实际长度分别是多少？使用循环以“%c”和“%d”格式分别输出两个字符串中的所有字符，其输出是怎么样的？通过对比输出的结果，观察中文信息和英文信息的存储与显示有什么区别？

第7章 函数——模块化程序设计

7.1 函数的基本概念

7.1.1 函数概述

本章将学习函数的相关知识以及怎样定义函数和使用函数。在此前章节的学习中已经和函数打过一些交道了。每个C程序都有且只有一个main函数，此前的程序都定义了main函数并在main函数中完成要做的工作；此前的程序还调用过一些库函数来完成某些任务，例如，使用格式化输入/输出函数来完成输入/输出操作，或是使用字符串处理函数来进行字符串比较和复制等操作。

C程序中为什么需要使用函数？这是为了实现模块化程序设计，将一个较大较复杂的程序要完成的任务分解为若干模块，每个模块只需实现相对简单和单一的功能而不至于过分复杂，通过模块之间的相互调用来构建整个程序。

这种程序设计方式是为了提高程序设计的质量和效率，构建出的程序更加容易进行维护与扩展。在C程序中，函数就是基本的程序功能模块。任何一个C程序都是由一个或多个函数构建而成的。在此前的大多数例子中，程序虽然只定义了main函数，但是在main函数中通过调用一些库函数来完成相关的任务。库函数是编译系统预先定义并提供给程序设计者使用的一些程序模块，每一个库函数都有自己特定的功能。

> 知识点小贴士：库函数的作用
>
> 库函数通常实现的是一些不同程序都可能需要使用的通用功能，如输入/输出或字符串处理。把这些功能以库函数的方式进行实现并提供给程序设计者，就能在不同的程序中都使用它们而不需要去重复实现。在程序中如果需要使用某一功能时，只需要调用对应的库函数就可以了，不需要程序设计者自己去实现对应的功能。

除了使用库函数，有时在程序中也需要定义除了main函数之外的其他函数。库函数虽然能够提供一些通用功能的解决方案，但不可能覆盖用户程序所要实现的所有功能。因此，在程序中如果要实现一些库函数不具备的功能，就必须由程序设计者自己定义相应的函数。

当然也可以把所有的功能都放在main函数中进行实现。如果程序要处理的问题比较简单，只定义一个main函数的确就足够了。但是如果程序要完成的任务比较复杂，让main函数完成所有的工作就会导致main函数的规模过于庞大且程序结构过于复杂，不利于程序的维护与扩展，也很难实现功能的重用。因此应该学会使用函数并善于使用函数。

7.1.2 函数的概念

函数是C程序中实现模块化程序设计的基本功能模块，是特定计算或处理过程的抽象。C程序是由一个或多个函数组成的。函数一词对应的英文名称是function。function在英文中有“功能”的意思，因此每个C函数都要实现对应的功能，函数的名字应能反映其功能。一个C程序至少需要有一个main函数，C程序的执行是从main函数开始的。通常情况下，如果在main函数中调用其他函数，在调用结束后执行流程返回到main函数，在main函数中结束整个程序的运行。

函数之间是独立、平行的，不存在从属关系。函数不能嵌套定义，但函数间可以相互调用。main函数比较特殊，它可以调用其他函数，但其他函数不能调用它。程序中的其他函数之间则可以互相调用。在发生调用关系的一对函数中，调用其他函数的函数称为主调函数，被调用的函数则称为被调函数。

知识点小贴士：函数与源程序文件

除了函数之外，模块化程序设计还涉及源程序文件。一个C程序由一个或多个源程序文件组成，而每一个源程序文件中又可以有一个或多个函数。对于较大的程序，一般不希望把所有内容都放在一个文件中，而是将程序的不同部分分别放在不同的源程序文件中，由若干个源程序文件组成一个程序，因此源程序文件也可以视为C程序中的程序模块(比函数更大的程序模块)。

7.1.3 函数的分类

C程序的函数按照其定义或使用情况可以分为库函数和自定义函数两类。

1. 库函数

库函数是一些系统预先定义好的可供用户程序调用的函数。通过库函数的形式提供各种程序通用的功能，包括基本的输入与输出函数，如printf、scanf等；通用的数学计算函数，如sqrt、pow等；字符串处理函数，如strcpy、strcat等。运用各种库函数，可以提高编程的效率。

C语言的库函数一般包括标准库函数和第三方库函数两类。标准库函数是被广泛认可，并被大多数编译系统支持的库函数，而第三方库函数则是一些软件厂商为某些专用领域开发的专用函数。此外，要注意的是，在使用库函数时，必须用预编译指令包含对应的头文件。

2. 自定义函数

除了库函数，C语言允许用户(程序设计者)自定义函数来解决各种问题。用户可以将解决问题的方法或算法编写成相对独立的函数模块，然后通过函数调用来获取对应的功能。

7.2 函数实际问题引例

问题1：使用函数计算两点间距离。

解题思路：假如程序中需要频繁计算平面上两点间的距离，则可以将两点间距离计算的功能从 main 函数中分离出来单独进行定义。当需要计算两点间距离时，只需要调用该函数即可。该函数接收两个点的坐标为参数，根据两点间距离公式进行计算并将计算结果返回给主调函数。

问题 2：使用函数计算三角形面积。

解题思路：在 main 函数之外单独定义一个用于计算三角形面积的函数并对其进行调用。可以使用海伦公式来计算三角形面积，因此该函数需要接收三角形的三边长作为参数，使用三边长来计算三角形的面积并将计算结果返回给主调函数。

问题 3：使用函数进行数组排序。

解题思路：将数组排序操作从 main 函数中分离出来用单独的函数进行实现。在 main 函数中输入数组并调用排序函数进行排序，最后在 main 函数中输出排好序的数组。定义用于数组排序的函数需要传递数组的首地址和数组元素的个数作为参数。在函数中使用特定算法对数组进行排序，当函数执行结束返回 main 函数后，main 函数就可以直接使用排好序的数组了。

问题 4：统计 $M \sim N$ 范围内($M \leqslant N$)素数的个数。

解题思路：由于要统计 $M \sim N$ 范围内的素数个数，因此需要对此范围内的每一个数都进行判断。可以将判断一个数是否为素数的功能单独定义为一个函数。在 main 函数中使用循环语句扫描 $M \sim N$ 范围内的每一个数，调用该函数判断是否为素数并决定是否对计数变量加 1，循环结束后即可得到素数的个数。

上述问题的解决涉及怎样定义函数和调用函数，还涉及怎样向函数传递参数和从函数返回结果，接下来将对这些内容进行学习。

7.3 函数的定义

C 程序中的函数需要先定义后使用，即只能调用一个已经定义的函数。如果要使用的是编译系统提供的库函数，则不必进行定义。因为库函数已经由编译系统定义好了，只需要用 #include 指令把有关头文件包含到当前源程序文件中即可，这些头文件中有对库函数的声明。如果要使用的是自定义函数，则需要进行定义。定义一个函数时需要指定以下几方面的信息。

(1) 函数的名字。每个函数都应该有一个自己的名字，这个名字应该能反映出函数的功能。函数有了名字，才能在需要的地方根据其名字进行调用。

(2) 函数的类型。它是指函数的返回值的类型。函数进行相应的计算和处理后，可以带回一个结果，这个结果就是函数的返回值。

(3) 函数的参数说明。一个函数被调用时，调用者可以向它传递数据，这被称为参数传递。定义函数时需要通过形式参数表列说明函数需要参数的名字和类型。

(4) 函数要实现的功能。函数的具体功能通过函数体进行指定和实现。

函数定义的一般形式为

```
类型说明  函数名(形式参数表列)
{
    函数体
}
```

关于函数定义的一般形式有以下几点需要注意。

(1) 类型说明用来指明函数的返回值的数据类型。函数也可以没有返回值,这时需要使用关键字 void 来说明函数的类型,表示该函数没有返回值。如果函数有返回值,则需要在函数体中使用 return 语句来返回结果。

(2) 函数名是程序设计者自定义的用于表示函数功能的名称,其命名规则与标识符的命名规则相同。为了便于识别函数,通常将函数命名为函数完成功能的概括性单词或单词组合,且在同一个编译单元(源程序文件)中不能有重复的函数名。实际上,程序编译后函数的代码也有对应的存储地址,函数名本身即代表了函数代码的入口地址。

(3) 形式参数表列(形参表列)用于指明主调函数和被调函数之间的参数传递情况。传递给函数的参数可以有一个或多个,也可以没有。若函数没有参数,则形参表列为空,但函数名后面的括号不能省略。也可以在括号中明确写上关键字 void 来表示该函数没有参数。如果函数有参数,则需要在函数名后面的括号中对所有参数进行说明。每一个参数都需要说明其数据类型及名字,如果有多个参数,则多个参数之间通过逗号进行分隔。例如:

```
int sum(int a, int b)
{...}
```

上面的例子中,sum 函数有两个形参,分别是 int 型的 a 和 int 型的 b。函数定义时说明这两个形参意味着在实际调用该函数时,主调函数需要向该函数传递两个整型的数据作为参数。又例如:

```
void printInfo()
{...}
```

或者

```
void printInfo(void)
{...}
```

在上面的例子中,定义的 printInfo 函数没有参数,因此在调用时主调函数不需要向它传递数据。

(4) 此前的类型说明、函数名和形参表列一起组成了函数头(函数首部)。接下来的一对花括号括起来的部分则描述了函数体,即函数的功能实现部分。函数体通常由声明部分以及语句部分组成。声明部分可能有对其他函数的声明及对所需变量的定义。在函数体中定义的变量只能在该函数被执行时才会被使用,称为局部变量。语句部分用于描述函数具体的操作处理,即函数功能的实现。函数体中也可以什么都没有,这被称为空函数,例如:

```
void undo() { }
```

空函数什么也不做,但这是合法的。在程序设计过程中,有时可以先设计出一些空函数,使得程序具有完整结构,然后再逐步补充完善这些函数的功能实现。

【例 7.1】 整数求和函数的定义。

这是一个简单的函数定义的例子,需要定义一个称为 sum 的函数,该函数用于求两个整数的和并返回,然后在 main 函数中调用该函数。示例程序如下:

```
#include<stdio.h>
/* sum函数的定义,该函数需要两个整型参数 */
int sum(int a, int b)
{
```

```
5       return a + b;                    /* 返回 a+b 的和 */
6   }
7   /* main 函数的定义 */
8   int main()
9   {
10      int x, y, result;
11      scanf("%d%d", &x, &y);           /* 输入 x 和 y */
12      result = sum(x, y);              /* 调用 sum 函数并将返回值赋值给 result */
13      printf("sum = %d", result);      /* 输出结果 */
14      return 0;
15  }
```

程序运行结果：

```
3 4↙
sum = 7
```

在上面的执行中，从键盘输入两个整数，程序输出两个数的和。

这个例子比较简单，但仍有一些信息需要关注。首先函数定义时根据需要将 sum 函数的类型设置为 int 型，而函数的两个参数 a 和 b 的类型也都是 int 型。在 sum 函数定义时指定的两个参数 a 和 b 被称为形式参数，简称形参。该函数的功能很简单，直接使用 return 语句返回形参 a 和 b 的和。

在 sum 函数的后面定义了 main 函数。main 函数中定义了两个变量 x 和 y 并输入它们的值。然后在程序第 12 行对 sum 函数进行了调用：

```
result = sum(x, y);
```

在这个语句中用 x 和 y 作为实际参数（简称实参）调用了函数 sum，并将函数的结果，即返回值赋值给变量 result。函数调用时，形式参数 a 和 b 与实际参数 x 和 y 之间发生了参数传递，a 和 b 分别从 x 和 y 那里得到了值。最后返回的结果 a+b 相当于 main 函数中的 x 与 y 的和。

【例 7.2】 求两点间距离函数的定义。

本例定义用于求两点间距离的函数 distance。该函数接收两个点的坐标作为参数并根据两点间距离公式进行计算并将计算结果返回给主调函数。示例程序如下：

```
#include<stdio.h>
#include<math.h>
/* distance 函数的定义，四个参数分别代表两个点的横坐标和纵坐标 */
double distance(int a1, int b1, int a2, int b2)
{
    int a = a1 - a2;                     /* 变量 a 存储横坐标之差 */
    int b = b1 - b2;                     /* 变量 b 存储纵坐标之差 */
    double dis = sqrt(a * a + b * b);    /* 调用 sqrt 函数计算两点间距离 */
    return dis;                          /* 返回 dis 的值，即两点间的距离 */
}
/* main 函数的定义 */
int main()
{
    int x1, y1, x2, y2;
    printf("请输入第 1 个点的坐标:");
    scanf("%d%d", &x1, &y1);             /* 输入第 1 个点的横坐标和纵坐标 */
    printf("请输入第 2 个点的坐标:");
    scanf("%d%d", &x2, &y2);             /* 输入第 2 个点的横坐标和纵坐标 */
```

```
    double dis = distance(x1, y1, x2, y2);     /* 调用 distance 函数得到结果 */
    printf("两点间的距离为:%.2f\n", dis);
    return 0;
}
```

在上面的程序中，程序的功能被分解为 distance 函数和 main 函数。distance 函数的功能是求两个点之间的距离并返回结果；而 main 函数则负责输入两点的坐标，调用 distance 函数，接收计算结果并输出。在 distance 函数的定义中，还调用了数学库函数 sqrt(求平方根函数)，main 函数还调用了 scanf 函数和 printf 函数，因此，整个程序的任务是由 5 个函数来共同完成的。

程序运行结果：

```
请输入第 1 个点的坐标:0 0↙
请输入第 2 个点的坐标:5 5↙
两点间的距离为:7.07
```

【例 7.3】 定义求三角形面积的函数。

本例定义用于计算三角形面积的 area 函数。该函数接收三角形三边的长作为参数，使用海伦公式来计算三角形的面积。示例程序如下：

```
#include<stdio.h>
#include<math.h>
/* area 函数的定义,三个参数分别代表三角形的三边长 */
double area(double a, double b, double c)
{
    double p, result;
    if((a + b > c) && (a + c > b) && (b + c > a))
    {
        p = (a + b + c) / 2;                      /* 变量 p 存储三边长之和的二分之一 */
        result = sqrt(p * (p-a) * (p-b) * (p-c));  /* 调用 sqrt 函数 */
    }
    else
        result = -1;                              /* 不符合三角形三边长度要求 */
    return result;                                /* 返回 result 的值,即三角形的面积 */
}
/* main 函数的定义 */
int main()
{
    double x, y, z;
    printf("请输入三角形的三边长:");
    scanf("%lf%lf%lf", &x, &y, &z);              /* 输入三角形的三边长 */
    double a = area(x, y, z);                     /* 调用 area 函数得到结果 */
    if(a < 0)
        printf("三角形的三边长不满足任意两边之和大于第三边\n");
    else
        printf("三角形的面积为:%.4f\n", a);
    return 0;
}
```

在上面的程序中，area 函数对 3 个参数的值，即三角形的三边长的合法性进行了验证。如果不满足任意两边之和大于第三边的条件，result 的值将被设置为−1。如果满足条件才使用海伦公式计算面积并将结果存储在 result 中。最后以 result 的值作为函数的返回值。

在 main 函数中调用 area 函数并对 area 函数的返回值进行判断，如果返回值小于 0，说明三边长不符合要求，提示用户数据有误，否则输出三角形的面积。

程序运行结果：

```
请输入三角形的三边长:3 4 5↙
三角形的面积为:6.0000
```

7.4 函数的调用

7.4.1 函数调用的方式

函数调用是指主调函数暂停本函数的执行，转而去执行另一个函数(被调函数)的过程。被调函数执行完后，将返回到主调函数的暂停处继续执行。

函数调用的一般形式为

```
函数名(实际参数表列);
```

关于函数调用有以下几点说明。

(1) 如果函数没有参数，实参表列可以没有，但是圆括号不能省略。如果有多个实参，多个实参之间用逗号分开。

(2) 函数调用时的实参个数与类型是和函数定义时的形参的个数与类型相对应的。实参的个数应该和形参的个数保持一致、类型应该相同或赋值兼容且顺序一致。例如，在例7.1中，main函数调用了sum函数，语句“result = sum(x,y);”中的sum(x,y)就是对sum函数的调用。由于sum函数有两个int型的形参，因此实际调用时也相应需要提供两个int型的实参。

(3) 实参可以是常量、有确定值的变量或表达式及其他的函数调用。当进行函数调用时，系统将计算出实参的值，然后按顺序传递给相应的形参。

在C程序中，函数调用可能有以下三种不同的方式。

1. 函数调用语句

在这种方式中，将函数调用单独作为一个语句。如在例7.1main函数中的语句：

```
printf("sum = %d", result);
```

这种方式通常用于没有返回值的函数，或者虽然函数有返回值但不接收返回值的情况，只是通过调用函数来完成一定的操作处理。

2. 函数调用表达式

在这种方式中，函数调用以表达式的形式出现在另一个表达式中，如例7.1中的：

```
result = sum(x, y);
```

在这个语句中，赋值运算符右侧sum(x,y)就是一个函数调用表达式，同时它又是赋值表达式的一部分。函数调用表达式的值(sum函数的返回值)又参与了赋值运算(赋值给变量result)。这种方式要求函数有具体的返回值，这样才能参与进一步的计算或处理。

3. 函数调用作为参数

在这种方式中，函数调用作为另一个函数调用的实参，如例7.1中的sum函数可以像下面这样调用：

```
result = sum(sum(1, 2), sum(3, 4));
```

在这个例子中，赋值运算符右边的 sum 函数调用的实参表列部分又出现了两次 sum 函数的调用。这时将先完成 sum(1,2)和 sum(3,4)的调用，并将其返回值作为实参再调用一次 sum 函数，最后将返回值赋值给 result。

7.4.2 函数调用时的参数传递

根据函数是否需要参数，可以将函数分为有参函数和无参函数。在调用有参函数时，主调函数和被调函数之间将进行参数传递。实参的个数、类型和顺序应该和形参是对应的。

在发生函数调用时，系统会首先计算实参的值（实参可以是常量、变量或表达式），然后把实参的值传递给对应的形参。或者说，形参的值是从实参那里得到的。在调用函数的过程中发生的实参与形参间的数据传递也称为“虚实结合”。

在 C 函数调用时，形参仅是从实参那里得到一个值而已（形参得到实参值的复制），此后在被调函数的执行过程中，被调函数加工处理的都是形参而非实参。对形参本身的任何修改都无法对实参造成影响。因此，C 程序中函数的参数传递方式是一种单向的值传递。所谓单向的值传递，是指只能从实参将值传递给形参，但不能反过来将值从形参传递给实参。

注意：函数调用时如果实参是一个变量，实参可以和形参同名，但这时它们并不是同一个变量。实参是属于主调函数中的变量，它的存储空间是在主调函数执行时分配的，而形参是属于被调函数中的变量，它要等到被调函数被执行时才会分配存储空间，而等到被调函数执行结束后就被释放了，它们只是名字相同而已。由于分属不同的函数，因此不会引起名字冲突与混淆。

事实上，在函数调用发生之前，被调函数中的形参以及其他一些变量根本还没有分配存储空间。只有当函数调用发生后，才会为它们分配空间并将实参的值传递给形参，这时形参才会得到具体的值（实参值的复制）。此后控制转移到被调函数中，接下来进行的一切计算和处理都是针对被调函数中的形参和其他变量进行的。针对形参本身如果进行任何修改都仅仅是在被调函数中产生影响而已，对主调函数不会有任何影响。当被调函数执行完毕后，可以通过返回值将计算结果带回给主调函数。将控制转移回主调函数前，被调函数中的形参和其他一些变量的存储空间都将被释放。下面用例 7.4 来说明这个问题。

【例 7.4】 定义 swap 函数实现两个变量的交换。

在本例中将定义一个名为 swap 的函数，该函数的功能是实现两个整型变量的交换。实现变量交换的方式前面已经学习过，就是借助一个中间变量，通过 3 次赋值运算即可完成。下面要将这一功能单独封装成一个函数。示例程序如下：

```
#include<stdio.h>
void swap(int a, int b)
{
    int temp;
    printf("a = %d, b = %d\n", a, b);           /*输出交换前的 a 和 b*/
    temp = a; a = b; b = temp;                  /*交换 a 和 b*/
    printf("a = %d, b = %d\n", a, b);           /*输出交换后的 a 和 b*/
}
int main()
{
    int x, y;
```

```
    scanf("%d%d", &x, &y);                    /* 输入 x 和 y 的值 */
    printf("x = %d, y = %d\n", x, y);         /* 输出函数调用前的 x 和 y */
    swap(x, y);                               /* 调用 swap 函数 */
    printf("x = %d, y = %d\n", x, y);         /* 输出函数调用后的 x 和 y */
    return 0;
}
```

在上面的程序中，swap 函数有两个整型形参 a 和 b，并使用中间变量 temp 对 a 和 b 进行交换。main 函数中定义了整型变量 x 和 y 并输入它们的值，然后以 x 和 y 为实参调用 swap 函数。在 main 函数中，在调用 swap 函数之前和之后分别输出了 x 和 y 的值，而在 swap 函数中，在交换之前和交换之后也分别输出了 a 和 b 的值。

程序运行结果：

```
3 5↙
x = 3, y = 5
a = 3, b = 5
a = 5, b = 3
x = 3, y = 5
```

在上面的执行中，从键盘输入 3 和 5，程序依次输出以下信息。

（1）调用 swap 函数之前的 x 和 y 的值；

（2）执行 swap 函数时，交换 a 和 b 之前的值；

（3）执行 swap 函数时，交换 a 和 b 之后的值；

（4）swap 函数执行结束返回到 main 函数之后 x 和 y 的值。

这个例子可以较好地说明参数的值传递规则。通过上面的执行示例可以看到，main 函数中的变量 x 和 y(实参)的值并没有完成交换，但 swap 函数中的形参 a 和 b 的值却发生了交换。为什么会这样呢？

不妨分析一下这个程序执行的过程发生了什么。首先在 main 函数中执行时，x 和 y 的值从键盘输入分别是 3 和 5，并产生了第一行输出：

```
x = 3, y = 5
```

接下来以 x 和 y 为实参调用 swap 函数。在调用 swap 函数之前，swap 函数中的形参 a 和 b 以及变量 temp 都还没有分配存储空间，发生函数调用之后才会为它们分配空间，并将实参 x 的值对位传递给形参 a，将实参 y 的值传递给形参 b，于是 a 和 b 分别得到的值是 3 和 5，在 swap 函数中产生了第二行输出：

```
a = 3, b = 5
```

接下来在 swap 函数中以中间变量 temp 为媒介完成了形参 a 和 b 的交换。但是注意，这里交换的是 swap 函数中的形参 a 和 b，并不会对 main 函数中的 x 和 y 产生任何影响(遵循单向的值传递规则)。事实上，在 swap 函数中是无法直接访问 main 函数中的 x 和 y 变量的。交换完成后，产生了第三行输出：

```
a = 5, b = 3
```

最后 swap 函数调用完成之后返回到 main 函数中，这时 swap 函数的形参 a 和 b 以及 temp 变量的空间都释放了。而 main 函数中的 x 和 y 变量的值保持不变，于是最后输出：

```
x = 3, y = 5
```

通过以上分析可知，由于参数值传递的规则，例 7.4 中的 swap 函数无法实现对 main 函数中变量 x 和 y 的交换，只能实现形参 a 和 b 的交换。对形参变量的交换不会对 main 函数中的实参变量产生影响。

例 7.4 程序执行过程中参数传递和相关变量在内存中的变化如图 7-1 和图 7-2 所示。

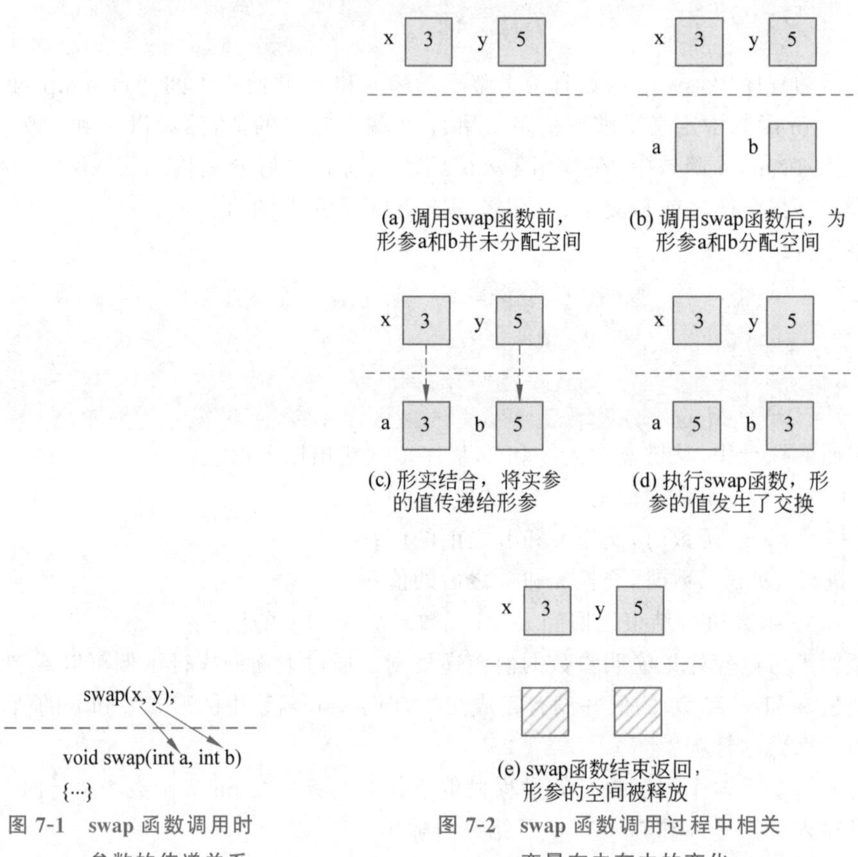
x 3 y 5
(a) 调用swap函数前，形参a和b并未分配空间
x 3 y 5
a b
(b) 调用swap函数后，为形参a和b分配空间
x 3 y 5
a 3 b 5
(c) 形实结合，将实参的值传递给形参
x 3 y 5
a 5 b 3
(d) 执行swap函数，形参的值发生了交换
x 3 y 5
(e) swap函数结束返回，形参的空间被释放
swap(x, y);
void swap(int a, int b)
{…}

图 7-1 swap 函数调用时参数的传递关系

图 7-2 swap 函数调用过程中相关变量在内存中的变化

接下来的问题是应该怎样定义函数才能正确实现对 main 函数中变量的交换呢？这就需要使用所谓的"地址传递(指针传递)"方式。地址传递和一般的值传递的区别在于它传递的不是普通变量的值，而是传递数组的地址(见 7.5 节)或指针变量的值(这里仅给出用指针变量传递地址实现两值交换的实例程序，其实现原理将在 8.9.1 节详细介绍)。

【例 7.5】 改写 swap 函数实现两个变量的交换。

在本例中将改写例 7.4 中的 swap 函数，将传递变量的值改为传递变量的地址(传递指针)。示例程序如下：

```
#include<stdio.h>
/* 修改后的 swap 函数的形参是两个指针变量 */
void swap(int *a, int *b)
{
    int temp;           /* 中间变量 temp 用于交换 */
    temp = *a;          /* 将指针变量 a 指向的变量的值赋值给 temp */
    *a = *b;            /* 将指针变量 b 指向的变量的值赋值给指针变量 a 指向的变量 */
    *b = temp;          /* 将 temp 的值赋值给指针变量 b 指向的变量 */
}
```

```
int main()
{
    int x, y;
    int *px = &x, *py = &y;               /*定义指针变量 px 指向 x,py 指向 y*/
    scanf("%d%d", px, py);                /*输入 x 和 y*/
    printf("x = %d, y = %d\n", x, y);     /*输出函数调用前的 x 和 y*/
    swap(px, py);                         /*调用 swap 函数,实参是变量 px 和 py*/
    printf("x = %d, y = %d\n", x, y);     /*输出函数调用后的 x 和 y*/
    return 0;
}
```

程序运行结果：

```
3 5↙
x = 3, y = 5
x = 5, y = 3
```

例 7.5 的程序在执行过程中,参数传递关系和相关变量在内存中的变化如图 7-3 和图 7-4 所示。

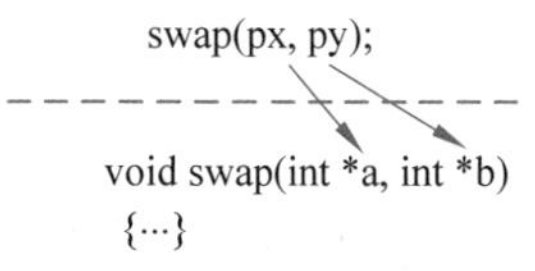
swap(px, py);
void swap(int *a, int *b)
{…}

图 7-3　传递地址时的参数传递关系

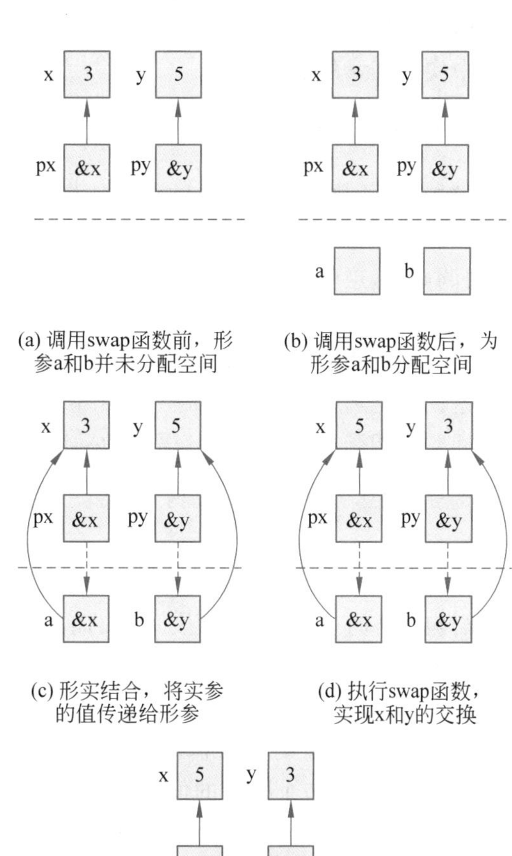
(a) 调用swap函数前，形参a和b并未分配空间
(b) 调用swap函数后，为形参a和b分配空间
(c) 形实结合，将实参的值传递给形参
(d) 执行swap函数，实现x和y的交换

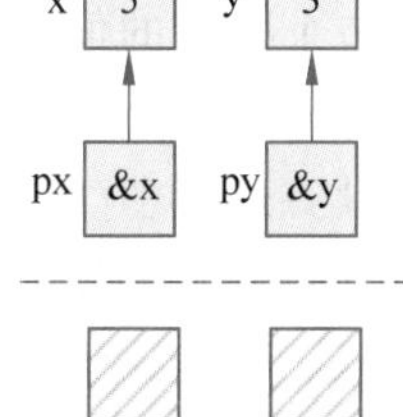
x 5 y 3
px &x py &y

(e) swap函数结束返回，形参的空间被释放

图 7-4　传递地址时的相关变量在内存中的变化

在例 7.5 中以 main 函数中的指针变量 px 和 py 为实参调用函数，将实参的值，即变量 x 和 y 的地址传递给形参变量 a 和 b。在这个例子中，注意传递的是 x 和 y 的地址，并不是 x 和 y 的值(x 和 y 本身并不是函数调用的参数)。参数传递后，形参变量 a 和 b 得到了 x 和 y 的地址(a 指向了 x，而 b 指向了 y)，然后通过内存地址间接地访问了 x 和 y，从而实现了对 x 和 y 的交换。

在这个过程中，程序并没有对形参变量 a 和 b 本身做任何的修改，只是通过它们去间接访问它们所指向的 main 函数中的变量 x 和 y。假如尝试去修改形参变量 a 和 b 的值(这是可以做到的，如在 swap 函数中可以将其他变量的地址赋值给形参变量 a 和 b，使得形参变量 a 和 b 的指向发生变化，不再指向 main 函数中的变量 x 和 y，而是指向其他变量)，这时实参的值会受影响发生变化吗？当然不会！这个例子中的实参是 px 和 py，它们仍然指向 x 和 y，它们的值并不会受到形参变量 a 和 b 的值变化的影响。

综上，C 函数调用时参数传递的值可以是普通的值，也可以是地址(指针或数组名)值。在传递地址值的情形下，确实可以通过内存地址去间接访问主调函数中的实参变量，从而改变主调函数中实参变量的值。

7.4.3 函数的返回值

前面曾经提到，函数调用过程中的数据传递是双向的。函数调用发生时将进行形参与实参的结合，将实参的值传递给形参；而被调函数结束时，可以将一个值(计算或处理的结果)返回给主调函数，这就是函数的返回值(函数值)。

在定义函数时，需要指定函数返回值(函数值)的类型。如果一个函数不返回值，则将其函数返回值的类型说明为 void，表示这个函数没有返回值。

函数的返回值是通过函数体中的 return 语句获得的。return 语句将被调函数中的一个确定值带回到主调函数中。return 语句的一般形式为

```
return (表达式);
```

或

```
return 表达式;
```

return 语句执行时，将计算后面表达式的值，并将表达式的值返回给主调函数。return 后的表达式两侧可以有圆括号，也可以没有。

关于 return 语句有以下几点说明。

(1) return 语句事实上有双重作用：一是从当前被调函数中退出，将控制转移回主调函数；二是向被调函数返回一个确定的值。return 后面也可以没有表达式，这时仅发挥第一个作用，使得程序执行的流程返回到主调函数中继续执行。例如，对返回值类型说明为 void 的函数，尽管这样的函数没有返回值，但在函数体中仍能使用 return 语句来表示结束当前函数的执行而返回到主调函数中，例如：

```
void test()
{
    printf("Do Something...\n");
    return;                /* 这里的 return 语句用于结束函数的执行并返回到主调函数 */
}
```

(2) 一个函数的函数体中可以有多个 return 语句，执行到哪一个 return 语句哪一个就

起作用。例如：

```
int fun(int x)
{
    if(x < 0) return -x * 2;
    else if(x < 5) return x * x - x * 3;
    else return x * x * x - 10;
}
```

在上面的例子中，根据 fun 函数的形参 x 的取值不同，将进入不同分支，返回不同的值。

(3) return 语句中表达式的值的类型应该与函数定义时指定的函数返回值类型保持一致。如果两者不一致，以函数的返回值类型为准，自动进行转换。例如，假设某函数的返回值类型为 int，如果在函数体中的 return 语句写成了：

```
return 3.2 * 2;
```

这时，尽管 return 后的表达式的值计算出来是 6.4，是一个 double 型的值，但会以函数返回值类型 int 为准进行自动转换，最终函数的返回值是 6 而不是 6.4。

7.4.4 函数声明

之前讨论函数定义时提到函数需要先定义后使用，如同变量应该先定义后使用一样。在例 7.1～例 7.5 中，从源程序文件的内容来看，被调函数(例 7.1 中的 sum、例 7.2 中的 distance、例 7.3 中的 area 与例 7.4 和例 7.5 中的 swap)的定义均放在主调函数 main 的前面。那么如果把被调函数的定义放在主调函数的后面会怎么样呢?

如果在源程序文件中被调函数的定义放在主调函数的后面，那么这时需要在函数调用之前，对被调函数进行函数声明。此外，在拥有多个源程序文件的程序中，有时在一个源程序文件中可能需要调用在其他源程序文件中定义的函数，这时在发生调用的源程序文件中也需要在函数调用之前对被调函数进行函数声明。

函数定义时的首行(函数首部)称为函数原型(function prototype)。而函数声明就是函数原型加上一个分号。函数声明的一般形式如下：

```
类型说明   函数名(形式参数表列);
```

函数声明提供了除函数体之外的关于函数自身的所有信息。包括函数名、函数返回值类型、参数个数、参数类型和参数顺序。根据函数声明提供的信息就可以知道正确调用函数的方法。编译系统可以根据函数声明提供的信息检查函数调用是否合法，检查函数调用时的函数名、参数个数、参数类型和参数顺序等是否与函数声明一致，从而保证函数的正确调用。

函数声明可以放在主调函数函数体内的函数调用点之前，也可以单独放在主调函数之前(如放在源程序文件的开始)。例如，可以把例 7.1 改写为

```
#include<stdio.h>
int main()
{
    int sum(int a, int b);                          /* 对 sum 函数的声明 */
    int x, y, result;
    scanf("%d%d", &x, &y);
    result = sum(x, y);
    printf("sum = %d", result);
```

```
9         return 0;
10    }
11    int sum(int a, int b)
12    {
13        return a + b;
14    }
```

在上面改写后的程序中，sum 函数的定义(程序第 11～14 行)放到了 main 函数之后，同时在 main 函数中增加了对 sum 函数的声明(程序第 4 行)。也可以改写为

```
1     #include<stdio.h>
2     int sum(int a, int b);                      /* 对 sum 函数的声明 */
3     int main()
4     {
5         int x, y, result;
6         scanf("%d%d", &x, &y);
7         result = sum(x, y);
8         printf("sum = %d", result);
9         return 0;
10    }
11    int sum(int a, int b)
12    {
13        return a + b;
14    }
```

在上面的改写中，把 sum 函数的声明放到了文件的开头(程序第 2 行)，在所有函数之前。在当前文件的函数中要调用 sum 函数时就不需要再作声明了。

函数声明中的形式参数表列可以不给出形参变量的名字，只需要给出形参的类型即可。例如，上面 sum 函数的声明还可以写为

```
int sum(int, int);
```

这里虽然省略了形参变量的名字，但仍然描述了形参个数、形参类型和形参顺序，足以帮助编译系统检查函数调用是否合法。

还有一个问题需要注意，就是函数"定义"和"声明"的区别。函数的定义是对函数进行完整的功能确定，包括指定函数名、返回值类型、形参个数、类型、顺序以及函数体，它是一个完整的、独立的函数单位。在一个程序中，一个函数的定义必须是唯一的。在程序编译时，编译系统将为函数分配存储空间。而函数声明仅是一种引用性的声明，对已定义的函数的相关信息(不包括函数体)进行说明，帮助编译系统据此对函数调用是否合法进行相应检查。在一个程序中，函数声明可以出现任意多次，函数声明不涉及存储空间的分配问题。

7.5 数组名作函数参数问题

在此前的例子中，函数调用没有涉及数组问题。在涉及数组进行函数调用时，需要分情况进行讨论。首先，单个的数组元素可以作为函数调用的实参。由于数组元素相当于某种类型的变量，这和用简单变量作函数实参的情形没有任何区别。根据参数"值传递"的规则，将数组元素的值传递给形参变量，此后的计算是针对形参变量进行的，不会对作为实参的数组元素产生任何影响。以上这种情况不是在本节中要讨论的主要问题。在本节中主要讨论

的是以数组名为函数参数的函数调用问题。

在第6章中曾经提到，数组的数组名代表的是数组在内存中的起始地址，是一个指针常量。当以数组名为参数进行函数调用时，实际上传递的不是单个数组元素或整个数组的所有元素的值，而是数组的首地址。也就是说，以数组名为实参调用函数和例7.5类似，传递的不是普通的值，而是地址（指针）值。这个地址对应数组在内存中的起始位置，被调函数得到这个地址之后，就可以利用它去访问内存中的数组元素。

因此，以数组名作函数参数的好处就是将主调函数中的数组的首地址传递给被调函数，这样在被调函数中就不需要建立数组的副本了，而是可以利用数组的地址去访问主调函数中的数组的元素，减少了数据传递的不必要开销。由于在被调函数中访问到的是主调函数中的同一个数组，在被调函数中如果对数组元素进行任何修改，当回到主调函数中之后，这种修改是生效的。

以数组名作函数参数的函数该如何进行定义？被调函数的参数该如何说明？主调函数该如何调用被调函数？下面分别以一维数组和二维数组的情况来说明，相同的思想可以扩展到更高维数组的情况。

7.5.1 一维数组名作函数参数

如果要传递一维数组名作为函数参数，则函数对应的形参可以写为

```
类型说明  数组名形参[数组长度]
```

或

```
类型说明  数组名形参[]
```

即数组名形参对应的数组的大小是可以省略的。例如，下面用于求一维数组平均值的函数：

```
double average(int array[10])
{ ... }
```

也可以定义成

```
double average(int array[])
{ ... }
```

注意，这里的形参 array 虽然看上去是一维数组的形式，但是其本质只是一个指针变量（存放地址的变量），用于接收主调函数中某个数组的首地址。在被调用函数中并不会创建一个新的数组，然后把主调函数中的数组的元素的值都传递过来，而仅是传递主调函数中某个数组的首地址而已。因此上面的 average 函数写成下面这样也是等价的：

```
double average(int * array)
{...}
```

即形参以一维数组的形式出现时，其本质只是一个指针变量。因此形式上的数组长度是可以省略的，但方括号不能省略。为了提高函数的通用性，一维数组形式的形参在说明时可以不指定数组的长度。

上面的 average 函数还存在一个不足，就是它只传递了数组的首地址却没有传递数组的长度。要计算数组的平均值，数组的长度也是必需的参数。因此应该为 average 函数增加一个表示数组元素个数的参数。

【例 7.6】 编写 average 函数，计算长度为 n 的一维整型数组的平均值并返回。

```
1   #include<stdio.h>
2   /* average 函数的定义,注意形参的写法 */
3   double average(double array[],int length)
4   {
5       int i;
6       double sum = 0;
7       for(i = 0; i < length; i++)
8           sum += array[i];
9       return sum / length;
10  }
11  int main()
12  {
13      int i;
14      /* 创建长度为 10 的数组并输入数组元素 */
15      double a[10];
16      for(i = 0; i < 10; i++)
17          scanf("%lf", &a[i]);
18      /* 调用 average 函数计算数组平均值并输出 */
19      printf("average = %.2f\n", average(a, 10));
20      return 0;
21  }
```

程序运行结果：

```
1.5 2.0 3.5 4.0 5.5 6.0 7.5 8.0 9.5 10.0↙
average = 5.75
```

在例 7.6 中，average 函数有两个形参：数组名形参 array（实质上是一个指针变量，也可以写成“int * array”）和数组长度 length。在函数体中，使用 for 循环对所有的数组元素 array[i]进行求和并返回平均值。

在 main 函数中创建了长度为 10 的数组 a 并输入数组元素，然后程序第 19 行使用 average(a, 10)的形式调用 average 函数，实参分别是 a 和 10，即将数组名 a 和数组长度 10 传递给形参 array 和 length。于是形参 array 得到数组 a 的首地址，length 得到数组 a 的长度。

前面已经提到，被调函数中实际上并不会创建新的数组。形参 array 实质上只是一个指针变量，array 的值就是 a（数组 a 的首地址）。因此在被调函数中访问的就是 main 函数中的同一个数组，即形参 array 指向 main 函数中的数组 a 的第一个元素（a[0]），在被调函数中使用 array[i]访问数组时实际上访问的就是数组 a 中的元素 a[i]。

知识点小贴士：为什么 array[i]就是 a[i]？

在第 6 章中曾经提到，使用数组名加下标这种方式访问数组元素时会进行地址计算，找到数组元素的存储位置。当在 average 函数中用 array[i]去访问数组元素时，会从 array 这个起始地址出发，跳过 i 个元素找到要访问的元素的位置。由于参数传递后 array 得到的值和 a 的值（数组 a 的首地址）是一致的，因此访问 array[i]计算出的地址和访问 a[i]计算出的地址是一致的，array[i]事实上就是 a[i]。在 average 函数中对 array 数组的元素求和，实际上就是对 main 函数中数组 a 的元素求和。所以在传递数组首地址的情况下，average 函数就可以对 main 函数中的数组 a 进行访问并求平均值，并不需要将整个数组的所有元素复制传递过去。

为了获得更好的通用性并增强程序的可读性，支持 ISO C99 标准的编译系统允许用下面的方式来说明参数：

```
double average(int length, int array[length])
{ ... }
```

在这里，函数的第一个形参是数组长度 length，然后可以引用 length 来说明第二个形参对应数组的大小。但是下面的写法是错误的：

```
double average(int array[length], int length)
{ ... }
```

即不能把长度参数写在后面却在前面引用。

【例 7.7】 冒泡排序用函数方式实现。

在第 6 章的综合案例 5 中介绍了数组的冒泡排序和选择排序。下面对冒泡排序的程序进行改写，将排序功能从 main 函数中分离出来，封装成一个单独的函数并在 main 函数中进行调用。

```
#include<stdio.h>
/*冒泡排序函数的定义*/
void sort(int n, int array[n])
{
    int i, j, temp;
    /*二重循环完成冒泡排序*/
    for(i = 0; i < n - 1; i++)
        for(j = 0; j < n - 1 - i; j++)
            if(array[j] > array[j+1])
            {
                temp = array[j];
                array[j] = array[j+1];
                array[j+1] = temp;
            }
}
/*main 函数的定义*/
int main()
{
    int i, j, temp;
    /*创建数组并输入数组元素*/
    int a[8];
    for(i = 0; i < 8; i++)
        scanf("%d", &a[i]);
    sort(8, a);                    /*调用 sort 函数使用冒泡排序法进行数组排序*/
    /*输出排序后的数组*/
    printf("After sorted:\n");
    for(i = 0; i < 8; i++)
        printf("%d ", a[i]);
    printf("\n");
    return 0;
}
```

程序运行结果：

```
12 -2 0 77 -13 45 63 -10↙
After sorted:
-13 -10 -2 0 12 45 63 77
```

在例 7.7 中，排序功能从 main 函数中分离出来并定义了 sort 函数。sort 函数的参数和例 7.6 中的 average 函数非常相似，传递的是需要排序的数组的元素个数和数组首地址。sort 函数执行过程中访问的数组元素 array[i]事实上就是 main 函数中的数组元素 a[i]。sort 函数所完成的一系列元素交换，事实上就是对 main 函数中的数组 a 进行的，因此当 sort 函数执行结束后，数组 a 就排好序了。读者也可以仿照这个例子实现选择排序的函数。

7.5.2 二维数组名作函数参数

如果要传递二维数组名作为函数参数，则函数的对应形参可以写为

```
类型说明  数组名形参[数组长度 1][数组长度 2]
```

或

```
类型说明  数组名形参[  ][数组长度 2]
```

即数组名形参对应的二维数组的第一维大小是可以省略不写的，但是第二维大小不能省略。例如，下面的用于求二维数组平均值的函数：

```
double average(int array[4][10])
{ ... }
```

也可以定义成：

```
double average(int array[][10])
{ ... }
```

与一维数组名作函数参数类似，这里的形参虽然是二维数组的形式，但是其本质仍然也只是一个指针变量（编译系统在编译时会把二维数组名形参作为指针变量处理），用于接收主调函数中某个二维数组的首地址。因此，在被调用函数中并不会创建一个新的二维数组，然后把主调函数中数组元素的值都传递过来，而仅是传递二维数组的首地址而已。

二维数组名虽然也代表数组的首地址，但与一维数组名的含义有所差异。上面的 average 函数的形参 array 写成下面这样也是等价的：

```
int (* array)[10]
```

形参 array 的本质是一个指向长度为 10 的一维数组的指针变量（array 是指向数组的指针变量，而不是指向元素的指针变量）。在第 6 章中曾提到过，二维数组可以看成一维数组组成的数组（二维数组的每一行都是一个一维数组），因此二维数组名是指向二维数组中第一行的指针，而不是指向二维数组中第一个元素的指针。当使用主调函数中二维数组名作为实际参数调用函数时，形式参数本质上只是一个（指向一维数组的）指针变量，用于指向主调函数中二维数组的第一行。编译系统只关注二维数组的每一行上的元素个数，对于第一维大小并不关心。因此二维数组名形参对应的二维数组的第一维长度（二维数组的行数）是可以省略的，但第二维长度（二维数组的列数）却不能省略。也就是说形式参数所指向的一维数组的长度必须是明确的。关于二维数组名的具体含义，可参考第 8 章的相关内容。

为了提高函数的通用性，二维数组形式的形参在说明时可以不指定第一维数组长度，而以单独参数的形式传递二维数组的行数。这样，函数就可以处理行数不同而列数相同的二维数组了。

【例 7.8】 编写 average 函数，计算 $n\times5$ 的整型二维数组的平均值并返回。

在本例中，要计算平均值的二维数组的行数不确定，但是每一行的列数都是 5，因此在说明二维数组名形参时，要将其第二维大小说明为 5，而数组的行数通过另一个参数进行传

递。示例程序如下：

```
1   #include<stdio.h>
2   /* average 函数的定义,注意参数的写法 */
3   double average(int array[][5], int rows)
4   {
5       int i, j;
6       double sum = 0;
7       for(i = 0; i < rows; i++)
8           for(j = 0; j < 5; j++)
9               sum += array[i][j];
10      return sum / (rows * 5);
11  }
12  /* main 函数的定义 */
13  int main()
14  {
15      int i, j;
16      /* 创建 3×5 的二维数组并输入数组元素 */
17      int a[3][5];
18      for(i = 0; i < 3; i++)
19          for(j = 0; j < 5; j++)
20              scanf("%d", &a[i][j]);
21      /* 调用 average 函数计算数组平均值并输出 */
22      printf("average = %.2f", average(a,3));
23      return 0;
24  }
```

程序运行结果：

```
1 2 3 4 5↙
2 3 4 5 6↙
3 4 5 6 7↙
average = 4.00
```

在例 7.8 中，average 函数有两个形参：数组名形参 array(本质上是一个指针变量“int (* array)[5]”，用于指向长度为 5 的一维整型数组)和二维数组行数 rows。在函数体中，使用 for 循环对所有的数组元素 array[i][j]进行求和并最后返回平均值。

在 main 函数中创建了 3×5 的二维数组 a，然后使用 average(a, 3)的形式调用函数(程序第 22 行)，实参分别是 a 和 3，即将二维数组名 a 和行数 3 传递给形参 array 和 rows。于是 array 得到数组 a 的首地址，rows 得到数组 a 的行数。

前面已经提到，被调函数中实际上并不会创建新的数组。形参 array 其实只是一个指针变量，因此在被调函数中访问的数组和 main 函数中的数组 a 事实上是同一个数组。被调函数中的 array[i][j]实际上访问的就是数组 a 中的元素 a[i][j]。

知识点小贴士：为什么 array[i][j]就是 a[i][j]?

当在 average 函数中用 array[i][j]去访问数组元素时，会从 array 这个起始地址出发，首先跳过数组最前面的 i 行找到要访问的目标行的起始位置，再在这一行上跳过前面的 j 个元素计算得到 array[i][j]在内存中的位置，从而对其进行访问。由于函数调用时 array 得到的值就是 a(数组 a 的首地址)，因此访问 array[i][j]计算出的地址和访问 a[i][j]计算出的地址是一样的，array[i][j]事实上就是 a[i][j]。因此，在 average 函数中对 array 数组的元素求和,其实就是对数组 a 的元素求和。所以在传递数组首地址的情况下,average 函数就可以对 main 函数中的二维数组 a 进行访问并求平均值,并不需要将整个数组传递过去。

支持 ISO C99 标准的编译系统允许将 average 函数的函数原型修改为

```
double average(int rows, int array[rows][5])
```

即用第一个形参去说明第二个形参对应数组的行数,这样可以获得更好的程序可读性,但是注意这时两个参数的顺序不能颠倒。

在例 7.8 中,average 函数能够处理的二维数组虽然行数可以不确定,但每一行的数组元素的个数却是确定的,这制约了函数的通用性。将每一行的数组元素个数 5 硬编码在函数的代码中,因此这个函数只能处理那些每行 5 个元素的数组。

为了获得更好的通用性并增强程序的可读性,支持 ISO C99 标准的编译系统允许用下面方式来说明参数:

```
double average(int rows, int columns, int array[rows][columns])
{ ... }
```

这种方式中函数一共有 3 个参数,第一个参数 rows 和第二个参数 columns 用于传递二维数组的行数和列数,然后再用它们说明第三个形参对应数组的大小。这里要注意参数的顺序,rows 和 columns 要放在 array 的前面声明,而不能放在后面。

将二维数组的行数和列数均通过参数传递的好处就是进一步增强了函数的通用性。average 函数能够处理的二维数组的大小是可以不确定的。

注意:某些 C++ 编译系统可能不支持以这种方式定义函数,需要选择在支持 ISO C99 标准的编译系统中以纯 C 方式编写程序并编译。

【例 7.9】 改写例 7.8 中的 average 函数,计算 n×m 的整型二维数组的平均值并返回。

在本例中将改写例 7.9 中的 average 函数,使得该函数具有更强的通用性,能够计算任意 n×m 的整型二维数组的平均值并返回。示例程序如下:

```
#include<stdio.h>
/* average 函数的定义,注意参数的写法 */
double average(int rows, int columns, int array[rows][columns])
{
    int i, j;
    double sum = 0;
    for(i = 0; i < rows; i++)
        for(j = 0; j < columns; j++)
            sum += array[i][j];
    return sum / (rows * columns);
}
int main()
{
    int i, j, n, m;
    scanf("%d%d", &n, &m);                    /* 输入行数 n 和列数 m */
    /* 创建 n 行 m 列的二维数组并输入数组元素 */
    int a[n][m];
    for(i = 0; i < n; i++)
        for(j = 0; j < m; j++)
```

```
20             scanf("%d", &a[i][j]);
21      /* 调用 average 函数计算数组平均值并输出 */
22      printf("average = %.2f", average(n, m, a));
23      return 0;
24  }
```

程序运行结果：

```
4 5↙
1 2 3 4 5↙
2 3 4 5 6↙
3 4 5 6 7↙
4 5 6 7 8↙
average = 4.50
```

在例 7.9 中，average 函数传递了 3 个参数：行数、列数、数组的首地址。在函数体中，二重 for 循环使用行数和列数来控制循环处理的次数，对所有的数组元素求和。此外，在 main 函数中使用了二维变长数组，调用 average 函数的方式为“average(n, m, a)”(程序第 22 行)。

7.5.3 多维数组的情况

7.5.2 节中二维数组名作函数参数的方法可以扩展至更高维数组的情况。可以将多维数组的各维大小都作为参数进行传递，然后用这些描述数组大小的形参对数组名形参对应数组的各维大小进行说明。数组名形参本质上仍然只是一个指针变量。例如，计算四维数组平均值的函数可以这样定义：

```
double average(int one, int two, int three, int four,
                int array[one][two][three][four])
{
    int i, j, k, l;
    double sum = 0;
    for(i = 0; i < one; i++)
        for(j = 0; j < two; j++)
            for(k = 0; k < three; k++)
                for(l = 0; l < four; l++)
                    sum += array[i][j][k][l];
    return sum / (one * two * three * four);
}
```

7.6 函数的嵌套调用和递归调用

C 程序中的不同函数都是平行、独立的，函数之间不存在从属关系，不能在一个函数中再去定义另一个函数，即函数不能进行嵌套定义。但 C 程序中的函数可以互相调用，一个函数在被调用的过程中可以再去调用其他函数，从而形成一个多级的调用关系(调用链)，这就是函数的嵌套调用。

函数的递归调用是指在调用一个函数的过程中又直接或间接地调用该函数自身。从控制转移、数据传递和内存分配与释放的机制来看，函数递归调用和函数嵌套调用实际上是一致的。本节先讨论函数的嵌套调用，再讨论函数的递归调用。

7.6.1 函数的嵌套调用

现在假设在一个程序中有三个函数 P、Q 和 W，它们和 main 函数形成了下面的调用关系。

(1) main 函数调用 P 函数；

(2) P 函数在执行过程中又调用 Q 函数；

(3) Q 函数在执行过程中又调用 W 函数。

这个例子中的函数之间就形成了函数的嵌套调用关系，如图 7-5 所示。

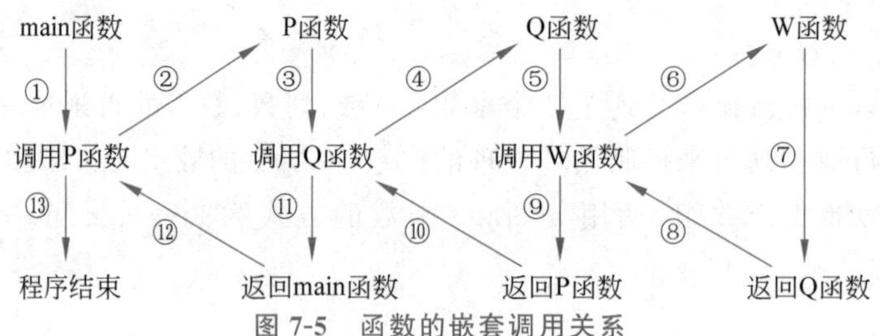

图 7-5　函数的嵌套调用关系

函数调用过程涉及控制转移、数据传递和内存分配与释放问题。这个例子中的函数调用过程大致如下。

(1) 程序首先在 main 函数中执行，根据需要在运行时栈(用户栈)上为 main 函数分配存储空间。运行时栈是程序执行过程中使用的动态存储空间，伴随着函数的执行，将自动进行空间的分配和释放。当程序执行到调用 P 函数的位置时，main 函数将暂停执行，并将控制转移给 P 函数，跳转到 P 函数的入口去执行 P 函数的代码。由于将来 P 函数执行完毕后，还要回到 main 函数中继续执行，因此在执行 P 函数之前，要将现场保护和返回地址等信息存储在运行时栈上为 main 函数分配的空间中，这些信息对于将来回到 main 函数中继续正确执行至关重要。除此之外，P 函数的调用还将伴随可能的参数传递过程。

(2) 程序进入 P 函数中执行之后，也根据需要在运行时栈上为 P 函数分配存储空间。当 P 函数执行到调用 Q 函数的位置时，P 函数也将暂停执行，并将控制转移给 Q 函数，跳转到 Q 函数的入口去执行 Q 函数的代码。由于将来 Q 函数执行完毕后，还要回到 P 函数中继续执行，因此在执行 Q 函数之前，要将现场保护和返回地址等信息存储在运行时栈上为 P 函数分配的空间中。Q 函数的调用也将伴随可能的参数传递过程。

(3) 程序进入 Q 函数中执行之后，也根据需要在运行时栈上为它分配空间。当 Q 函数执行到调用 W 函数的位置时，Q 函数将暂停执行，并将控制转移给 W 函数，跳转到 W 函数的入口去执行 W 函数的代码。由于将来 W 函数执行完毕后，还要回到 Q 函数中继续执行，因此在执行 W 函数之前，要将现场保护和返回地址等信息存储在运行时栈上为 Q 函数分配的空间中。W 函数的调用也将伴随可能的参数传递过程。

(4) 程序进入 W 函数执行，此时当前程序中一共有 4 个函数处于开始执行且未结束的状态，其中只有 W 函数处于正在执行状态而其他 3 个函数被挂起，在运行时栈上为这些函数都分配了对应的存储空间。最先被执行的 main 函数最先分配栈空间，后调用的函数则后分配栈空间。只要函数执行未结束，其分配的空间就不会释放。当 W 函数被执行时，4 个函数分配的栈空间都处于未释放的状态。

(5) W 函数执行结束，向 Q 函数返回可能的结果并回到 Q 函数中继续执行 Q 函数。此时，将利用此前保存的现场保护信息进行现场恢复并利用此前保存的返回地址回到 Q 函数中正确的位置继续执行。W 函数执行完毕后，为其分配的栈空间也相应释放。

(6) Q 函数执行结束，向 P 函数返回可能的结果并回到 P 函数中继续执行 P 函数。此时，将利用此前保存的现场保护信息进行现场恢复并利用此前保存的返回地址回到 P 函数中正确的位置继续执行。Q 函数执行完毕后，为其分配的栈空间也相应释放。

(7) P 函数执行结束，向 main 函数返回可能的结果并回到 main 函数中继续执行 main 函数。此时，将利用此前保存的现场保护信息进行现场恢复并利用此前保存的返回地址回到 main 函数中正确的位置继续执行。P 函数执行完毕后，为其分配的栈空间也相应释放。

回到 main 函数中后，P、Q、W 函数的嵌套调用均已结束，在运行时栈上为它们分配的空间也均已释放。存储空间释放的顺序正好与之前存储空间分配的顺序相反，最先分配空间的函数对应的栈空间最后释放(如 P)，而最后分配空间的函数对应的栈空间则最先释放(如 W)。运行时栈就是按照“先进后出”(或“后进先出”)的方式工作的。

当分配空间时，运行时栈从高地址空间向低地址空间扩展，而当释放空间时，运行时栈从低地址空间向高地址空间收缩。上述过程中运行时栈空间的动态变化如图 7-6 所示。

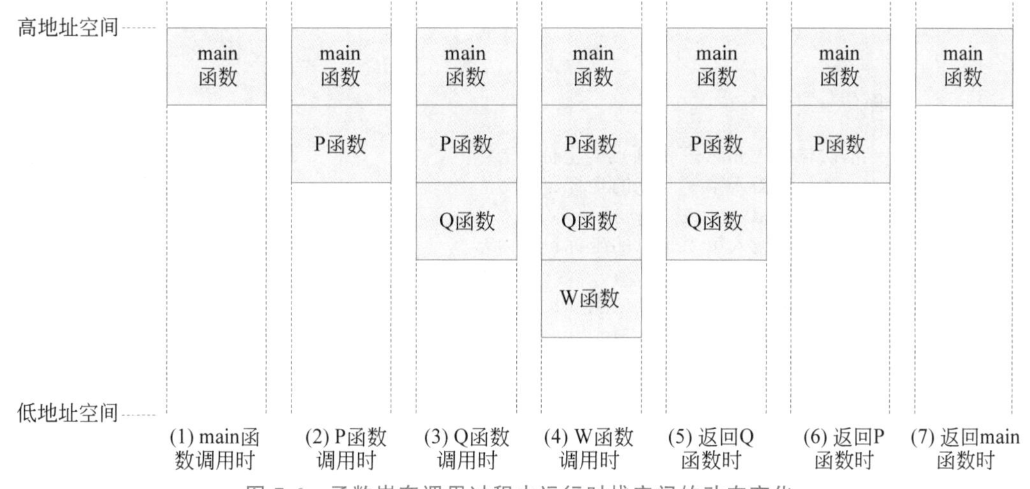

图 7-6　函数嵌套调用过程中运行时栈空间的动态变化

【例 7.10】 使用函数嵌套调用计算三角形的面积。

在例 7.2 和例 7.3 中分别定义了一个求两点间距离的 distance 函数和求三角形面积的 area 函数。本例将在这两个函数的基础上对程序进行改写，使用函数嵌套调用的方式来计算三角形的面积。在下面的改写中，distance 函数保持不变，而将 area 函数的参数进行调整，变为传递三角形三个顶点的坐标。然后在 area 函数中根据三点的坐标分三次调用 distance 函数来计算三边的长，进而计算三角形的面积。示例程序如下：

```
#include<stdio.h>
#include<math.h>
/* distance 函数的定义,四个参数分别代表两个点的横坐标和纵坐标 */
double distance(int a1, int b1, int a2, int b2)
{
    int a = a1 - a2;                          /* 变量 a 存储横坐标之差 */
```

```
    int b = b1 - b2;                        /* 变量b存储纵坐标之差 */
    double dis = sqrt(a * a + b * b);       /* 调用sqrt函数计算两点间距离 */
    return dis;                             /* 返回dis的值,即两点间的距离 */
}
/* area函数的定义,六个参数分别代表三角形三个顶点的坐标 */
double area(int px1, int py1, int px2, int py2, int px3, int py3)
{
    double a, b, c, p, result;
    a = distance(px1, py1, px2, py2);
    b = distance(px2, py2, px3, py3);
    c = distance(px3, py3, px1, py1);
    if((a + b > c) && (a + c > b) && (b + c > a))
    {
        p = (a + b + c) / 2;                /* 变量p存储三边长之和的二分之一 */
        /* 调用sqrt函数计算面积 */
        result = sqrt(p * (p - a) * (p - b) * ( p - c));
    }
    else
        result = -1;
    return result;                          /* 返回result的值,即三角形的面积 */
}
/* main函数的定义 */
int main()
{
    int x1, x2, x3;
    int y1, y2, y3;
    /* 依次输入三角形三个顶点的坐标 */
    printf("请输入第一个点的坐标:");
    scanf("%d%d", &x1, &y1);
    printf("请输入第二个点的坐标:");
    scanf("%d%d", &x2, &y2);
    printf("请输入第三个点的坐标:");
    scanf("%d%d", &x3, &y3);
    /* 调用area函数求三角形面积 */
    double result = area(x1, y1, x2, y2, x3, y3);
    if(result < 0)
        printf("三角形的三点坐标不符合要求\n");
    else
        printf("三角形的面积为:%.4f\n",result);
    return 0;
}
```

程序运行结果:

```
请输入第一个点的坐标:0 0↙
请输入第二个点的坐标:0 3↙
请输入第三个点的坐标:4 0↙
三角形的面积为:6.0000
```

在例7.10中,main函数负责输入三个点的坐标,并调用area函数计算三角形的面积。area函数在执行过程中,三次嵌套调用了distance函数计算三角形的三边长,最后还嵌套调用了数学库函数sqrt完成海伦公式的计算。在每一次distance函数的调用过程中,也嵌套调用了数学库函数sqrt来计算两点间距离。

7.6.2 函数的递归调用

函数的递归调用是指在调用一个函数的过程中又直接或间接地调用该函数自身。C 语言允许函数的递归调用。从控制转移、数据传递和内存分配与释放的机制来看，函数递归调用和函数嵌套调用实际上是一致的。函数嵌套调用是不同的函数之间相互调用形成的函数调用关系，而递归调用则是同一个函数直接或间接调用自身所形成的函数调用关系。例如：

```
int fun(int i)
{
    int y;
    if(i > 0)
        y = i + fun(i - 1);
    else
        y = 0;
    return y;
}
```

这是函数直接递归调用的例子。在上面的 fun 函数中，当形参 i 的值大于 0 时，为了计算 y，又会调用 fun 函数本身。又如：

```
int fun1(int i)
{
    int y;
    y = fun2(i);
    return y;
}
int fun2(int i)
{
    int z;
    if(i > 0)
        z = i + fun1(i - 1);
    else
        z = 0;
    return z;
}
```

这是函数间接递归调用的例子。在上面的例子中，fun1 函数调用 fun2 函数，而 fun2 函数又调用 fun1 函数。

通过上面两个例子可以看到，当发生递归调用时，递归调用的函数在本次调用未完成执行的情况下，又要直接或间接地再次调用自己，即再次进入自己的函数体去执行。这个过程可能会无休止继续进行下去，因此无论是直接递归调用还是间接递归调用，都需要设置边界条件，以防止递归调用无休止地反复进行下去。

在上面直接递归调用的例子中，在 fun 函数的函数体中对参数 i 的值进行了判断，只有当 i 的值大于 0 时才进行递归调用；当 i 的值不满足大于 0 的条件时，则不再进行递归调用，这就是递归的边界条件。下面通过这个例子来分析递归调用的过程是怎样进行的，以及递归的边界条件是如何防止递归调用无休止反复进行的。

【例 7.11】 函数递归调用示例。

```
#include<stdio.h>
/* 递归函数 fun 的定义 */
int fun(int i)
```

```
4  {
5      int y;
6      if(i > 0)
7          y = i + fun(i - 1);
8      else
9          y = 0;
10     return y;
11 }
12 /* main 函数的定义 */
13 int main()
14 {
15     int result = fun(3);
16     printf("%d", result);
17     return 0;
18 }
```

程序运行结果：

```
6
```

发生函数递归调用时，控制转移和运行时栈的工作模式和此前介绍嵌套调用时的情况是一样的。回忆 7.6.1 节中的例子，main 函数调用 P 函数，P 函数又调用 Q 函数，最后 Q 函数又调用 W 函数。当最终执行 W 函数时，main 函数、P 函数和 Q 函数都处于开始执行但却未完成执行的挂起状态。Q 函数需要等到 W 函数执行结束后才能恢复执行，P 函数需要等待 Q 函数结束才能继续执行，而 main 函数则需要等待 P 函数结束才能继续执行。当进行到嵌套调用的最深一层即 W 函数的执行时，运行时栈上为 4 个函数都分配了对应的存储空间(栈帧)。存储空间分配的时间顺序和函数调用的顺序正好一致(而空间释放的顺序正好相反)。

当发生函数的递归调用时，将会出现的情况是同一个函数的多次执行处于开始执行却未结束执行的挂起状态，只有最后一层调用处于正在执行状态，即可以同时存在同一函数的多个执行实例。C 语言允许这种情况存在。尽管函数的代码编译后只有一份，但在 C 程序中发生函数的递归调用时，同一函数的多个执行实例在运行时栈上都分配了空间且分配的空间是独立的，每一个执行实例都拥有自己的形参和局部变量副本。

为了简化问题，假设形参和局部变量都存储在运行时栈上(实际情况可能有出入，形参和局部变量的存储会涉及寄存器，此处不对此进行讨论)。在例 7.11 中，main 函数中出现了函数调用 fun(3)(程序第 15 行)，即在 main 函数中以 3 为实参对 fun 函数发起调用，结合运行时栈的状态变化对 fun 函数的递归调用过程进行如下分析。

(1) 程序最开始在 main 函数中执行，在运行时栈上为 main 函数分配可能需要的存储空间。main 函数的执行过程中，以 3 为实参发起对 fun 函数的调用"fun(3)"，这是对 fun 函数的第一层调用，接下来发生控制转移，进入 fun 函数的代码执行。

(2) 在 fun 函数的第一层调用中，会为形参 i 和局部变量 y 分配空间，而 i 的值是 3。为了计算 y，对 i 的值进行判断，由于 i 满足大于 0 的条件，于是需要进行递归调用"fun(i－1)"。由于此时 i 的值是 3，所以相当于要以 2 为实参对 fun 函数进行递归调用。当前 fun 函数的执行将暂停，转而去执行 fun 函数的下一层调用。这时会发生和嵌套调用一样的控制转移，只不过仍然跳转到同一个函数的入口去执行，现场保护信息和返回地址的处理以及参数的传递和嵌套调用是一样的。

(3) 当进入 fun 函数的第二层调用时，尽管函数代码还是一样的代码，但会为这一次的执行重新分配形参 i 和局部变量 y 的存储空间，即同一函数的两次执行，尽管代码是一样的，但会各自拥有自己的形参和局部变量的副本。这一次执行 fun 函数时 i 的值是 2，因此会以 1 为实参再一次递归调用 fun 函数。这时，第二层调用也会暂停，再次进行控制转移。

(4) 当进入 fun 函数的第三层调用时，也会为这一次的执行重新分配形参 i 和局部变量 y 的存储空间。这一次 i 的值是 1，因此会以 0 为实参再一次调用 fun 函数，第三层调用也会暂停，再次进行控制转移。

(5) 当进入 fun 函数的第四层调用时，也会为这一次的执行重新分配形参 i 和局部变量 y 的存储空间，这一次 i 的值是 0。到目前为止，fun 函数一共有 4 个调用实例处于开始执行却没有结束的状态(四层调用同时存在，只有最后一层处于正在执行状态，其他三层处于挂起暂停的状态)。同时，在运行时栈上为函数的四层调用都单独分配了存储空间来存储形参和局部变量，每一层的执行都拥有自己的形参和局部变量副本。在这最深的一层调用中 i 的值是 0，于是打破了 i 大于 0 的条件不再需要继续递归下去了，可以直接计算出 y 的值为 0，这时意味着到达了递归的边界。在函数的递归调用过程中，此前的阶段称为"递推"，接下来将进入"回归"阶段，即达到递归的边界后从最深的一层调用开始返回。当前这一层的调用计算出的 y 的值是 0，因此将向上一层调用返回 y 的值，并结束本次调用的执行，将控制转移回第三层调用，同时第四层调用在运行时栈上分配的栈空间也会相应释放。

(6) 程序执行回到 fun 函数的第三层调用中，由于第四层调用的返回值是 0，而本层的 i 的值是 1，于是计算出本层 y 的值为 1 并返回到第二层调用。第三层调用所分配的栈空间也相应释放。

(7) 程序执行回到 fun 函数的第二层调用中，由于第三层调用的返回值是 1，而本层 i 的值是 2，于是计算出本层 y 的值为 3 并返回到第一层调用。第二层调用所分配的栈空间也相应释放。

(8) 程序执行回到 fun 函数的第一层调用中，由于第二层调用的返回值是 3，而本层 i 的值是 3，于是计算出本层 y 的值为 6 并返回到 main 函数。第一层调用所分配的栈空间也相应释放。

(9) 程序最后回到 main 函数中，fun(3)调用最后的返回值就是 6。此前 fun 函数的四层递归调用均已结束。每一层调用所分配的栈空间也按照调用顺序的相反顺序依次进行释放。

上述函数递归调用过程如图 7-7 所示。

上述函数递归调用过程中运行时栈空间状态的变化如图 7-8 所示。

在例 7.11 中，随着递归调用层级的增加，每一次的参数 i 的值都是逐渐减小的，直到 i 的值达到了边界，就不再需要递归下去了。边界条件的设置对于函数的递归调用至关重要，它保证了递归调用不会无休止地无限进行下去。如果没有边界条件，递归调用将无休止地进行下去，递归层级越来越多，最终导致栈空间资源的耗尽，出现所谓的"栈溢出"，注意这和"死循环"是不一样的。

函数递归调用只是解决问题的一种可选方案，但未必是最佳的方案。递归层级很深时，递归调用可能会有较大的开销，应根据实际问题的需要判断使用函数递归调用是否合适。

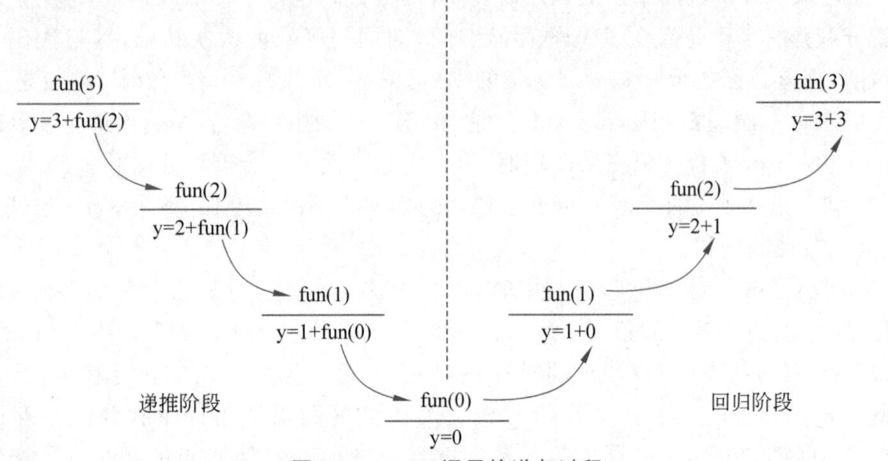

图 7-7　fun(3)调用的递归过程

	(1) main函数调用时	(2) fun(3)调用时	(3) fun(2)调用时	(4) fun(1)调用时	(5) fun(0)调用时	(6) 返回fun(1)时	(7) 返回fun(2)时	(8) 返回fun(3)时	(9) 返回main函数时
高地址空间	main函数	main函数	main函数	main函数	main函数	main函数	main函数	main函数	main函数
		fun(3)	fun(3)	fun(3)	fun(3)	fun(3)	fun(3)	fun(3)	
			fun(2)	fun(2)	fun(2)	fun(2)	fun(2)		
				fun(1)	fun(1)	fun(1)			
					fun(0)				
低地址空间									

图 7-8　fun(3)调用的运行时栈空间状态的变化

【例 7.12】 用递归的方式求 n!。

在本例中用递归的方式求 n 的阶乘。n 的阶乘问题用循环来计算是比较方便的，而且相较于递归可能效率更高，本例只是演示递归方法的使用。已知阶乘问题满足下面的性质：

$$n! = n * (n-1)!$$

即 n 的阶乘等于 n 乘上 n－1 的阶乘。因此，要计算 n 的阶乘，可以先计算 n－1 的阶乘；而要计算 n－1 的阶乘，又可以先计算 n－2 的阶乘，等等。基于上述原理，用下面的示例程序基于函数递归调用方法解决阶乘问题。

```
#include<stdio.h>
unsigned long fact(unsigned n)
{
    unsigned long k;
    if(n == 0 || n == 1)
        k = 1;
    else
        k = n * fact(n - 1);
    return k;
}
```

```
int main(){
    unsigned n;
    scanf("%u", &n);
    printf("%u != %lu\n", n, fact(n));
    return 0;
}
```

程序运行结果：

```
12↙
12 != 479001600
```

在例 7.12 中，fact 函数用于求参数 n 的阶乘。n 的类型为无符号整型(n≥0)，而函数的返回值则为无符号长整型。对于求阶乘问题，要注意结果发生溢出的可能。如果用普通的无符号整型来存储函数的计算结果，当 n 大于或等于 13 时将会产生溢出(超出 32 位无符号整型的表示范围)。

例如，如果程序执行时输入 13，而 13 的阶乘为 6 227 020 800，如果用 32 位的无符号整型来存储这个结果是无法做到的，这超出了它的表示范围，这时将会发生溢出并导致计算结果出错。

在上面的程序中，将函数的返回值类型设定为无符号长整型，目的是能够计算更大的 n 的阶乘。但是应该注意，有的编译系统实现的无符号长整型可能和普通整型一样也只有 4 字节，在这种编译系统中编译该程序也只支持 n 小于 13 的阶乘计算。如果编译系统实现的无符号长整型长度为 8 字节的话，则可以支持更大范围的 n 的阶乘的计算。读者不妨自己估算一下，8 字节的无符号长整型变量能够容纳的最大阶乘对应的 n 是多少。除了使用长整型外，也可以使用 double 型变量来存储阶乘的结果，以获取更大的表示范围。

提示：在编写程序时，应该先弄清楚当前编译系统对不同数据类型所实现的具体长度是多少，可以使用 sizeof 运算符来达到这一目的。

【例 7.13】 用递归的方式逆序输出字符串。

本例要实现的功能是用递归的方法逆序输出一个字符串，即从字符串的最后一个字符开始输出，最后输出第一个字符。示例程序如下：

```
#include<stdio.h>
#include<string.h>
/* strReverse 函数的定义 */
void strReverse(char s[], unsigned n)
{
    putchar(s[n]);
    if(n > 0)
        strReverse(s, n - 1);
}
/* main 函数的定义 */
int main()
{
    char str[50];
    gets(str);
    strReverse(str, strlen(str) - 1);
    return 0;
}
```

程序运行结果：

```
Hello World↙
dlroW olleH
```

在例 7.13 中,用于逆序输出字符串的递归函数为 strReverse。这个函数有两个形参,一个是数组名形参 s,一个是无符号整型形参 n。结合 7.5 节的知识可知,形参 s 本质上只是一个指针变量,在 strReverse 函数中用它来接收要输出的字符串的首地址,而形参 n 则用来控制输出字符串中下标为 n 的字符。

在 strReverse 函数的函数体中,首先用语句"putchar(s[n]);"来输出字符串 s 中的字符 s[n],输出完 s[n]之后,判断是否到达递归的边界,即 n 是否等于 0。如果此时 n 等于 0,代表到达了递归的边界,刚刚输出的正是字符串的第一个字符 s[0](s[0]最后一个输出),这时字符串已经输出完毕了,不需要再继续递归下去;如果此时 n 大于 0,代表未到达递归的边界,刚刚输出的字符的前面还有其他字符,应该继续递归输出,于是继续递归调用 strReverse 函数"strReverse(s,n－1)"。递归调用 strReverse 函数时,数组的首地址 s 不变,但是 n 的值要递减,这样才能依次逆序输出所有的字符。

在 main 函数中,对 strReverse 函数的调用形式如下(程序第 15 行):

```
strReverse(str, strlen(str) - 1);
```

即传递字符串的首地址和字符串中的最后一个字符元素的下标,如表达式"strlen(str)－1"求得的就是最后一个字符元素的下标。

7.7 变量的作用域和存储方式

本节将讨论变量的作用域和存储方式问题。此前在定义和使用变量时,主要的关注点在于变量的数据类型。数据类型决定了变量的存储空间大小、存储形式(二进制编码方式)、数据的取值范围、可以进行计算等。除了数据类型,变量还有一些其他的重要属性需要关注,例如,变量在程序中何时可访问(可见)、何时不可访问(不可见);变量的存储空间何时被分配、何时被释放等。这就涉及变量的作用域和存储方式问题。

变量的作用域是指一个变量能够起作用(能够被访问)的程序范围。如果一个变量在某个文件或函数范围内有效,则称该文件或函数为该变量的作用域。在此作用域内可以引用(访问)该变量,称该变量在该作用域范围内"可见",因此这种性质又称为变量的可见性。变量的作用域问题,或者变量的可见性问题,就是要讨论变量在程序中什么范围内起作用、可访问、可见的问题。根据作用域划分,可以将 C 程序中的变量划分为全局变量和局部变量。

变量的存储方式则对应变量的生存期问题。变量的生存期是指从给变量分配空间到所分配的空间被释放所经历的时间(变量在程序中存在的时间)。如果在某时刻某变量是存在的,则认为这一时刻属于该变量的生存期。不同的存储方式决定了不同的生存期,C 程序中变量的存储方式分为静态存储方式和动态存储方式。

变量的作用域和存储方式,是两个既有区别又存在联系的问题。

7.7.1 变量的作用域

如前所述,在一个变量的作用域内,该变量是起作用的(有效的)、可访问的、可见的。而在该变量的作用域之外,该变量则是不起作用的(失效的)、不可访问的、不可见的。应该注意，在程序中某一部分某变量不起作用、不可访问时，该变量未必此时是不存在的，不要混淆作用域问题和生存期问题。

在C程序中，变量的定义位置可能有两种情况：在函数的内部定义或在函数的外部定义。这两种不同的定义方式，就对应了局部变量和全局变量的划分。

1. 局部变量

在函数内部定义的变量就是局部变量。局部变量又分为具体的两种情况：一种情况是直接在函数体中定义的局部变量，这种变量的作用域是从定义该变量的位置开始，到函数体结束为止。例如，在函数体的最开始定义的局部变量，其作用域是整个函数的范围；而在函数体的中间部分定义的局部变量，其作用域只是从定义点到函数结束。另一种情况是在函数体中的复合语句中定义的局部变量，其作用域仅局限于这个复合语句，从定义点处开始到复合语句结束。在其作用域之外的该函数的其他部分，这样的局部变量是无法访问的。此外，函数的形式参数也是局部变量。

【例 7.14】 分析下面程序中的变量的作用范围。

```
#include<stdio.h>
/* func1 函数 */
int func1(int a)                    /* 形参 a 的作用域仅限于 func1 函数 */
{
    int b, c;                       /* 局部变量 b 和 c 的作用域仅限于 func1 函数 */
    b = a + 2;
    c = b + 3;
    return b * c;
}
/* func2 函数 */
int func2(int x, int y)             /* 形参 x 和 y 的作用域仅限于 func2 函数 */
{
    int m, n;                       /* 局部变量 m 和 n 的作用域仅限于 func1 函数 */
    m = x + y;
    n = x - y;
    return m * n;
}
/* main 函数 */
int main()
{
    int a = 1, b = 2, c = 3;        /* 局部变量 a、b 和 c */
    {
        float a = 3.5;              /* 在复合语句中定义了另一个局部变量 a */
        /* 下面输出的 a 是复合语句中定义的 a */
        printf("a = %.2f, b = %d, c = %d\n", a, b, c);
    }
    int r1 = func1(a);              /* 局部变量 r1 */
    int r2 = func2(b, c);           /* 局部变量 r2 */
    /* 这里输出的 a 是函数体最开始定义的 a */
    printf("a = %d, b = %d, c = %d\n", a, b, c);
    printf("r1 = %d, r2 = %d\n", r1, r2);
    return 0;
}
```

在例 7.14 中，共定义三个函数 func1、func2 和 main，每个函数内部都定义了若干局部变量。这些局部变量有以下几点需要注意：

(1) 函数的形式参数也是局部变量，其作用域是其所在函数，在其他函数中访问不了。

例如，func1 函数的形参 a 只在 func1 的范围内有效，func2 函数的形参 x 和 y 则只在 func2 的范围内有效。

(2) main 函数中定义的变量也是局部变量。不同函数之间不能访问其他函数中定义的局部变量(包括形式参数)，因为不同函数的局部变量具有不同的作用域。

(3) 不同函数(作用域)中的局部变量可以同名，不会产生名字冲突。例如，在 func1 函数中有变量 a、b、c，在 main 函数中也有变量 a、b、c，由于不同的函数具有不同的作用域，因此它们代表不同的程序对象，不会产生混淆和冲突。

(4) 相对于 func1 和 func2 函数，本例中的 main 函数的情况要复杂一些。在 main 函数的一开始定义了 int 型变量 a、b、c，它们的作用域从定义点开始到 main 函数结束。但是接下来在 main 函数中出现了一个复合语句(程序第 22～26 行)，并在这个复合语句中又定义了 float 型变量 a。函数体内部出现复合语句，这相当于在函数体这个大的外层作用域中又内嵌了一个更小的内层作用域。在这个内嵌作用域中定义的变量，其作用域仅局限于该复合语句。

在复合语句这个内层作用域中定义的变量如果和复合语句外部在 main 函数中直接定义的变量同名，例如，变量 a，这时外层作用域中的同名变量将被屏蔽而失效，通过相同的变量名在复合语句内部访问到的是在内层作用域中新定义的变量 a。但此时并不意味着外层中定义的同名变量 a 就不存在了，它只是被屏蔽不可见而已。当复合语句执行结束后，原来的同名变量 a 仍然可以继续访问。因此在复合语句中输出变量 a 时，输出的是复合语句中的 float 型变量 a。当离开复合语句以后，则可以继续访问原来的 int 型变量 a。

如果在内层作用域中没有定义和外层作用域同名的变量，则外层作用域中定义的变量在内层作用域中仍然有效，如 main 函数中的 b 和 c。

main 函数中接下来定义了变量 r1 和 r2 并用 func1 函数和 func2 函数的返回值进行初始化，它们的作用域从定义点到 main 函数结束为止。

程序运行结果：

```
a = 3.50, b = 2, c = 3
a = 1, b = 2, c = 3
r1 = 18, r2 = -5
```

在上面的执行中，程序输出的第一行是在 main 函数中的复合语句中产生的，输出的 a 的值是复合语句中定义的“float a”的值，此时 main 函数中的“int a”被屏蔽而失效了；输出的第二行是复合语句结束产生的，输出的 a 的值是 main 函数一开始定义的“int a”的值；第三行输出的 r1 和 r2 的值，其中 r1 的值是调用“func1(a)”计算得到的，由于这个调用是在复合语句结束之后发生的，因此实参 a 也是 main 函数一开始定义的“int a”。

2. 全局变量

在函数外部定义的变量称为外部变量，外部变量是全局变量(也称为全程变量)。前面曾经介绍过，C 程序是以源文件为编译单位的，一个 C 程序由一个或多个源文件组成，而一个源文件可以包含一个或多个函数。全局变量在源文件中定义，其作用域是从它的定义点开始到当前源文件结束，即全局变量定义点后面的所有函数都可以使用此变量。通过使用外部变量声明，还可以将全局变量的作用域扩大到源文件的其他部分和当前程序的其他源文件。全局变量是静态存储的，从程序开始运行起即占据存储空间，并一直持续到程序结束时才释放存储空间。关于存储方式和生存期问题在 7.7.2 节中讨论。

【例 7.15】 分析下面程序中的变量的作用范围。

```
1  #include<stdio.h>
2  int A = 10;                      /* 定义全局变量 A,其作用域是从定义点到文件结束 */
3  int fun1(int x)
4  {
5      return x * A;                /* fun1 函数访问全局变量 A */
6  }
7  int B = 20;                      /* 定义全局变量 B,其作用域是从定义点到文件结束 */
8  int fun2(int y)
9  {
10     return B + y;                /* fun2 函数访问全局变量 B */
11 }
12 int main()
13 {
14     printf("A = %d\n", A);       /* main 函数访问全局变量 A */
15     printf("fun1 = %d\n", fun1(3));
16     A += 10;                     /* main 函数修改全局变量 A */
17     printf("A = %d\n", A);
18     printf("fun1 = %d\n", fun1(3));
19     B += 20;                     /* main 函数修改全局变量 B */
20     printf("B = %d\n", B);
21     printf("fun2 = %d\n", fun2(3));
22     return 0;
23 }
```

在例 7.15 中,程序一开始定义了变量 A,变量 A 的定义位置在函数外部,则变量 A 是一个全局变量,其作用域是从定义的位置开始到源文件结束。因此在 fun1、fun2 和 main 函数中都可以对 A 进行访问(或者说在这些函数中,变量 A 都是可见的)。在 fun1 函数之后和 fun2 函数之前,定义了变量 B。变量 B 的定义位置也在函数外部,则变量 B 也是一个全局变量,其作用域是从定义的位置开始到源文件结束。因此 fun2 和 main 函数中都可以对其进行访问。

程序运行结果:

```
A = 10
fun1 = 30
A = 20
fun1 = 60
B = 40
fun2 = 43
```

关于全局变量的使用有以下几点需要注意。

(1) 如果要在全局变量的定义点之前的函数中使用该变量,需要使用关键字 extern 对全局变量进行声明,将其作用域扩大到其定义点之前的文件部分。例如,例 7.15 中的全局变量 B,其作用域是定义点之后到源文件结束。如果想在 fun1 函数中使用全局变量 B,即把 B 的作用域扩大到 fun1 函数中,可以在 fun1 函数之前或在 fun1 函数中使用 extern 关键字对变量 B 进行声明:

```
extern int B;
```

外部变量声明只是一种声明,而不是变量的定义,不涉及内存空间分配。在 C 程序中,一个全局变量的定义是唯一的,但是却可以有多次声明。fun1 函数(程序第 3～6 行)可以

改写为

```
int fun1(int x)
{
    extern int B;
    return x * A * B;
}
```

或改写为

```
extern int B;
int fun1(int x)
{
    return x * A * B;
}
```

这样就可以在 fun1 函数中访问全局变量 B 了。

除了在当前源文件中可以使用外部变量声明扩大全局变量的作用域，在有多个源文件的程序中，也可以通过外部变量声明将全局变量的作用域扩大到其他源文件中。在一个源文件中定义全局变量，在其他源文件中使用 extern 对全局变量进行声明后，就可以在其他源文件中访问这个全局变量了。如下面的例子：

```
/*第一个源文件:file1.c*/
...
int A = 10;                         /*在 file1.c 中定义全局变量 A*/
...

/*第二个源文件:file2.c*/
...
extern int A;                       /*在 file2.c 中对全局变量 A 进行声明*/
int fun()
{
    int aa = A * 10;                /*在 fun 函数中访问全局变量 A*/
    return aa;
}
...
```

在上面的例子中，程序由两个源文件 file1.c 和 file2.c 组成。在 file1.c 中定义了全局变量 A，而在 file2.c 中则对全局变量 A 进行了外部变量声明。这样全局变量 A 的作用域就扩大到了 file2.c，在 file2.c 中就可以对 A 进行访问了。

但有时在程序设计中希望某些全局变量只限于被定义它的源文件引用而不能被其他源文件引用，这时可以在定义全局变量时使用关键字 static 进行说明，在一些文献中，这样的全局变量称为静态外部变量。注意，此处的“静态”二字的含义并不是说这个变量是静态存储的(全局变量本来就是静态存储的)，而是说这个变量的作用域被局限在当前文件中。上面的例子如果在 file1.c 中定义变量 A 时采用下面的形式：

```
static int A = 10;
```

这样变量 A 就成了一个静态外部变量，只能在 file1.c 中使用。即使在 file2.c 中对变量 A 进行外部变量声明，也无法对变量 A 进行访问。

(2) 在同一个源文件中，当局部变量和全局变量同名时，在局部变量的作用域中，全局变量将被屏蔽而不起作用，使用相同的变量名访问到的是局部变量。

【例 7.16】 同名局部变量屏蔽全局变量。

```
#include<stdio.h>
int A = 10, B = 20;                              /* 全局变量定义 */
int fun()
{
    int B = 5;                                   /* 定义了同名的局部变量 B */
    printf("A = %d, B = %d\n", A, B);            /* 这里输出的 B 是局部变量 B */
}
int main()
{
    int A = 3;                                   /* 定义了同名的局部变量 A */
    fun();
    printf("A = %d, B = %d\n", A, B);            /* 这里输出的 A 是局部变量 A */
    return 0;
}
```

程序运行结果：

```
A = 10, B = 5
A = 3, B = 20
```

在例 7.16 中，程序一开始定义了全局变量 A 和 B。在 fun 函数中，定义了同名的局部变量 B，因此在 fun 函数中对变量 B 进行访问时，全局变量 B 被屏蔽了，访问到的是局部变量 B。在 fun 函数中并没有定义同名变量 A，因此在 fun 函数中访问的变量 A 就是全局变量 A。同理，在 main 函数中定义了局部变量 A，因此在 main 函数中进行访问时，访问的变量 A 是局部变量 A，而访问的变量 B 是全局变量 B。

(3) 使用全局变量带来的好处是增加了函数间数据共享的渠道。由于同一文件中的所有函数都可以访问全局变量，因此如果在一个函数中修改了全局变量的值，就能影响到所有其他的函数。利用全局变量在函数之间共享数据，可以减少函数形参的数量；利用全局变量还可以得到除了函数返回值之外更多的计算结果。

【例 7.17】 编写函数求数组的平均值并统计大于和小于平均值的元素个数。

在本例中，要编写函数计算数组的平均值并统计大于和小于平均值的元素的个数。由于一个函数只有一个返回值，无法通过返回值的途径带回多个结果，因此在本例中使用全局变量在 main 函数和求平均值的函数之间进行数据共享。计算平均值的函数统计大于和小于平均值的元素的个数并将结果置于全局变量中，当回到 main 函数中时就可以通过访问全局变量得到结果了。示例程序如下：

```
#include<stdio.h>
/* 定义全局变量并赋值为 0 */
int AboveAvg = 0, BelowAvg = 0;
/* average 函数的定义 */
double average(int n, int arr[])
{
    double avg = 0;
    int i;
    /* 计算平均值 */
    for(i = 0; i < n; i++)
        avg += arr[i];
    avg = avg / n;
    /* 统计大于平均值和小于平均值的元素个数 */
```

```
14      for(i = 0; i < n; i++)
15      {
16          if(arr[i] > avg)
17              AboveAvg++;                           /* 访问全局变量 AboveAvg */
18          else if(arr[i] < avg)
19              BelowAvg++;                           /* 访问全局变量 BelowAvg */
20      }
21      return avg;
22  }
23  /* main 函数的定义 */
24  int main()
25  {
26      int i;
27      double avg;
28      /* 创建数组并输入数组元素 */
29      int a[10];
30      for(i = 0; i < 10; i++)
31          scanf("%d", &a[i]);
32      /* 调用函数计算结果 */
33      avg = average(10, a);
34      /* 输出平均值及大于和小于平均值的元素个数 */
35      printf("avg = %.2f, AboveAvg = %d, BelowAvg = %d\n",
36              avg, AboveAvg, BelowAvg);
37      return 0;
38  }
```

程序运行结果：

```
12 34 9 55 103 23 12 34 97 72↙
avg = 45.10, aboveAvg = 4, belowAvg = 6
```

在例 7.17 中，程序一开始定义了全局变量 AboveAvg 和 BelowAvg 并初始化为 0。average 函数用于计算平均值并统计大于和小于平均值的元素个数。该函数传递数组的元素个数和首地址作为参数，在函数体中使用两个循环计算平均值和统计元素个数。在第二个循环中(第 14～20 行)，逐一对每一个元素进行判断，根据判断的结果对全局变量 AboveAvg 或 BelowAvg 进行自增操作。函数最后返回计算得到的平均值，同时相应的元素个数也统计好了，放置于全局变量之中。main 函数通过调用 average 函数完成计算，当返回到 main 函数中后，通过对全局变量的访问，得到了大于和小于平均值的元素个数。

(4) 尽管利用全局变量可以在不同函数之间进行数据共享，但同时也带来一些问题。

- 全局变量的使用导致函数的执行依赖于外部变量，破坏了模块的独立性，使函数的通用性降低了。模块化程序设计要求各个模块的“内聚性”强，与其他模块的“耦合性”弱，即模块的功能要单一(不要把许多互不相干的功能放到一个模块中)，与其他模块的相互影响要尽量少。一般要求将 C 函数设计成一个相对的封闭体，只通过“参数”与“返回值”的渠道与外界发生联系，这样的程序可移植性好，可读性强。全局变量的使用并不符合以上原则。
- 全局变量的使用降低了程序的清晰性。全局变量的值在程序中可能被多个函数修改，因此很难判断每个瞬时全局变量的值，程序容易出错。
- 由于全局变量是静态存储的，因此在程序的整个执行期间都将占据存储资源，而不是仅在需要时才分配空间。

综上，应该有限制地使用全局变量，非必要时尽量不要使用全局变量，防止滥用全局变量给程序造成的混乱。

7.7.2 变量的存储方式

在讨论全局变量时曾经提到，全局变量从程序一开始执行就分配存储空间，要到程序执行结束才释放空间，因此全局变量是静态存储的。这涉及本节将要讨论的变量的存储方式问题，或者说变量的生存期问题。

在C程序中，变量的生存期即变量存在的时间。有的变量在程序运行的整个过程中都是存在的，即从程序开始执行时就占据存储空间，要到程序执行结束时才会释放空间，如全局变量。而有的变量则是在调用其所在的函数或进入其所在的复合语句时才临时分配存储空间，而函数调用结束或离开复合语句后该变量就被释放而不存在了。即便一个函数在程序执行过程中被调用多次，或者一段复合语句被多次进入并离开，这样的变量也会分配和释放多次。以上两种情况，对应两种不同的变量存储方式：静态存储方式和动态存储方式，也就对应不同的变量生存期。

静态存储方式是指变量在程序的运行期间，由系统分配固定的存储空间的方式。在静态存储方式中，程序一开始为变量分配存储空间之后，在整个程序的执行过程中，这个空间是不会释放的。静态存储的变量的值可以修改，但是其存储的位置在整个程序执行期间是固定不变的，要等到程序执行结束后才会释放。

动态存储方式是在程序运行期间根据需要动态分配存储空间的方式。动态存储的变量只有当对应的函数被调用或进入其所在的复合语句时才需要分配空间。对应的函数没有执行或没有进入其所在的复合语句时，并不会分配空间。相应的，函数执行完毕或离开其所在的复合语句后，系统会释放变量回收空间。程序执行过程中，每一次函数被调用或进入复合语句都会独立地为动态存储的变量分配空间并在使用完毕后释放空间。此后如果再次调用该函数或再次进入复合语句时会重新为变量分配空间，同一变量分配到的空间可能会发生变化而并非固定不变。

要讨论变量的存储方式问题，需要简单了解一下程序在运行时使用的内存空间的情况。一个运行着的程序被称为一个进程，进程的内存空间根据功能不同划分成以下区域。

(1) 只读代码和数据区。

这部分空间用来存储只读的代码和数据，又可以分为程序代码区和文字常量区。

① 程序代码区存储函数的代码，所有的函数被编译后的指令序列(二进制代码)都会存储在这个区域。代码区中每个函数第一条指令的存储地址就是该函数的入口地址。

② 文字常量区用于存储字符串常量数据，这部分空间要到程序结束后才被系统释放。

(2) 静态可读写数据区(静态存储区)。

这部分空间用来静态存储可读写数据。静态存储区主要存储程序中的全局变量和静态局部变量。静态存储的数据空间要到程序结束后才被系统释放。

(3) 用户栈。

本节中所讨论的动态存储区，实际上主要是指内存中的用户栈(运行时栈，stack)部分。这部分空间用来动态存储可读写数据，在程序的执行过程中根据需要由系统自动分配和释放空间。栈区主要用于存放以下数据。

① 函数的形式参数，在调用函数时给形参分配存储空间；

② 在函数中定义时没有用关键字 static 说明的局部变量，即自动变量；

③ 函数调用时的现场保护信息和返回地址等。

(4) 运行时堆。

除了栈区，进程所使用的动态存储空间还包括运行时堆(heap)，这个存储区域中的空间是程序设计者根据需要在程序中自己进行分配和释放的。关于堆的使用，将在后面进行讨论。

用户栈(stack)
运行时堆(heap)
静态可读写数据区
只读代码和数据区

图 7-9　程序运行的内存空间

进程的内存空间如图 7-9 所示。

下面分别讨论局部变量和全局变量的存储方式。

1. 局部变量的存储方式

(1) 自动变量。

函数内部定义的变量，如不进行专门的说明，则对它们的空间分配与释放工作是系统自动进行的，称为自动变量(auto)。在此前的程序中遇到的局部变量，都属于自动变量。自动变量在进行定义时可以使用关键字 auto 进行说明，也可以省略不写，即不写 auto 则隐含指定为自动变量。如在某函数内部定义变量：

```
int a, b;
```

也可以写成

```
auto int a, b;              /* 定义了两个 int 型的自动变量 a 和 b */
```

自动变量是动态存储的，在内存的动态存储区中分配存储空间。当其所在的函数开始执行或者进入其所在的复合语句执行时，系统为其分配临时的存储空间，当函数执行结束或复合语句执行结束后，自动变量分配的空间将被释放和收回。

自动变量必须定义后赋值才能使用，系统不会默认进行初始化。自动变量如果不赋值就使用是很危险的，因为这时它的值是不确定且没有意义的。

(2) 静态局部变量。

局部变量是在函数或复合语句内部定义的变量，其作用域是其所在的函数内部或函数内部的某个复合语句，只能在其作用域中使用。因此从作用域的角度来说，局部变量的作用域是受限的。如果在定义局部变量时，使用关键字 static 进行说明，这样的局部变量就称为静态局部变量(static 局部变量，局部静态变量)。静态局部变量是静态存储的，作用域是局部的同时存储方式又是静态的，这两者并不矛盾。

为什么要将局部变量进行静态存储呢？注意，没有用 static 说明的局部变量通常是存储在寄存器或动态存储区中(关于寄存器变量后面会讨论)。无论哪种情况，非静态局部变量都是在函数调用开始或进入复合语句后才分配空间，而函数执行结束或离开复合语句后就会释放空间。在程序的执行过程中，如果同一个函数被调用多次，非静态的局部变量随每一次的函数调用都会独立地分配空间和释放空间，两次不同的调用之间不存在任何联系。但有时希望函数中局部变量的值在函数执行结束之后不消失而继续保留原值，当下一次调用时可以继续访问并使用。使用非静态的局部变量显然无法做到这一点，因为非静态的局部变量在函数执行结束之后就释放了，其值不可能保留到下次执行。要保留变量的值，就必须保证变量的存储空间在函数执行结束之后仍然保持不变，而这就需要采用静态存储方式。这就是为什么要使用静态局部变量的原因。

静态局部变量虽然是局部的，但它也是静态存储的，即静态局部变量存放在和全局变量一样的静态存储区中，而不是存储在寄存器或动态存储区中。因此静态局部变量在程序的执行过程中，将占据固定的存储单元，即便其所在的函数执行结束，其空间也不会释放。如果函数再一次被调用，上一次函数执行结束时的值可以在下一次调用中继续使用，使得前后的函数调用之间产生联系。和全局变量一样，静态局部变量要到程序执行结束时才会释放空间。

在函数或复合语句内部定义静态局部变量的一般形式为

```
static 类型说明 变量名;
```

【例 7.18】 静态变量使用示例。

```
1   #include<stdio.h>
2   void func(int a)
3   {
4       int b = a;
5       static int c = 0;
6       b += 3;
7       c += b;
8       printf("b = %d, c = %d\n", b, c);
9   }
10  int main()
11  {
12      int i;
13      for(i = 1; i <= 3; i++)
14          func(i);
15      return 0;
16  }
```

在例 7.18 中，func 函数定义了局部变量 b 和 c。其中 b 是自动变量而 c 是静态局部变量。自动变量 b 是动态存储的，因此每次调用 func 函数都会为 b 分配空间并进行初始化，每次函数调用结束后变量 b 的存储空间会被释放。在本例中，main 函数一共调用了三次 func 函数(程序第 14 行)，每一次调用都会为 b 重新分配空间并初始化，每次调用结束也都会释放 b 的空间。因此 b 的值在每次函数调用结束后都会消失不见，后一次调用是无法使用前一次调用结束时 b 的值的。

与 b 不同的是，静态局部变量 c 是静态存储的。即便 func 函数还没有被调用，变量 c 从程序一开始执行就分配了存储空间并进行初始化。在本例中，c 初始化为 0。c 的初始值其实在程序编译时就已经确定了，但 b 的初始值要到函数调用时才能确定。c 的初始化在整个程序中只执行一次，而不是像 b 那样，每次函数调用都会执行一次。每次 func 函数调用结束后，由于 c 是存储在静态存储区的，c 的空间也不会释放。因此下一次函数调用时，可以继续使用上一次调用结束时 c 的值，func 函数的前后调用之间因而产生了联系。

程序运行结果：

```
b = 4, c = 4
b = 5, c = 9
b = 6, c = 15
```

观察程序执行后的输出，变量 b 的值在三次调用中每次的初始值都不一样，每次函数中对 b 的值的输出也不一样。但前一次执行后 b 的值不会影响后一次的函数调用。在程序中,c 的初始化只做了一次,前一次执行后的结果会影响后续的函数调用。该程序中静态局部变量 c 与自动变量 a 的值的对比分析如表 7-1 所示。

表 7-1 静态局部变量与自动变量的值的对比分析

调用顺序	本次调用开始时的初值		本次调用结束时的值	
	b	c	b	c
第 1 次	1	0	4	4
第 2 次	2	4	5	9
第 3 次	3	9	6	15

关于自动变量和静态局部变量的几点对比如下。

- 静态局部变量在内存静态存储区分配空间,在整个程序运行期间都不释放。而自动变量是动态存储的,随函数的执行自动进行空间分配与释放。
- 静态局部变量的初始值在程序编译过程中决定,且只能赋一次初值。在程序开始执行时其初值已定,以后每次调用函数时并不会重新赋初值,而是继续使用上一次函数执行结束后的值。而自动变量随着函数的每一次调用重新分配空间并重新赋初值。
- 静态局部变量如果在定义时未明确进行初始化,系统会默认将其初始化为 0 值:对于数值型变量默认值为 0,对于字符型变量默认值为空字符('\0'),对于指针类型变量默认值为空指针(NULL)。而自动变量如果不初始化,系统不会自动为其赋初值,其值是不确定且没有意义的。
- 虽然静态局部变量是静态存储的,当其所在函数执行结束或离开其所在的复合语句后仍然存在,但在其他函数中或在该复合语句之外是不能访问它的,即在它的作用域之外它是不可见的。和自动变量一样,它也只能在其所在的函数或复合语句内部被访问。

(3) 寄存器变量。

计算机的中央处理器(CPU)中有若干通用目的寄存器和浮点寄存器。寄存器位于 CPU 内部,在计算机系统的存储设备层级中最靠近 CPU。相较于从内存中访问数据,从寄存器中访问数据要快很多。如果将程序执行过程中使用频率较高的变量(如循环控制变量)存放在寄存器中,可以缩短存取时间,提高程序的执行效率。

C 语言提供了 register 关键字,用于将局部变量说明为寄存器变量。顾名思义,寄存器变量就是存储在寄存器中而非内存中的变量。相较于内存变量,寄存器变量具有更高的访问速度和效率。例如:

```
register int r;
```

关于寄存器变量需要注意如下几点。

- 只有非静态的变量才可以放置在寄存器中。全局变量和静态局部变量都是静态存储的,只能放在内存静态存储区中。数组由于空间大小的限制,也只能放置在内存中。

- 使用 register 关键字是对编译系统的请求,而不是强制的命令。由于寄存器的数量是有限的,是否可以使用寄存器存储变量,编译系统会视具体情况决定。
- 即便程序设计者没有指定,现代的优化编译系统也能够自动识别使用频繁的变量,从而自动使用寄存器来存储某些变量。一些简单的程序,可能所有的形参和非静态局部变量都是使用寄存器来处理的,并不需要使用内存。因此,在实际编程中直接使用 register 关键字的必要性不大。

2. 全局变量的存储方式

采用静态存储方式的变量主要是全局变量和在函数或复合语句内部定义时使用 static 说明的局部变量,即静态局部变量。静态局部变量的问题已经讨论过了,下面来看一下全局变量的存储方式。根据此前的讨论可知,全局变量是在函数外部定义的变量,其作用域是从定义点处开始,到当前源程序文件结束。使用 extern 关键字进行外部变量声明,可以将全局变量的作用域扩大到文件的其他部分或者其他的源程序文件。也可以使用 static 关键字对全局变量进行说明,此时表达的含义是将全局变量的作用域限定在当前文件中。使用 static 修饰后,这样的全局变量只能在当前文件中使用,对于当前程序的其他源文件是不可见的。

注意,在 C 程序中 static 关键字既可以用来修饰全局变量,也可以用来修饰局部变量,但这两种用法的效果是截然不同的。当使用 static 来说明局部变量时,是为了静态存储这样的局部变量,即定义静态局部变量;而当使用 static 来说明全局变量时,其效果则是将全局变量的作用域限定在当前文件中。无论是否使用 static 关键字,全局变量的存储方式一定是静态的。并不是说使用 static 关键字的全局变量才是静态存储的,而没有使用 static 的就不是。对全局变量使用 static 进行说明是一个作用域限定的问题,而非存储方式问题。因此在编程时需要注意区分使用 static 关键字说明全局变量和局部变量时的不同含义。

全局变量是静态存储的,存放在静态存储区中。全局变量的初始值在程序编译时就已经确定了,在程序开始执行时给全局变量分配存储空间,在程序执行过程中占据固定的存储空间,直到程序执行结束后才释放空间,而不是动态地进行分配和释放。

和静态局部变量类似,全局变量如果在定义时未明确进行初始化,系统会默认其初始化值:对于数值型变量默认值为 0,对于字符型变量默认值为空字符,对于指针类型变量默认值为空指针(NULL)。

7.8 内部函数与外部函数

之前的章节已经提到,C 程序由一个或多个源程序文件组成,而每个源程序文件中又可以包含一个或多个函数。如果在一个文件中要调用其他文件中定义的函数,需要进行函数声明。函数默认是外部函数,即除了可以被当前文件中的其他函数调用,也可以被同一程序中的其他文件中的函数调用。但像全局变量一样,有时可能希望将某个函数的使用限定在定义它的当前文件中,这时就可以将函数说明为内部函数。

1. 内部函数

在定义函数时,如果使用 static 关键字进行说明,则该函数就是一个内部函数。内部函数只能在定义它的当前文件中被其他函数调用。因此对函数使用 static 进行说明,其效果和使用 static 对全局变量进行说明是一样的,目的是限制其作用域,而非对存储方式的控制。函数的代码存储在内存中的只读代码区,和数据的存储并不是一回事,并不存在静态存储的问题。内部函数的定义形式如下:

```
static 类型说明 函数名(形参表列)
{
    ...
}
```

内部函数只能在当前文件中被使用。在其他文件中即使进行函数声明也无法访问。使用内部函数机制可以使得不同文件中的同名函数互不干扰,有利于进行程序模块的分工。

2. 外部函数

定义函数时,如果没有使用 static 关键字进行说明,那函数默认就是外部函数。外部函数也可以明确地使用 extern 关键字进行说明,但是 extern 也可以省略。外部函数的定义形式如下:

```
extern 类型说明符 函数名(形参表列)
{
    ...
}
```

外部函数除了在当前文件中可以使用之外,也可以在同一程序的其他文件中被使用,但在使用的文件中,需要对外部函数进行函数声明。

7.9 编译预处理

预处理命令并不是程序正文的内容,在对源程序文件进行编译之前,编译系统中的预处理器会根据预处理命令对源程序文件进行处理并产生修改后的源程序,接下来编译器才对修改后的源程序进行编译。由于这些处理是在编译之前进行的,所以称为“编译预处理”。

例如,在程序中用“#include”命令包含头文件 stdio.h,程序在进行编译预处理时,会用头文件 stdio.h 中的实际内容代替该命令,将这些内容添加到当前源程序文件中。又如,在程序中用“#define”命令定义符号常量 M,则程序进行编译预处理时,将把源程序中符号常量 M 出现的地方全部替换为对应的字符序列。

C 语言中,系统提供的预处理功能主要有宏定义、文件包含和条件编译 3 种。所有的预处理命令均以“#”开头,结尾不需要使用“;”。

7.9.1 宏定义

宏定义是通过设定一个标识符来代表一个字符序列。宏定义通过预处理命令“#define”来完成,宏定义分为无参宏定义和带参宏定义两种。

1. 无参宏定义

无参宏定义的一般形式如下:

```
#define 宏名称 字符序列
```

在源程序中进行宏定义之后,在对源程序进行编译预处理时,系统会将程序中所有出现宏名称的地方用对应的字符序列进行替换。通常将这种替换称为“宏替换”或“宏展开”。宏替换只是一种单纯的文本替换。无参宏定义主要用来定义符号常量。

进行无参宏定义时需要注意以下几个方面。

(1) 宏的命名规则与标识符的命名规则一致。为了和普通变量名相区别,通常宏名称用大写字母表示。

(2) 宏名称和对应的字符序列之间需要使用空格进行分隔,而不是逗号。

(3) 宏定义可以放在程序中的任何位置,但是必须在引用宏之前。通常,宏定义一般放在程序的开头或函数定义之前,其有效范围是从宏定义开始,到整个源程序文件结束。

无参宏通常用来表示在程序运行过程中常用的某些常量,如圆周率、某个常数等。例如,当进行圆形面积的计算时,通常要用到圆周率。因此,可以用无参宏来表示圆周率。

【例 7.19】 无参宏示例。

```
1   #include<stdio.h>
2   #define PI 3.14159264                  /* PI 这个宏对应的字符序列是 3.14159264 */
3   int main()
4   {
5       double r;                          /* 定义半径 r */
6       double c, s;                       /* 定义变量 c 和 s 用于存储圆的周长和面积 */
7       scanf("%lf", &r);
8       c = 2 * PI * r;                    /* 预处理时,会将 PI 替换为 3.14159264 */
9       s = PI * r * r;                    /* 预处理时,会将 PI 替换为 3.14159264 */
10      printf("c = %.4f, s = %.4f", c, s);
11      return 0;
12  }
```

程序运行结果:

```
3↙
c = 18.8496, s = 28.2743
```

在例 7.19 中,首先定义了无参宏“PI”,PI 这个符号对应的字符序列是“3.14159264”。从编译预处理的角度来说,不会把“3.14159264”理解成一个 double 型的数据,而仅是一个字符序列。预处理器不会去考虑这个字符序列的具体含义是什么,仅仅进行简单的文本替换。在进行宏替换时,凡是在源程序中出现符号“PI”的地方,都用字符序列“3.14159264”去进行替换。在例 7.19 中有两处出现了“PI”,分别是计算圆的周长和圆的面积时(程序第 8～9 行),这两处“PI”都会被替换为“3.14159264”。

使用无参宏来代替复杂的字符序列,一方面增强了程序代码的可读性,另一方面便于修改。比如说要提高计算精度,希望圆周率的值更加精确,只需要在宏定义中将无参宏对应的字符序列进行修改即可。程序重新编译时,会用新的字符序列去替换出现宏名称的所有地方,即可达到修改的目的。

2. 带参宏定义

C 程序中还可以定义带有参数的宏,带参宏定义中的参数也称为形式参数,简称形参。宏使用时的参数称为实际参数,简称实参。这种带参数的宏在进行替换时不仅要将宏展开,而且还需要用实参替换形参。

带参宏定义的一般形式如下:

```
#define 宏名称(形参列表) 字符序列
```

例如,下面的带参宏定义:

```
#define F(x) x * x
```

注意,虽然带参宏也有所谓的形参和实参,但这和函数不是一回事。从编译预处理的角度来说,带参宏的形参和实参都只是文本而已,预处理器不会关注它们的具体含义,不会涉及存储空间的分配问题,也不会执行任何表达式的求解计算。和无参宏一样,在宏替换时只进行简单的文本替换。

【例 7.20】 带参宏示例。

```
1  #include<stdio.h>
2  #define F(x) x * x                               /* 带参宏定义 */
3  int main()
4  {
5      int a = 2;
6      int b = F(3 + a);                            /* 使用带参宏 */
7      printf("b = %d", b);
8      return 0;
9  }
```

程序运行结果:

```
b = 11
```

在例 7.20 中,定义一个带参宏"F(x)",这个带参宏的形参是"x",对应的字符序列是"x * x"。在 main 函数中使用了带参宏"F(3 + a)",此时的实参是"3 + a"。预处理器不会关注"x"和"3 + a"的具体含义是什么,不会为它们分配存储空间,也不会去计算"3 + a"。

对于带参宏来说,在进行宏替换时将用实参的文本去对宏名称对应的字符序列中出现的形参进行文本替换。由于"F(x)"对应的字符序列是"x * x",因此"F(3 + a)"会被替换为"3 + a * 3 + a",相当于 main 函数中的语句(程序第 6 行):

```
int b = F(3 + a);
```

被替换为

```
int b = 3 + a * 3 + a;
```

因此当程序编译执行后,输出的结果是"b=11"。

从例 7.20 不难看出,带参宏的替换也只是一种简单的文本替换。为了保证计算的正确,在定义带参宏时,可能需要在必要的地方加上圆括号来保证计算顺序,避免发生逻辑错误。如例 7.20 中的宏定义可修改为

```
#define F(x) (x) * (x)
```

这样程序执行后的结果就会变为

```
b = 25
```

这是因为修改宏定义之后,"F(x)"对应的字符序列变成了"(x) * (x)",因此"F(3 + a)"会被替换为"(3 + a) * (3 + a)",相当于 main 函数中的语句:

```
int b = F(3 + a);
```

被替换为

```
int b = (3 + a) * (3 + a);
```

还需要注意的是,宏名称和参数表的圆括号之间不能有空格,例如:

```
#define F (x) (x * x)
```

这样会导致将参数表部分看成宏对应字符序列的内容,从而产生错误。

7.9.2 文件包含

用"#include"来实现文件包含也是一种预处理命令,其作用是将一个文件中内容包含到当前源程序文件中。

文件包含的一般形式如下:

```
#include<文件名>
```

或者

```
#include "文件名"
```

例如:

```
#include<stdio.h>
```

或者

```
#include "stdio.h"
```

文件包含命令在使用时需要注意以下问题。

(1) 一个"#include"命令只能包含一个指定文件,要想指定更多的文件,需要使用多个"#include"命令。

(2) 引用文件名时有两种形式:采用"< >"将文件名括起来,这时编译系统将在系统指定的路径(C库函数头文件所在的子目录)下搜索所指定的文件,这种方式是文件引用的标准方式;而采用"" ""将文件名括起来,那么系统首先在用户当前工作目录下搜索要包含的文件,如果找不到,再按照系统指定路径搜索要包含的文件。

(3) C编译系统中预先定义了许多头文件。用户编写程序时,可以通过"#include"命令引用相应的头文件。

(4) 文件包含可以嵌套。如果文件1包含文件2,而文件2要用到文件3的内容,则在文件1中可以通过"#include"命令分别包含文件2和文件3,但是包含文件3的命令必须在包含文件2的命令之前,也可以在文件2的开头包含文件3。

```
#include "file3.h"
#include "file2.h"
```

(5) 在C语言程序设计中,如果需要,用户可以自定义包含类型声明、符号常量、全局变量、函数声明等内容的头文件,然后通过"#include"命令包含自定义的头文件。这样可以提升编程的效率,减少程序中的重复代码。在这种情况下,如果需要调整或修改用户自定义头文件的内容,修改后则所有包含此头文件的源程序文件都要重新进行编译。通常将用户自定义的头文件放在用户当前的工作目录下,一般通过"" ""的形式引用。

7.9.3 条件编译

一般在程序编译时,C源程序的所有内容都会进行编译并生成对应的目标代码。但有时由于某种需要,只想把源程序中的部分内容编译生成目标代码,这时就可以使用条件编译。例如,还处于调试阶段的程序需要打印一些用于调试目的的状态信息,而作为正式发布的程序则不打印这些状态信息。可以运用C语言提供的条件编译指令来实现这一目的。

条件编译是指预处理器根据指定的条件选择源程序代码中的一部分内容送给编译器进行编译。使用条件编译,可以方便程序的调试,增强程序的可移植性,从而使程序在不同的软硬件环境下运行。此外,在大型应用程序中,还可以利用条件编译选取某些功能进行编译,生成不同的应用程序,供不同的用户使用。

常用的条件编译指令如表 7-2 所示。

表 7-2 常用的条件编译指令

条件编译指令	作 用
#if	如果条件为真,则执行相应操作
#elif	如果前面条件为假,而该条件为真,则执行相应操作
#else	如果前面条件均为假,则执行相应操作
#endif	结束相应的条件编译指令
#ifdef	如果该宏已定义,则执行相应操作
#ifndef	如果该宏没有定义,则执行相应操作

1. #if 单条件编译

这种形式使用单一的条件判断来决定是否编译相关语句,其一般形式如下:

```
#if 表达式 P
    语句 S;
#endif
```

如果#if 后的表达式 P 为真,则编译语句 S,否则不编译 S。

【例 7.21】 根据是否调试模式,控制是否编译相关语句。

```
#include<stdio.h>
#define DEBUG 1                               /*宏定义*/
int main()
{
    #if DEBUG                                 //若 DEBUG 为真,则编译下面的语句
        printf("DEBUG MODE!\n");
    #endif                                    //标志结束#if
    int a = 3, b = 5;
    printf("sum = %d", a + b);
    return 0;
}
```

程序运行结果:

```
DEBUG MODE!
sum = 8
```

在例 7.21 中,使用条件编译判断 DEBUG 状态是否为真,从而决定是否将“printf("DEBUG MODE! \n");”语句进行编译。

DEBUG 状态为真则编译,否则不编译。注意区分#if 指令和 if 语句。#if 指令是在程序编译之前根据条件判断的结果决定是否需要编译某些源程序中的内容,而 if 语句则是程序编译之后执行时根据条件判断的结果决定是否执行对应的分支。

2. #if-#else 条件编译

这种形式使用单一的条件判断决定对两部分语句中的哪一部分进行编译，其一般形式如下：

```
#if 表达式 P
    语句 S1;
#else
    语句 S2;
#endif
```

如果#if 后的表达式 P 为真，则编译语句 S1，否则编译语句 S2。

【例 7.22】 根据是否调试模式，控制编译不同的输出语句。

```
#include<stdio.h>
#define DEBUG 0                                      /*宏定义*/
int main()
{
    #if DEBUG                                        //若 DEBUG 为真,则编译下面的语句
        printf("DEBUG MODE!\n");
    #else
        printf("RELEASE MODE!\n");
    #endif                                           //标志结束#if
    int a = 3, b =5;
    printf("sum = %d", a + b);
    return 0;
}
```

程序运行结果：

```
RELEASE MODE!
sum = 8
```

在例 7.22 中，根据条件判断的结果，决定是编译：

```
printf("DEBUG MODE!\n");
```

还是编译：

```
printf("RELEASE MODE!\n");
```

两者中只会有一个被编译。

3. #if-#elif-#else 条件编译

这种形式用于需要多个条件进行判断的情形，其一般形式如下：

```
#if 表达式 P1
    语句 S1;
#elif 表达式 P2
    语句 S2;
...
#elif 表达式 Pn
    语句 Sn;
#else
    语句 Sn+1;
#endif
```

按顺序依次判断#if 后的表达式或#elif 后的表达式的真假，选择第一个为真的表达式对应的语句进行编译，如果所有的条件都为假，则编译最后的#else 部分对应的语句。S1～Sn+1 语句中，只会有一个被编译。

【例 7.23】 根据 LANGUAGE 的状态设置，控制编译不同的输出语句。

```
#include<stdio.h>
#define LANGUAGE 2
int main()
{
    #if LANGUAGE == 1
        printf("简体中文\n");
    #elif LANGUAGE == 2
        printf("繁体中文\n");
    #else
        printf("英语\n");
    #endif
    return 0;
}
```

程序运行结果：

```
繁体中文
```

在例 7.23 中，根据 LANGUAGE 的设置，选择编译了如下语句。

```
printf("繁体中文\n");
```

4. ＃ifdef 条件编译

根据是否已经定义了某个符号(宏)来进行条件判断时，则可以使用＃ifdef 条件编译指令，其一般形式如下：

```
#ifdef 宏名称
    语句 S1
#else
    语句 S2
#endif
```

如果宏名称对应的宏已经定义，则编译语句 S1，否则编译语句 S2。＃else 部分也可以没有，这时只有当对应的宏已经定义时，才编译对应的语句。

【例 7.24】 根据 DEBUG 是否定义，控制编译不同的输出语句。

```
#include<stdio.h>
#define DEBUG
int main()
{
    #ifdef DEBUG
        printf("DEBUG MODE");
    #else
        printf("RELEASE MODE");
    #endif
    return 0;
}
```

程序运行结果：

```
DEBUG MODE
```

【例 7.25】 宏定义的检测及使用＃undef 删除宏定义。

```
#include<stdio.h>
#define PI 3.14
int main()
```

```
4  {
5      #ifdef PI
6      #undef PI
7      #endif
8      #define PI 3.1415926
9      printf("%f", PI);
10     return 0;
11 }
```

程序运行结果：

```
3.141593
```

在例 7.25 中，程序第 5 行的＃ifdef 并非用于选择要编译的语句，而是用于决定是否要删除宏的定义。程序的最开始定义了宏 PI，对应的字符序列是 3.14。在 main 函数中用＃ifdef 检测是否已经定义了 PI，如果之前已经定义了则使用＃undef 删除此前的 PI 定义，然后重新定义 PI 并设置为"3.1415926"；如果之前没有定义 PI，则直接定义 PI。

5. ＃ifndef 条件编译

＃ifndef 的含义正好和＃ifdef 相反，如果需要根据是否未定义某个符号来进行条件判断，则可以使用＃ifndef 条件编译指令，其一般形式如下：

```
#ifndef 宏名称
   语句 S1
#else
   语句 S2
#endif
```

如果宏名称对应的宏没有定义，则编译语句 S1，否则编译语句 S2。＃else 部分也可以没有，这时只有当对应的宏没有定义时，才编译对应的语句。

【例 7.26】 ＃ifndef 的使用。

```
#include<stdio.h>
int main()
{
    #ifndef PI
    #define PI 3.1415926
    #endif
    printf("%f\n", PI);
    return 0;
}
```

程序运行结果：

```
3.141593
```

7.10 函数综合案例

1. 使用逆序存储函数实现数组循环右移

使用自定义的数组逆序存储函数解决数组循环右移问题。

【问题分析】

在第 6 章的综合案例 4 中，为了解决数组循环右移问题给出了两种解决方案。其中第二种方案使用了逆序存储的方式，通过对数组的不同部分进行 3 次逆序存储，最终实现了数组的循环右移。本例将对原来的程序进行改造，将逆序存储功能从 main 函数中抽象提取出来单独定义为一个函数，然后在 main 函数中 3 次调用该函数实现对数组不同部分的逆序存储，最终实现数组的循环右移。

【问题求解】

综合案例 1：使用逆序存储函数实现数组循环右移

```
#include<stdio.h>
/*定义逆序存储函数 reverseOrder*/
void reverseOrder(int start[], int length)
{
    int i, j, temp;
    for(i = 0, j = length - 1; i < j; i++, j--)
    {
        temp = start[i];
        start[i] = start[j];
        start[j] = temp;
    }
}
/*定义 main 函数*/
int main()
{
    int m, i, j;                        /*m是循环右移的位置数*/
    scanf("%d", &m);
    /*创建数组并输入数组元素*/
    int a[10];
    for(i = 0; i < 10; i++)
        scanf("%d", &a[i]);
    m = m % 10;                         /*对可能的 m 大于 10 的情况进行处理*/
    /*第一次调用 reverseOrder 函数,数组整体逆序存储*/
    reverseOrder(a, 10);
    /*第二次调用 reverseOrder 函数,对数组前 m 个元素逆序存储*/
    reverseOrder(a, m);
    /*第三次调用 reverseOrder 函数,对数组后 10-m 个元素逆序存储*/
    reverseOrder(a + m, 10 - m);        /*相当于 reverseOrder(&a[m], 10 - m);*/
    /*输出循环右移后的数组*/
    for(i = 0; i < 10; i++)
        printf("%d ", a[i]);
    printf("\n");
    return 0;
}
```

程序运行结果：

```
5↙
1 2 3 4 5 6 7 8 9 10↙
6 7 8 9 10 1 2 3 4 5
```

在上面的执行中，在第一行上先输入 5，代表循环右移的位置数。然后在第二行上输入 10 个整数存储在数组中。程序最后输出循环右移之后的数组。

上面的程序将数组逆序存储功能从 main 函数中分离出来，定义了 reverseOrder 函数。在 main 函数中对 reverseOrder 函数进行了三次调用来完成数组循环右移，相较于此前的程序，main 函数简洁了许多。

reverseOrder 函数需要两个参数，其中第一个参数“int start[ ]”形式上是数组但本质上是一个指针变量,用于指向数组中的某个位置(可以是数组的开始位置,也可以是数组的中间位置,该参数也可以写成"int *start")并从这个位置开始进行逆序存储;第二个参数length 则指明了逆序存储的元素个数。这个函数不仅能将整个数组进行逆序存储,也可以将数组的某一部分进行逆序存储。由于这个函数有时只从数组中某个位置开始,对部分数组元素进行逆序存储,把第一个参数明确说明为指针变量而不是数组的形式可能会更合适一些。在 main 函数中的三次调用中,第一次调用为

```
reverseOrder(a, 10);
```

实际参数为 a 和 10。其中 a 是数组名,代表数组的起始位置,因此这一次调用是从数组的第一个元素开始,对 10 个元素进行逆序存储,即对整个数组进行逆序存储。第二次调用为

```
reverseOrder(a, m);
```

实际参数为 a 和 m。这一次调用是从数组的第一个元素开始,对数组的前 m 个元素进行逆序存储。第三次调用为

```
reverseOrder(a + m, 10 - m);     /*相当于 reverseOrder(&a[m], 10 - m);*/
```

实际参数为 $a+m$ 和 $10-m$。这一次调用可能会难以理解一些。因为这一次是要从数组的第 $m+1$ 个元素开始,对数组中最后面的 $10-m$ 个元素进行逆序存储。因此在调用时不能传递数组首元素 a[0]的地址,而是应该传递数组中第 $m+1$ 个元素 a[m]的地址。在第三次调用中,第一个实参是 $a+m$,那么 $a+m$ 是什么意思呢?实际上就是数组元素 a[m]的地址。a 是元素 a[0]的地址,a+1 是元素 a[1]的地址,而 $a+m$ 就是第 $m+1$ 个元素 a[m]的地址,所以第三次调用的第一个实际参数也可以写成 &a[m]的形式。在第三次调用中,从 a[m]出发,对数组最后的 $10-m$ 个元素进行逆序存储。经过在 main 函数中三次对 reverseOrder 函数的调用,最终完成了数组的循环右移操作。

【应用扩展】

在本例中将数组的逆序存储功能从 main 函数中分离出来定义成专门的 reverseOrder 函数。在 main 函数中通过三次直接调用 reverseOrder 函数实现数组的循环右移操作。可以在此基础上继续对程序进行改写,将数组的循环右移操作从 main 函数中分离出来定义成专门的函数,main 函数通过调用该函数来实现数组的循环右移。

2. 函数嵌套调用实现数组循环右移

将一维数组循环右移的操作从 main 函数中分离出来用单独的函数进行实现。在此基础上使用该函数对二维数组的每一行实现循环右移操作。

【问题分析】

在本章的综合案例 1 中,定义了 reverseOrder 函数用于实现一维数组的逆序存储,并通过在 main 函数中三次调用 reverseOrder 函数来实现数组的循环右移操作。本例对综合案例 1 的程序进行改造,在 reverseOrder 函数实现一维数组逆序存储的基础上,定义一个 shiftRight 函数专门用于实现一维数组的循环右移。shiftRight 函数实现数组循环右移的方法和综合案例 1 中的 main 函数一样,也是需要三次调用 reverseOrder 函数。

在 main 函数中创建一个二维数组,对二维数组的每一行都调用 shiftRight 函数实现该行的循环右移。在本例中,main 函数、shiftRight 函数与 reverseOrder 函数形成了嵌套调用关系。

【问题求解】

综合案例 2：函数嵌套调用实现数组循环右移

```
#include<stdio.h>
/* reverseOrder 函数实现数组逆序 */
void reverseOrder(int * start, int length)
{
    int i, j, temp;
    for(i = 0, j = length - 1; i < j; i++, j--)
    {
        temp = start[i];
        start[i] = start[j];
        start[j] = temp;
    }
}
/* shiftRight 函数实现一维数组循环右移 */
void shiftRight(int m, int length, int array[length])
{
    m = m % length;
    /* 三次调用 reverseOrder 函数,实现一维数组的循环右移 */
    reverseOrder(array, length);
    reverseOrder(array, m);
    reverseOrder(array + m, length - m);
}
/* main 函数 */
int main()
{
    int m, i, j;                                    /* m 是循环右移的位置数 */
    scanf("%d", &m);
    /* 创建二维数组并输入数组元素 */
    int a[4][8];
    for(i = 0; i < 4; i++)
        for(j = 0;j < 8; j++)
            scanf("%d", &a[i][j]);
    /* 对二维数组的每一行均调用 shiftRight 函数进行循环右移 */
    for(i = 0; i < 4; i++)
        shiftRight(m, 8, a[i]);
    /* 输出循环右移后的矩阵 */
    printf("- - - - - - - - -\n");
    for(i = 0;i < 4; i++)
    {
        for(j = 0;j < 8; j++)
            printf("%d ", a[i][j]);
        printf("\n");
    }
    return 0;
}
```

程序运行结果：

```
3↙
1 2 3 4 5 6 7 8↙
2 3 4 5 6 7 8 9↙
8 7 6 5 4 3 2 1↙
9 8 7 6 5 4 3 2↙
```

```
---------
6 7 8 1 2 3 4 5
7 8 9 2 3 4 5 6
3 2 1 8 7 6 5 4
4 3 2 9 8 7 6 5
```

在上面的执行中，首先从键盘输入整数 3，代表循环右移的位置数。然后从键盘依次输入 4×8 的二维数组的所有元素。程序最后输出每一行均循环右移之后的二维数组。

在上面的程序中，main 函数中创建了 4×8 的二维数组 a 并对每一行都调用了 shiftRight 函数，具体的调用方法是

```
shiftRight(m, 8, a[i]);
```

即需要传递的参数是循环右移的位移量 m、二维数组每一行的元素个数 8，以及每一行的首地址 a[i]。注意，本例中二维数组名加一个下标，代表具体的某一行的首地址，相当于传递一维数组的数组名作为参数，这样就可以对二维数组的每一行进行循环右移处理了。

3. 递归函数实现 Fibonacci 数列求解

编写一个递归函数，用于计算并返回 Fibonacci 数列第 i 项的值，然后在 main 函数中调用此函数，输出 Fibonacci 数列前 n 项的值，最后输出前 n 项之和。

【问题分析】

Fibonacci 数列的特征是第 1 项和第 2 项都是 1，从第 3 项开始，每一项都等于前两项之和。此规律可以用下面的公式表示。

$$f(n)=\begin{cases}1 & (n=1 \text{ 或 } 2)\\ f(n-1)+f(n-2) & (n\geqslant 3)\end{cases}$$

因此可以根据公式设计对应的递归函数。递归的边界是 n 等于 1 或 n 等于 2，当 n 大于或等于 3 时进行递归调用。

【问题求解】

综合案例 3：递归函数实现 Fibonacci 数列求解

```
#include<stdio.h>
/* fib 函数使用递归的方式求解 Fibonacci 数列的第 n 项并返回 */
unsigned long fib(int n)
{
    if(n == 1 || n == 2)
        return 1;                              /* 若为第 1 项或第 2 项,则为 1 */
    else
        return fib(n - 1) + fib(n - 2);        /* 其他项的值为前两项之和 */
}
/* main 函数的定义 */
int main()
{
    int i, n;
    unsigned long sum = 0;                     /* 求和变量 */
    scanf("%d", &n);
    for(i = 1; i <= n; i++)
    {
        unsigned long item = fib(i);           /* fib(i)求第 i 项 */
        sum += item;
        printf("第%2d 项:%-15lu", i, item);
        if(i % 3 == 0) printf("\n");
```

```
    }
    printf("sum = %lu\n", sum);
    return 0;
}
```

程序运行结果：

```
30↙
第 1 项:1          第 2 项:1          第 3 项:2
第 4 项:3          第 5 项:5          第 6 项:8
第 7 项:13         第 8 项:21         第 9 项:34
第 10 项:55        第 11 项:89        第 12 项:144
第 13 项:233       第 14 项:377       第 15 项:610
第 16 项:987       第 17 项:1597      第 18 项:2584
第 19 项:4181      第 20 项:6765      第 21 项:10946
第 22 项:17711     第 23 项:28657     第 24 项:46368
第 25 项:75025     第 26 项:121393    第 27 项:196418
第 28 项:317811    第 29 项:514229    第 30 项:832040
sum = 2178308
```

【应用扩展】

在执行上面的程序时，如果从键盘输入的 n 的值比较大，如大于 40，可以观察到后面若干项的计算明显变慢。分析其变慢的原因，思考如何改进此程序以提升效率。对于这个问题的求解，使用递归方法是否是最优的解决方案？

4. 整数进制转换

设计一个函数，实现将十进制整型数据转换为二进制、八进制或十六进制形式输入。要转换的整数和转换的进制由参数控制。

【问题分析】

在第 6 章的综合案例 6 中实现了将十进制整数转换为二进制形式输出。十进制整数转换为二进制形式采用"除 2 取余，逆序排列"的规则。同样，要转换为八进制形式可以采用"除 8 取余，逆序排列"的规则；要转换为十六进制形式可以采用"除 16 取余，逆序排列"的规则。除 8 取余时，余数可能是 0～7 中的某一个，而除 16 取余时，余数范围则是 0～15。对于十六进制，要将 10～15 转换为'A'～'F'。

此外还需要考虑整数为负数的情况。可以采用和第 6 章中综合案例 6 一样的处理方式，定义一个无符号整型变量来代替该整数进行一系列除法和求余操作即可。

【问题求解】

综合案例 4：整数进制转换

```
#include<stdio.h>
#include<math.h>
/* convert 函数将参数 decimal 转换成 n 进制数形式输出 */
void convert(int decimal, int n)
{
    if(n != 2 && n != 8 && n != 16)
    {
        printf("只能转换为二、八或十六进制！\n");
        return;
    }
    short num[32] = {0};                    /* 转换为二进制最长 32 位 */
    unsigned un = decimal;                  /* 使用 un 代替 decimal，解决负数的问题 */
    int i,len;
```

```
    /* 根据 n 决定余数的位数 */
    if(n == 2)
        len = 32;
    else if(n == 8)
        len = 11;
    else
        len = 8;
    /* 用除 n 取余法将余数依次存入数组 */
    for(i = 0; i < len; i++)
    {
        num[i] = un % n;
        un = un / n;
    }
    printf("%d 的%2d 进制为:", decimal, n);
    for(i = len - 1; i >= 0; i--)
    {
        /* 考虑三种进制的各种可能,对数组中的数进行判断 */
        switch(num[i])
        {
            case 15: putchar('F'); break;
            case 14: putchar('E'); break;
            case 13: putchar('D'); break;
            case 12: putchar('C'); break;
            case 11: putchar('B'); break;
            case 10: putchar('A'); break;
            default: printf("%d", num[i]);
        }
    }
    printf("\n");
}
/* main 函数三次调用 convert 函数,以不同进制形式输出同一个整数 */
int main()
{
    int dec;
    scanf("%d", &dec);
    convert(dec, 2);                    /* 将 dec 转换为二进制数输出 */
    convert(dec, 8);                    /* 将 dec 转换为八进制数输出 */
    convert(dec, 16);                   /* 将 dec 转换为十六进制数输出 */
    return 0;
}
```

程序运行结果：

```
-65536↙
-65536 的二进制为:11111111111111110000000000000000
-65536 的八进制为:37777600000
-65536 的十六进制为:FFFF0000
```

5. 排列数和组合数

设计函数,计算 m 中取 n 的排列数和组合数。

【问题分析】

计算 m 中取 n 的排列数公式如下：

$$A_m^n = \frac{m!}{(m-n)!}$$

计算 m 中取 n 的组合数公式如下：

$$C_m^n = \frac{m!}{n!\,(m-n)!}$$

无论是计算排列数还是计算组合数，都涉及阶乘计算。因此可以先定义一个计算阶乘的函数，再定义计算排列数和组合数的函数。

【问题求解】

综合案例 5：排列数和组合数

```
#include<stdio.h>
/*函数声明*/
long factorial(long n);
long arrangement(long m, long n);
long combination(long m, long n);
/*main函数*/
int main()
{
    long m, n, a, c;
    printf("Please input m and n: ");
    scanf("%ld%ld", &m, &n);
    a = arrangement(m, n);
    c = combination(m, n);
    printf("A(%ld, %ld) = %ld\n", m, n, a);
    printf("C(%ld, %ld) = %ld\n", m, n, c);
    return 0;
}
/*阶乘函数*/
long factorial(long n)
{
    long k = 1, i;
    for(i = 1; i <= n; i++)
        k = k * i;
    return k;
}
/*排列数函数*/
long arrangement(long m, long n)
{
    return  factorial(m) / factorial(m - n);
}
/*组合数函数*/
long combination(long m, long n)
{
    return  factorial(m) / (factorial(n) * factorial(m - n));
}
```

程序运行结果：

```
Please input m and n: 5 3↙
A(5, 3) = 60
C(5, 3) = 10
```

6. 字符串排序

设计函数，实现若干字符串的输入、排序和输出。

【问题分析】

为了对若干字符串进行排序，可以先建立一个二维字符数组，每一行用于存储一个字符串，然后再进行排序。在本例中，针对二维数组中的字符串的输入、排序和输出都设计了对应的函数来完成任务。本例还使用了二维变长数组,根据用户的输入来决定字符串的个数。

【问题求解】

综合案例6:字符串排序

```
#include<stdio.h>
#include<string.h>
/* 函数声明 */
void strInput(int n, char s[n][101]);
void strSort(int n, char s[n][101]);
void strOutput(int n, char s[n][101]);
/* main 函数 */
int main()
{
    int n;
    scanf("%d", &n);
    getchar();                      /* 处理输入 n 后的回车 */
    char str[n][101];               /* 定义二维数组存储 n 个长度不超过 100 的字符串 */
    strInput(n, str);               /* 输入字符串 */
    strSort(n, str);                /* 字符串排序 */
    printf("\nAfter sorted:\n");
    strOutput(n, str);              /* 输出字符串 */
    return 0;
}
/* 字符串输入函数 */
void strInput(int n, char s[n][101])
{
    int i;
    for(i = 0; i < n; i++)
        gets(s[i]);
}
/* 字符串排序函数,使用选择排序 */
void strSort(int n, char s[n][101])
{
    int i,j;
    char temp[101];
    for(i = 0; i < n - 1 ; i++)
    {
        int min = i;
        for(j = i + 1; j < n; j++)
            if(strcmp(s[min], s[j]) > 0) min = j;
        strcpy(temp, s[i]);
        strcpy(s[i], s[min]);
        strcpy(s[min],temp);
    }
}
/* 字符串输出函数 */
void strOutput(int n, char s[n][101])
{
    int i;
    for(i = 0; i < n; i++)
        puts(s[i]);
}
```

程序运行结果:

```
5↙
```

```
Guiyang↙
Guangzhou↙
Guilin↙
Guangdong↙
guanshanhu↙

After sorted:
Guangdong
Guangzhou
Guilin
Guiyang
guanshanhu
```

在上面的程序中,对字符串的排序采取了选择排序的方法。注意应如何正确实现字符串的大小比较和字符串的交换。

7. 子串查找与替换

设计函数,实现字符串中子串的查找和替换。

【问题分析】

子串查找与替换是字符串处理的常见操作。可以先设计一个函数用于查找一个字符串中是否存在某子串。再设计一个函数,在子串查找的基础上,实现字符串中子串的替换。

【问题求解】

综合案例 7: 子串查找与替换

```
#include<stdio.h>
#include<string.h>
/* substrIndex 函数用于查找并返回 s 字符串中以 pos 位置为起点
第一次出现 t 子串的位置,pos 的可能取值从 0 开始。如果找不到 t
子串则返回-1 */
int substrIndex(char s[], char t[], int pos)
{
    int i = pos;                            /* i 下标用于扫描数组 s */
    int j = 0;                              /* j 下标用于扫描数组 t */
    /* 下面的循环用于在 s 中查找 t */
    while(i < strlen(s) && j < strlen(t))
    {
        if(s[i] == t[j]) /* if 成立代表数组 s 的字符与数组 t 的对应字符相同 */
        {
            ++i;
            ++j;
        }
        else                                /* 否则从 s 中新的位置开始重新比较 */
        {
            i = i - j + 1;
            j = 0;
        }
    }
    /* 对结果进行判断 */
    if(j >= strlen(t))
        return i - strlen(t);
    else
        return -1;
}
```

```
/* substrRepalce 函数用于将 srcStr 字符串中的 oldStr 子串替换为 newStr 子串 */
void substrRepalce(char srcStr[], char oldStr[], char newStr[])
{
    int len = strlen(oldStr);               /* 计算 oldStr 子串的长度 */
    /* 查找 srcStr 中 oldStr 子串第一次出现的位置 */
    int pos = substrIndex(srcStr, oldStr, 0);
    char temp[100];
    strcpy(temp, srcStr);
    /* 下面的循环每次替换一个 oldStr 子串,直到所有的 oldStr 子串都被替换 */
    while(pos != -1)
    {
        /* 先将 temp 的内容设为截至 oldStr 子串第一次出现之前的 srcStr 的内容 */
        temp[pos]='\0';
        strcat(temp, newStr);               /* 将 newStr 子串连接在 temp 内容之后 */
        /* 再连接上 srcStr 中 oldStr 子串第一次出现之后的内容 */
        strcat(temp, srcStr + pos + len);
        /* 将 temp 的内容复制给 srcStr,完成了一次 oldStr 子串的替换 */
        strcpy(srcStr, temp);
        /* 下面搜索是否还有 oldStr 子串存在 */
        pos = substrIndex(srcStr, oldStr, 0);
    }
}
/* main 函数定义 */
int main(){
    char p1[100],p2[20],p3[20];
    gets(p1);
    gets(p2);
    gets(p3);
    substrRepalce(p1,p2,p3);
    puts(p1);
    return 0;
}
```

程序运行结果：

```
I love Guizhou! Guizhou love me↙
Guizhou↙
Guiyang↙
I love Guiyang! Guiyang love me!
```

在本例中，substrIndex 函数用于查找并返回 s 字符串中以 pos 位置为起点第一次出现 t 子串的位置，pos 的可能取值从 0 开始。如果找不到 t 子串则返回－1。substrRepalce 函数则用于将 srcStr 字符串中的 oldStr 子串替换为 newStr 子串。为了进行子串替换，substrRepalce 函数中使用 substrIndex 函数进行查找，如果存在对应子串就进行替换，直到所有的子串都被替换为止。

思考与练习

一、简答题

1. C 程序的函数原型包含哪些信息？

2. 函数的形参和实参分别指什么？在函数调用时实参和形参之间应当保持什么关系？

3. C 函数调用的参数传递方式是怎么样的？具体又可以分为哪两种情况？

4. 以数组名为参数调用函数时,实际传递的是什么?
5. 什么是全局变量?什么是局部变量?它们的作用范围分别是怎么样的?
6. 简述全局变量和局部变量的存储方式。
7. 简述 static 关键字的用途。
8. 静态局部变量和自动变量的区别是什么?

二、选择题

1. 下列关于函数的叙述中,正确的是(　　)。
   A. 一个函数中有且只能有一个 return 语句
   B. 函数中定义的静态局部变量不能被另一函数直接访问
   C. 函数可以嵌套定义,也可以嵌套调用
   D. 数组名作为函数调用的实际参数时,传递的是数组的全部元素的值
2. 下列选项中,错误的是(　　)。
   A. C 程序有且只有一个 main 函数
   B. main 函数可以有参数,也可以没有参数
   C. C 程序的编译是以文件为单位的,一个源程序文件编译得到一个目标文件
   D. 所有函数之间都可以互相调用
3. 下列关于实参和形参的叙述中,错误的是(　　)。
   A. 实参的个数和类型应该和形参保持一致
   B. 实参可以是常量、变量和表达式
   C. 实参和形参共享同一存储空间
   D. 形参属于函数的局部变量
4. 假设有如下宏定义:

```
#define N 3
#define M N+1
#define f(x,y) (x) * (x)+y * y
```

main 函数中有如下语句:

```
int a = f(M,N+2);
```

上面的语句执行后,变量 a 的值是(　　)。

A. 41　　B. 32　　C. 27　　D. 18

5. 下列叙述中,正确的是(　　)。
   A. 同一函数可以声明多次,但只能定义一次
   B. 在同一源程序文件中可以定义同名的全局变量
   C. 在程序中多次调用同一函数,所有局部变量每一次都会进行初始化
   D. 用 static 说明的函数是静态存储的
6. 下列叙述中,错误的是(　　)。
   A. 编译预处理指令不属于程序的正文
   B. C 程序中可以定义无参的宏和带参的宏
   C. 宏替换只是一种简单的文本替换
   D. 条件编译指令根据条件判断的结果决定程序中哪一部分内容被执行

7. 下列叙述中,错误的是(　　)。

A. 函数的递归调用是指函数直接或间接地调用自身

B. 函数的递归调用应该设置边界条件

C. 如果不设置递归的边界条件将导致无限循环

D. 函数递归调用分为递推和回归两个阶段

8. 如果将 main 函数名字误写为 mian 将导致(　　)。

A. 语法错误　　B. 运行时错误　　C. 逻辑错误　　D. 连接错误

三、填空题

1. 下面函数的功能是计算一个整型数组的所有元素的平均值并返回。请将该函数补充完整。

```
double fun(____(1)____, ____(2)____)
{
    int ____(3)____, i;
    for(i = 0; i < n; i++)
        sum += a[i];
    return ____(4)____ / n;
}
```

2. 下面的函数功能是计算 1!+2!+3!+…+n!。请将该函数补充完整。

```
long long fun(int n)
{
    long long sum = 0, ____(1)____;
    int i;
    for(i = 1; i <= n; i++){
        fac = ____(2)____;
        sum += ____(3)____;
    }
    return sum;
}
```

3. 下面的函数用于判断一个字符数组中存储的字符串是否是回文,若是,则返回 1,否则返回 0。请将该函数补充完整。

```
int fun(char str[])
{
    int i, j;
    for(i = 0, j = ____(1)____; i <= j; i++, j--)
        if(str[i] != str[j])
            ____(2)____;
    if(____(3)____)
        return 1;
    else
        return 0;
}
```

4. 下面的函数用于判断两个字符串的大小。如果第 1 个字符串比第 2 个字符串大,返回 1;如果第 1 个字符串比第 2 个字符串小,返回−1;如果两个字符串相等,返回 0。请将该函数补充完整。

```
int fun(char s1[], char s2[])
{
```

```
    int i;
    for(i = 0; s1[i] != '\0' && s2[i] != '\0'; i++){
        if(s1[i] == s2[i])
            ____(1)____;
        if(s1[i] < s2[i])
            return -1;
        if(s1[i] > s2[i])
            return 1;
    }
    if(____(2)____)
        return 0;
    else if(s1[i] == '\0')
        return ____(3)____;
    else if(s2[i] == '\0')
        return ____(4)____;
}
```

四、程序阅读题

1. 请写出以下程序的运行结果。

```
#include<stdio.h>
int fun(int g)
{
    switch(g)
    {
        case 0: return 0;
        case 1:
        case 2: return 2;
    }
    printf("g=%d,", g);
    return fun(g - 1) + fun(g - 2);
}
int main()
{
    int k;
    k = fun(4);
    printf("k=%d\n", k);
    return 0;
}
```

程序运行结果：________。

2. 请写出以下程序的运行结果。

```
#include<stdio.h>
int fun(int * a, int b)
{
    int t = * a;
    * a = t + b;
    b = t;
    return (* a) * b;
}
int main()
{
    int m = 3, n = 4;
    printf("%d %d %d\n", m, n, fun(&n,m));
    return 0;
}
```

程序运行结果：________。

3. 请写出以下程序的运行结果。

```
#include<stdio.h>
int f1(int a, int b)
{
    return (a + b) * (a + b);
}

int f2(int a, int b)
{
    return (a * a) + (b * b);
}

int main()
{
    int m = 3, n = 4, k;
    k = f2(f1(m ,n), f2(m,n));
    printf("k=%d\n", k);
    return 0;
}
```

程序运行结果：________。

4. 请写出以下程序的运行结果。

```
#include<stdio.h>
#include<string.h>
void fun(char s[])
{
    int i, j, len = strlen(s);
    char t;
    if(len % 2)
        j = len - 1;
    else
        j = len - 2;
    for(i = 0; i < j; i += 2, j -= 2)
    {
        t = s[i];
        s[i] = s[j];
        s[j] = t;
    }
}

int main()
{
    char str[]="HelloWorld";
    fun(str);
    puts(str);
    return 0;
}
```

程序运行结果：________。

5. 请写出以下程序的运行结果。

```
#include<stdio.h>
int fun(int n,int a[])
{
```

```
    int i, sum = a[0];
    for(i = 1; i < n; i++){
        a[i] = a[i] + a[i - 1];
        sum += a[i];
    }
    return sum;
}

int main()
{
    int a[] = {1,2,3,4,5};
    int sum = fun(5,a);
    printf("%d ", sum);
    int i;
    for(i = 0; i < 5; i++)
        printf("%d ", a[i]);
    return 0;
}
```

程序运行结果：________。

6. 请写出以下程序的运行结果。

```
#include<stdio.h>
int a=20;
int fun(int x,int a)
{
    static int b = 1;
    int i, sum = 0;
    for(i = x;i <= a; i++)
        sum += i * b;
    b += 3;
    return sum;
}

int main()
{
    int r1 = fun(10, a);
    int r2 = fun(1, 10);
    printf("%d %d", r1 ,r2);
    return 0;
}
```

程序运行结果：________。

五、编程题

1. 设计函数，求两个整数的最大公约数并返回。

2. 设计函数，将一个正整型参数中的奇数数字提取出来反向组成一个正整型值返回。例如，参数如果为“81657839”，函数应返回“93751”。

3. 设计函数，将一个形如浮点型常量的字符串转换为双精度浮点型的值并返回。例如，将"327.4589"转换为327.4589并返回。该函数的原型为

```
double str2double(char str[]);
```

4. 假设main函数中有一个$m \times n$的二维数组，用于存储m个学生n门课程的成绩。定义两个函数分别完成下面的功能：①计算某个学生n门课程的平均成绩并输出；②计算

某门课程 m 个学生的平均成绩并输出。在 main 函数中调用这两个函数完成对应的任务。

5. 设计函数，用于对一个一维数组进行搜索，看是否存在某个特定的值。如果存在则返回该值出现的次数，如果不存在则返回 0。

6. 设计函数，函数返回 $m \sim n$ 范围内($m \leqslant n$)素数的个数。

六、思考题

1. 假定在某项目开发的早期，客户要求变量 x 与 y 的计算关系如下：

$$y=\begin{cases}3x^2+2x+1 & (x<0)\\5x^3+7x^2+2x & (x\geqslant 0)\end{cases}$$

根据该计算关系可以编写对应的代码如下：

```
if(x < 0)
    y = 3 * x * x + 2 * x + 1;
else
    y = 5 * x * x * x + 7 * x * x + 2 * x;
```

在不使用函数的前提下，下面的场景该如何处理？

(1) 上述计算关系在整个项目的若干源代码文件中的若干不同地方都需要使用。

(2) 在项目开发的后期，客户对变量 x 与 y 的计算关系的需求变更为

$$y=\begin{cases}7x^3+6x^2+3x & (x<0)\\6x^3+3x^2+4x & (x\geqslant 0)\end{cases}$$

如果不使用函数，在处理上面的场景时会面临什么样的问题？能否采用函数的方法来解决这些问题？应该怎样做？是怎样解决这些问题的？

2. 在为满足某一功能需求而设计一个函数时，具体的过程是怎样的，需要考虑哪些因素？

3. 在下面的程序中，main 函数调用了 fun 函数，从控制转移、数据传递和内存分配与释放三个方面对该函数调用的过程进行分析。

```
#include<stdio.h>
int fun(int x,int y)
{
    int a = 0, b = 0;
    a = (x + y) * (x + y);
    b = (x - y) * (x - y);
    return a * b;
}
int main()
{
    int x = 3, y = 5;
    int r = fun(x, y);
    printf("r = %d", r);
    return 0;
}
```

4. 从作用域和存储方式两方面总结全局变量、自动变量和静态局部变量的特点。

5. 带参的宏和函数都有形参和实参的概念，总结它们的区别是什么？

第8章 指针——内存与地址操作

指针类型是C语言的一种重要的数据类型，指针变量在C语言中具有重要的作用，它可以实现内存空间的动态存储与分配，可以实现内存单元及其存储数据的跨模块共享和操作。通过指针可实现对内存空间的直接操作，正确而灵活地运用指针可使程序更加简洁、紧凑和高效。

8.1 指针程序设计引例

问题1：良好的程序设计很注重模块化以及模块的高复用性，在C语言中，使用函数可实现此目的。但使用函数后会出现需要解决的新问题：在一个函数中声明的局部变量及占用的内存空间只能在当前函数中直接使用，在其他函数中是不能直接操作和使用的。但是根据实际需要，我们很多时候需要在一个函数中去操作另外一个函数内声明的变量及空间，显然普通的函数传值调用是实现不了的，如何解决此问题呢？

解题思路：一个方案是将变量声明为全局变量，这样所有的函数都能共享和直接操作全局变量及其占用的内存空间。这种方案虽然可行，但是全局变量在程序运行期间会一致占用内存空间从而降低程序运行性能；另外一个方案是在程序中通过指针的应用达到跨函数操作局部变量空间的目的，而且性能高。对比两个方案，首选指针应用方案。

问题2：通过第7章函数的学习，函数调用中如果参数传递的数据结构复杂且容量很大时，普通的传值调用机制会在被调函数运行时申请与实际参数容量相同的形式参数内存空间，这种方式性能极低，不仅占用更多的内存空间且程序运行速度慢。如何解决此问题而提高程序的性能呢？

解题思路：当然，此问题也可通过全局变量的方式提高一点性能，但全局变量本身就有性能损失，故不推荐。明智的方案是将函数调用的值传递改为地址传递，当我们将数据由实际参数传递给形式参数时不传递具体数值数据，而改为传递地址数据，这样在被调函数运行时不会申请与实际参数同等大小的内存空间，而只需要申请存储地址数据的空间即可。这种方式既提高了程序运行性能，同时也满足了实际的功能需求，而这需要加入指针的应用才能实现。

问题3：具有静态生存期的变量在使用变量之前就已经被分配内存空间，这种内存空间通过变量名可直接使用，而动态生存期空间需要在程序运行到相应语句时才会被分配空间。如何在程序运行期间根据实际需要申请内存空间且方便使用呢？

解题思路：通过指针的应用，可在程序运行期间动态申请并使用内存空间。

问题 4：如何将复杂的数据(如图数据、二叉树数据、链表数据)存储于计算机中？

解题思路：应用指针，可方便快捷地构建图、二叉树、链表等复杂的数据结构并存储于计算机中。

8.2 指针的基础概念

要学习指针相关知识，我们必须先了解三个基础概念，即内存地址、指针和指针变量。

8.2.1 内存地址

计算机内存的基本构成单位是字节，每个字节都有唯一的标识即内存地址，内存地址类似于一栋楼中每个房间都有唯一的门牌号。

在程序中，数据是存储于内存的相应存储单元中的，而存储单元是由字节构成的，字节是构成计算机内存的基本单位，一个存储单元可能由 1 个或多个字节构成。

如在程序中声明了一个整型变量 i 并初始化其值为 2：

```
int i=2;
```

可通过表达式“sizeof(int)”计算出 1 个整型数据在当前系统中占用的字节数，假设为 4，则整型变量 i 在内存中的存储形式如图 8-1 所示。

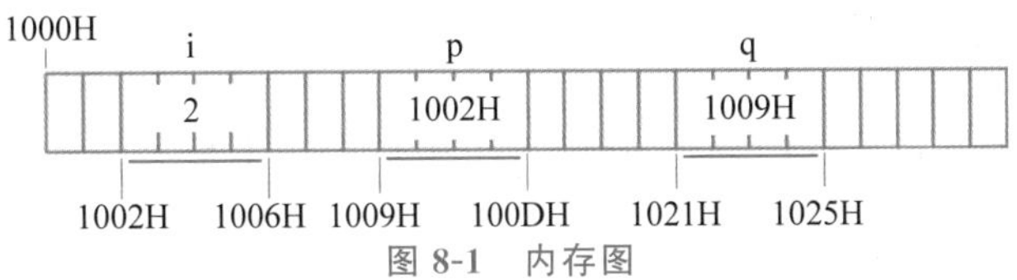

图 8-1　内存图

假设此段内存起始地址为 1000H(这里用十六进制表示)，图中每个单元格即为 1 字节，每个字节有 1 个内存地址，地址从 1000H 开始依次往后加 1 的形式进行编址，如图中系统给整型变量 i 分配了 1 个存储单元，其占用了 4 字节，起始地址为 1002H，结束地址为 1006H，这 4 字节构成的存储单元中存储了整数 2。

在图 8-1 中，每一个字节、每一个存储单元都有 1 个“门牌号”，即内存地址，1002H 可称为整型变量 i 的内存地址，2 为以 1002H 为起始地址的存储单元中存储的数据。

8.2.2 指针

内存地址即是指针，指针即是内存地址。在图 8-1 中，1002H 为变量 i 的内存地址，也可以理解为内存地址 1002H“指向”了变量 i 对应的存储单元，从此存储单元读取数据和写入数据都必须知道“指向”这个存储单元的地址 1002H，故内存地址又有一个形象的名称“指针”。

这里以从变量 i 存储单元中读取和写入数据为例。

```
int a=i;
```

以上 C 语句是从 i 对应存储单元中取数据，然后将数据赋值到变量 a 中。运行环境首先会自动转换出变量 i 对应的内存地址 1002H，然后取出 1002H“指向”的存储单元中存储的数据 2，然后将数值 2 赋值给变量 a。在这个数据读取过程中，变量名向地址的转换是运行环境自动完成的，但某些场景下，获取变量对应的地址时运行环境并不会自动转换，而是需要我们手工完成，例如：

```
scanf("%d",&i);
```

以上C语句是需要将一个从控制台输入的整数存储于变量i中，这个语句中变量i的地址运行环境就不能自动获取，而是需要我们在变量i前加上取地址的符号"&"来获取地址1002H，然后再将输入的数据存储进1002H"指向"的内存单元中。

8.2.3 指针变量

整型变量是存储一个整型数据的变量，同理，指针变量是存储一个指针数据即地址数据的变量，是指向另外一个变量的变量。

如图8-1所示，数据2可存储于1002H为起始地址的存储单元i中，那么地址数据1002H也是数据，同样可存储于内存中字节构成的另一存储单元p中；存储单元p的起始地址为1009H，这个起始地址数据也可存储于变量q中。两个变量p和q存储的不是一般的数值数据而是地址数据，地址又称指针，故p和q可称为指针变量，即存储指针（地址）的变量。

1. 一维指针变量

以变量i作为参照物，变量i的内存地址1002H称为一维指针（地址），存储这个一维指针的变量p称为一维指针变量。

2. 二维指针变量

存储一维指针的变量p的内存地址1009H相对于一维指针1002H来说，其称为二维指针，那么存储这个二维指针的变量q称为二维指针变量。

3. 高维指针变量

图8-1中，q的内存地址1021H称为三维指针，存储这个指针的变量就称为三维指针变量。以此类推，如果我们不断用新的指针变量来存放上一级指针，就会得到更高维的指针变量，理论上维度可以无限增加。

在图8-2中，我们找到二维指针变量q，获取其存储的二维指针1009H，而1009H又是"指向"一维指针变量p的，再获取一维指针变量p中存储的一维指针1002H，可通过一维指针1002H定位到整型变量i，从而可操作变量i对应的存储单元及其内的数据，为了体现这种"指向"关系，我们在绘制内存图中，可添加对应的箭头表示指针的指向。

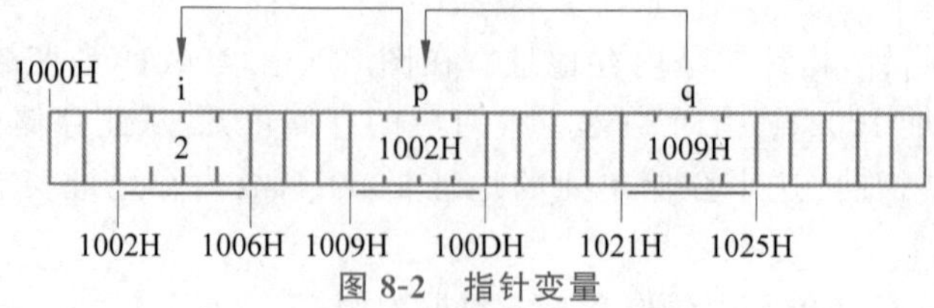

图8-2 指针变量

如图8-2所示，二维指针变量q指向一维指针变量p，而一维指针变量p指向整型变量i，故可把指针变量理解为指向另外一个变量的变量。

在实际应用中，最广泛使用的是一维及二维指针，本书主要讲解一维指针、二维指针、一维指针变量及二维指针变量知识，高维指针及高维指针变量基本不涉及。

注意：指针变量是指向其他变量的变量，不管指针变量指向存储何种类型数据的变量，指针变量本身都只存储地址数据。

当我们对指针和指针变量很熟练以后，通常会习惯性地把指针变量简称为指针，但是大家心里一定要清楚，指针和指针变量是完全不同的两个概念！

8.3 指针变量的声明及赋值

指针变量的声明及赋值与常规的变量（如整型变量）的声明及赋值在理解上是有区别的。

如整型变量 i 的定义如下：

```
int i;
```

在整型变量 i 的声明语句中，i 前面的“int”表示 i 是一个整型变量，此变量中存储的是一个整型数据，如数值 2，即整型变量 i 前面的类型就是变量 i 自己存储的数据类型。

8.3.1 指针变量的声明

指针变量的声明在写法及理解上与一般变量的区别如下。

(1) 指针变量前必须加一个标识“ * ”，没有使用符号“ * ”声明的变量都不是指针变量，而常规的变量声明无须使用“ * ”来标识。

(2) 标识“ * ”前有一个类型，此类型并非指针变量本身存储数据的类型，而是表示指针变量指向的另外一个变量的数据类型，而常规的变量声明语句中，变量前的类型就是当前变量本身存储的数据类型。

(3) 不论一个指针变量指向何种类型的其他变量，此指针变量中存储的都是指针，即被当前指针变量指向的另外一个变量的内存地址。

图 8-3 所示的内存图为图 8-2 的简化版本，重点在于存储单元而非构成存储单元的字节。

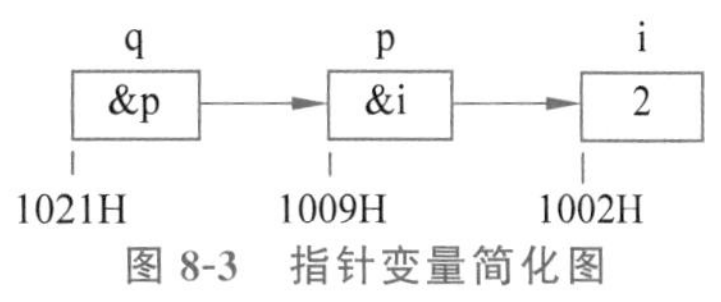

图 8-3 指针变量简化图

在图 8-3 中，以变量 i 作为参照物，一维指针变量 p 存储了变量 i 的内存地址 1002H，图中用“&i”表示此地址，二维指针变量 q 存储了一维指针变量 p 的地址 1009H，用“&p”来表示。这里用“&i”来表示变量 i 的内存地址，“&p”表示变量 p 的内存地址，这是一种推荐的写法，因为同一个程序的同一个变量在每次运行时获得的内存单元可能都不一样，当然内存地址也就不一样，所以“& 变量名”方式是表示变量内存地址的通用写法。

8.3.2 指针变量的赋值

接下来，我们来看看一维指针变量 p 和二维指针变量 q 的声明及赋值。以实现图 8-3 内存结构为例，代码如下：

```
int i = 2;
int *p;
p = &i;
```

C 语句“int i = 2;”声明整型变量 i，并初始化值为 2，int 表示变量 i 自己存储的数据类型为整型。

C 语句“int *p;”中有一个符号“*”，其标识变量 p 是存储指针(内存地址)的一个变量即指针变量，“*”前的类型 int 表示当前指针变量 p 指向的另外一个变量存储的数据类型为整型。

C 语句“p = &i;”是将变量 i 的内存地址“&i(1002H)”存储于变量 p 中，即让指针变量 p 指向变量 i。

至此，可绘制出与三个 C 语句对应的内存图如图 8-4 所示，图中指针变量 p 的存储内容可以写“&i”，当然也可以写“1002H”，但是“&i”是比较通用的写法。

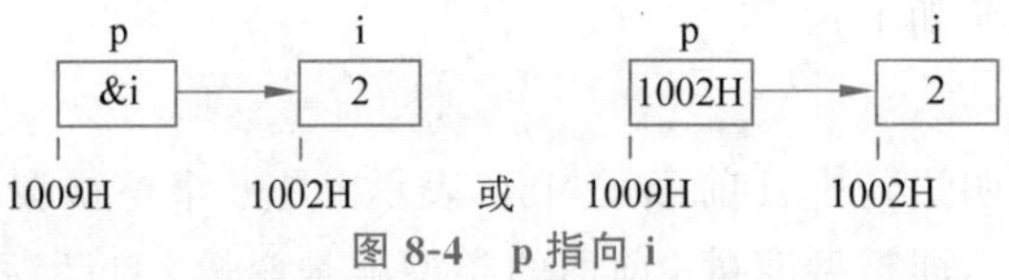

图 8-4　p 指向 i

以变量 i 作为参照物，直接指向变量 i 的指针变量为一维指针变量，接下来我们定义指向一维指针变量 p 的二维指针变量 q。

首先变量名称为 q，其是指针变量，故加上指针变量的标识符号“*”后得“*q”，由于 q 是指向另外一个变量 p 的，而被指向的变量 p 的类型为“int *”，故将“int *”加到“*q”的前面得“int **q”，从而就完成了二维指针变量 q 的声明。q 的声明及赋值语句如下：

```
int **q;
q = &p;
```

此时，可得到如图 8-3 所示的内存图，p 指向 i，而 q 指向 p。不难看出，相较于同一个参照物变量 i，一维指针变量的声明需要 1 个“*”，二维指针变量的声明需要 2 个“*”，二维指针变量是指向一维指针变量而并非指向参照物 i，一维指针变量则指向参照物变量 i。

我们学习过，在声明一个变量的同时可初始化其值，故实现图 8-3 所示内存结构的代码也可编写为

```
int i = 2;
int *p = &i;
int **q = &p;
```

到此，我们已经学习了指向整型变量的一维指针变量、二维指针变量的定义及赋值方式。

需要注意的是，一个指针不能同时指向多个变量，一个时刻只能指向一个变量。当指针指向一个变量以后，它的指向是可以改变的，也就是其可以存储一个变量的内存地址，当然也可以让它存储另外一个变量的内存地址，从而就改变了指针的指向，例如：

```
char c1 = 'a';
char c2 = 'b';
char* p;
p = &c1;                                    //字符指针变量 p 指向字符变量 c1
p = &c2;                                    //字符指针变量 p 指向字符变量 c2
```

在执行完“p = &c1;”后，指针变量 p 指向了字符变量 c1，如图 8-5 所示。

在执行完“p = &c2;”后，指针变量 p 不再指向变量 c1，而是指向了变量 c2，如图 8-6 所示。

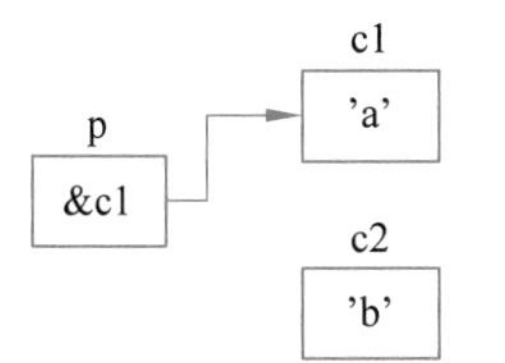

图 8-5　指针变量 p 指向变量 c1

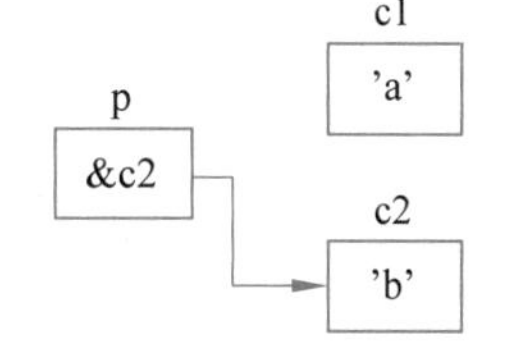

图 8-6　指针变量 p 指向变量 c2

注意，指针变量是存储地址数据的变量，只能将对应维度的地址数据赋值给相应的指针变量。

【例 8.1】　指针变量声明及赋值举例。

```
1   void main()
2   {
3       int a = 5;   //定义整型变量 a
4       int * p;     //定义一维指针变量
5       int** q;     //定义二维指针变量
6
7       p = &a;      //正确，一维指针变量存储一维地址(指针)
8       p = 5;       //错误，一维指针变量只能存储一维地址(指针)
9       p = a;       //错误，一维指针变量只能存储一维地址(指针)
10
11      q = 5;       //错误，二维指针变量只能存储二维地址(指针)
12      q = a;       //错误，二维指针变量只能存储二维地址(指针)
13      q = &a;      //错误，二维指针变量只能存储二维地址(指针)，不能存储一维地址(地址)
14      q = p;       //错误，错误原因等同于"q = &a;"，因为 p 中存储的数据为"&a"
15      q = &p;      //正确，二维指针变量存储二维地址(指针)
16  }
```

在例 8.1 中，第 3 行代码“int a = 5;”声明了一个整型变量，以它作为参照物，第 7 行地址 &a 为一维地址；第 4 行代码“int * p;”是一维指针变量，只能存储一维地址(指针)，故第 7 行代码“p = &a;”是将一维地址(指针)赋值给一维指针变量 p，这是正确的；而相较于参照物 a 来说，&p 是二维地址(指针)，第 5 行代码“int** q”声明二维指针变量，其只能存储二维地址(指针)，故第 15 行代码“q = &p;”是将二维地址(指针)赋值给二维指针变量，是正确的。

在定义了一个指针变量后，不管这个指针变量是哪种基础类型，都可以使用空指针 NULL 为其赋值，表示指针变量目前不指向任何地址空间。C 语言中，NULL 被声明在 stdio.h 头文件中，其定义原型为

```
#define NULL ((void *)0)
```

从定义原型可看出，NULL 是一个 void * 类型的指针，其值为整数 0，由于是 void * 类型，可以隐式转换为其他类型的指针。

当我们需要给一个指针变量赋值，但是又没有实际地址空间让其指向的时候，可以给指针变量赋值为 NULL，表示目前其不指向任何地址空间，也即不指向任何具体的对象。

```
int * p = NULL;                          //给整型指针变量赋值为空指针(NULL)
char * q = NULL;                         //给字符指针变量赋值为空指针(NULL)
float * r = NULL;                        //给单精度指针变量赋值为空指针(NULL)
```

理论上，指针变量可以使用任意名称，只要是合法的标识符即可，但习惯上使用 p、q、r 来为指针变量命名，犹如循环变量习惯使用 i、j、k，数量表示习惯使用 m、n 一样。

8.4 指针变量的使用

8.4.1 指针变量与被指向变量的等价原则

要了解指针变量的使用，我们先来看一个案例程序。

【例 8.2】 通过指针变量输出整型数据。

```
#include<stdio.h>
void main()
{
    int a;                              //声明整型变量 a
    int * p, ** q;                      //声明一维指针变量 p 和二维指针变量 q

    a = 5;                              //给 a 赋值 5
    p = &a;                             //将 a 的指针(内存地址)保存于 p 中
    q = &p;                             //将 p 的指针(内存地址)保存于 q 中

    printf("%d\n", a);                  //通过变量名 a 直接访问存储单元数据
    printf("%d\n", * p);                //通过一维指针变量 p 间接访问变量 a 数据
    printf("%d\n", **q);                //通过二维指针变量 q 间接访问变量 a 数据
}
```

以上程序中三个变量 a、p、q 构成的内存图如图 8-7 所示。

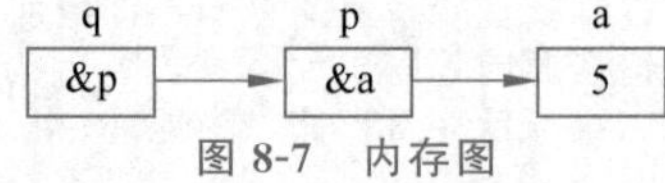

图 8-7 内存图

以上程序的输出结果都为 5：

```
5 //printf("%d\n", a)输出结果
5 //printf("%d\n", * p)输出结果
5 //printf("%d\n", **q)输出结果
```

可看出“printf("%d\n", a);”“printf("%d\n", * p);”“printf("%d\n", **q);”三条语句的功效是一样的，即 * p、**p 与 a 的作用一致。

我们知道引入一维指针变量、二维指针变量的最终目的都不是操作指针变量本身，而是去间接操作参照物(如本程序中的变量 a)。

在基于图 8-7 内存构成情况下，可直接通过变量 a 访问数据 5 及操作存储 5 的容器 a 本身(容器是存储单元的形象称呼)，同时可通过一维指针变量和二维指针变量间接操作容器 a 和访问容器 a 中的数据。

8.4.2 通过一维指针变量 p 间接访问参照物 a

* p 完全与 a 等价，凡是可使用 a 的地方，都可使用 * p 来替换 a，即“ * p”要么代表其指向的容器 a，要么表示其指向的容器 a 中存储的数据，如“a = a+1;”完全等价于“ * p = * p+1;”。

```
a = a+1;                //符号“=”左边的 a 表示容器，右边的 a 表示其存储的数值 5
```

表达式“ * p = * p+1;”的理解如图 8-8 所示。

```
           ┌——赋值符号"="右边的*p表示指针变量p指向的容器a中存储的数据
*p = *p+1;
 \—— 赋值符号"="左边的*p表示指针变量p指向的容器a
```

图 8-8 与“a = a+1;”等价的指针表达式

8.4.3 通过二维指针变量 q 间接访问参照物 a

p 是直接指向 a 的指针变量，所以“ * p”完全等价于 a；同理，q 是直接指向 p 的指针变量，“ * q”完全等价于 p，于是“ * p”中的“p”可替换成“ * q”得“**q”，从而“**q”“ * p”“a”三者是完全等价的写法，即下面的三行代码是完全等价的：

```
a = a+1;
 * p =  * p+1;
**q = **q+1;
```

当然，它们是可以混用的，如下面的两行代码也是完全等价的：

```
**q =  * p+1;
**q = a+1;
```

以上的分析中，主要通过指针变量来输出数据及参与运算，下面我们使用指针变量输入数据。

【例 8.3】 使用指针变量输入整型数据。

```
#include<stdio.h>
void main()
{
    int a;                      //声明整型变量 a
    int * p, ** q;              //声明一维指针变量 p 和二维指针变量 q

    p = &a;                     //将 a 的指针(内存地址)保存于 p 中
    q = &p;                     //将 p 的指针(内存地址)保存于 q 中

    scanf("%d", &a);            //通过变量 a 的地址"&a"输入数据
    scanf("%d", &( * p));       //根据等价原则,"* p"与"a"等价
    scanf("%d", &(**q));        //根据等价原则,"**q"与"a"等价
    scanf("%d", p);             //变量 p 中存储的数据就是内存地址 &a
    scanf("%d", * q);           //"* q"与"p"等价,"* q"表示其指向的容器即 p 中存储的
                                //地址数据 &a
}
```

例 8.3 中所有输入语句的功能都是从控制台输入一个整型数据存储于变量 a 中，“scanf("%d", &a);”“scanf("%d", p);”“scanf("%d", * q);”都是推荐的写法，虽然“scanf("%d", &(* p));”与“scanf("%d", &(**q));”写法完全正确，但是不推荐，因为写法烦琐。

8.4.4 关于符号“ * ”和“&”的说明

在指针的应用场景中，符号“ * ”有两个作用，一是声明指针变量，二是指针运算。例如：

```
int a = 4;
int * p;
p = &a;
 * p =  * p + 5;
```

以上代码中“int＊ p;”“p ＝ &a;”两条语句可改写为“int ＊p＝&a;”,代码说明如下。

(1)“int＊ p;”中的符号“＊”前有数据类型,此“＊”仅表示指针变量声明。

(2)“int ＊p＝&a;”中的符号“＊”前有数据类型,此“＊”仅表示指针变量声明。

(3)“＊p ＝ ＊p ＋ 5”中赋值符号左边的“＊p”代表其指向的容器,赋值符号右边的“＊p”表示取 p 指向的容器 a 中数据 4,两个“＊”都表示指针运算功能。此行代码执行完,容器 a 中的值为 9。

(4)符号“&”在指针应用中的作用是获取地址,是取地址运算符号,如“&a”是取变量 a 的内存地址,由于同一个变量在程序每次运行中被分配到的内存地址块都不一样,故“&a”每次运行取到的内存地址也不一样。“p ＝ &a;”是将变量 a 的内存地址获取并存储于指针变量 p 中,从而使得 p 指向了容器 a。

注意,一个变量不论是常规变量,还是指针变量,如果位于赋值符号“＝”的左边,则代表的是容器本身而并非容器中存储的数据。

8.5 指针与数组

数组是存储数据的非常重要的数据结构,可以批量存储数据。通过指针,可以将一个数组作为参数传给一个函数,从而实现数组数据的共享和数组空间的跨函数操作。通过指向数组的指针操作数组元素具备更好的灵活性和高效性。

8.5.1 数组元素的指针

一个变量有内存地址,一个数组包含多个数据元素,每个数据元素也同样占用内存单元,它们都有相应的内存地址,且这些内存地址是连续的。

在 C 语言中,数组名并不是一个变量,而是一个符号常量,表示整个数组在内存中的首地址,即 0 号存储单元的地址,所谓数组元素的指针即数组元素的地址。

【例 8.4】 输出数组的内存地址。

```
1   #include<stdio.h>
2   int main() {
3       int ints[] = {11,12,13};                        //声明具有 3 个单元的整型数组 ints
4   
5       printf("%x\n",ints);
6       printf("%x\n", &ints[0]);
7       printf("%x\n", &ints[1]);
8       printf("%x\n", &ints[2]);
9   
10      return 0;
11  }
```

程序运行结果:

```
665ff700                              //“printf("%x\n",ints);”的输出结果
665ff700                              //“printf("%x\n", &ints[0]);”的输出结果
665ff704                              //“printf("%x\n", &ints[1]);”的输出结果
665ff708                              //“printf("%x\n", &ints[2]);”的输出结果
```

在例 8.4 中,我们定义了一个具有 3 个存储单元的整型数组 ints(第 3 行代码),然后通过十六进制方式输出整个数组的内存首地址及每个存储单元的内存地址。根据输出结果,

可绘制数组 ints 的内存图,如图 8-9 所示。从输出结果和内存图可看出,通过数组名“printf("%x\n",ints);”输出的地址与“printf("%x\n", &ints[0]);”输出的地址是一致的,都是665ff700H,这也证实了数组名就是一个地址常量,而不是变量。所以在编程中把数组名放置于赋值符号的左边是错误的写法,如“ints=5;”是错误的,因为数组名 ints 不是变量,即不是容器,不能放置于赋值符号左边,而 ints[i]表示数组 ints 中第 i 号单元,即 i 号单元(容器),“ints[i]=5;”写法则是正确的。

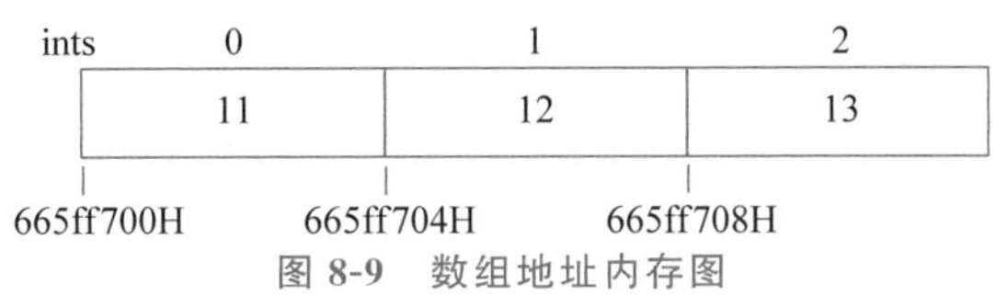

图 8-9 数组地址内存图

注意,在不同的环境中运行例 8.4 的程序后会得到不同结果的输出地址,这是很正常的现象,因为不论是变量,还是数组,即使在同一个环境中,每次运行时被分配的内存单元都不一样,内存地址当然也就不一样。

8.5.2 指向一维数组的指针变量

既然数组有首地址,每个单元也都有内存地址,那么这些内存地址当然可存储于指针变量中,即可让指针变量指向数组。通过很简单的代码编写可让一个指针变量指向一个一维数组空间。

1. 声明指向一维数组的指针变量

定义一个指向整型变量的指针变量,不仅可以指向整型变量,也可以指向一个整型数组,代码如下:

```
int a = 5;                    //声明一个整型变量 a
int ints[3] = {11,12,13};     //声明具有 3 个单元的整型数组 ints
int* p;                       //声明指向整型变量的指针变量 p

p = &a;                       //p 指向整型变量 a
p = &ints[0];                 //p 指向整型数组 ints 的 0 号单元,也可写成 p=ints
```

以上代码中,“int * p;”声明指向整型变量的指针变量 p,“p = &a;”让指针变量 p 指向整型变量 a,到此,内存图如图 8-10 所示。

代码“p = &ints[0];”让指针变量 p 转而指向数组 ints 的 0 号单元,由于 0 号单元的地址是整个数组的起始内存地址,p 指向 0 号单元,其实也就指向了整个数组 ints,如图 8-11 所示。

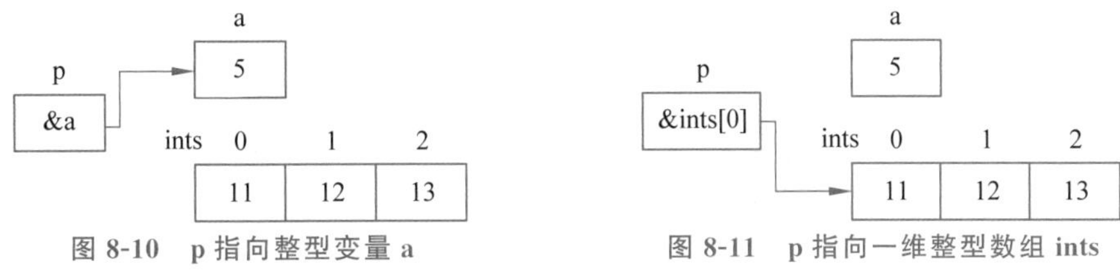

图 8-10 p 指向整型变量 a　　图 8-11 p 指向一维整型数组 ints

由于数组名就是整个数组的内存首地址,与 0 号单元地址一样,所以“p = &ints[0];”也可改写为“p = ints;”,如果写成“p = &ints;”则是错误的,因为取地址运算符“&”只能取变量(容器)的地址,而 ints 是地址常量,并非变量。

通过图 8-10 和图 8-11 的内存展示不难看出,独立的整型变量与一维数组中某号单元在本质上是一样的,都存储相同的数据类型且占用相同大小的内存空间,故指向一维数组的指针变量与指向同类型的独立变量的声明方式是一样的。

不难理解,指针变量 p 既然可以指向 0 号单元,那么肯定可以指向数组中的任何一个单元,如执行"p=&ints[1];"后的内存图如图 8-12 所示,执行"p=&ints[2];"后的内存图如图 8-13 所示。

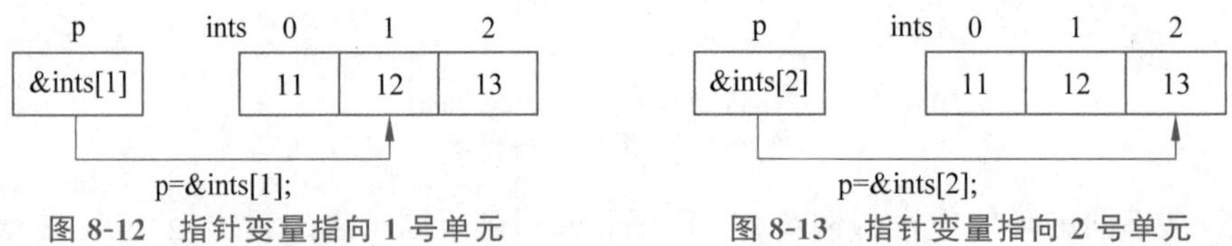

图 8-12 指针变量指向 1 号单元　　图 8-13 指针变量指向 2 号单元

需要注意的是,一个具有 n 个单元的数组是有范围限制的,指针变量只能指向 0 号～n－1 号单元中的某一个单元,如此处的 ints 数组只有三个存储单元,指针变量 p 同一个时刻只能指向 0 号、1 号或 2 号,"p=&ints[3];"则是错误的写法,因为数组 ints 中压根就没有第 3 号单元。

2. 通过数组名求解一维数组的元素地址

在使用数组解决实际问题的场景中,需要求解数组元素的地址,通过数组名有两种方式求解数组元素的地址。

(1)"数组名＋i",表示数组中第 i 号单元的地址。

有读者可能会误认为数组名是数组的起始地址,而内存又是以字节为基础单位编址的,所以"数组名＋i"是在数组首地址值的基础上加 i 字节对应的地址,这个理解是错误的。表达式"数组名＋i"中的 i 是相对于数组名的第 i 号单元编号(从 0 开始编号),也即 i 并非字节的计量单位,而是存储单元的计量单位,系统会根据数组的数据类型长度通过表达式"数组首地址＋sizeof(数据类型)＊i"来计算地址。由于"数组名"表示的地址值与表达式"& 数组名[0]"的地址值一致,所以第 i 号单元的地址还可使用"& 数组名[0]＋i"表示,只是写法上比较麻烦,很少使用。

(2)"& 数组名[i]",最容易理解的计算 i 号单元地址方式。

在数组中,"数组名[i]"表示第 i 号元素,"&a[i]"则可计算 i 号单元地址。通过数组名求解具有 n 个元素的数组 ints 的元素内存地址如图 8-14 所示。

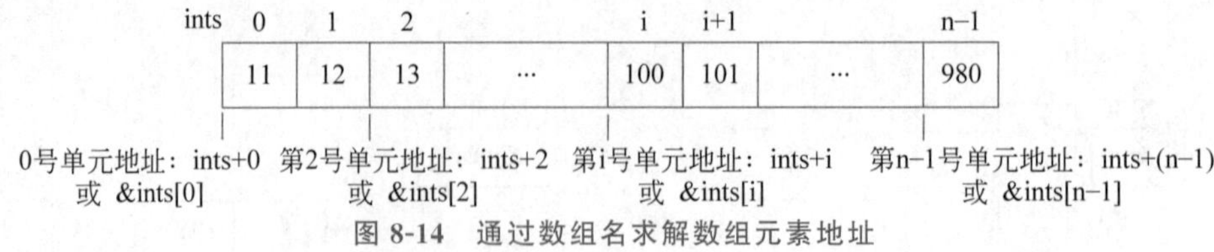

图 8-14 通过数组名求解数组元素地址

3. 通过指针变量求解一维数组的元素地址

当一个指针变量指向一维数组时,不仅可通过"数组名＋i"或"& 数组名[i]"计算数组中第 i 号单元地址,同时也可通过指针变量求解数组元素的内存地址,主要分两种情况:指针变量保持指向数组首地址不变的情况和指针在数组的高低下标之间移动的情况。

（1）指针变量指向数组首地址不变时求数组元素地址。

当一个指针变量指向一维数组的 0 号单元不变时，指针变量 p 中保存的是 0 号单元的地址（可用“& 数组名[0]”或“数组名”表示），此时“p＋i”完全等价于“数组名＋i”，因为指针变量 p 中保存的就是数组的首地址。

【例 8.5】 通过指针求一维数组元素地址。

```
#include<stdio.h>
void main()
{
    int ints[3] = {11,12,13};        //声明具有 3 个单元的整型数组 ints
    int * p;                         //定义指向整型变量的指针变量

    p = ints;                        //让 p 指向整型数组 ints,也可写成 p=&ints[0]
    for (int i = 0; i < 3; i++)
    {
        printf("第%d 号单元地址:%x,%x\n", i, p + i, &p[i]);
    }
}
```

程序运行结果：

```
第 0 号单元地址:94b1f8f8, 94b1f8f8
第 1 号单元地址:94b1f8fc, 94b1f8fc
第 2 号单元地址:94b1f900, 94b1f900
```

例 8.5 程序对应的内存图如图 8-15 所示。

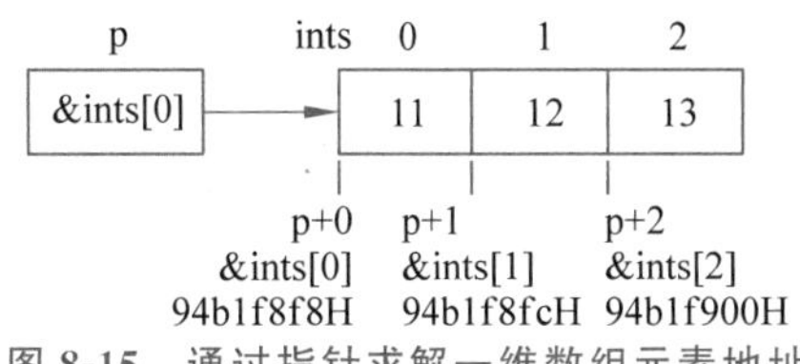

图 8-15 通过指针求解一维数组元素地址

（2）指针在数组的高低下标之间移动的情况下求数组元素地址。

我们学习过，一个指针变量的指向是可以改变的，一个指针变量可指向一维数组的 0 号单元，当然也可改变指向，从而去指向 1 号单元、2 号单元、i 号、n－1 号单元，这就是指针的灵活之处。但是指针指向数组元素只能在数组的下标范围内，即只能指向 0～n－1 范围的元素，否则没有意义，如图 8-16 所示。

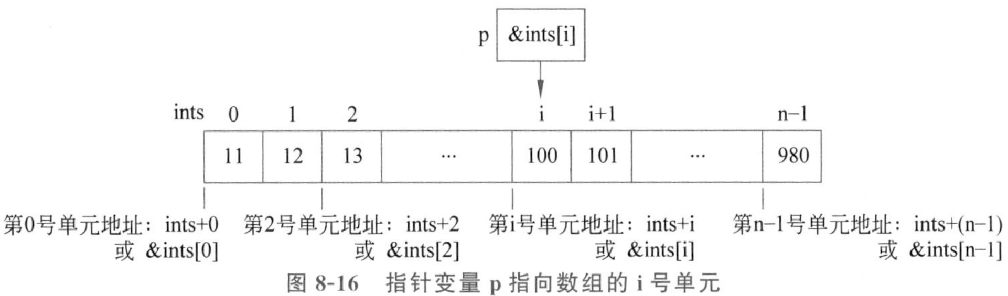

图 8-16 指针变量 p 指向数组的 i 号单元

观察图 8-16 所示的内存图，指针变量 p 指向了数组的第 i 号单元，那么第 i 号单元的内存地址“&ints[i]”直接就保存到了指针变量 p 中，写代码时，直接写 p 就可获取其存储的 i 号单元地址。当然这种情况下，也同样可以使用“数组名+i”或“& 数组名[i]”表示 i 号单元地址。

【例 8.6】 使用指针变量输出元素地址。

```
1   #include<stdio.h>
2   void main()
3   {
4       int ints[5] = {11,12,13,14,15};  //声明具有 5 个单元的整型数组 ints
5       int * p;                  //定义指向整型变量的指针变量
6   
7       p = ints;                 //让 p 指向整型数组 ints
8       int i = 0;
9       while (p < ints + 5)  //"ints + 5"表示数组 ints 结束地址,可改为"p<=ints+4"
10      {
11          printf("第%d 号单元地址为:%x\n", i, p);
12          i++;
13          p++;   //相当于 p=p+1;或 p+=1,让指针变量往数组 ints 高下标端移动一个单元
14      }
15  }
```

程序运行结果：

```
第 0 号单元地址为:a60ff6b8
第 1 号单元地址为:a60ff6bc
第 2 号单元地址为:a60ff6c0
第 3 号单元地址为:a60ff6c4
第 4 号单元地址为:a60ff6c8
```

在例 8.6 中，第 7 行代码“p = ints;”让指针变量 p 指向数组 ints 的首地址，然后通过第 9～14 行的 while 循环代码段让指针变量 p 在数组 ints 上依次往高下标端移动并输出 p 中存储的当前被它指向的单元地址，我们可以结合图 8-17 所示的内存图理解例 8.6 代码。

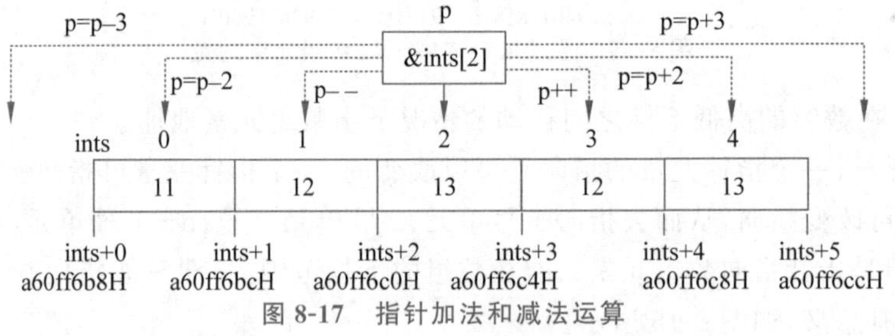

图 8-17 指针加法和减法运算

当一个指针指向内存的某个存储单元后，可以对指针进行加法和减法运算。如图 8-17 所示，指针变量 p 当前指向了数组 ints 的 2 号存储单元，p 中保存的是地址 &ints[2]，具体地址值是 a60ff6c0H，执行“printf("第%d 号单元地址为: %x\n", i, p);”语句(第 11 行代码)结果为“第 2 号单元地址为: a60ff6c0H”。当执行“p++”(第 13 行代码)时，系统具体的计算细节(假设 sizeof(int)=4)：p=p+1⇒p=&ints[2]+1⇒p=a60ff6c0+sizeof(int)×1⇒p=a60ff6c0+4×1⇒p=a60ff6c4，也就是执行了“p++;”后指向变量 p 指向了 ints 数组的下一个单元(3 号单元)，此时执行“printf("第%d 号单元地址为: %x\n", i, p);”语句(第 11 行代码)结果为“第 3 号单元地址为: a60ff6c4H”。

减法运算与加法运算类似。表达式“p--”是将指针变量 p 相较于当前指向位置往数

组的低下标端移动 1 个单元,“p=p−i”是将指针变量 p 相较于当前指向位置往数组的低下标端移动 i 个单元。

对指针进行加法和减法操作通常主要针对数组的空间范围,如果对指针变量进行加法和减法运算后指针变量指向了数组范围以外的空间,虽然程序能顺序通过编译阶段的检查,运行时也可能不会报运行时错误,但指针指向了数组以外的空间是没有意义的。

4. 指针变量的大小比较

当两个或多个指针变量同时指向同一段地址连续的数组空间时,指针变量是可以进行大小比较的,指向数组高下标端的指针变量大于指向低下标端的指向变量。如图 8-18 所示,指针变量 p 指向数组 ints 的 1 号单元,指针变量 q 指向数组 ints 的 3 号单元,则表达式“p<q”的求值过程: p<q⇒&ints[1]< &ints[3]⇒a60ff6bcH<a60ff6c4H,很明显,地址 a60ff6bcH 是小于 a60ff6c4H 的,则 p<q 成立,值为真。

需要注意的是,指针变量进行大小比较是有前提的,即相比较的指针变量必须指向同一个数组,否则指针变量的大小比较毫无意义。

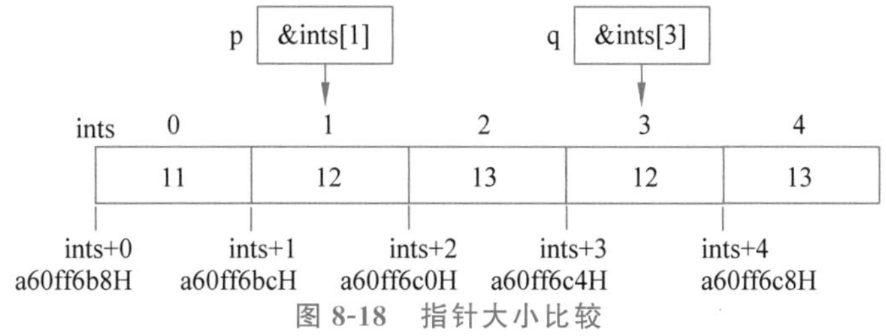

图 8-18 指针大小比较

5. 求解一维数组元素的值

我们已经学习了指针变量指向一维数组后,通过数组名和指针变量求数组元素的地址,此处我们将学习如何通过数组名和指针变量获取数组单元中具体数值的方法。

我们已经学过可通过表达式“数组名[i]”获取数组 i 号单元中存储的数据。

其实,在我们知道了数组第 i 号单元地址后,在地址数据前加指针的运算符号“ * ”,便可获取第 i 号单元存储的数据。通过数组名及指针变量求解数组中第 i 号元素地址和值如表 8-1 所示。

表 8-1 求解数组第 i 号单元地址和值

#	第 i 号单元地址		第 i 号单元值			备 注
使用数组名求解	ints+i	&ints[i]	ints[i]	*(ints+i)	*(&ints[i])	不论有没有指针变量指向数组,这种方式都是通用的。“*(&ints[i])”方式取值基本上不用,过于烦琐
指针变量 p 指向数组首地址不变	p+i	&p[i]	p[i]	*(p+i)	*(&p[i])	“*(&p[i])”方式取值基本上不用,过于烦琐
指针变量 p 指向数组的第 i 号元素	p		*p			

注意：①指针变量可借用数组的下标表示法求解第 i 号数组元素的地址(&p[i])和值(p[i])，但这种方式要求指针变量 p 在整个操作过程中必须保持指向数组首地址不变为前提条件。②表达式“ * p”如果位于赋值符号左侧，则代表其指向的单元(容器)，其他场合相当于在变量 p 存储的地址之前加“ * ”，表示取 p 指向单元(容器)中的数据。

【例 8.7】 通过指针变量输入和输出数组元素，并求数组元素的和。

```
1  #include<stdio.h>
2  #define N 5                                    //定义符号常量 N
3
4  int main()
5  {
6      int ints[5], sum = 0;
7      int* p;
8
9      p = ints;                                  //让指针变量 p 指向数组首地址
10     //利用指针变量 p 输入数据
11     for (int i = 0; i < N; i++)
12     {
13         scanf("%d", &p[i]);
14     }
15     //利用指针变量 p 求和
16     for (int i = 0; i < N; i++)
17     {
18         sum += p[i];
19     }
20     //利用指针变量 p 输出数组元素值
21     for (int i = 0; i < N; i++)
22     {
23         printf("%d ", *(p + i));
24     }
25     printf("\n");
26     printf("sum=%d", sum);
27 }
```

输入数据：

```
11 12 13 14 15
```

程序运行结果：

```
程序运行结果：
11 12 13 14 15
sum=65
```

在例 8.7 中，第 9 行代码“p = ints;”让指针变量 p 指向数组首地址，且在后续的程序中都未改变这一指向。第 11～14 行代码的 for 循环是利用指针变量 p 输入数据到数组 ints 中，由于指针变量 p 指向数组首地址不变，故在第 13 行代码“scanf("%d", &p[i]);”中表示数组 i 号单元地址时可让指针变量借用数组下标表示法“&p[i]”实现，当然“&p[i]”处可根据表 8-1 中说明换成“p+i”“ints+i”或“&ints[i]”中任何一种表达式。

第 16～19 行代码是利用指针变量 p 求数组数据和的功能，第 18 行代码“sum += p[i];”的“p[i]”是以数组下标表示法取 i 号单元值，根据表 8-1 中说明可替换成“ints[i]”“ * (ints+i)”“ * (&ints[i])”“ * (p+i)”“ * (&p[i])”中的任何一种。

当然，第 23 行代码“printf("%d ", * (p + i));”中的“ * (p + i)”是取第 i 号单元值，

也同样可换成“p[i]”“ints[i]”“ *(ints+i)” “ *(&ints[i])” “ *(p+i)” “ *(&p[i])”中的任何一种。

例 8.7 是指针变量 p 保持对数组 ints 首地址的指向不变时的操作方式，接下来我们看看指针变量 p 在 ints 数组范围内来回移动时的操作情况。

【例 8.8】 通过指针变量输入和输出数组元素，并求数组元素的和。

```
1   #include<stdio.h>
2   #define N 5                                              //定义符号常量 N
3
4   int main()
5   {
6       int ints[5], sum = 0;
7       int* p;
8
9       p = ints;                                            //让指针变量 p 指向数组首地址
10      //利用指针变量 p 输入数据
11      while (p < ints + N)
12      {
13          scanf("%d", p);
14          p++;
15      }
16      //利用指针变量 p 求和
17      p = ints;
18      while (p < ints + N)
19      {
20          sum += *p;
21          p++;
22      }
23      //利用指针变量 p 输出数组元素值
24      p = ints;
25      while (p < ints + N)
26      {
27          printf("%d ", *p);
28          p++;
29      }
30      printf("\n");
31      printf("sum=%d", sum);
32  }
```

输入数据：

```
11 12 13 14 15
```

程序运行结果：

```
11 12 13 14 15
sum=65
```

在例 8.8 中，第 9 行代码“p = ints;”让指针变量 p 指向了数组 ints 的首地址，第 11～15 行代码让指针变量 p 依次往数组高下标端移动实现数组元素的输入操作。第 11 行代码“p < ints + N”中“ints + N”表示数组 ints 的结束地址，p 中存储的地址必须小于“ints + N”地址值进入循环才有意义，所以第 11 行代码是对指针变量的上界进行限制，当然，也可以写成“p <= ints + (N-1)”。

第 13 行代码“scanf("%d", p);”中的 p 表示其存储的地址值，即 p 当前指向的存储单元的地址。假设 p 当前指向第 i 号单元,那么 p 表示其存储的地址值"&ints[i]"。当然,p 也可改写为"ints+i"或"&ints[i]"(假设 p 当前指向第 i 号单元且有 i 可用)。需要注意的是,"scanf("%d", p);"中的 p 不能改写为"p+i"或"&p[i]",因为"p+i"或"&p[i]"要求指针变量 p 指向数组的首地址不变才有意义。

第 11～15 行代码中"p++;"语句使得每次循环都能让 p 向数组高下标端移动一个单元,在整个循环执行结束后,指针变量 p 的指向已经超出了数组 ints 的范围,如图 8-19 所示,所以接下来如果还需要使用指针变量 p 操作数组 ints 的话,则必须让指针变量 p 指回到数组中来。第 18～22 行代码是利用指针变量 p 依次求 ints 数组从 0～4 号单元的数据和,所以必须在循环执行之前,通过第 17 行代码"p=ints;"让指针变量 p 重新指回到数组的 0 号单元,如图 8-19 所示。第 20 行代码"sum += *p;"中的"*p"是取 p 指向的数组元素中的数值参与加法运算,此处的"*p"可改为"ints[i]"(假设 p 当前指向第 i 号单元且有 i 可用)。

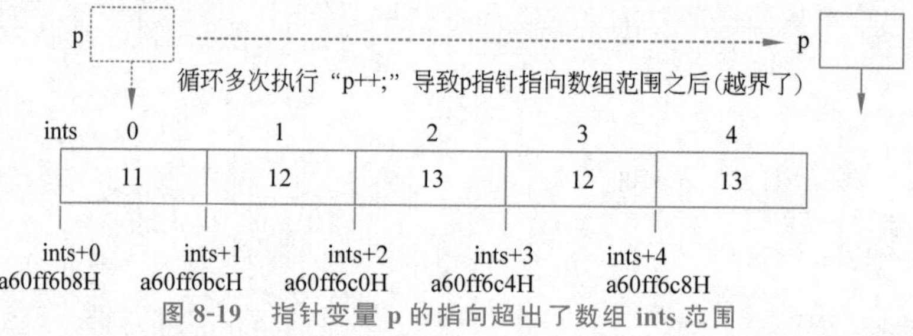

图 8-19　指针变量 p 的指向超出了数组 ints 范围

执行完第 18～22 行代码后,指针变量 p 再一次越界到图 8-19 所示的位置,所以必须再次执行代码"p=ints;"(第 24 行)让指针 p 回到图 8-20 所示的 0 号单元,才能继续执行第 25～29 行的循环操作,然后又通过指针变量 p 输出数组 ints 从 0～4 号单元中的数据。

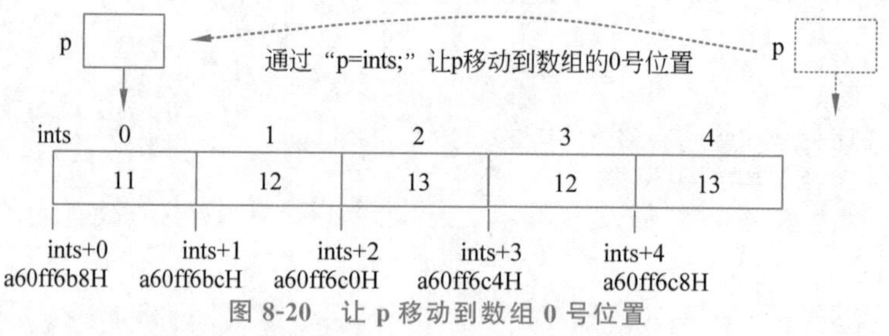

图 8-20　让 p 移动到数组 0 号位置

8.5.3　指向高维数组的指针变量

指针变量可以指向一维数组元素,同样也可以指向高维数组元素,但是使用指针变量指向高维数组相较于指向一维数组的难度要大许多。限于篇幅,本节以指针指向二维数组元素为例。对于初学者来说,本节可能有难度,需要认真、详细、耐心地多阅读几遍才行。

1. 二维数组元素的指针

我们已经学过,二维数组其实就是存储一维数组的数组,如下代码定义了一个二维数组 ints,具有 3 行 4 列,共 12 个数组元素,数组元素默认按行存储。

```
int ints[3][4] = { {11,12,13,14},{15,16,17,18},{19,20,21,22} };
```

ints 是一个包含 0 号、1 号、2 号三个存储单元的数组(从上到下依次编号),只不过每个存储单元存储的是一个包含 4 个单元的一维整型数组。假设当前系统中 sizeof(int)为 4,即存储一个整数的单元需要 4 字节,那么被存储的一维数组有 4 个存储单元,共占用 sizeof(int)×4=16 字节。当然,使用 sizeof(ints[0])、sizeof(ints[1])、sizeof(ints[2])三个表达式分别求出 ints 的 0 号、1 号、2 号三个单元占用的字节数都为 16 字节,这个计算结果也可充分证实二维数组是存储一维数组的数组,每个存储单元存储一个一维数组,而一个一维数组的大小是 16 字节。

在图 8-21 中,0 号单元的地址可表示为"ints+0"或"&ints[0]",具体值为 eaff6668H;1 号单元地址可表示为"ints+1"或"&ints[1]",具体值为 eaff6678H;2 号单元地址可表示为"ints+2"或"&ints[2]",具体值为 eaff6688H。

在二维数组 ints 中,ints[0]表示 0 号单元存储的具有 4 个存储单元的一维数组,所以 ints[0]是 0 号一维数组的数组名,即 ints[0]是 0 号一维数组的内存首地址 eaff6668H,也可以用 &ints[0][0]表示,这个一维数组存储了 11、12、13、14 四个整数;ints[1]为 ints 数组的 1 号单元存储的一维数组的数组名,即 ints[1]是 1 号一维数组的内存首地址 eaff6678H,也可以用 &ints[1][0]表示,这个一维数组存储了 15、16、17、18 四个整数;ints[2]为 ints 数组的 2 号单元存储的一维数组的数组名,即 ints[2]是 2 号一维数组的内存首地址 eaff6688H,也可以用 &ints[2][0]表示,这个一维数组存储了 19、20、21、22 四个整数。图中每个具体单元中的地址即为当前数组单元的内存开始地址。

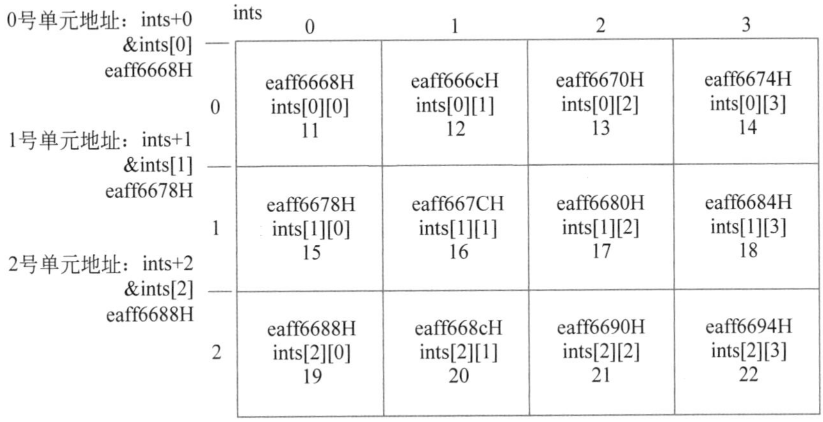

	ints	0	1	2	3
0号单元地址:ints+0 &ints[0] eaff6668H	0	eaff6668H ints[0][0] 11	eaff666cH ints[0][1] 12	eaff6670H ints[0][2] 13	eaff6674H ints[0][3] 14
1号单元地址:ints+1 &ints[1] eaff6678H	1	eaff6678H ints[1][0] 15	eaff667CH ints[1][1] 16	eaff6680H ints[1][2] 17	eaff6684H ints[1][3] 18
2号单元地址:ints+2 &ints[2] eaff6688H	2	eaff6688H ints[2][0] 19	eaff668cH ints[2][1] 20	eaff6690H ints[2][2] 21	eaff6694H ints[2][3] 22

图 8-21　存储一维数组的数组

【例 8.9】 输出二维数组的首地址。

```
#include<stdio.h>
int main()
{
    int ints[3][4] = { {11,12,13,14},{15,16,17,18},{19,20,21,22} };
    for (int i = 0; i < 3; i++)
    {
        printf("ints+%d的值:%x,", i, ints + i);
        printf("&ints[%d][0]的值:%x\n", i, &ints[i][0]);
    }
}
```

程序运行结果:

```
ints+0 的值:eaff6668 ,&ints[0][0]的值:eaff6668
ints+1 的值:eaff6678 ,&ints[1][0]的值:eaff6678
ints+2 的值:eaff6688 ,&ints[2][0]的值:eaff6688
```

从例 8.9 程序运行结果可看出，二维数组 ints 的“ints+i”地址值与“&ints[i][0]”地址值是一致的。由例 8.9，我们可以总结出二维数组 ints 的有关指针（地址）计算方式如表 8-2 所示，其中包含十六进制的具体地址值计算方式是我们理解的方式，是系统自动计算的方式，我们代码中只使用通用的地址表示形式即可。

表 8-2　二维数组的地址计算

编号	通用表示形式	含　义
1	ints	二维数组名，其指向一维数组 ints[0]，即第 0 行一维数组的首地址
2	ints[0]	第 0 行一维数组的数组名，即第 0 行第 0 列元素 ints[0][0]的内存地址
3	*(ints+0)、*ints	第 0 行第 0 列元素 ints[0][0]的内存地址
4	&ints[0][0]	第 0 行第 0 列元素 ints[0][0]的内存地址
5	*(ints+0)+j、*ints+j、ints[0]+j	第 0 行第 j 列元素 ints[0][j]的内存地址
6	ints[1]	第 1 行一维数组的数组名，即第 1 行第 0 列元素 ints[1][0]的内存地址
7	ints+1、&ints[1]	第 1 行一维数组的首地址
8	*(ints+1)、ints[1]	第 1 行第 0 列数组元素 ints[1][0]的内存地址
9	&ints[1][0]	第 1 行第 0 列数组元素 ints[1][0]的内存地址
10	*(ints+1)+j、ints[1]+j	第 1 行第 j 列的元素 ints[1][j]的内存地址
11	ints[i]	第 i 行一维数组的数组名，即第 i 行第 0 列元素 ints[i][0]的内存地址
12	ints+i,&ints[i]	第 i 行一维数组的首地址
13	*(ints+i)	第 i 行第 0 列数组元素 ints[i][0]的内存地址
14	&ints[i][0]	第 i 行第 0 列数组元素 ints[i][0]的内存地址
15	*(ints+i)+j、ints[i]+j、&ints[i][j]	第 i 行第 j 列数组元素 ints[i][j]的内存地址
16	ints[i][j]、*(ints[i]+j)、*(*(ints+i)+j)	第 i 行第 j 列数组元素 ints[i][j]单元中存储的具体整数数值，并非地址；若放置于赋值符号左侧则表示 ints[i][j]单元本身，如“*(ints[i]+j)=100”、“*(*(ints+i)+j)=100”与“int[i][j]=100”等价，是将 100 存储到第 i 行第 j 列单元中

【例 8.10】　通过多种方式输出二维数组元素地址及其值。

```
#include<stdio.h>
int main()
{
    int ints[3][4] = { {11,12,13,14},{15,16,17,18},{19,20,21,22} };

    //第 0 行一维数组首地址与第 0 行第 0 列元素地址
    printf("ints 与 * ints:%x,%x\n", ints, * ints);
    //第 0 行第 0 列元素地址
    printf("ints[0]与 * (ints+0):%x,%x\n", ints[0], * (ints + 0));
    //第 0 行一维数组首地址与第 0 行第 0 列元素地址
```

```
11      printf("&ints[0]与 &ints[0][0]:%x,%x\n", &ints[0], &ints[0][0]);
12      //第 1 行一维数组首地址与第 1 行第 0 列元素地址
13      printf("ints+1 与 ints[1]:%x,%x\n", ints + 1, ints[1]);
14      //第 1 行第 0 列元素地址
15      printf("&ints[1][0]与 * (ints+1)+0:%x,%x\n", &ints[1][0], * (ints + 1) + 0);
16      //第 2 行一维数组首地址
17      printf("&ints[2]与 ints+2:%x,%x\n", &ints[2], ints + 2);
18      //第 2 行第 0 列元素地址
19      printf("ints[2]与 * (ints+2):%x,%x\n", ints[2], * (ints + 2));
20      //将 ints[1][1]单元赋值为 2000
21      ints[1][1] = 2000;
22      //将 ints[1][1]单元赋值为 4000
23      * (ints[1] + 1) = ints[1][1] * 2;
24      //将 ints[1][1]单元赋值为 8000
25      * ( * (ints + 1) + 1) = * (ints[1] + 1) * 2;
26      //输出 ints[1][1]单元值
27      printf("ints[1][1]单元的数值为:%d,%d\n", * (ints[1] + 1), * ( * (ints+1)+1));
28      //输出 ints[2][0]单元值
29      printf("ints[2][0]单元的数值为:%d,%d", ints[2][0], * ints[2]);
30  }
```

程序运行结果：

```
ints 与 * ints:2b3afc18,2b3afc18
ints[0]与 * (ints+0):2b3afc18,2b3afc18
&ints[0]与 &ints[0][0]:2b3afc18,2b3afc18
ints+1 与 ints[1]:2b3afc28,2b3afc28
&ints[1][0]与 * (ints+1)+0:2b3afc28,2b3afc28
&ints[2]与 ints+2: 2b3afc38,2b3afc38
ints[2]与 * (ints+2):2b3afc38,2b3afc38
ints[1][1]单元的数值为:8000,8000
ints[2][0]单元的数值为:19,19
```

例 8.10 中，第 21 行代码“ints[1][1] = 2000;”是将单元 ints[1][1]赋值为 2000。“ints[1] + 1”表示 ints[1][1]单元的指针(地址)，而在指针(地址)前加指针运算符号“ * ”表示当前单元(当位于赋值符号左侧时)或当前单元存储的数据。所以表达式“ * (ints[1] + 1)”在第 23 行“ * (ints[1] + 1) = ints[1][1] * 2;”中位于赋值符号左侧，其表示 ints[1][1]单元本身，并非 ints[1][1]单元中存储的数据；而在第 25 行代码“ * (* (ints + 1) + 1) = * (ints[1] + 1) * 2;”中，“ * (ints[1] + 1)”并非位于赋值符号左侧，所以其表示当前单元中存储的数据 8000。同理，第 25 行代码中的表达式“ * (* (ints + 1) + 1)”位于赋值符号左侧，也代表 ints[1][1]单元本身，其理解步骤(结合表 8-2 及相关文字，并由内到外进行理解)如下。

(1) ints + 1：第 1 行一维数组的首地址(指针)，其指向的是 1 号一维数组，即 ints[1]。

(2) * (ints + 1)：第 1 行第 0 列单元起始地址(指针)，等同于“ * (ints + 1)+0”或“&ints[1][0]”。

(3) * (ints + 1) + 1：第 1 行第 1 列单元起始地址(指针)，等同于“&ints[1][1]”。

(4) * (* (ints + 1) + 1)：在地址前加“ * ”表示指向的单元或指向的单元中存储的数据，而第 25 行代码中的“ * (* (ints + 1) + 1)”位于赋值符号左侧，其表示 ints[1][1]单元。所以“ * (* (ints + 1) + 1) = * (ints[1] + 1) * 2;”等价于“ints[1][1]=ints[1][1] * 2;”。所以“ * (* (ints + 1) + 1)”“ * (ints[1] + 1)”“ints[1][1]”是含义及功能相同的不

同表示。

【例 8.11】 通过指针输入和输出数据。

```
1   #include<stdio.h>
2   int main()
3   {
4       int ints[3][4];
5
6       //输入数据到二维数组中
7       for (int i = 0; i < 3; i++)
8       {
9           for (int j = 0; j < 4; j++)
10          {
11              scanf("%d", * (ints + i) + j);
12          }
13      }
14      //输出二维数组中的数据,每行输出 4 个数
15      for (int i = 0; i < 3; i++)                  //外层 for 循环
16      {
17          for (int j = 0; j < 4; j++)              //内层 for 循环
18          {
19              printf("%4d", * ( * (ints + i) + j));
20          }
21          printf("\n");                            //使得每行只输出 4 个数
22      }
23      return 0;
24  }
```

输入数据:

```
11 12 13 14
15 16 17 18
19 20 21 22
```

程序运行结果:

```
11  12  13  14
15  16  17  18
19  20  21  22
```

在例 8.11 中,我们并未使用指针变量,也未使用简单易理解的数组下标表示法,而是通过指针表示法实现。第 7～13 行代码实现二维数组数据的输入,其中第 11 行"scanf("%d", * (ints + i) + j);"中的"* (ints + i) + j"表示 ints[i][j]单元的地址,当然,也可改为 &ints[i][j]、ints[i]+j。第 15～22 行代码实现二维数组数据的输出,其中第 19 行"printf("%4d", * (* (ints + i) + j));"中的"* (* (ints + i) + j)"表示 ints[i][j]单元中存储的整数数据,当然,也可改为 ints[i][j]、* (ints[i]+j)。

2. 通过指向二维数组的指针变量操作二维数组

1) 二维数组相关指针变量声明

我们知道在二维数组中指针有两种类型,一种是指向存储单个整数的数组元素的指针,如"&ints[i][j]"为指向 ints[i][j]单元的指针;另一种是指向第 i 行一维数组的指针,如"&ints[i]"为指向 ints[i]的指针。对于不同类型的指针,需要定义不同类型的指针变量来存储。如下代码定义了保存两种指针的指针变量:

```
int * q;              //指向整型变量的指针变量,这里用来指向数组元素 ints[i][j]
int(*p)[4];           //指向一维整型数组的指针变量,指向的是一维数组,而非数组元素
```

代码中,定义了两个指针变量 p 与 q。q 是用来指向二维数组中存储单个整数的数组单元的,如指向 ints[0][0]、ints[i][j],所以定义成指向整型变量的指针变量即可,即“int * q;”。如果指针变量不是指向数组元素,而是指向第 i 行整个一维数组,定义过程如下。

(1) 给变量起名为 p,既然是指针变量,那么肯定要加上指针类型标识符“ * ”,于是有“ * p”。

(2) 指针变量 p 的基础类型是其指向的对象的类型。p 需要指向包含 4 个存储单元的一维整型数组的起始地址,类型为“int [4]”(这里未写数组名,因为数组名只是一个名称而已,并非类型),将“int [4]”与“ * p”结合后有 int (* p)[4]。p 就是一个指向包含 4 个存储单元的一维整型数组的指针变量。

注意,int (* p)[4]不能写成 int * p[4],因为下标运算符“[ ]”的优先级高于“ * ”,所以去掉圆括号后就不是一个指针变量了,而是一个具有 4 个存储单元的指针数组(见 8.8 节)。

2) 通过指针变量操作二维数组

通过指针变量操作二维数组有两种方式实现:一种方式为指针变量指向数组首地址不变,即指针变量不移动;另一种方式为指针变量会在对应的数组上移动。

例 8.12 的案例通过两个指针变量来实现二维数组数据的输入和输出,两个指针变量 p 和 q 不移动。

【例 8.12】 通过指针变量输入和输出二维数组的数据(指针不移动)。

```
#include<stdio.h>
int main()
{
    int ints[3][4];
    int(*p)[4];      //指向一维数组的指针变量,指向的是一维数组,非数组元素
    int* q;          //指向整型变量的指针变量,这里用来指向数组元素 ints[i][j]

    p = ints;                   //p 指向第 0 行一维数组,也可写成"p=&ints[0]"
    //输入数据到二维数组中
    for (int i = 0; i < 3; i++)
    {
        q = *(p + i);           //q 指向第 i 行第 0 列元素,等价于 q=&ints[i][0];
        for (int j = 0; j < 4; j++)
        {
            scanf("%d", q + j); //"q + j"表示 i 行 j 列元素地址
        }
    }

    //输出二维数组中的数据
    for (int i = 0; i < 3; i++)
    {
        q = *(p + i);           //q 指向第 i 行第 0 列元素,等价于 q=&ints[i][0];
        for (int j = 0; j < 4; j++)
        {
            printf("%d ", *(q + j) + 5);  //让第 i 行第 j 列元素值与 5 相加后再输出
        }
        printf("\n");
    }
}
```

输入数据：

```
11 12 13 14
15 16 17 18
19 20 21 22
```

程序运行结果：

```
16 17 18 19
20 21 22 23
24 25 26 27
```

在例 8.12 中，第 5 行代码“int(* p)[4];”定义了指向一维整型数组的指针变量 p，第 6 行代码“int * q;”定义了指向数组元素的指针变量 q。执行了第 8 行代码“p = ints;”后指针变量 p 指向了第 0 行一维数组，当然也可改写为“p = &ints[0];”。第 10～17 行代码通过双重 for 循环实现二维数组数据的输入，第 12 行代码“q = *(p + i);”中“p + i”表示第 i 行一维数组首地址，“ *(p + i)”表示第 i 行第 0 列单元地址，“q = *(p + i);”使得在每次循环中指针变量 q 都能指向第 i 行一维数组的第 0 列单元，即 q 保存 &ints[i][0]。

与例 8.12 程序匹配的内存图如图 8-22 所示，为了更容易理解和方便绘图，图中将每个一维整型数组都进行独立绘制。“p+0”“p+1”“p+2”表示左侧“立”起数组 0 号、1 号、2 号三个单元的地址，此“立”起数组的 0 号、1 号、2 号也是例 8.12 代码中双重循环的外层循环变量 i 的范围；“q = *(p + 0);”使指针变量 p 指向了 ints[0]为数组名的一维数组第 0 列元素，即 ints[0][0]单元，此时外层循环变量 i 为 0(第 12 行代码)，内层循环中的“scanf("%d", q + j);”语句(第 15 行代码)中“q+j”即表示 ints[0]为数组名的一维数组中第 j 号单元地址，则执行“scanf("%d", q + j);”语句就将从控制台获取的数据存入了 ints[0][j]单元中了。

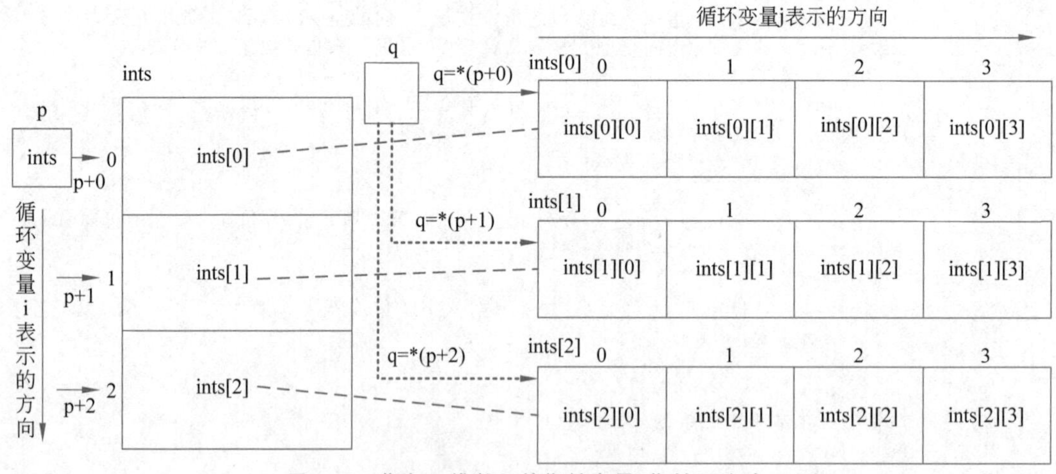

图 8-22 指向二维数组的指针变量(指针不移动)

在图 8-22 中指针变量 q 绘制了三个箭头出去，只是为了展示“q= *(p+0)”“q= *(p+1)”“q= *(p+2)”三种情况下的不同指向，而同一个时刻 q 只能指向一个数组单元。

如果读者明白了例 8.12 中第 10～17 行的数据输入功能代码，那么第 20～28 行的数据输出功能代码也就简单了。数据输入语句“scanf("%d", q + j);”中需要的是数组元素的地址，而“q+j”恰好表示第 i 行一维数组中第 j 列的地址。在数据输出语句中需要的是数组元素中的值,在知道地址的情况下,在地址前加“ * ”即是取值,故 * (q + j)就获取了第 i 行一维数组中第 j 列元素的值,然后加上常数 5 有“ * (q + j)+5”表达式写法。所以第 25 行“printf("%d ", * (q + j) + 5);”是将第 i 行一维数组中第 j 列元素的值加 5 后输出。

例 8.12 中,指针变量 p 指向二维数组后其指向便维持不变,q 也是在指向第 i 行一维数组 0 号单元后指向也维持不变,这种前提下,指针变量可以借助数组的下标表示法。所以第 12 行代码可改为“q = p[i];”或“q = &p[i][0];”或其他等价表达式;第 15 行代码“scanf("%d", q+j);”可改为“scanf("%d", &q[j]);”;第 25 行代码“printf("%d ", * (q + j) + 5);”可改为“printf("%d ", q[j]+ 5);”或其他等价写法。

在指针变量 p 指向二维数组首地址不变的情况下,可通过指针变量 p 求解二维数组单元的地址和值,如表 8-3 所示。

表 8-3 二维数组的地址和值求解

编号	通用表示形式	含 义
1	ints、p	指向一维数组 ints[0],即第 0 行一维数组的首地址
2	ints[i]、p[i]	第 i 行一维数组的数组名,第 i 行第 0 列的元素 ints[i][0]内存地址
3	ints+i、&ints[i]、p+i、&p[i]	第 i 行一维数组的首地址
4	* (ints+i)、* (p+i)	第 i 行第 0 列数组元素 ints[i][0]内存地址
5	&ints[i][0]、&p[i][0]	第 i 行第 0 列数组元素 ints[i][0]内存地址
6	* (ints+i)+j、* (p+i)+j、ints[i]+j、p[i]+j	第 i 行第 j 列数组元素 ints[i][j]内存地址
7	ints[i][j]、p[i][j]、* (ints[i]+j)、* (p[i]+j)、* (* (ints+i)+j)、* (* (p+i)+j)	第 i 行第 j 列数组元素 ints[i][j]单元中存储的具体整数数值,并非地址;若放置于赋值符号左侧则表示 ints[i][j]单元本身,如“ * (ints[i]+j)=100”“ * (p[i]+j)=100”“ * (* (ints+i)+j)=100”“ * (* (p+i)+j)=100”与“ints[i][j]=100”“p[i][j]=100”等价,是将 100 存储到第 i 行第 j 列单元中

从表 8-3 可知,当指针变量 p 指向数组 ints 首地址不变情况下,其使用方式完全等价于二维数组名 ints 使用方式,ints 如何用,p 就如何用。

在例 8.12 中,指针变量是不会移动的,它保持指向二维数组首地址不变,接下来我们看看通过移动指针来操作二维数组的案例。

【例 8.13】 通过移动指针输入和输出二维数组的数据。

```
#include<stdio.h>
int main()
{
    int ints[3][4];
    //指向一维数组的指针变量,指向的是一维数组,非数组元素
     int( * p)[4];
    //指向整型变量的指针变量,这里用来指向数组元素 ints[i][j]
    int * q;

    p = ints;                    //p 指向第 0 行一维数组,也可写成"p=&ints[0]"
    //输入数据到二维数组中
    while (p < ints + 3)         //限定 p 的上界
```

```
13    {
14        q = *p;                 //q指向一维数组第 0 列单元
15        while (q < *p + 4)      //限定 q 的上界
16        {
17            scanf ("%d", q);    //输入数据到 q 指向单元中
18            q++;                //q在一维数组中往高下标端移动,每次移动 1 个单元
19        }
20        p++;                    //p在二维数组中往高下标端移动,每次移动 1 个单元
21    }
22    p = &ints[0];               //p重新指回到二维数组 0 号单元
23    //输出二维数组中的数据
24    while (p < ints + 3)        //限定 p 的上界
25    {
26        q = *p;                 //q指向一维数组第 0 列单元
27        while (q < *p + 4)      //限定 q 的上界
28        {
29            printf("%d ", *q + 5);//通过*q取出 q 指向单元中的数据,然后加 5 并输出
30            q++;                //q在一维数组中往高下标端移动,每次移动 1 个单元
31        }
32        printf("\n");    //输出完一个一维数组元素后输出换行,保证每行输出 4 个元素
33        p++;                    //p在二维数组中往高下标端移动,每次移动 1 个单元
34    }
35 }
```

输入数据：

```
11 12 13 14
15 16 17 18
19 20 21 22
```

程序运行结果：

```
16 17 18 19
20 21 22 23
24 25 26 27
```

在例 8.13 中,第 6 行与第 8 行定义了两个指针变量 p 和 q,p 指向图 8-23 中左侧“立”起的二维数组单元且可上下移动;而 q 指向右侧“横”起的一维数组单元且可左右移动。

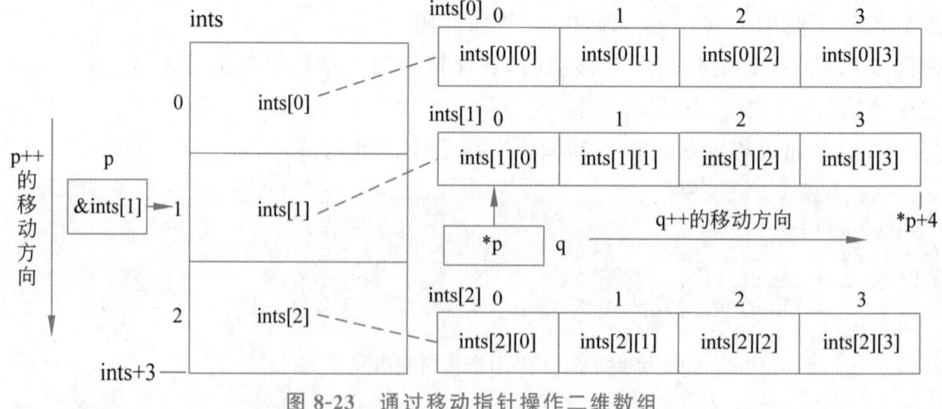

图 8-23 通过移动指针操作二维数组

第 10 行代码“p = ints;”使指针变量 p 首先指向左侧“立”起的二维数组 0 号单元,即指向了整个第 0 行一维数组,也可改写为“p = &ints[0];”。第 12～21 行代码通过双重

while 循环并结合移动的指针变量实现了二维数组的数据输入。由于指针变量 p 只能在图 8-23中左侧“立”起的二维数组单元上下移动，所以它的下界限定条件应该为“p>=ints+0”，上界限定条件为“p<=ints+2”或“p<ints+3”，所以第 12 行代码通过表达式“while (p < ints + 3)”来限定 p 的上界。

在执行双重 while 循环时，假设 p 已经指向了图 8-23 中左侧“立”起的二维数组 1 号单元，此时 * p 可取到第 1 行一维数组单元 ints[1][0]的内存地址，则第 14 行代码“q = * p;”使指针变量 q 指向了第 1 行一维数组单元 ints[1][0]，第 15～19 行代码通过第 18 行代码“q++;”让指针变量 q 从 0 号开始依次指向 1 号、2 号、3 号单元实现数据的输入。第 1 行一维数组的起始地址为 * p，结束地址为“ * p+4”，所以指针变量 q 的下界限定表达式为“q>= * p+0”，上界限定表达式为“q<= * p+3”或“q<= * p+4”，所以第 15 行代码为“while (q < * p + 4)”。

第 24～34 行代码的功能是通过双重 while 循环输出二维数组中的数据。由于在执行完第 12～21 行代码后，指针变量 p 已经指向了图 8-23 中左侧“立”起的二维数组“ints+3”位置，所以在输出数据之前，通过第 22 行代码“p = &ints[0];”让指针变量 p 重新指回到二维数组 0 号单元。输出数据的双重循环代码和输入数据的代码理解上是一样的，不同的是第 29 行代码“printf("%d ", * q + 5);”，通过 * q 取出 q 指向的一维数组单元值，然后加 5 再输出。

在指针变量 p 位置移动的情况下，假设指针变量 p 正指向图 8-23 中左侧“立”起的二维数组的第 i 号单元，即指向第 i 行一维数组，此时求解二维数组单元地址和值的方式如表 8-4 所示。

表 8-4　二维数组的地址和值求解

编号	通用表示形式	含　义
1	ints	指向一维数组 ints[0]，即第 0 行一维数组的首地址
2	* (ints+i)、ints[i]、* p	第 i 行一维数组的数组名，第 i 行第 0 列的元素 ints[i][0]内存地址
3	ints+i、&ints[i]、p	第 i 行一维数组的首地址
4	* (ints+i)+j、* p+j、ints[i]+j	第 i 行第 j 列数组元素 ints[i][j]内存地址
5	ints[i][j]、* (ints[i]+j)、* (* (ints+i)+j)、* (* p+j)	第 i 行第 j 列数组元素 ints[i][j]单元中存储的具体整数数值，并非地址；若放置于赋值符号左侧则表示 ints[i][j]单元本身，如“ * (ints[i]+j)=100”“ * (* (ints+i)+j)=100”“ * (* p+j)”与“int[i][j]=100”等价，是将 100 存储到第 i 行第 j 列单元中

在表 8-4 中，并未使用指向数组元素 ints[i][j]的指针变量 q，而是将指针变量 p 与列下标 j 相结合求解 ints[i][j]单元的地址和值，具体使用方式如例 8.14 所示。

【例 8.14】　通过指针变量和列编号输入和输出数据。

```
#include<stdio.h>
int main()
{
    int ints[3][4];
```

```
5        int(*p)[4];            //指向一维数组的指针变量,指向的是一维数组,非数组元素
6
7        p = ints;              //p指向第0行一维数组,也可写成"p=&ints[0]"
8        //输入数据到二维数组中
9        while (p < ints + 3)
10       {
11           for (int j = 0; j < 4; j++)
12           {
13               scanf("%d", *p + j);
14           }
15           p++;               //p在二维数组中往高下标端移动
16       }
17       p = &ints[0];          //p重新指回到二维数组0号单元
18       //输出二维数组中的数据
19       while (p < ints + 3)
20       {
21           for (int j = 0; j < 4; j++)
22           {
23               printf("%d ", *(*p + j) + 5);
24           }
25           printf("\n");
26           p++;
27       }
28   }
```

输入数据：

```
11 12 13 14
15 16 17 18
19 20 21 22
```

程序运行结果：

```
16 17 18 19
20 21 22 23
24 25 26 27
```

在例 8.14 中，第 13 行代码“scanf("%d", *p + j);”中“*p + j”表示*p 指向的一维数组中第 j 列单元地址，“*(*p + j)”表示取出当前数组单元的值，故第 23 行代码“printf("%d ", *(*p + j) + 5);”是将当前单元值取出来加 5 后输出。

3. 通过整型指针变量操作二维数组

在例 8.12、例 8.13、例 8.14 中，我们都通过“int (*p)[4]”形式定义了指向二维数组 ints 的指针变量 p，这是从二维数组的角度来理解。其实可以换个角度理解二维数组，不管是一维整型数组，还是二维整型数组，每个存储单元都占用相同的字节数，都存储一个整数，本质上与“int a;”声明的整型变量没有区别，所以完全可以使用一个整型指针变量来操作二维数组，如例 8.15 所示。

【例 8.15】 通过整型指针变量操作二维数组。

```
#include<stdio.h>
int main()
{
    int ints[3][4];
    int* p;                         //声明整型指针变量

```

```
7       p = ints[0];                //p指向第 0 行第 0 列单元,也可写成"p=&ints[0][0]"
8       //输入数据到二维数组中
9       while (p < ints[0] + 12)
10      {
11          scanf("%d", p);         //输入数据到 p 指向的单元中去
12          p++;                    //让 p 往高下标端移动一个单元
13      }
14      p = &ints[0][0];            //让指针变量 p 指回到数组的起始端
15      //输出二维数组中的数据
16      while (p < ints[0] + 12)
17      {
18          printf("%4d", *p + 5);
19          p++;
20      }
21  }
```

输入数据：

```
11 12 13 14
15 16 17 18
19 20 21 22
```

程序运行结果：

```
16  17  18  19  20  21  22  23  24  25  26  27
```

图 8-24 为二维数组标准存储图解形式，从图上可看出，第 0 行一维数组的结束地址为“eaff6678H”，其实也是第 1 行一维数组的起始地址；1 号一维数组的结束地址“eaff6688H”也是第 2 行一维数组的起始地址。这说明在内存中第 1 行一维数组是紧接到第 0 行一维数组之后进行存储的，第 2 行一维数组是紧接到第 1 行一维数组之后存储的，如例 8.15 所示。在例 8.15 中，ints[0]是此段内存单元的起始地址，以 ints[0]地址作为参照点，从前往后每个单元地址依次为“ints[0]+0”“ints[0]+1”“ints[0]+2”、……、“ints[0]+10”“ints[0]+11”，结束地址为“ints[0]+12”。

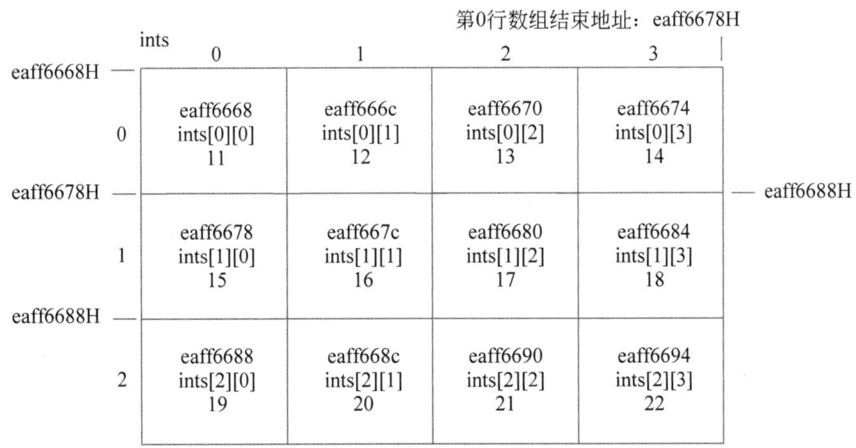

图 8-24　二维数组标准存储图解形式

这里将例 8.15 程序结合图 8-25 进行分析。使用例 8.15 中第 7 行代码“p=ints[0];”让指针变量 p 指向一维数组 ints[0]的 0 号单元(ints[0][0])。第 9～13 行循环代码使 p 可依次向高下标端移动(p++)，并通过第 11 行代码“scanf("%d", p);”将数据输到 p 指向的单

元中去。通过第 12 行代码“p++;”让 p 依次往高下标端移动，上界便是图 8-25 右侧的“ints[0]+12”，所以指针变量 p 的上界限定条件为“p < ints[0] + 12”或“p <= ints[0] + 11”，那么第 9 行代码写成“while (p < ints[0] + 12)”就很容易理解了。例 8.15 中第 14～20行代码功能就是让指针变量 p 重指回到数组 ints 的开端，然后通过循环，取出每一个单元中的数据并加 5 后输出。

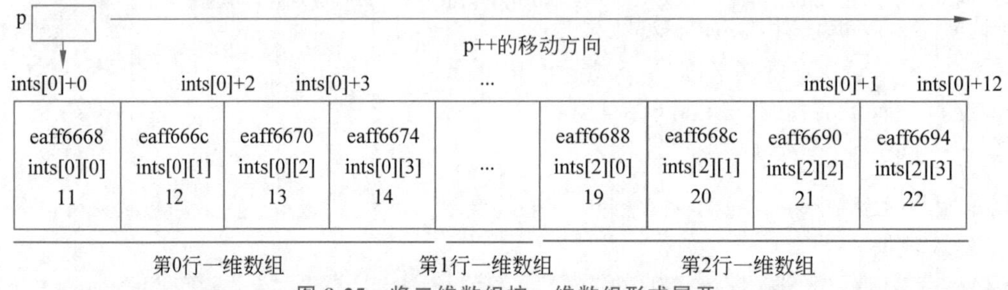

图 8-25　将二维数组按一维数组形式展开

到此，指向二维数组的指针变量基础知识就介绍完毕了。为了降低初学者学习难度，整个过程都使用数组数据的输入和输出案例进行分析，而并未使用算法复杂的案例，初学者需要反复阅读本节知识点并通过实际环境编程演练才能真正掌握。

8.6　指针与字符串

在第 6 章中，我们已经学习了字符数组与字符串知识，字符串在内存中是以字符数组的形式存储的。本节主要讲解通过指针变量实现字符串的存储和运算方法。

8.6.1　字符串的引用方式

在 C 语言中，存储字符串的方式有两种，一种是声明字符数组存储字符串，另一种是声明字符指针变量来指向字符串。不论哪种方式，字符串在内存中都是以字符数组的形式存储的。

1. 声明字符数组存储字符串

声明字符数组的方式有以下几种：

```
char chs1[]={'h','e','l','l','o'};          //从数值型数组角度初始化字符数组
char chs2[]={"hello"};                      //从字符串角度初始化字符数组
char chs3[] = "hello";                      //从字符串角度初始化字符数组
```

以上代码中，第 1 行代码是从数值型数组(如整型数组、实型数组)的角度来声明并初始化字符数组，这种方式下，字符串是否包含结束标识'\0'由我们自行确定，如此处并未添加'\0'到花括号中，所以 chs1 数组中存储的字符串没有结束标识，共有 5 个存储单元。第 2、3 行代码首先将所有字符用双引号括起来后整体赋值给字符数组，这是从字符串的角度来操作的，这种方式系统在初始化时会自动在字符串末尾加上结束标识'\0'，所以 chs2 与 chs3 都包含 6 个数组元素。三个数组的内存图如图 8-26、图 8-27 和图 8-28所示，如果数组是函数中声明的局部数据，则数组空间存储于内存用户区域的栈区，如果数组是函数以外的全局数

chs1

'h'	'e'	'l'	'l'	'o'
0	1	2	3	4

图 8-26　chs1 数组

组则存储于静态数据区。

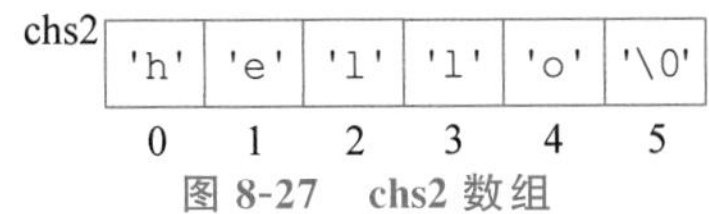

图 8-27　chs2 数组

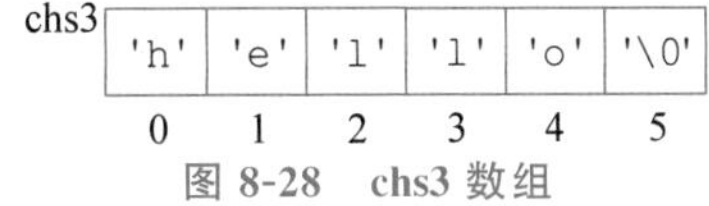

图 8-28　chs3 数组

不管是从数值型数组角度看待字符数组，还是从字符串的角度看待字符数组，都建议在字符串的末尾加上结束标识'\0'，否则在操作中不能使用依赖于结束标识'\0'的函数。

【例 8.16】 声明字符数组存储字符串。

```
1   #include<stdio.h>
2   int main() {
3       char chs1[]={'h','e','l','l','o'};         //从数值型数组角度初始化字符数组
4       char chs2[]={"hello"};                     //从字符串角度初始化字符数组
5       char chs3[] = "hello";                     //从字符串角度初始化字符数组
6       //由于 chs1 中没有字符串结束标识，不能使用 puts 或 printf 函数输出
7       for (int i = 0; i < 5; ++i) {
8           putchar(chs1[i]);
9       }
10      printf("\n");
11      puts(chs2);              //输出字符数组 chs2 中的字符串，特殊的字符串操作方式
12      puts(chs3);              //输出字符数组 chs3 中的字符串，特殊的字符串操作方式
13      return 0;
14  }
```

例 8.16 中，由于第 3 行代码在初始化字符数组 chs1 时并未人工加上字符串结束标识'\0'，所以不能使用 puts 或 printf 函数输出字符串（它们需要结束标识'\0'来判断字符串是否结束），只能使用第 7～9 行的循环方式一个一个字符输出字符串，当然，第 8 行代码可改写为“printf("%c", chs1[i]);”。不管是使用 putchar 函数，还是使用 printf 函数输出单个字符，chs1[i]处也都可以使用“*(chs1 + i)”替换。

由于 chs2 与 chs3 中都包含了字符串的结束标识'\0'，所以可直接使用依赖于'\0'的 puts 函数将字符数组中的字符串一下子输出。当然，也可以使用“printf("%s\n",chs2);”与“printf("%s\n",chs3);”，但是需要注意的是，puts 函数会自动在输出字符串内容后输出换行，而 printf 函数不会输出换行符号。

注意，如果字符串的末尾有结束标识'\0'，可以通过循环操作数值数组的方式一个一个字符地输出字符从而输出字符串。如下面代码，第 1 行在初始化数组时，添加了结束标识'\0'，那么 chs 数组共 6 个单元。第 3 行代码执行具体输出时需要判断当前循环到的字符是否是结束标识，不是则输出，否则不输出。

```
char chs[] = {'h', 'e', 'l', 'l', 'o', '\0'};
for (int i = 0; i < 6; ++i) {
    if (chs[i] != '\0')printf("%c", chs[i]);
}
```

但在字符串有结束标识时，使用循环输出的方式比较麻烦。这种情况建议使用 puts 函数或 printf 函数将字符串一下子输出，因为这两个函数只需要知道字符数组的 0 号单元地址即可，如 puts(chs)、printf("%s\n",chs)中的 chs 都是数组名，都是数组 0 号单元地址。

需要注意的是，puts(chs)、printf("%s\n",chs)这两种方式能一下子将数组中的字符串内容输出而不需要循环代码块，这仅限于有结束标识的字符数组，因为这两种方式是需要

判断字符串的结束位置的，如果没有结束标识，则这两种方式可能会输出一些无意义的数据。如果是数值型的数组（如整型数组）则不能使用这种方式，数值型数组只能使用循环方式一个元素一个元素地输出，如下面两行代码是有问题的。

```
int ints[3] = {1, 2, 3};                    //声明一个整型数组
printf("%d", ints);                         //以十进制形式输出 0 号单元地址
```

以上代码“printf("%d", ints);”并非输出整型数组中的数据 1、2、3，而是将 0 号单元的地址以十进制形式输出。

2. 使用字符指针变量引用字符串

字符串存储于字符数组中，可以先定义字符数组，然后声明指向此数组的指针变量，例如：

```
char chs[10] = "hello";                     //声明字符数组并初始化
char *p;                                    //声明字符指针变量
p = chs;                                    //让指针变量 p 指向数组 chs 的 0 号单元
```

以上代码声明一个字符数组 chs，并初始化为字符串“hello”，然后声明指针变量 p 指向此数组的 0 号单元，如图 8-29 所示。从图上可知，这其实就是我们在之前学习过的通过指针变量指向一维数组而已，不同的是之前数组是数值型的数组，而此处的数组是字符型数组，字符型数组除了能使用数值型数组的操作方式以外，还多了一种字符串的特殊操作方式。

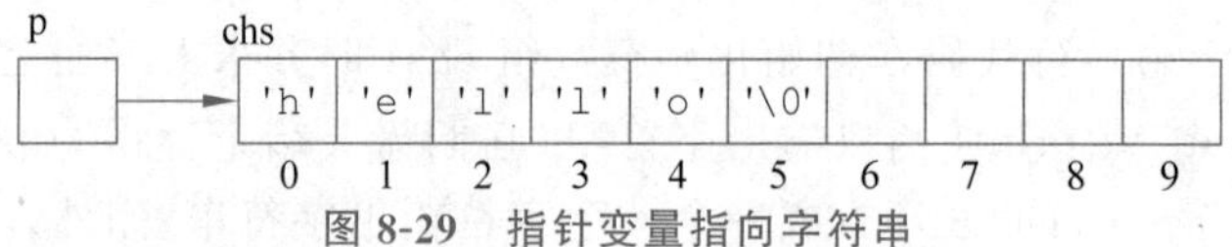

图 8-29 指针变量指向字符串

【例 8.17】 通过指针变量输入/输出字符串。

```
1   #include<stdio.h>
2   int main() {
3       char chs[10];                       //声明字符数组
4       char *p;                            //声明指针变量 p
5
6       p = &chs[0];                        //让字符指针变量 p 指向字符数组 0 号单元
7       gets(chs);                          //通过数组名输入字符串
8       puts(chs);                          //通过数组名输出字符串
9       gets(p);                            //通过指针变量 p 输入字符串
10      puts(p);                            //通过指针变量 p 输出字符串
11      return 0;
12  }
```

程序运行结果：

```
hello↙
hello
my↙
my
```

在例 8.17 中，声明了一个字符指针变量 p 并让其指向字符数组的 0 号单元（第 6 行代码），第 7 行“gets(chs);”通过字符数组名输入字符串，假设输入为“hello”，则内存图如图 8-29 所示。注意，只需要输入连续的“hello”五个字符构成的符号串即可，不需要人工输入'\0'，系

统会自动添加。第 8 行代码“puts(chs);”是通过数组名输出，输出时遇到字符串结束标识'\0'即停止输出过程。

第 9 行代码“gets(p);”通过指针变量输入字符串，输入“my”后的内存图如图 8-30 所示，字符串“my”及结束标识覆盖数组的前三个单元，2 号单元存储系统自动添加的'\0'，之后的'l'与'o'虽然还在数组中，但是从字符串的角度，当前数组中存储的字符串在 2 号单元就结束了，所以第 10 行代码“puts(p);”输出的内容为“my”。

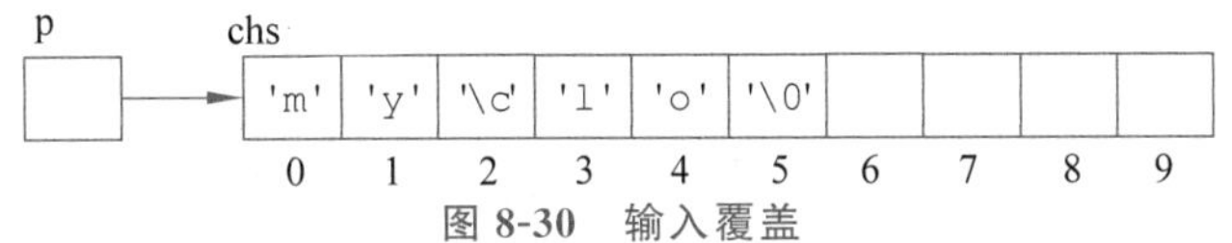

图 8-30 输入覆盖

在例 8.17 中，不论是通过字符数组名输入/输出，还是通过指针变量输入/输出字符串，其本质都是一样的，因为指针变量 p 指向 chs 的 0 号单元不变，数组名 chs 为 0 号单元的地址常量，而 p 存储的也是 0 号单元的地址，所以第 7、8、9、10 四行代码对应的实际参数表达式都是数组 0 号单元的地址。

gets 函数、puts 函数、scanf("%s",chs)、printf("%s",p)，即要输入/输出字符串，只需要知道字符数组的 0 号单元地址即可，至于是使用数组名还是保存数组首地址的指针变量都行。那么如图 8-29 所示，如果要输出字符串"llo"和 2 号单元中的字符'l'，如何实现呢？如果要输出字符串"llo"，只需要知道此字符串的起始地址即可，也即求出 2 号单元的地址，表达式“chs+2”“p+2”“&chs[2]”“&p[2]”都表示字符串"llo"的起始地址，所以输出"llo"有如下的代码写法(注意 printf 语句中使用的格式控制符号是“%s”)：

```
puts(chs+2);
puts(p+2);
puts(&chs[2]);
puts(&p[2]);
printf("%s\n",chs+2);
printf("%s\n",p+2);
printf("%s\n",&chs[2]);
printf("%s\n",&p[2]);
```

注意，以上写法都是通过一行代码就将数组中的多个元素内容批量输出，这种写法是针对存储字符串的字符数组的特有写法，数值型数组(如整型数组等)是不能使用这种写法的。

要输出 chs 字符数组 2 号单元的字符'l'，这个就和输出数值型数组中元素内容的方式一致。chs[2]、p[2]、*(chs+2)、*(p+2)都表示 2 号单元或 2 号单元中的字符'l'，所以有如下的写法(注意 printf 语句中使用的格式控制符号是“%c”)：

```
putchar(chs[2]);
putchar(p[2]);
putchar(*(chs + 2));
putchar(*(p + 2));
printf("%c", chs[2]);
printf("%c", p[2]);
printf("%c", *(chs + 2));
printf("%c", *(p + 2));
```

在程序中直接编写在双引号之间的字符串字面量存储于文字常量区。文字常量区中存储字符串的数组空间系统会自动分配，但数组单元中的内容是只读的，不能人为修改。

【例 8.18】 指针变量指向文字常量区字符串。

```
1  #include<stdio.h>
2  int main() {
3      char *p=NULL;                          //声明字符指针变量 p
4      p = "hello";                           //给指针变量 p 赋值
5      puts(p);                               //输出字符串的内容
6      printf("%x\n",p);                      //输出 p 中存储的地址
7      p = "world";                           //给指针变量 p 赋值
8      puts(p);                               //输出字符串的内容
9      printf("%x\n",p);                      //输出 p 中存储的地址
10     printf("%c\n", *(p + 1));              //输出字符
11     printf("%s\n", p + 1);                 //输出字符串
12     return 0;
13 }
```

程序运行结果：

```
hello
9738a000
world
9738a00a
o
orld
```

例 8.18 中，第 3 行声明字符指针变量 p，赋值为空指针。第 4 行代码“p = "hello";”给指针变量 p 赋值字符串"hello"，执行完此行代码后，内存图如图 8-31 所示，图中字符数组空间由系统自动根据字符串长度在文字常量区分配，系统会自动添加字符串结束标识后存储，并将数组 0 号单元地址 9738a000H 赋值到指针变量 p 中。这种数组空间对于编程者来说是只能读取不能修改的，也没有数组名，只能通过指针变量 p 访问。

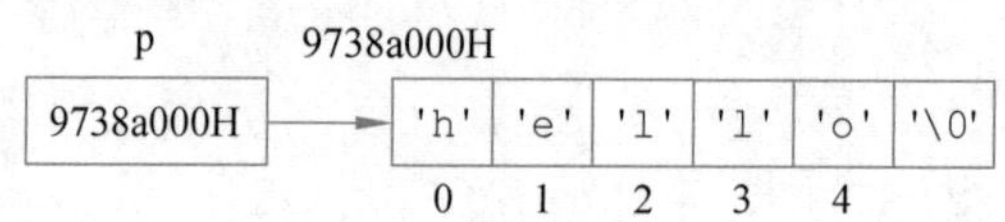

图 8-31 字符指针变量 p 指向文字常量区的字符数组 0 号单元

特别提醒，读者可能会误认为执行语句“p = "hello";”时是直接将字符串内容存储到指针变量 p 中，这个理解是错误的，不管指针变量指向什么对象，指针变量永远都只存储地址。

第 5 行代码“puts(p);”是直接输出指针 p 指向的字符串内容，第 6 行将指针变量 p 中存储的地址，也即是 p 指向的数组 0 号单元地址 9738a000 输出。

第 7 行代码“p = "world";”再次给指针变量 p 赋值，由于 p 指向的原数组空间是文字常量区的只读空间，所以系统会根据字符串"world"长度另外在文字常量区分配新空间，并把新数组空间的地址保存到指针变量 p 中。所以第 8 行代码“puts(p);”输出的字符串不再是原来的字符串，而是新字符串"world"，如图 8-32 所示；第 9 行代码“printf("%x\n",p);”输出的也不再是原来的地址，而是新的数组空间地址 9738a00a。

第 10 行代码“printf("%c\n", *(p + 1));”输出图 8-32 中的 1 号单元字符'o'，第 11 行代码输出的是 1 号单元开始的字符串“orld”。

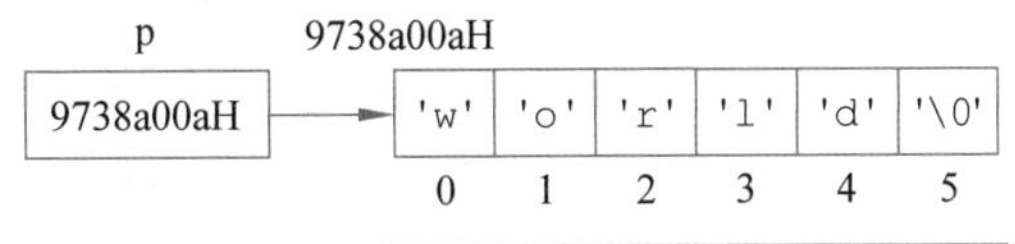

图 8-32　指针变量 p 指向新分配空间

8.6.2　字符数组与字符指针变量的不同

使用字符数组,这里仅指存储于静态存储区的全局数组,存储于栈区的局部数组,它们都是有数组名的。指针变量与这两种数组都能实现字符串的存储和运算,但它们之间是有区别的,主要有以下几点。

(1) 字符数组由若干单元构成,每个单元存储一个字符,而字符指针变量中存储的是地址(其指向的字符串存储数组中 0 号单元的地址),绝对不是把字符串存储于指针变量中。

(2) 赋值方式不同。可直接将字符串字面量赋值给指针变量,但不能对数组名赋值,因为字符数组名是地址常量。

```
char *p;                //声明字符指针变量
char chs[6];            //声明字符数组
p="China";      //直接将字符串字面量赋值给指针变量 p,系统会自动在文字常量区分配数组空间
                //并将 0 号单元地址赋值到变量 p 中去,p 中存储的是地址,不是字符串,正确写法
chs="China";            //数组名是地址常量,不能被赋值,错误写法
strcpy(chs,"hello");    //将字符串"hello"复制到数组 chs 中并覆盖原内容,正确写法
strcpy(p,"hello");      //错误写法,指针 p 指向的是文字常量区数组空间,不能修改
p="hello";      //p 指向系统自动在文字常量区新分配的数组空间,并非覆盖原空间,正确写法
```

(3) 初始化方面不同。

给字符指针变量初始化:

```
char *p="China";                        //声明字符指针变量时初始化,正确写法
```

等价于:

```
char *p;                                //声明指针变量
p="China";                              //给指针变量赋值,正确写法
```

给字符数组初始化:

```
char chs[6]="China";                    //声明字符数组并初始化,正确写法
```

不能写为

```
char chs[6];                            //声明字符数组
chs="China";                            //错误写法,因为数组名是地址常量
```

但以下写法正确:

```
strcpy(chs,"hello");                    //将字符串"hello"复制到数组 chs 中
```

8.7　动态内存分配

有些时候,我们可能需要根据实际需要直接向内存申请空间以存放一些临时数据,而不是在函数声明部分进行定义,这种空间可需要时申请,不需要时马上释放而不用等到函数执

行结束。这种临时申请来存放数据的空间存放在一个特别的自由存储区，称为堆区。堆区的空间需要我们在需要时编写代码申请，不需要时编写代码释放，否则在一个函数中申请的空间，即使当前函数运行结束了，此部分空间也仍然存在直到整个程序运行结束。当然，我们也可以利用这个特性，实现在一个函数中申请空间，在当前函数运行结束后，其他函数也仍然可使用此部分空间数据的目的。

这种临时申请的动态空间是无法在声明区域声明的，因此无法通过普通变量名或数组名去引用这些数据，只能通过指针来引用。

在C语言中，常用的内存堆空间管理函数有 malloc、free、calloc、realloc 等。它们位于 stdlib.h 头文件中，使用时必须先使用“＃include＜stdlib.h＞”指令将此头文件包含到当前程序文档中。

1. malloc 函数

malloc 函数的原型为

```
void * malloc(unsigned int size);
```

malloc 函数的主要功能是向内存堆区申请分配一块连续的 size 大小的内存空间，单位为字节，形参类型为无符号整型。此函数的返回值是所申请到空间的第一个字节地址，类型为“void *”，即无值型指针(地址)，如申请失败(如在内存不足时)，则返回空指针(NULL)。

所谓无值型指针(“void *”类型地址)，只是表明该地址对应的内存单元中存储的数据所属类型还未确定。void 类型的指针可以与其他类型的指针相互赋值，而无须进行强制类型转换，因为在编译阶段系统会自动进行隐式类型转换。例如：

```
int * p;
p=malloc(sizeof(int) * 10);                    //申请了存储 10 个整数大小的空间
```

上述语句定义了一个指针变量 p，并且通过 malloc 函数分配了 sizeof(int) * 10 大小的一块地址连续的内存空间。假设 sizeof(int)值为 4，则共分配了 4×10＝40 字节的内存空间。如果申请成功，则 malloc 函数返回具有 40 字节空间的内存首地址，类型为“void *”，可将此地址直接赋值给整型指针变量，不用强制类型转换。当然，我们也可以自己进行显式转换，代码如下：

```
p=(int *)malloc(sizeof(int) * 10);
```

注意，如果我们是在标准的 C 语言环境中使用 malloc 函数申请空间，可采用“p＝malloc(sizeof(int) * 10);”写法，不需要进行强制类型转换；如果我们在标准的 C++ 环境中编写 C 语言程序，那么就只能使用显式强制类型转换的写法“p＝(int *)malloc(sizeof(int) * 10);”，因为在 C++ 中，“void *”无法自由隐式转换为其他类型的指针。

【例 8.19】 使用 malloc 函数申请数组空间。

```
#include<stdio.h>
#include<stdlib.h>
int main() {
    int * p;
    p = malloc(sizeof(int) * 5);        //申请存储 5 个整数大小的空间
    if (p == NULL) {                    //进行空间申请失败后的处理
        printf("空间申请失败!");
        exit(0);                        //程序非正常退出
    }
```

```
10     for (int i=0;i<5;i++){                    //以数组的方式循环输出每个单元中的数据
11         printf("%d ", p[i]);                  //p[i]是指针变量借用数组的下标表示法
12     }
13     free(p);                                  //释放指针变量 p 指向的数组空间
14     return 0;
15 }
```

例 8.19 中第 5 行代码“p = malloc(sizeof(int) * 5);”是申请存储 5 个整数的空间，然后把 malloc 函数返回地址保存到指针变量 p 中去。由于 p 是指向整型变量的指针变量，系统会自动将 malloc 函数申请的长度为“sizeof(int) * 5”的空间转变成整型数组，可存储 5 个整数，如图 8-33 所示。第 6～9 行代码是空间分配失败时的处理代码，虽然失败概率极低，但是为了安全也必须写此部分代码。

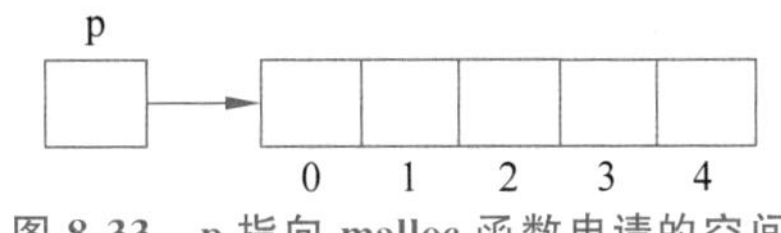

图 8-33　p 指向 malloc 函数申请的空间

第 10～12 行代码是直接将指针变量 p 指向的整型数组空间数据输出。

程序运行结果：

```
-1978440448 683 -1978465968 683 1936683619
```

由于 malloc 函数只负责空间的申请，不负责空间存储数据的初始化，所以申请空间成功后，系统会给予空间一些随机的、毫无意义的数据，而且每次运行时系统给予的随机数据都不一样。

注意，表达式 malloc(size)只是向内存的堆区域申请长度为 size 字节大小的空间，此空间最终是作为独立的变量、数组或其他数据结构使用，这取决于指向这段空间的指针变量基础类型。如例 8.19 中，指针变量 p 的基础类型为整型，那么在执行“p = malloc(sizeof(int) * 5);”中隐式转换时系统会自动进行处理：一个整数占用 sizeof(int)字节，而申请的空间一共 sizeof(int) * 5 字节，那么 sizeof(int) * 5/sizeof(int)恰好 5 个存储单元，则 p 指向的就是存储 5 个整数的整型数组空间。

在程序运行时向堆区动态申请的空间是没有名称的，如例 8.19 中使用 malloc 函数申请的空间就没有任何名称，只能通过指向此空间的指针变量来访问。第 13 行代码“free(p);”作用是释放指针变量 p 指向的由 malloc 函数申请的数组空间。

2. free 函数

free 函数的原型为

```
void free(void *p);
```

free 函数的主要功能是释放指针变量 p 所指向的由 malloc 函数、calloc 函数申请的，或 realloc 重新分配的内存空间，其返回值为空指针。

由于 malloc 函数、calloc 函数、realloc 函数申请分配的空间都在堆区，此区域的空间不会随着被调函数执行结束而消亡，所以在空间使用结束时一定要通过 free 函数释放，以节约系统内存资源，否则此部分空间在整个程序运行结束时才由系统释放，这样就可能造成很长一段时间内存空间的浪费。

注意，free(p)表达式并不是释放指针变量本身的空间，而是释放指针变量指向的空间！

3. calloc 函数

calloc 函数的原型为

```
void * calloc(unsigned int n, unsigned int size);
```

calloc 函数的主要功能是向内存堆区域申请分配 n 个 size 字节大小的连续内存空间，如果申请成功，系统将把所分配内存空间的首地址作为函数返回值返回。该函数的返回值为"void *"类型指针，如果未能申请成功，则该函数返回空指针 NULL。例如：

```
int * p;
p = calloc(10, sizeof(int));
```

上述语句定义了一个整型指针变量 p，并且通过 calloc 函数分配了 10 个 int 型数据[sizeof(int)字节大小]的堆内存空间，将 calloc 函数所返回的这块连续区域的首地址赋值给指针变量 p。

【例 8.20】 使用 calloc 函数申请空间。

```
1   #include<stdio.h>
2   #include<stdlib.h>
3   int main() {
4       int * p;
5       p = calloc(5,sizeof(int));                 //申请存储 10 个整数大小的空间
6       if (p == NULL) {
7           printf("空间申请失败!");
8           exit(0);
9       }
10      for (int i=0;i<5;i++){
11          printf("%d ", p[i]);
12      }
13      return 0;
14  }
```

程序运行结果：

```
0 0 0 0 0
```

例 8.20 中第 5 行代码"p = calloc(5,sizeof(int));"中 calloc 函数直接申请到的堆空间就是一个数组空间，同时还对每个数组单元进行了初始化，初始值为 0，所以第 10～12 行代码执行后的输出结果都是 0。

malloc 函数与 calloc 函数的区别如下。

(1) malloc 函数不能初始化所分配的内存空间，在动态分配完内存后，空间里面的数据是系统指定的毫无意义的随机数据。

(2) calloc 函数能初始化所分配的内存空间，在动态分配完内存后，自动初始化该内存空间为 0。由于 calloc 函数初始化空间需要额外的时间，所以 malloc 函数比 calloc 函数性能更高。调用 calloc 函数相当于执行如下的两行代码：

```
p = malloc(size);
memset(p, 0,size);
```

memset 函数原型为

```
void memset(void * p, int val, unsigned int n)
```

此函数中第一个参数表示需要初始化的起始地址，第二个参数为初始化值，第三个参数为初始化的字节大小，即将 p 指向的一片连续的 n 字节内存单元赋值为 val。

(3) calloc 函数返回的是一个数组，而 malloc 函数返回的是一个对象。

对新申请的空间初始化为 0 的操作，我们有时候需要，而大部分时间不需要，所以使用 malloc 函数的时候更多，calloc 函数很少使用。

【例 8.21】 堆内存空间申请。

```
1   #include<stdio.h>
2   #include<stdlib.h>
3   #include<string.h>
4   int main() {
5       int* p, * q;
6
7       p=malloc(sizeof(int) * 5);          //p指向malloc申请的存储5个整数的空间
8       memset(p,0,sizeof(int) * 5);        //初始化p指向的单元空间为0
9       q=calloc(5,sizeof(int));            //q指向calloc申请的存储5个整数的数组
10      for (int i=0;i<5;i++){
11          printf("%d ",p[i]);             //循环输出数据
12      }
13      printf("\n");
14      for (int i=0;i<5;i++){
15          printf("%d ",q[i]);             //循环输出数据
16      }
17      free(p);
18      free(q);
19      return 0;
20  }
```

例 8.21 中第 7 行代码让 p 指向 malloc 函数申请的存储 5 个整数的空间。第 8 行代码使用“memset(p,0,sizeof(int) * 5);”初始化 p 指向的单元空间为 0，如果没有此行代码，则 p 指向的 malloc 函数申请的空间中将存储毫无意义的随机数据。第 9 行代码使 q 指向 call 函数申请的存储 5 个整数的数组，其内置了将数组单元初始化为 0 的功能。第 10～12 行代码循环输出 p 指向的 malloc 函数申请的空间存储的整数，第 14～16 行输出 q 指向的 calloc 函数申请的空间中存储的整数。

程序运行结果：

```
0 0 0 0 0
0 0 0 0 0
```

如果删除第 8 行使用“memset(p,0,sizeof(int) * 5);”，则程序运行结果：

```
-1931581600 408 -1931607728 408 1480928827      //毫无意义的垃圾数据
0 0 0 0 0
```

因为 malloc 函数本身只负责空间申请，不负责数据初始化，所以默认空间中存储的是系统随机给的毫无意义的数据。

第 17、18 行代码释放前面 malloc 函数和 calloc 函数申请的空间。

4. realloc 函数

realloc 函数的原型为

```
void * realloc(void * p, unsigned int size);
```

此函数将 malloc 函数或 calloc 函数申请的动态内存空间大小进行重新分配，将指针变量 p 所指向的内存空间大小改变为 size 字节大小，一般用于空间的扩展。进行空间扩展时

首先在原空间处进行扩展，如果扩展成功，则 realloc 函数返回的地址就是原空间的起始地址；如果扩展失败(原空间后无空闲空间使用)，realloc 函数会重新申请一块空间并把数据复制到新空间，此时返回的地址是新地址。如果两种方式扩展空间都失败，realloc 函数返回空指针 NULL。

【例 8.22】 使用 realloc 函数扩展空间。

```
1   #include<stdio.h>
2   #include<stdlib.h>
3   #include<string.h>
4
5   int main() {
6       char *p, *q;
7
8       p = malloc(sizeof(char) * 6);       //申请存储 6 个字符的空间
9       if (p == NULL) {
10          printf("空间分配失败!");
11          exit(0);                        //退出整个程序
12      }
13      strcpy(p, "hello");                 //将常量字符串"hello"复制到申请的空间中
14      //q 指针变量用来临时判断是否扩展成功
15      q = realloc(p, sizeof(char) * 30); //扩展 p 指向空间,使之能存储 30 个字符
16      if (q != NULL) {           //q 指针变量存储了实际内存地址,则表示空间重新分配成功
17          strcat(p, " world!");     //空间重新分配成功,则在原串末尾处添加" world!"
18          if (p != q) { //说明 realloc 不是在原空间后面扩展空间而是重新申请的内存块
19              free(p);                    //释放原来的地址块
20              p = q;                      //让 p 指向新空间
21          }
22      }
23      puts(p);                            //输出最终的字符串结果
24      free(p);                            //释放 p 指向的空间
25      return 0;
26  }
```

在例 8.22 中定义了两个指针变量 p 和 q，p 指向 malloc 函数申请的空间，且存储了字符串"hello"，第 15 行代码使用 realloc 函数扩展原空间，使之能存储 30 个字符，并将重新分配的空间首地址赋值给指针变量 q。如果重新分配成功，还需要判断重新分配的空间是在原空间的后面扩展的，还是另外开辟的新空间，这通过第 18 行代码“if (p != q)”来判断，如果 q 存储的地址与 p 存储的不同，则说明是重新开辟的内存空间，那么就需要通过第 19 行代码“free(p);”释放原来的空间，然后让 p 指向新开辟的空间(第 20 行代码)。若申请失败，p 指向的原空间也不受影响，第 23 行代码“puts(p);”输出的字符串为“hello”，若申请成功则输出“hello world!”。不管是否重分配空间成功，p 都能指向内存空间，所以在使用完毕后需要第 24 行代码“free(p);”来释放 p 指向的内存空间。

思考能否将第 15 行代码“q = realloc(p, size(char) * 30);”修改为“p = realloc(p, size(char) * 30);”呢？答案是不能，因为如果申请失败，那么 p 将指向 realloc 函数返回的空指针，则 p 原来指向的空间和字符串数据就无法访问了。当然，也无法释放，在整个程序运行期间都会白白耗费内存。

8.8 指针数组

8.8.1 指针数组的定义

整型数组中每个存储单元存储一个整数,同理,指针数组也是一个数组,只不过每个存储单元存储一个指针。既然每个数组单元存储一个指针,那么每个数组元素就相当于是一个指针变量了。指针数组的定义步骤如下。

(1) 既然是一个数组,则需要数组名和下标运算符号[],以及存储单元的数量,如 names[5]。

(2) 每个数组元素(存储单元)相当于是一个指针变量,则必然有指针标识符号"*",而假设每个指针变量指向对象的类型为整型,则此指针变量的基础类型为"int *",最终得指针数组的定义形式为"int * names[5]"。

在"int * names[5]"中,下标运算符的优先权高于指针运算符"*",故 names 先与[]结合形成数组。注意不能写成"int (* names)[5]",这样就不是一个数组了,而是指向具有 5 个存储单元的一维数组的指针变量。

指针数组的定义如下:

```
类型说明符 *数组名[正整数的常量表达式 1]…[正整数的常量表达式 n];
```

其中,"类型说明符"是数组中每个存储单元(指针变量)指向的对象的基础类型。如声明一个一维整型指针数组,每个单元就是一个指针变量,每个指针变量指向另外一个存储整数的整型变量或整型数组元素。声明代码如下:

```
int a = 10, b = 11, c = 12;                   //定义三个变量分别存储 3 个整数
int* ints[3] = { &a,&b, &c };                 //将三个变量的内存地址初始化到 ints 数组中
                                              //数组中
```

以上代码对应的内存图如图 8-34 所示,图中 0 号单元存储了变量 a 的内存地址 &a,1 号单元存储了变量 b 的内存地址 &b,2 号单元存储了变量 c 的内存地址 &c。int[0]是指向变量 a 的指针变量,int[1]是指向变量 b 的指针变量,int[2]是指向变量 c 的指针变量。

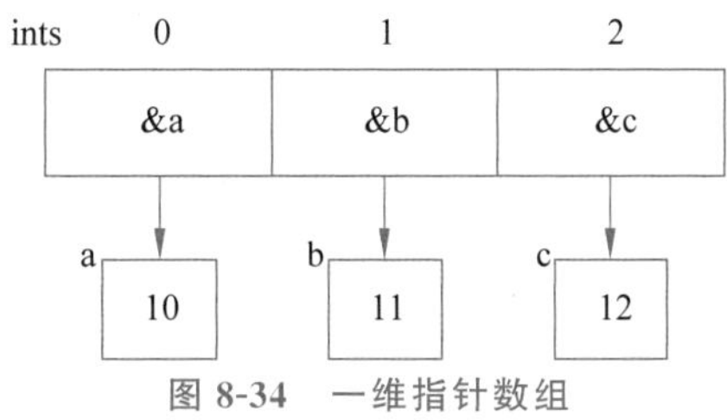

图 8-34 一维指针数组

可通过如下语句输出图 8-34 中三个变量的值:

```
for (int i = 0; i < 3; i++)
{
    //"*ints[i]"表示取出 ints[i]指向的整型变量中存储的值
    printf("%4d", *ints[i]);
}
```

程序运行结果:

```
10 11 12
```

代码中的“ * ints[i]”表示指针变量 ints[i]指向的容器本身(当指针变量位于赋值符号左侧时)或取出指向的对象容器中的值。例如:

```
*ints[1] = *ints[1] + 5;
```

以上代码中,赋值符号左侧的“ * ints[1]”表示 ints[1]指向容器 b 本身,右侧的“ * ints[1]”表示 ints[1]指向变量 b 中的值 11,所以相当于执行“b=b+5”,最终 b 的值为 16。

限于篇幅,此处只讨论一维指针数组的声明和使用,对于高维指针数组感兴趣的读者可自行研究。

8.8.2 指针数组的应用

为什么要使用指针数组呢?哪种场景使用指针数组比较适合?这里我们以实现字符串的排序作为案例进行学习。

现在有一个应用程序,其需要在内存中存储书籍的名称,名称中最多包含 30 个字符(包含字符串结束标识'\0'),将书籍的名称按字母表从小到大的顺序排序并输出。实现方式有两种,一种是使用二维字符数组的方式实现,另一种是使用指针数组的方式实现。为了让读者将更多精力集中到指针数组本身的学习上,我们将问题简化到只考虑存储两本书名称字符串的情况。

【例 8.23】 使用二维数组存储并排序字符串。

解题思路:定义一个二维字符数组存储两本书的名称字符串,再定义一个一维数组作为排序时进行字符串交换的临时缓存空间使用。一本书的名称如“math”存储于二维数组的第 0 行一维数组中,另外一本书的名称如“database”存储于第 1 行一维数组中,如果第 0 行一维数组中的字符串大于第 1 行一维数组的字符串,则交换两个一维数组中的内容实现字符串从小到大的排序,接下来依次输出第 0、1 行字符串内容。

```
#include<stdio.h>
#include<string.h>
int main()
{
    char names[2][30];      //声明 2 行 30 列的二维数组,假设书籍名称至多 29 个字符
    char temp[30];          //声明作为排序时需要的起缓存空间作用的一维数组

    gets(names[0]);         //输入字符串存储到第 0 行一维数组
    gets(names[1]);         //输入字符串存储到第 1 行一维数组
    puts("排序前的顺序:");
    for (int i = 0; i < 2; i++)
    {
        puts(names[i]);     //输出 i 行字符串,注意 puts 函数会自动输出换行符
    }
    //对书籍名称排序,若第 0 行一维数组中的字符串大于第 1 行一维数组中的字符串则交换
    if (strcmp(names[0], names[1]) > 0)
    {
        strcpy(temp, names[0]);   //将第 0 行字符串复制到临时数组 temp 中去保存
        strcpy(names[0], names[1]); //将第 1 行字符串复制并覆盖第 0 行一维数组空间
        strcpy(names[1], temp);   //将 temp 中字符串复制并覆盖第 1 行一维数组空间
    }
    puts("排序后的结果:");
```

```
23      for (int i = 0; i < 2; i++)
24      {
25          puts(names[i]);    //输出 i 行字符串
26      }
27      return 0;
28  }
```

输入数据：

```
math
database
```

程序运行结果：

```
排序前的顺序：
math
database
排序后的结果：
database
math
```

例 8.23 虽然实现了字符串的存储和排序，但是有如下两个缺陷。

(1) 造成空间的浪费。

使用二维字符数组存储书籍名称，书籍名称最长包含 29 个字符，加上字符串的结束标识'\0'共 30 个符号，所以定义二维数组时列至少为 30。但实际上不是每本书籍的名称都有那么多的字符，如名称"math"就很短，只需要 5 个(加上'\0')存储单元就够了，这浪费了第 0 行数组后边的 25 个数组单元。名称"database"(加上'\0')共 9 个字符，也浪费了 21 个数组单元。保存的书籍名称越多，可能被浪费的数组空间也就越多，如图 8-35 所示。

names	0	1	2	3	4					…	28	29
0	'm'	'a'	't'	'h'	'\0'					…		
1	'd'	'a'	't'	'a'	'b'	'a'	's'	'e'	'\0'	…		

图 8-35　二维数组空间

(2) 由于排序移动字符串耗费了太多的空间和时间。

在例 8.23 中，第 16 行代码当"strcmp(names[0], names[1]) ＞ 0"成立时，将第 0 行一维数组与第 1 行一维数组中的字符串进行交互，这需要耗费不少的时间从而降低了时间效率；在交换两个字符串时需要借助第三个辅助数组空间 temp 作为缓冲，这降低了空间效率。需要保存的书籍名称越多，程序损失的时间和空间性能也就越多。

本应用程序如果使用指针数组来实现的话，可以避免使用二维字符数组方式的两个缺陷。

【例 8.24】 通过指针数组保存字符串。

解题思路：先定义一个一维字符指针数组 names，names[0]犹如指向一个字符串的指针变量，names[1]犹如指向另外一个字符串的指针变量。定义一个字符数组 temp 来临时缓存输入的字符串，根据 temp 中存储的字符串长度，使用 malloc 函数动态申请恰好能容纳该长度字符串的内存空间，并将地址保存到 names 数组中，然后将 temp 中缓存的字符串复制到申请的空间中去。接下来就是排序，根据两个字符串的大小来分析是否要交换指针数组中存储的地址而实现排序，不用移动字符串。

```
#include<stdio.h>
#include<string.h>
#include<stdlib.h>

int main()
{
    char* names[2]={NULL,NULL};  //声明具有两个存储单元的指针数组并赋值为空
    char temp[30], *t;           //声明输入字符串的临时缓存数组及地址临时缓存变量 t
    //循环输入字符串并根据输入字符串长度申请空间
    for (int i = 0; i < 2; i++)
    {
        gets(temp);                  //先将字符串输到 temp 中缓存起来
        names[i] = malloc(strlen(temp) + 1);  //根据输入的字符串长度申请空间
        if (names[i] == NULL) {      //空间申请失败的处理
            printf("内存空间申请失败!");
            exit(0);                 //退出整个应用程序
        }
        strcpy(names[i], temp);    //将输入的字符串复制到申请的空间中去
    }
    puts("排序前的顺序:");
    for (int i = 0; i < 2; i++)
    {
        puts(names[i]);    //输出 i 行字符串,注意 puts 函数会自动输出换行符
    }
    //排序,第 0 行一维数组中的字符串大于第 1 行一维数组中的字符串则交换地址(指针)
    if (strcmp(names[0], names[1]) > 0)
    {
        t = names[0];        //将 names[0]单元中保存的指针(地址)缓存到 t 中
        names[0] = names[1]; //将 names[1]单元中保存的指针(地址)复制到 names[0]中
        names[1] = t;        //将 t 中的指针(地址)复制到 names[1]中
    }
    puts("排序后的结果:");
    for (int i = 0; i < 2; i++)
    {
        puts(names[i]);    //输出 i 行字符串,注意 puts 函数会自动输出换行符
    }
    //循环释放 malloc 函数申请的空间
    for (int i = 0; i < 2; i++)
    {
        free(names[i]);    //释放 malloc 函数申请的空间
    }
    return 0;
}
```

输入数据:

```
math
database
```

程序运行结果:

```
排序前的顺序:
math
database
排序后的结果:
database
math
```

例 8.24 中，第 7 行代码“char * names[2]={NULL,NULL};”声明了一个指针指向 NULL 的指针数组 names，如图 8-36 所示，此数组包含了两个指针变量 names[0]和 names[1]，都指向空。第 10～19 行代码通过循环输入两个字符串，并根据输入字符串长度申请空间。第 12 行代码“gets(temp);”先将输入的字符串保存到临时字符数组 temp 中。第 13 行代码“names[i] = malloc(strlen(temp) + 1);”中右侧表达式“malloc(strlen(temp) + 1)”是根据 temp 中保存的字符长度动态申请空间，加 1 多申请 1 字节空间用来保存字符串的结束标识'\0'。malloc 函数若申请空间成功则将空间首地址赋值到 names[i]中保存起来，接下来通过第 18 行代码“strcpy(names[i], temp);”将 temp 中缓存的字符串复制到 names[i]指针变量指向的 malloc 函数刚申请的空间中。由于 malloc 函数申请的空间恰好能容纳输入的字符串，所以没有任何一点空间浪费。如图 8-37 所示，names[0]存储了字符串“math”的空间起始地址 eaff1230，即指针变量 names[0]指向了保存字符串“math”的空间；names[1]存储了字符串“database”的空间起始地址 eaff123a，即指针变量 names[1]指向了保存字符串“database”的空间。输入字符串时虽然用到一个辅助的临时数组空间 temp，但是其主要作用是计算输入的字符串长度，以便 malloc 函数能申请恰好能容纳输入字符串的空间，而这个长度如果由控制台输入的话，那么 temp 数组可删除。即使例 8.24 中保留了 temp 数组，也就只多了这么一个辅助存储空间，而 malloc 函数申请的空间是恰好容纳字符串的空间，没有任何空间浪费的。相较于二维字符数组实现的方式来说，需要录入的字符串越多，指针数组方式节约的空间也就越多。

第 26～31 行代码，实现了两个字符串大小的比较，如果表达式“strcmp(names[0], names[1]) > 0”的值为真，则只需要交换 names[0]与 names[1]两个存储单元中存储的地址值，names[0]中存储了地址 eaff123a，names[1]中存储了地址 eaff1230，这样便实现了字符串从小到大的排序，如图 8-38 所示，此时 names[0]指针变量指向了较小的字符串“database”，而 names[1]指针变量指向了较大的字符串“math”。这个排序不需要移动任何字符串，只是通过地址值的简单交换便实现了排序功能，相较于二维字符数组实现方式的字符串移动过程，此处的性能更高。

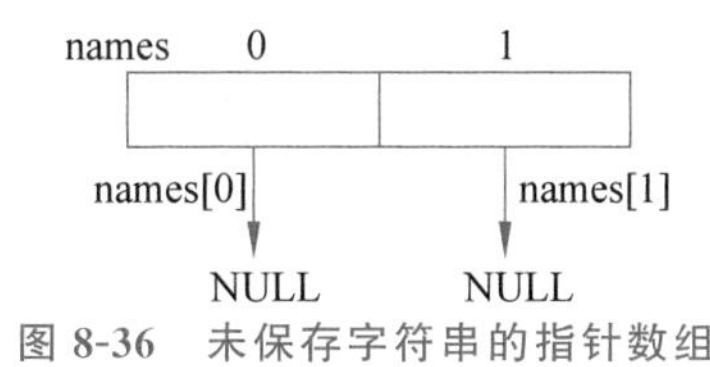

图 8-36　未保存字符串的指针数组

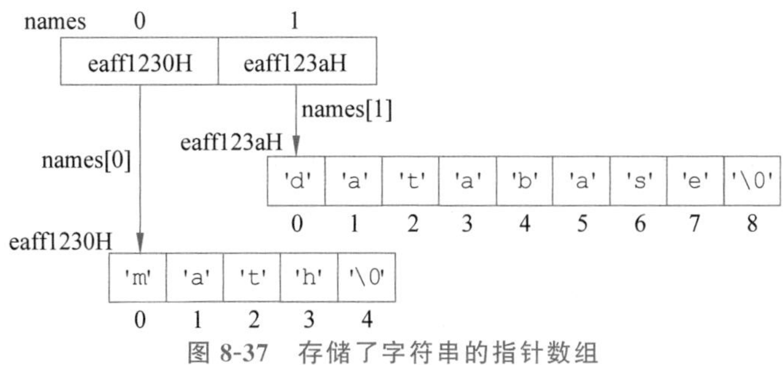

图 8-37　存储了字符串的指针数组

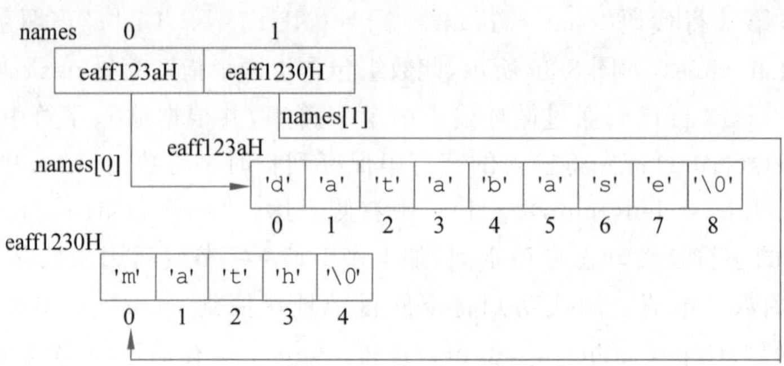

图 8-38 排序后的内存图

8.8.3 指向指针数组的指针变量

在指针数组中，每个指针变量(数组元素)指向的对象才是我们需要操作的目标，如例 8.24 中 names[0]指向的存储字符串"math"及空间，以及 names[1]指针变量指向的字符串内容及空间才是我们需要操作的目标，这个目标就是我们指针应用中的参照物，参照物的内存地址通常为一维地址。如图 8-39 中存储"math"字符串的数组空间首地址 eaff1230 和存储字符串"database"的数组空间地址 eaff123a 都是一维地址，存储这些一维指针(地址)的变量 names[0]、names[1]为一维指针变量。一维指针变量的地址 &names[0]、&names[1]则为二维指针变量，数组名 names 是指针数组的地址常量，与 &names[0]等值，也是二维指针(地址)。

指针数组的数组名表示的地址与 &names[0]都是二维指针(地址)，如果要使用指针变量来指向这个位置，就需要定义二维指针变量。

【例 8.25】 声明二维指针变量指向指针数组。

```
1   #include<stdio.h>
2   int main() {
3       char * names[2] = {"math", "database"};   //定义指针数组并初始化
4       char **p;                                 //声明二维字符型指针变量
5
6       p = names;                                //让指针变量 p 指向指针数组 names
7       for (int i = 0; i < 2; ++i) {
8           puts(p[i]);                           //通过指针变量 p 输出字符串
9       }
10      return 0;
11  }
```

程序运行结果：

```
math
database
```

例 8.25 中，通过第 6 行代码“p = names;”让指针变量 p 指向指针数组 names 的 0 号单元，p 指向数组首地址不变，于是可使用数组的下标表示法，如 p[i]与 names[i]完全等价，p+i 与 names+i 也完全等价。如果 p 指针变量移动的话，只能在 names 指针数组的 0 号与 1 号两个单元之间移动，p 是不能指向存储字符串的两个一维数组空间的，指向一维数组元素需要一维指针变量，而不是二维指针变量。

思考指向指针数组的指针变量为什么要定义成二维指针变量呢？如图 8-40 所示，我们

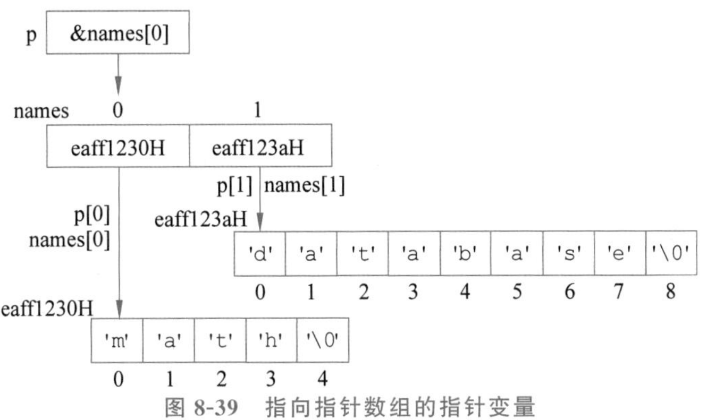

图 8-39　指向指针数组的指针变量

故意将 names 数组的 1 号单元与 0 号单元隔离开来，则一维指针变量 names[0]指向一维字符数组，而指针变量 p 指向一维指针变量 names[0]，p 当然就是一个二维字符指针变量。

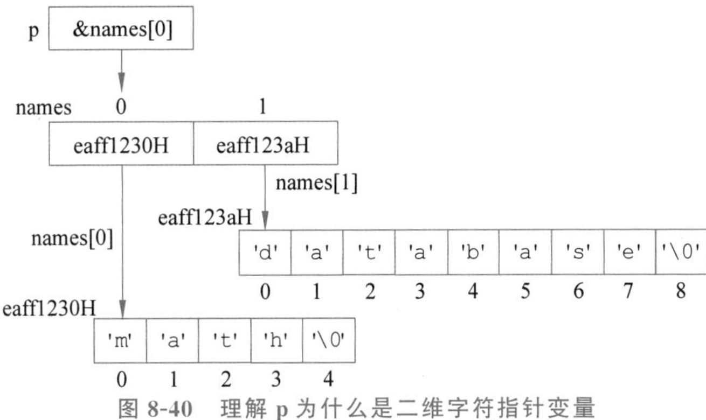

图 8-40　理解 p 为什么是二维字符指针变量

思考如果现在需要获取指针变量 names[1]指向的字符串"database"中字符串"base"和字符'b'并输出，如何实现？

【例 8.26】　输出字符串"base"和字符'b'。

```c
#include<stdio.h>
int main() {
    char * names[2] = {"math", "database"};
    char **p;

    p = names;
    //输出字符串"base"
    puts(names[1] + 4);
    puts(p[1] + 4);
    puts(&names[1][4]);
    puts(&p[1][4]);
    puts( * (names + 1) + 4);
    puts( * (p + 1) + 4);
    //输出字符'b'
    printf("%c\n", * (names[1] + 4));
    printf("%c\n", * (p[1] + 4));
    printf("%c\n", names[1][4]);
    printf("%c\n", p[1][4]);
    printf("%c\n", * ( * (names + 1) + 4));
```

```
    printf("%c\n", * ( * (p + 1) + 4));
    printf("%c\n", ( * (names + 1)) [4]);
    printf("%c\n", ( * (p + 1)) [4]);
    return 0;
}
```

程序运行结果：

```
base
base
base
base
base
base
b
b
b
b
b
b
b
b
```

例 8.26 用到的都是之前学习过的基础知识，可自行分析。

8.9 指针与函数

在第 7 章函数中，我们学习了函数相关的知识，函数的形式参数（简称形参）接收来自于实际参数（简称实参）的数据可能是具体的数值，也可能是地址（指针），如图 8-41 所示。如果形参接收到的是地址，那么实参与形参的结合方式以及被调函数运行的结果与传值调用是大相径庭的。本节将会加强学习传值调用与传地址调用的区别，并着重讲解指针与函数相关的知识。

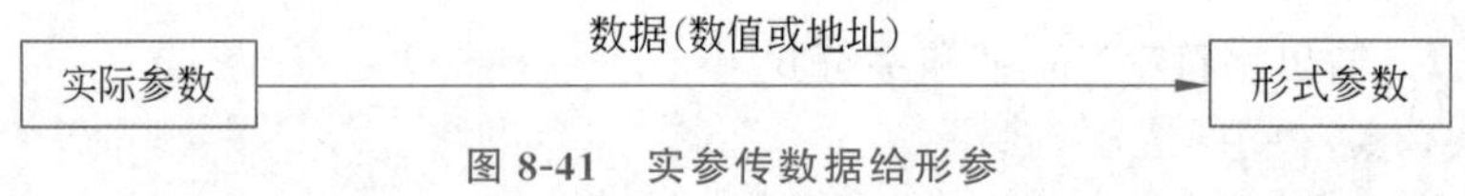

图 8-41　实参传数据给形参

8.9.1 指针变量作为函数参数

在函数调用时，数据主要从实参传递给形参，是单向的数据传递，传递的数据有可能是数值，也可能是地址。如果传递的是数值，则此函数调用称为传值调用，如果传递的数据是地址，则称为传地址调用，两种调用方式截然不同。

1. 传值调用

在函数执行时，将实参对应的数值传递给形式参数，形参的改变不会影响到实参。

【例 8.27】 将 main 函数中变量 x 的值加 1。

```
#include<stdio.h>
void addOne(int y) {
    y = y + 5;
}
```

```
5  int main()
6  {
7      int x = 15;
8      printf("调用函数前:%d\n", x);
9      addOne(x);                              //调用函数 addOne,传值调用
10     printf("调用函数后:%d\n", x);
11     return 0;
12 }
```

程序运行结果：

```
调用函数前:15
调用函数后:15
```

从例 8.27 运行结果来看，在 main 函数中调用 addOne 函数并未实现通过对形参的操作影响实参的目的。函数调用运行过程如图 8-42 所示，局部变量 x 在 main 函数运行后占用栈中的空间，存储数值为 15。执行函数调用语句“addOne(x);”时，addOne 函数开始运行，形参 y 开始占用栈空间并存储来自于实参 x 传递的数值 15，这个数据传递过程可理解为执行了“y=x;”，即“y=15;”语句。局部变量 y 只在 addOne 函数内有效，在执行“y=y+5;”语句后，y 的值变为 20。由于 y 是 addOne 函数中的局部变量，与 main 函数中的 x 是不同的空间，所以形参 y 值改变了，实参 x 是不会受到任何影响的。在 addOne 函数运行结束时，形参 y 占用的空间就消亡了，其中存储的值 20 也就不能访问了。回到主调函数 main 后，变量 x 的值仍然是 15。

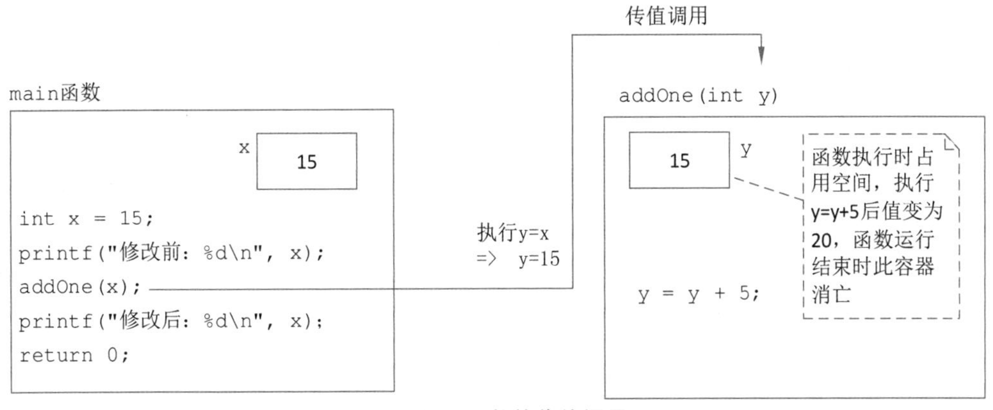

图 8-42 函数的传值调用

值传递的方式调用中，实参可以是变量、常量或者表达式，对形参的操作不会影响实参。

传值调用的方式是无法通过对形参的操作影响到实参的，如果想让 x 的值通过函数调用实现变化，有以下几种方式。

(1) addOne 函数将操作结果返回。

addOne 函数添加返回数据的语句，代码如下：

```
int addOne(int y) {                        //函数返回值类型为 int
    y = y + 5;
    return y;                              //返回 y 的值
}
```

例 8.27 中 main 函数第 9 行代码“addOne(x);”改为“x=addOne(x);”，这样 main 函数

中的 x 就能获取 addOne 函数的操作结果,从而实现变量 x 加 5 的目的。

(2) 将 x 声明为全局变量,这样在 main 和 addOne 函数中操作的都是同一个变量 x,addOne 中对 x 中的任何操作结果,在 main 函数中都能共享。但是这种方式不是最佳的实现方式,因为全局变量空间存储于静态数据区,如果利用率低的话,在整个程序运行期间都占用内存,这样就损失了空间性能。最佳的实现方式为将值传递变成地址传递。

2. 传地址调用

在函数调用时,实参传递给形参的数据不是存储单元中存储的具体数值,而是当前存储单元的地址。形参要接收并存储地址,那么形参必然要声明为指针变量或有指针变量的功效才行。

【例 8.28】 指针变量作为函数参数。

这里对例 8.27 的代码进行改写,从值传递方式改写为地址传递方式。

```
1   #include<stdio.h>
2   void addOne(int * y) {                    //形参声明为指针变量
3       * y = * y + 5;                        //通过作为形参的指针变量去间接操作实际参数
4   }
5   int main() {
6       int x = 15;
7       printf("修改前:%d\n", x);
8       addOne(&x);                           //调用函数 addOne,实参为变量 x 的地址 &x
9       printf("修改后:%d\n", x);
10      return 0;
11  }
```

程序运行结果:

```
修改前:15
修改后:20
```

在例 8.28 中,第 2 行代码将 addOne 函数的形参 y 声明为指针变量,其接收的是来自于主调函数中实参传递的地址 &x(函数调用语句为第 8 行)。addOne 函数的运行过程如图 8-43 所示,形参 y 保存了实参地址 &x 后,犹如指向了 main 函数中的局部变量 x 空间。在 addOne 函数中虽然不能直接操作 x,但可通过与 x 等价的 * p 来操作 x,第 3 行代码“* y = * y + 5”中赋值符号左侧的“* y”代表其指向的容器 x,右侧的“* y”表示取 y 指向的容器 x 中的值 15,所以“* y = * y + 5”与“x=x+5”等价,执行完成后 x 的值为 20,通过对形参 y 的操作实现了对实参 x 的修改。

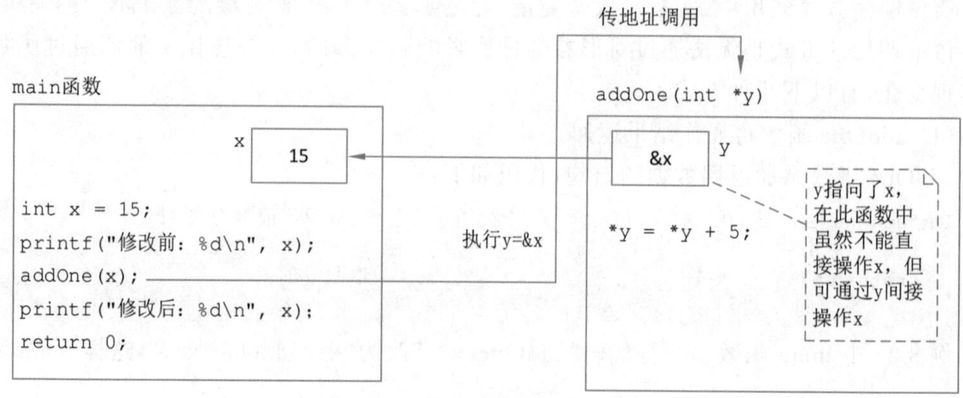

图 8-43 指针变量做函数参数

如果形参声明为指针变量,则函数调用是地址传递调用。此时实参必须是地址,不能是常量或表达式。当然,如果我们将指针变量作为实际参数,也同样是地址传递,如例 8.28 中 main 函数可以改写为例 8.29 所示代码。

【例 8.29】 指针变量作为实参。

```
1  int main() {
2      int x = 15;
3      int * p = &x;                          //声明指针变量 p 指向变量 x
4      printf("修改前:%d\n", x);
5      addOne(p);                             //将指针变量 p 作为函数指针变量
6      printf("修改后:%d\n", x);
7      return 0;
8  }
```

在例 8.29 中,第 3 行代码“int * p = &x”声明指针变量 p 并让其指向变量 x,在第 5 行函数调用语句“addOne(p);”中将指针变量 p 作为实参,将其保存的地址“&a”传递给形参 y,所以“addOne(p);”语句与“addOne(&x);”语句是完全等价的,都是地址传递。

在传地址的情况下,对形参的操作直接会影响到实参。

思考如何区分传值调用和传地址调用呢?其实很简单,只需要记住以下两点。

(1) 形参为指针变量、数组时为地址传递调用。

(2) 形参为数值型变量、字符型变量时为值传递调用。

8.9.2 用指向数组的指针作为函数参数

不仅一维数组可作为函数的参数,高维数组同样可作为函数参数。限于篇幅,本节主要以二维数组作为函数参数为例。我们已经学习了可使用指向变量的指针与指向一维数组的指针操作二维数组,下面我们以这两种指针作为函数参数为例。

现有一个整型二维数组,存储了 12 个整数,求这些数据的和。

【例 8.30】 使用指向数组的指针作为参数求二维数组数据和。

```
1  #include<stdio.h>
2  int getSum(int array[][4], int m, int n) { //二维数组作为形参,列数不能省略
3      int sum = 0;
4      for (int i = 0; i < m; ++i) {
5          for (int j = 0; j < n; ++j) {
6              sum += array[i][j];
7          }
8      }
9      return sum;
10 }
11 int main() {
12     int ints[3][4] = {{11, 12, 13, 14},{15, 16, 17, 18},{19, 20, 21, 22}};
13     int sum;
14     sum = getSum(ints, 3, 4);                //二维数组名作为实参,也可用 &ints[0]
15     printf("和为:%d", sum);
16     return 0;
17 }
```

程序运行结果:

```
和为:198
```

在例 8.30 中,第 2～10 行代码为 getSum 函数的定义体,第 2 行函数头中第一个形参

“int array[][4]”为二维数组，二维数组作为形参时，行数可省略，但列数不能省略。

二维数组作为形参时，也不会在函数运行时分配真正的二维数组空间，而是在编译时被转换为一个指向一维数组的指针变量。如形参“int array[][4]”会被转换为“int (* array)[4]”，所以 getSum 函数也可以定义如下：

```
int getSum(int ( * array) [4], int m, int n) {
    …
    return sum;
}
```

当我们将形参改为指向数组的指针变量后，getSum 函数体部分可不作任何修改，仍然使用原来的数组下标法（sum += array[i][j];）。当然，也可改为指针的运算方式，代码如下：

```
int getSum(int ( * array) [4], int m, int n) {
    int sum = 0;
    for (int i = 0; i < m; ++i) {
        for (int j = 0; j < n; ++j) {
            sum += * ( * (array + i) + j);         //指针运算方式获取 array[i][j]单元值
        }
    }
    return sum;
}
```

在以上代码中，将原来的 array[i][j]改成了“ * (* (array + i) + j)”，它们其实是等价的。当然，即使形参部分仍然使用“int array[][4]”，函数体 getSum 中也仍然可使用表达式“sum += * (* (array + i) + j)”求和。

不管 getSum 函数中的第一个形参是二维数组，还是指向一维数组的指针变量，主调函数中第 14 行代码处“sum = getSum(ints, 3, 4);”中第一个实参都必须是二维数组的地址，可写“ints”或“&ints[0]”，当然，也可使用指向一维数组的指针变量，代码如下：

```
int main() {
    …
    int ( * p) [4]=ints;                //可写为 p=&ints[0],p 指向 0 行一维数组 ints[0]
    sum = getSum(p, 3, 4);              //p 作为实际参数
    …
}
```

在以上代码中，定义了指向具有 4 个存储单元一维数组的指针变量 p，然后将 p 作为实参传到 getSum 函数中。

【例 8.31】 使用指向变量的指针作为函数参数。

在前面学习了，也可以使用指向变量的指针变量操作二维数组，这里也以指向变量的指针变量作为函数参数为例。

```
#include<stdio.h>
int getSum(int * array, int n) { //指向变量的指针变量作为形参
    int sum = 0;
    for (int i = 0; i < n; ++i) { //由于从一维数组的角度来操作,所以只需 1 个循环
        sum += array[i];
    }
    return sum;
}
```

```
9   int main() {
10      int ints[3][4]={11,12,13,14},{15,16, 17, 18},{19, 20, 21, 22}};
11      int sum;
12      sum = getSum(ints[0], 12);   //第 0 行第 0 列的元素地址作为实参,可写为 &ints[0][0]
13      printf("和为:%d", sum);
14      return 0;
15  }
```

在例 8.31 中,第 2 行代码,getSum 函数第一个形参为指向变量的指针变量 p,其需要指向二维数组中第 0 行第 0 列单元地址,故第 12 行代码中第一个实参为地址 ints[0](或&ints[0][0])。当然,在 main 函数中,实参也可改为指针变量,代码如下:

```
int main() {
    …
    int *p;
    p=ints[0];                        //p 指向第 0 行第 0 列单元,也可改为 p=&ints[0][0]
    sum = getSum(p, 12);
    …
}
```

由于是从一维数组角度来理解二维数组,所以 getSum 函数求和时就不用双重循环了,一个循环就够了。同时共有 12 个存储单元,在函数调用语句"getSum(p,12)"中只需要传递存储单元的总个数 12 即可。

注意,实现同样功能的代码写法是多种多样的,本节中使用指针变量作为形参时,其是保持指向实参数组的首地址状态不变的。如果通过指针变量移动来操作数组的话,getSum 的函数体肯定是需要改变的。限于篇幅,这里就不再讨论 getSum 函数的具体实现了。

8.9.3 字符指针作为函数参数

字符指针其实就是存储一个字符的变量的内存地址,或者字符数组中元素的内存地址。本节主要学习字符数组以及字符指针变量作为函数参数的知识。

在 C 函数库中 strcpy 函数可实现字符串的复制,这里我们自己写函数实现此功能。

【例 8.32】 将数组 source 中的字符串复制到数组 des 中。

```
#include<stdio.h>
#define N 6
void copy(char *source,char *des){    //字符指针变量作为函数形参
    while (*source != '\0') {         //如果当前字符为'\0',则结束复制过程
        *des = *source;      //将 source 指向的当前字符复制到*des 指向的单元中
        des++;                        //des 指针变量移动并指向下一个单元
        source++;                     //source 指针变量移动并指向下一个单元
    }
    *des = '\0';                      //给目标字符串加上结束标识'\0'
}
int main() {
    char from[N],to[N];
    gets(from);
    copy(from, to);                   //字符数组名作为实参
    puts(to);                         //输出 to 数组内容
    return 0;
}
```

输入数据：

```
hello
```

程序运行结果：

```
hello
```

例 8.32 中 copy 函数两个形参都是字符指针变量，它们接收实参传递的数组首地址，copy 函数运行起来后，指针变量 source 指向 main 函数中数组 from 的元素，des 指针指向数组 to 的元素，如图 8-44 所示。第 3～10 行代码中，首先两个指针变量都指向数组的 0 号单元，判断 * source 值，即数组 from 的 0 号单元字符为'h'，不为'\0'，则进入循环体执行“ * des = * source;”语句将字符'h'复制到 * des 表示的数组 to 的 0 号单元中去，接下来执行 **des++与 source++**让两个指针变量往数组高下标端移动一个元素，然后继续执行循环体，直到遇到数组 from 中 5 号单元存储的'\0'时循环结束。由于循环部分代码并未将数组 from 中结束标识'\0'复制到数组 to 中去，所以在循环结束后需要单独给 des 指针变量指向的单元赋值结束标识'\0'(第 9 行代码)，此时 des 已经移动到了数组 to 的最后 1 个单元。

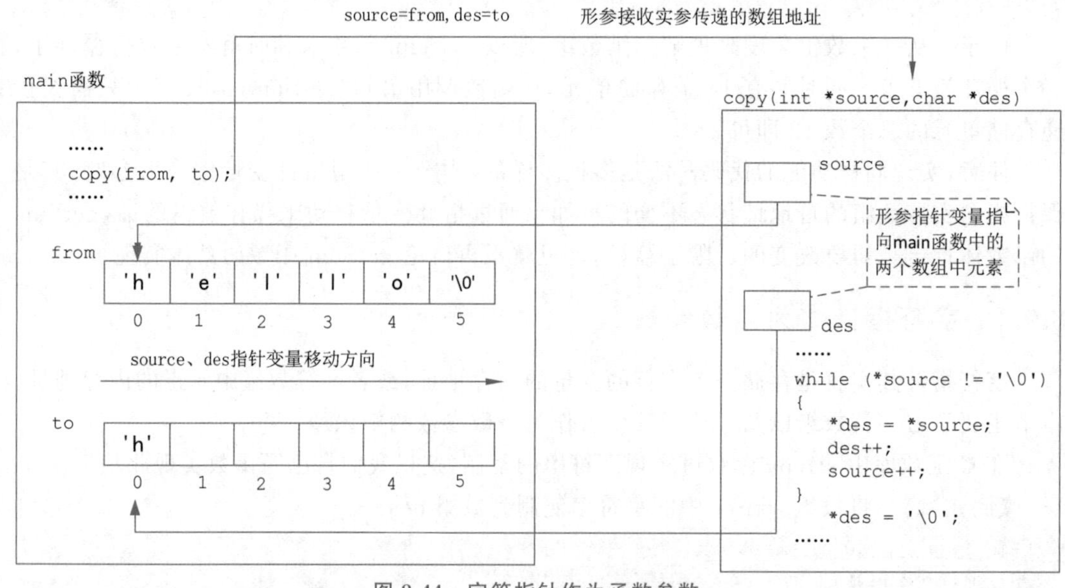

图 8-44　字符指针作为函数参数

函数 **copy** 的两个指针变量 **source** 和 **des** 都是在指向数组上移动实现字符串的复制，所以不能直接将形参简单地改为数组名。如果形参改为数组，则函数体也必须修改，代码如例 8.33 所示。

【例 8.33】 字符数组作为函数形参并使用指针运算法实现字符串复制。

```
void copy(char source[], char des[]) {          //字符数组作为形参
    for (int i = 0; i < N; i++) {
        if (* (source + i) != '\0')
            * (des + i) = * (source + i);         //指针运算方式实现字符复制
        else
            * (des + i) = '\0';
    }
}
```

例 8.33 中的函数体使用指针运算方式实现，当数组作为函数形参时，也可以使用数组下标法实现，代码如下。

【例 8.34】 字符数组作为函数形参并使用数组下标法实现字符串复制。

```
void copy(char source[], char des[]) {          //字符数组作为形参
    for (int i = 0; i < N; i++) {
        if (source[i] != '\0')
            des[i] = source[i];                 //数组下标法实现字符复制
        else
            des[i] = '\0';
    }
}
```

不管 copy 函数体是使用指针运算方式，还是数组下标表示法实现字符复制，都可将数组形参改为指针变量形参，代码如下：

```
void copy(char * source, char * des) {          //使用字符指针作为形参
    …
}
```

以上代码的形参使用字符指针变量，函数体与数组作为形参时一样，只不过这种方式实现中，指针形参指向实参数组的首地址不变，指针是不需要移动的。

8.9.4 返回指针的函数

返回指针的函数是一个函数其执行结束时返回的数据不是数值型数据，也不是字符型数据，而是存储单元的地址（指针）。

【例 8.35】 返回存储最大数的元素地址（指针）。

```
1   #include<stdio.h>
2   #define N 5
3   int * getMax(int array[]) {     //形参为数组名，返回值类型为"int * "类型指针
4       int *p = &array[0];      //指针变量 p 指向 0 号单元，即默认 0 号元素为目前最大数
5       for (int i = 1; i < N; i++) {
6           if (array[i] > * p) p = &array[i];
                                    //若找到更大数，则让 p 指向更大数单元
7       }
8       return p;                   //返回存储最大数的单元地址(保存在指针变量 p 中)
9   }
10  int main() {
11      int ints[N] = {12, 14, 100, 1, 2};
12      int * max;
13      max=getMax(ints);           //调用 getMax 函数，数组名作为实参，指针变量 max 接
                                    //收函数返回的地址
14      printf("最大数为:%d,所属单元地址为:%x", * max, max);
                                    //输出最大数值和单元地址
15      return 0;
16  }
```

程序运行结果：

```
最大数为:100,所属单元地址为:277ffd18
```

例 8.35 中 getMax 函数返回值类型为“int * ”，这是一个整型指针类型，即 getMax 函数的 return 语句必须返回一个地址，且此地址指向的存储单元中数据为整型数据。第 4 行代码“int * p = &array[0]”是假设 0 号元素是目前最大的元素，故将 0 号单元地址

&array[0]保存到 p 中，然后通过第 5～7 行循环代码去依次取出 1～N－1 号数据与目前最大的数据"＊p"对比，如果发现 array[i]更大，则让指针变量 p 指向 i 号单元。循环执行完成后，指针变量 p 指向的单元数据就是最大的数据，p 中保存的地址就是最大元素的内存地址。第 8 行代码"return p;"就是将存储最大数据单元的地址返回。在 main 函数中，第 12 行代码"int ＊max"声明整型指针变量 max，第 13 行代码"max＝getMax(ints)"将函数执行返回的地址赋值给 max。第 14 行代码通过十进制与十六进制形式将 max 指向的单元数据 100 与地址 277ffd18 分别输出。

在例 8.35 中，getMax 函数操作的是主调函数 main 中的数组空间，返回的地址也是主调函数中的数组元素地址。接下来我们将 getMax 函数进行改造，让其接收输入的数据，并返回最大数的存储单元地址。

8.9.5 指向函数的指针变量

指针变量可以指向变量，可以指向数组空间，同时也可以指向一个函数。一个函数的二进制代码存储于内存的程序代码区，函数名就是这个存储空间的起始内存地址常量，可以定义一个指针变量指向此函数。

1. 定义指向函数的指针变量

假设有两个函数 getMax 和 getMin，分别用来求解两个整数中的最大数和最小数。

getMax 函数定义为

```
int getMax(int x, int y) {                    //求 x 与 y 中较大数并返回
    return x > y ? x : y;
}
```

getMin 函数定义为

```
int getMin(int x, int y) {                    //求 x 与 y 中较小数并返回
    return x > y ? y : x;
}
```

通过分析函数头，我们发现两个函数头有如下相同之处：

(1) 函数返回值类型相同。如 getMax 和 getMin 函数的返回值都是 int 类型。

(2) 函数的形参个数及形参类型都相同。如 getMax 和 getMin 函数都是 2 个形参且都是 int 类型。

如果两个或多个函数满足以上 2 个特点，我们就认为这些函数是同一类型的函数。判断属于同类型函数的依据是函数返回值类型、形参个数和形参类型都要相同，而与函数名称、形参名称和函数体无关。如何定义指向这种类型函数的指针变量呢？其实很简单，就是将这种类型的函数原型中函数名改为指针变量就行了。如将函数原型"int getMin(int x, int y);"中的函数名"getMin"改为"(＊p)"即可，代码如下：

```
int (*p)(int x, int y);                    //声明一个指向函数的指针变量
```

上述代码声明了一个指向一类函数的指针变量，这类函数的返回值为整型，有两个形参且两个形参类型都是整型。由于与形参名称无关，所以指向函数的指针变量在定义时可省略形参的名称，所以"int (＊p)(int x, int y);"也可改写为

```
int (*p)(int, int);                    //圆括号不能省略
```

注意,在指向函数的指针变量声明中,“*p”必须用括号括起来,否则就不是指针变量,而是一个返回指针值的函数。

指向函数的指针变量的声明方式如下:

```
函数返回值类型 (*指针变量名称)(函数参数列表);
```

定义了指针变量 p 后,可让指针变量 p 指向同类型函数(直接将函数名赋值给指针变量即可,因为函数名就是函数指令代码在内存中存储的内存首地址),并通过指针变量调用其指向的函数。代码如下:

```
p=getMax; //p 指向 getMax 函数
p(1,2);    //通过 p 调用其指向的 getMax 函数,实参为 1 与 2,与函数调用"getMax(1,2)"一样
```

【例 8.36】 通过指向函数的指针变量调用函数,求两个整数的较大数和较小数。

```
1   #include<stdio.h>
2   int getMax(int x, int y) {          //求 x 与 y 中较大数并返回
3       return x > y ? x : y;
4   }
5   int getMin(int x, int y) {          //求 x 与 y 中较小数并返回
6       return x > y ? y : x;
7   }
8   int main() {
9       int (*p)(int x, int y);         //声明指向函数的指针变量
10      int a = 1, b = 2, max, min;
11      p = getMax;                     //让指针变量 p 指向 getMax 函数
12      max = p(a, b);                  //通过指针变量 p 调用其指向的 getMax 函数
13      p = getMin;                     //让指针变量 p 指向 getMin 函数
14      min =  p(a, b);                 //通过指针变量 p 调用其指向的 getMin 函数
15      printf("最大数是:%d,最小数是:%d",max,min);
16      return 0;
17  }
```

程序运行结果:

```
最大数是:2,最小数是:1
```

在例 8.36 中,第 2~7 行代码定义了两个函数 getMax、getMin 分别求解两个整数中较大数和较小数,这两个函数是同类型的函数。

第 9 行代码定义了指向 getMax 和 getMin 函数的指针变量 p,第 11 行让 p 指向 getMax 函数,函数名 getMax 就是当前函数的内存地址。第 12 行代码“max = p(a, b)”通过“p(a, b)”形式调用指针 p 指向的 getMax 函数,并返回较大数存储于 max 中。第 13 行代码让指向 getMax 函数的指针变量 p 改变指向,指向 getMin 函数,第 14 行代码“min = p(a, b)”通过“p(a, b)”调用 p 指向的 getMin 函数求最小值并返回给变量 min,最后第 15 行代码输出最大值和最小值。

通过对比不难发现,第 12 行与第 14 行代码都包含了表达式“p(a, b)”,但其在第 12 行是调用 getMax 函数求最大值,第 14 行代码是调用 getMin 函数求最小值,这在面向对象的编程语言中称为“多态”现象,即多一个表达式可实现不同的功能。关于“多态”概念,这里不做更深入的研究,因为其不是 C 语言的知识。

注意,虽然我们声明了指向函数的指针变量,但仍然可使用函数名调用函数,如第 12 行代码可改为“max = getMax(a, b)”,第 14 行代码可改为“min = getMin(a, b)”。

2. 使用指向函数的指针变量作为函数参数

函数名与数组名一样是地址常量，可以定义指向函数的指针变量，则可将此指针变量作为形参，而将函数作为实参传入其他函数，也就是一个函数作为另一个函数的参数。什么样的场景需要将一个函数作为参数传入另一个函数呢？如以下案例。

现需要设计一个 commonOperation 函数，该函数首先求解一序列整型数据的和、差、最大数、最小数、平均数等，然后将这些数据输出，最后将具体的操作结果输出（如输出和、差、最大数等）。经过分析，commonOperation 的函数体分为如图 8-45 所示的三部分。

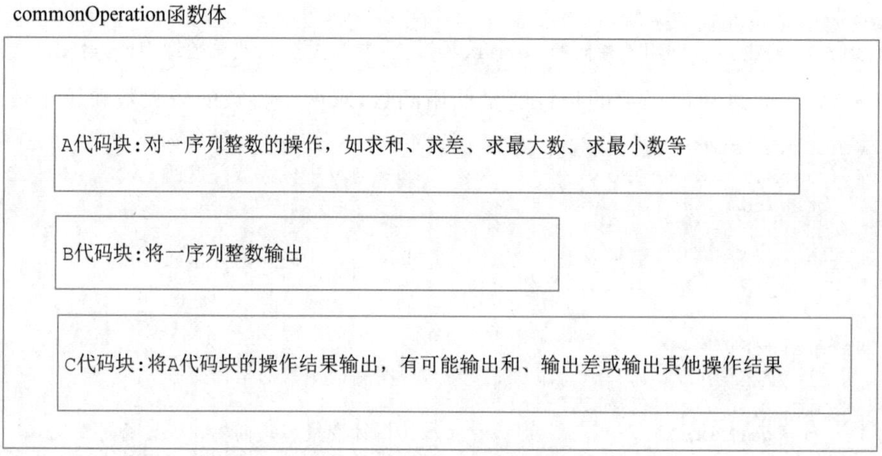

commonOperation函数体

A代码块：对一序列整数的操作，如求和、求差、求最大数、求最小数等

B代码块：将一序列整数输出

C代码块：将A代码块的操作结果输出，有可能输出和、输出差或输出其他操作结果

图 8-45　commonOperation 函数设计

我们可使用数组存储被操作的一系列整数，也假设对一系列整数的所有操作结果都是整型数据，如此，图 8-45 中 B 代码块、C 代码块是完全可用进行通用化设计和实现的。而 A 代码块的功能是实现对一系列整数的操作，由于以下两个问题的存在导致 A 代码块无法在 commonOperation 函数中进行通用实现。

（1）对一系列整数的操作太多了，如求和、求差、求平均值、求最大数、求最小数……，如果这些功能都集成在 A 代码块处太不现实，这会导致 commonOperation 的函数体很冗长不利于维护，更何况用户需要的整数操作五花八门，无法全部集成进来。

（2）对一系列整数的各种具体操作的实现细节都不一样，如求和是做加法，求差是做减法，而有一些操作还可能需要根据用户的具体需求来确定，这也导致无法在 A 代码块对一系列整数的各种操作进行通用化实现。

那是不是因为 A 代码块处无法进行通用化实现就导致 commonOperation 的通用化设计无法进行了呢，当然不是。解决方案：对于不能进行通用化实现的一系列整数相关操作部分的功能，我们将它们提取到 **commonOperation** 函数外部实现，也就是 A 代码块的具体实现留给使用 **commonOperation** 函数的用户，用户可根据自己的需求编写对一系列整数的具体操作函数，然后将此函数通过参数传到 **commonOperation** 函数中，**commonOperation** 的 A 代码块处只需要调用用户传入的函数即可。

【例 8.37】　函数作为参数传入另外的函数。

```
#include<stdio.h>
void commonOperation(int array[], int n, int (*p)(int [], int)) {
    int result;
```

```
4      result=p(array, n); //通过指针变量 p 调用其指向的函数,完成用户需要的具体操作
5      printf("一序列整数为:\n");
6      for (int i = 0; i < n; ++i) {
7          printf("%4d", array[i]);
8      }
9      printf("\n对整数的操作结果为:%d\n", result);
10 }
11 int getSum(int ints[], int n) {          //求一系列整数的和
12     int sum = 0;
13     for (int i = 0; i < n; ++i) {
14         sum += ints[i];
15     }
16     return sum;
17 }
18 int getSub(int ints[], int n) {          //求一系列整数的差
19     int sub = ints[0];
20     for (int i = 1; i < n; ++i) {
21         sub -= ints[i];
22     }
23     return sub;
24 }
25 int main() {
26     int ints[] = {10, 20, 30};
27     commonOperation(ints, 3, getSum);    //第 3 个实参为函数 getSum,求一系列整数的和
28     commonOperation(ints, 3, getSub);    //第 3 个实参为函数 getSub,求一系列整数的差
29     return 0;
30 }
```

程序运行结果：

```
一系列整数为:
  10  20  30
对整数的操作结果为:60
一系列整数为:
  10  20  30
对整数的操作结果为:-40
```

在例 8.37 中,第 5～8 行代码块为图 8-45 中 B 代码块部分,负责实现一系列整数的输出功能。第 9 行代码对应图 8-45 中 C 代码块部分,负责将具体的操作结果输出。第 2 行代码“void commonOperation (int array[], int n, **int** (* **p**)(**int** [], **int**))”为 commonOperation 的函数头,第三个形参“int (* p)(int [], int))”是一个指向函数的指针变量(省略了形参名称),其能指向的函数满足如下的特点。

(1) 函数返回值类型为整型。

(2) 函数有两个形参,第一个为整型数组;第二个为整型变量。其中整型数组用于存储一系列整型数据,形参整型变量表示数组中存储单元个数。

既然第三个形参 p 是一个指向函数的指针变量,那么我们可将满足类型要求的函数作为实参传给它,然后通过 p 调用其指向的函数(如第 4 行代码“result = p(array, n)”),从而完成在 commonOperation 函数外定义对一系列整数的具体操作函数(如求和、求差等),然后将这些操作函数(求和函数、求差函数)传入 commonOperation 函数并通过指针变量 p 调用它们执行的目的。

假设我们现在需要求一维数组中数据的和与差,然后输出数组元素,以及输出和与差的

值，commonOperation 函数的执行步骤完全满足我们的要求，只不过求和与求差的操作函数需要我们自行定义后传入 commonOperation 函数。于是在第 11～17 行代码，声明了求整型数组数据和的函数 getSum，以及第 18～24 行的求差函数 getSub，这两个函数在返回值类型、形参个数及类型上都与 commonOperation 函数的第三个形参 p 的类型匹配。在 main 函数中，第 26 行代码声明了整型数组 ints，第 27 行代码"commonOperation(ints, 3, getSum)"函数调用语句中第三个实参为函数名 getSum，这是让形参指针变量 p 指向内存中程序代码区的 getSum 函数，在执行 commonOperation 函数时，通过第 4 行代码中的"p(array, n)"去执行传入的 getSum（如图 8-46 中的(1)、(2)、(3)步骤），然后将和返回 commonOperation 函数中赋值给变量 result，并继续执行第 5～9 行的数据输出代码。main 函数的第 28 行代码执行原理与第 27 行代码一样，将 getSub 函数的内存地址传入 commonOperation 函数，使得指针变量 p 指向 getSub 函数，通过指针变量 p 调用 getSub 函数求差并返回结果给 result（如图 8-46 中的(4)、(5)、(6)步骤），然后继续执行 commonOperation 函数中剩下的输出代码。注意，图中的指针变量 p 是不会同时指向 getSum 和 getSub 两个函数的，在 commonOperation 函数的一次执行中，p 只能指向一个函数。

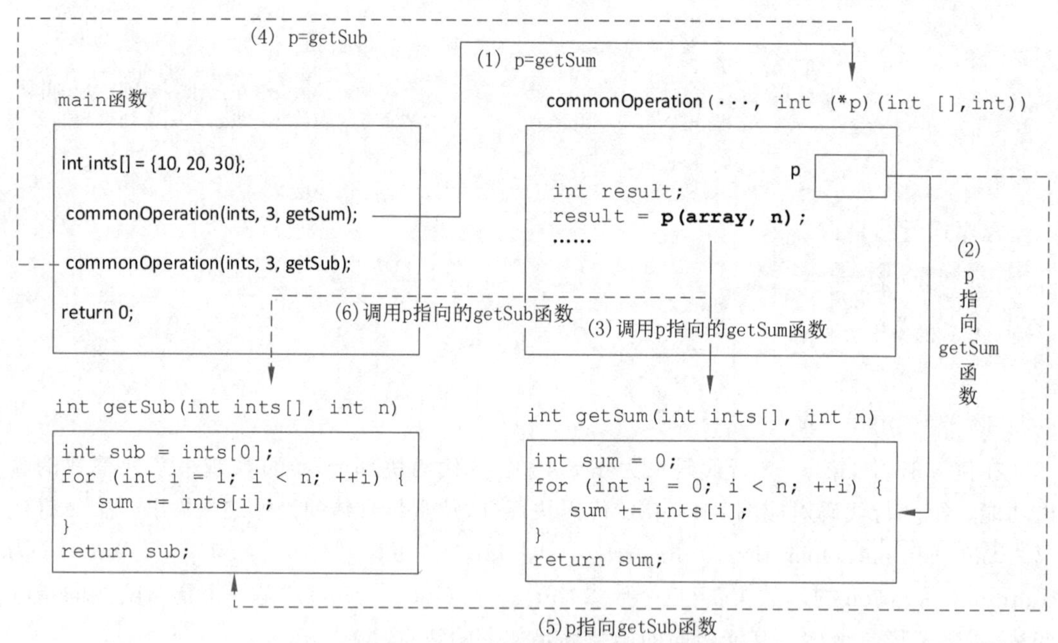

图 8-46　指向函数的指针变量

思考用户求解一系列整数的和或差然后输出，似乎是非常简单的功能实现，何必使用比较难理解的指向函数的指针变量作为形参，让函数作为实参传入另外一个函数的实现机制呢？这是因为 commonOperation 函数有可能已经集成了多个完全实现的满足用户所需功能的代码块，如 B、C、D、E、F 等代码块，它们都在某种程度上对排在前头的 A 代码块执行结果有所依赖，即只能在执行了 A 代码块获取了执行结果后才能顺序地执行 B、C、D、E、F 等模块。但是排在最前头的 A 代码块却无法在 commonOperation 函数中进行具体的通用实现，如果把 A 代码块对应的功能完全从 commonOperation 函数踢出去，即 commonOperation 函数中只包含 B、C、D、E、F 等代码块，它们执行需要依赖的数据（如第 4 行"p(array, n)"的执行结果)可通过 commonOperation 函数参数传给 B、C、D 等模块使用,但是这样可能就降低了 A、B、C、D、E、F 等这些模块作为一个大整体的完整性和降低了这个整体的可理解性,这样得不偿失,不利于日后代码的维护。所以在 commonOperation 函数中通过形参指针变量 p 指向用户根据自己需求定义的函数如 getSum 或 getSub,而在 commonOperation 函数中保留“p(array, n)”调用语句作为 A 代码块留存,保证了整个 commonOperation 函数体的完整性和提高了函数体的可理解性。

其实使用类似 commonOperation 这样的函数能获得很多好处,例如,我们只需根据自己的需求定义好类似 getSum、getSub 的函数,然后传入 commonOperation 函数后,不仅仅可以执行到满足我们自己需求的 getSum、getSub 函数(通过 A 代码块中的 p(array, n)形式实现),还能让我们共享到我们需要的 commonOperation 函数体中 B、C、D、E、F 等代码块,由于这些代码块可直接使用而不用我们重复“造轮子”,从而提高了开发效率。

3. 指针数组作为 main 函数形参

main 函数默认是由系统自动调用的,我们无须考虑 main 函数的调用问题。通常在定义 main 函数时,定义为

```
int main() {
    …
    return 0;
}
```

也可能会定义为

```
int main(void) {
    …
    return 0;
}
```

以上两种方式都表示 main 函数在运行时没有任何参数。但 main 函数是可以有参数的,如定义成如例 8.38 所示的形式。

【例 8.38】 指针数组作为函数形参。

```
1   #include<stdio.h>
2   int main(int argc, char * argv[]) {
3       int i;
4       for (i = 0; i < argc; i++) {
5           printf("%s\n", argv[i]);
6       }
7       return 0;
8   }
```

在例 8.38 中,main 函数有两个形参,第一个形参“int argc”为整型变量,用于保存指针数组的存储单元个数,它的实参值系统会自动传入;第二个形参为指针数组,负责获取在命令行输入的字符串。第 4～6 行代码为循环指针数组 argv,将每一个字符串输出。argc 的全称为“argument count”,即参数个数之意;argv 的全称是“argument vector”,即参数向量之意,这两个名称是 main 函数的形参习惯命名方式,读者也可以根据自己的喜好命名,但是两个形参的顺序和类型不能改变。

由于实参需要在运行 main 函数时传入,此程序的运行方式与之前学习的运行方式不太一样。可使用如下的步骤运行。

(1) 使用开发环境编译并链接程序,生成后缀名为".exe"可执行文件。

(2) 在当前项目文件夹中找到生成的".exe"可执行文件。由于C语言编译及运行环境多种多样,生成的".exe"可执行文件保存路径不太一样。本书使用的环境是 Microsoft Visual Studio Enterprise 2022 (64 位),生成的可执行文件在整个解决方案文件夹下的 x64/Debug 文件夹,如图 8-47 所示。

图 8-47　找到生成的可执行文件

(3) 打开命令行窗口并进入 exe 可执行文件所在的目录,然后输入并执行"指针数组作为main 函数参数.exe　Hello World"指令。指令中有三个字符串实参,分别是"指针数组作为main 函数参数.exe""Hello""World",第一个字符串实参必须是可执行文件的名称,第二个和第三个字符串实参根据需要输入,字符串之间用空格分离,如图 8-48 所示。除第一个实参必须是可执行文件名称外,从第二个字符串实参位置开始,可输入多个以空格分离的字符串。

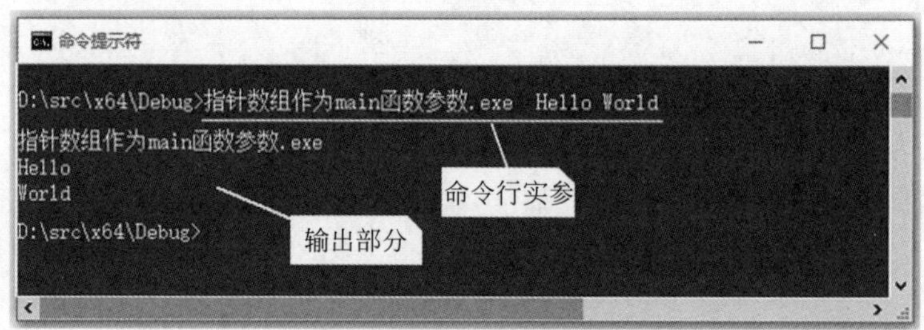

图 8-48　命令行形式运行程序

通过命令行方式运行例 8.38 程序后,main 函数的第一个形参会自动获取命令行参数中以空格分离的字符串个数,如图 8-48 中的实参个数为 3 个,则形参 argc 的值为 3,同时会将命令行中 3 个字符串保存在指针数组 argv 中,存储形式如图 8-49 所示。

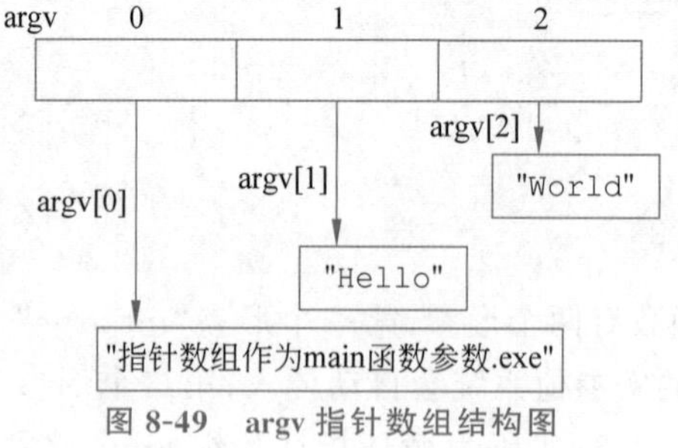

图 8-49　argv 指针数组结构图

8.10　综合案例

1. 数组元素访问

利用指针实现对二维数组数据元素的访问。

【问题分析】

数组是按行存储的，要访问数组的元素 a[i][j]，可以用数组首地址 a 表示，即 a[i][j] = *(*(a+i) + j)。也可以定义指针变量 p，它指向数组的首地址，然后用指针 p 进行运算，访问数组元素。另外，二维数组在内存上是按照行依顺序存储的，所以可以使用指针变量 p 从首元素逐一访问到末元素。

【问题求解】

综合案例 1：运用指针实现对二维数组元素的访问

```
#include<stdio.h>                    //因为使用了输入/输出函数,所以需要引入此头文件
#define M 4                          //定义常量 M,表示数组的行数
#define N 3                          //定义常量 N,表示数组的列数

int main()
{
    //定义并初始化二维数组
    int a[M][N] = { {1, 2, 3}, {4, 5, 6}, {7, 8, 9}, {10, 11, 12} };
    int i, j, * p;                   //定义控制变量 i、j,定义指针 p
    p = &a[0][0];                    //让指针 p 指向数组 a 的第 0 行第 0 列元素
    //循环使用数组名计算方式依次访问数组元素
    for (i = 0; i < M; i++)
    {
        for (j = 0; j < N; j++)
            printf("%-3d", * ( * (a + i) + j));     //输出数组元素 a[i][j]
        printf("\n");
    }
    printf("\n");
    //循环使用指针变量 p 参与运算,依次访问数组元素,循环结束时 p 依然指向数组的首地址
    for (i = 0; i < M; i++)
    {
        for (j = 0; j < N; j++)
            printf("%-3d", * (p + i * N + j));     //输出数组元素 a[i][j]
        printf("\n");
    }
    //指针 p 初始时指向数组首元素,依次对指针 p 加 1,访问数组所有元素,
    //循环结束指针 p 指向数组最后一个元素的下一个地址
    for (i = 0; i < M*N; i++, p++)
    {
        if (i % N == 0)
            printf("\n");                          //每隔 N 个元素换行一次
        printf("%-3d", *p);                        //输出数组元素
    }
    return 0;
}
```

程序运行结果：

```
1  2  3
4  5  6
7  8  9
10 11 12

1  2  3
4  5  6
7  8  9
10 11 12
```

```
1  2  3
4  5  6
7  8  9
10 11 12
```

【应用扩展】

以上三种方法均可以访问二维数组中的元素，每种方法都有自身的特色，可以根据需要选择合适的方法来访问数组元素。思考，在本例中可以使用 a++的方式访问数组元素吗？除了以上三种访问数组元素的方法，还有哪些更好的方法？

2. 数组加法运算

编写函数，以指针作为其参数，实现对两个数组的加法运算。

【问题分析】

在函数中实现两个数组的加法运算，可将这两个存储数据的数组作为参数，在求和函数中通过循环求两个数组的元素和并保存在第三个数组中。

【问题求解】

综合案例 2：用数组作为参数实现两个数组的加法运算

```
#include<stdio.h>                          //因为使用了输入/输出函数,所以需要引入此头文件
#define M  5                               //定义常量 M,表示数组元素个数

/* 声明数组求和的函数 arrayAdd
  参数:int x[]--数组 x, int y[]--数组 y, int z[]--和数组 z
  返回值:无返回值 */
void arrayAdd(int x[], int y[], int z[]);

int main()
{
    int a[M], b[M], c[M];                  //定义数组 a 和 b,及保存 a 与 b 之和的数组 c
    int i;
    //提示用户输入数组 a
    printf("input array a(have %d integral number):\n", M);
    for (i = 0; i < M; i++)
        scanf("%d", a + i);                //输入数组 a

    //提示用户输入数组 b
    printf("input array b(have %d integral number):\n", M);
    for (i = 0; i < M; i++)
        scanf("%d", b + i);                //输入数组 b
    arrayAdd(a, b, c);  //调用函数求数组 a 与 b 之和并保存在数组 c 中
    printf("array a add array b is:\n");      //输出结果提示
    for (i = 0; i < M; i++)
        printf("%d  ", *(c + i));   //输入数组 b
    printf("\n\n\n");
    return 0;
}

/* 实现 arrayAdd 函数的功能:输入数组 x 和 y,以及和数组 z */
void arrayAdd(int x[], int y[], int z[])
{
    int i;
    for (i = 0; i < M; i++)
```

```
        * (z + i)= * (x + i) + * (y + i); //将数组 a 和 b 相同位置的元素相加放到数组 c 中
}
```

程序运行结果：

```
input array a(have 5 integral number):
12 13 56 45 66↙
input array b(have 5 integral number):
2 3 5 6 8↙
array a add array b is:
14  16  61  51  74
```

【应用扩展】

以上程序中，求和函数 arrayAdd 没有返回任何和数据，因为函数只能返回 1 个数据，而不能同时返回多个和数据。"void arrayAdd(int x[], int y[], int z[])"中三个数组形参在编译阶段都会被编译系统转换为指向数组元素的指针变量，即"int * x""int * y"和"int * z"，这三个形参指针变量在 arrayAdd 函数运行时分别存储三个实参数组 a、b、c 的首地址，即 x、y、z 三个指针变量分别指向三个实参数组 a、b、c。这种是传地址函数调用方式，在 arrayAdd 函数中对形参 z 的操作结果，即求和结果直接会保存在实参数组 c 中，所以在主调函数 main 中可直接输出数组 c 中的和数据。

思考，就本例而言，可以在 arrayAdd 函数中定义和数组 z，然后以返回数组指针 z 来得到 a 与 b 的和吗？arrayAdd 函数定义如下：

```
int * arrayAdd(int x[], int y[])
{
    int i, z[M];
    for (i = 0; i < M; i++)
      * (z + i) = * (x + i) + * (y + i); //将数组 x 和 y 相同位置的元素相加放到数组 z 中
    return z;
}
```

主函数中，c 的声明需要修改为"int * c"方式，调用语句为

```
c = arrayAdd(a, b);
```

这种方式，我们发现在主调函数中获取不了 arrayAdd 函数返回的地址对应的数组空间，当然也就获取不了和数据了，因为 arrayAdd 函数中的数组 z 是一个局部数组，其空间在 arrayAdd 函数运行结束时就被系统释放了。

将 arrayAdd 函数改写为

```
int * arrayAdd(int x[], int y[])
{
    int i, * z;                           //z 为一个指针变量
    z = malloc(M * sizeof(int));          //在堆中申请空间
    if (z == NULL) exit(0);
    for (i = 0; i < M; i++)
      * (z + i) = * (x + i) + * (y + i); //将数组 x 和 y 相同位置的元素相加放到数组 z 中
    return z;
}
```

在 arrayAdd 函数中，z 改为指针变量，其指向 malloc 函数申请的堆空间，此空间中的数据可跨函数共享，不会随着 arrayAdd 函数运行结束而消亡，故在 main 函数中可通过指针变量 c 接收此内存空间首地址，从而实现和数据的输出，但在 main 函数中需要在使用完此空

间后通过 free(c)代码释放此空间。

3. 字符统计

使用指针作为参数，实现对一个字符串中各类字符的个数进行统计。

【问题分析】

要统计字符串中各类字符的个数，需要逐一对字符串中所有字符进行访问，比较字符的ASCII码，看其属于哪一类字符，然后做统计。要用函数实现字符个数的统计，就需要在主函数中将字符串作为参数传递给统计函数，可以用字符数组或者字符指针作为统计函数的参数。注意字符串是以“\0”作为结尾的。

【问题求解】

综合案例 3：统计一个字符串中各类字符的个数

```
#include<stdio.h>                       //因为使用了输入/输出函数，所以需要引入此头文件
#define MAX 100                         //字符串最大长度

/*声明统计函数 count
  参数:chat *str--指向字符串的字符指针变量
  返回值:无返回值*/
void count(char* str);

int main()
{
    char str[MAX];                      //定义字符串 str
    int i;
    //提示用户输入字符串
    printf("input string (up to %d characters):\n", MAX);
    scanf("%s", str);                   //输入字符串 str
    count(str);                         //调用统计函数
        return 0;
}

/*实现 count 函数的功能:输入字符串 str*/
void count(char* str)
{
    char* p = str;                      //定义字符指针,指向字符串首地址
    int digit=0,letter=0,other = 0; //定义并初始化数字、字母、其他字符的个数为 0
    while (*p != '\0')          //通过判断指针指向的字符是否为"\0"来判断字符串是否结束
    {
        //判断字符是否为字母
        if ((*p >= 'a' && *p <= 'z') || (*p >= 'A' && *p <= 'Z'))
           letter++;                    //字母个数加 1
        else if (*p >= '0' && *p <= '9')  //判断字符是否为数字
           digit++;                     //数字个数加 1
        else other++;                   //其他字符个数加 1
        p++;                            //指针向后移
    }
    //输出统计结果
    printf("\nThe string \"%s\" include:\n%d digits, %d letters,
         %d other characters.\n\n", str, digit, letter, other);
}
```

程序运行结果：

```
input string (up to 100 characters):
dkn./,\45h6d0kk& * DSJKD↙

The string "dkn./,\45h6d0kk& * DSJKD" include:
4 digits, 12 letters,6 other characters.
```

【应用扩展】

字符串在C语言中是以字符数组的方式存储的，要保存控制台输入的字符串，只能通过声明字符数组实现，不能使用字符指针，因为直接定义字符指针并不会分配空间来存放字符串。

字符串作为函数参数时，可以使用字符指针，也可以使用字符数组。统计字符串中的字符类型是通过比较字符的ASCII码来完成的，这种方法在处理字符串时经常用到。思考，判断用户输入的字符串是不是一个合法的电子邮箱地址的代码如何实现？

思考与练习

一、简答题

1. 什么是变量、指针、指针变量，它们之间有什么关系？

2. 列举C语言中有哪些指针运算。

3. 简述在进行指针与整数的加减运算或自增(自减)运算时，有哪些注意事项。

4. 在使用指针变量与一维数组时，需要注意哪些方面？

5. 若有定义“int a[2][3], * p;p=a[0];”，则 a[1][2]、*((*a+1)+1)、*(p+4)分别表示哪个元素？

6. 简述返回“值”类型的函数与返回“指针”类型的函数有哪些区别。

7. 将字符串常量赋值给字符指针时，字符指针保存的是什么值？字符串常量的值实际存储在哪里？

8. 如何通过指针来实现内存地址的动态分配？

二、选择题

1. 已有定义“int a=2, * p1=&a, * p2=&a;”，下面不能正确执行的赋值语句是(　　)。

A. a= * p1+ * p2;　　B. p1=a;

C. p1=p2;　　D. a= * p1 * (* p2);

2. 若有说明语句“int a, b, c, * d=&c;”，则能正确从键盘读入三个整数，分别赋给变量a、b、c的语句是(　　)。

A. scanf("%d%d%d", &a, &b, d);

B. scanf("%d%d%d", a, b, d);

C. scanf("%d%d%d", &a, &b, &d);

D. scanf("%d%d%d", a, b, * d);

3. 若有语句“int * p, a=10; p=&a;”，下面均代表地址的一组选项是(　　)。

A. a, p, * &a　　B. & * a, &a, * p

C. * &p, * p, &a　　D. &a, & * p, p

4. 设“char ＊s="\ta\017bc";”,则指针变量 s 指向的字符串所占的字节数是(　　)。

A. 9　　B. 5　　C. 6　　D. 7

5. 下面程序段中,for 循环的执行次数是(　　)。

```
char * s = "\ta\018bc";
for (; * s != '\0'; s++) printf(" * ");
```

A. 9　　B. 5　　C. 6　　D. 7

6. 下面不能正确进行字符串赋初值的语句是(　　)。

A. char str[5]="good!";　　B. char ＊str="good!";

C. char str[]="good!";　　D. char str[5]={'g', 'o','o', 'd'};

7. 有语句“int m=6, n=9, ＊p, ＊q; p=&m; q=&n;”,若要实现下图所示的存储结构,可选用的赋值语句是(　　)。

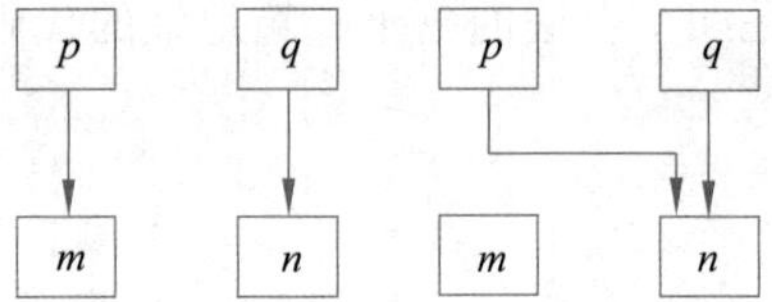

A. ＊p=＊q;　　B. p=＊q;　　C. p=q;　　D. ＊p=q;

三、程序填空题

1. 比较两个字符串是否相等,若相等则返回 1,否则返回 0。

```
#include<stdio.h>
#include<string.h>

int fun(char * s, char * t)
{
    int m=0;
    while (* (s+m) == * (t+m) &&____(1)____)
        m++;
    return (____(2)____);
}
```

2. 计算一个英文句子中最长单词的长度(字母个数)max。假设该英文句子中只含有字母和空格,在空格之间连续的字母串称为单词,句子以“.”为结束。

```
#include<stdio.h>

void main()
{
    static char s[]={"you make me happy when days are grey."}, * t;
    int max=0, length=0; t=s;
    while (* t!='.')
    {
        while (((* t<='Z')&&(* t>='A'))||((* t<='z')&&(* t>='a')))
        {
            length++;
            ____(1)____;
        }
        if (max < length)
            ____(2)____;
```

```
        length = 0;
        t++;
    }
    printf("max = %d", max);
}
```

3. 下面程序判断输入的字符串是否是“回文”(顺读和倒读都一样的字符串称为“回文”,如 level)。

```
#include<stdio.h>
#include<string.h>

void main()
{
    char s[80], *t1, *t2;
    int m;
    gets(s);
    m = strlen(s);
    t1 = s;
    t2 = ____(1)____;
    while(t1 < t2)
    {
        if (*t1 != *t2) break;
        else
        {
            t1++;
            ____(2)____;
        }
    }
    if (t1 < t2) printf("NO\n");
    else printf("YES\n");
}
```

4. 以下程序在数组 a 中查找与 x 值相同的元素所在的位置。

```
#include<stdio.h>
#include<string.h>

void main()
{
    int a[11], x, m;
    printf("please input ten numbers:\n");
    for(m = 1; m < 11; m++)
        scanf("%d", a + m);
    printf("please input x:");
    scanf("%d", &x);
    *a = ____(1)____;
    M = 10;
    while (x != *(a+m))
        ____(2)____;
    if (m > 0)
        printf("%5d's position is : %4d\n", x, m);
    else
        printf("%d not been found!\n", x);
}
```

5. 删除字符串的所有前导空格。

```
#include<stdio.h>
#include<string.h>

void f1(char * s)
{
    char * t;
    t = ____(1)____;
    while( * s == ____(2)____ )
        s++;
    while( * t++ = * s++);
}
int main()
{
    char str[80];
    gets(str);
    f1(str);
    puts(str);
    return 0;
}
```

四、程序阅读题，请写出程序的运行结果

1. 指针作为函数参数。

```
#include<stdio.h>
#include<string.h>

void swap(int * a, int * b)
{
    int * t;
    t=a;
    a=b;
    b=t;
}
void main()
{
    int x=3, y=5, * p=&x, * q=&y;
    swap(p, q);
    printf("%d  %d\n", * p, * q);
}
```

程序运行结果：________。

2. 指针与字符串。

```
#include<stdio.h>
#include<string.h>

void main()
{
    char * p = "abcdefgh", * r;
    long * q;
    q = (long * ) p;
    q++;
    r = (char * ) q;
    printf("%s\n", r);
}
```

程序运行结果：________。

3. 字符数组。

```
#include<stdio.h>
void main()
{
    char s[80], *t;
    t = s;
    gets(t);
    while (*(++t) != '\0')
        if (*t == 'a')
            break;
        else
        {
            t++;
            gets(t);
        }
    puts(t);
}
```

程序运行结果：________。

4. 求数组元素的和。

```
#include<stdio.h>
int arrayAdd(int a[], int n)
{
    int m, sum=0;
    for (m=0; m<n; m++)
        sum += a[m];
    return (sum);
}
void main()
{
    int arrayAdd(int a[], int n);
    static int a[3][4]={2,4,6,8,10,12,14,16,18,20,22,24};
    int *p, total1, total2;
    int (*pt)();
    pt=arrayAdd;
    p=a[0];
    total1=arrayAdd(p, 12);
    total2=(*pt)(p,12);
    printf("total1=%d\ntotal2=%d\n", total1,total2);
}
```

程序运行结果：________。

五、编程题

1. 从键盘输入 3 个数，按由小到大的顺序排序并显示出来。

2. 通过调用函数，返回一维数组中的最大元素值。

3. 有一个包含 n 个字符的字符串，写一函数，将此字符串中从第 m 个字符开始的全部字符复制成为另一个字符串。

4. 求二维数组中每行元素的平均值。

5. 编写 3×3 数组中交换第二列与第三列数据的程序。

6. 将若干字符串按字母顺序(由小到大)输出。

7. 在一维数组 a 中，要求将数组的第一个元素与最后一个元素交换，第二个元素与倒数第二个元素交换,以此类推。

六、思考题

1. 通过画图的方式理解如下两个程序中各个变量值的改变情况,并简要说明为什么源程序 1 无法完成 main 函数中变量 x 和 y 数值的交换,而源程序 2 可以实现。

源程序 1

```
#include<stdio.h>
void swap(int x, int y)
{
    int tmp;
    tmp = x;
    x = y;
    y = tmp;
}
int main(int argc, char * argv[])
{
    int x = 5, y = 7;
    printf("调用 swap 函数前:x = %d, y = %d\n", x, y);
    swap(x, y);
    printf("调用 swap 函数后:x = %d, y = %d\n", x, y);
    return 0;
}
```

源程序 2

```
#include<stdio.h>
void swap(int * x, int * y)
{
    int tmp;
    tmp = * x;
    * x = * y;
    * y = tmp;
}
int main(int argc, char * argv[])
{
    int x = 5, y = 7;
    printf("调用 swap 函数前:x = %d, y = %d\n", x, y);
    swap(&x, &y);
    printf("调用 swap 函数后:x = %d, y = %d\n", x, y);
    return 0;
}
```

2. 思考和总结 * 和 & 这两个运算符分别有哪些应用场景,各自代表的含义是什么。

3. 已知指针变量可以进行自增、自减、加上或减去一个整数的运算,那么这些运算在什么情况下是有意义的,可能像数组越界那样出现问题吗?在进行这类计算的时候需要注意哪些问题?

4. 已知数组的数组名的值是该数组首元素的地址,结合指针与整数的加减运算和自增、自减运算,说明为什么通过下标法引用数组元素时,其下标是从 0 开始的。

5. 分析如下程序的输出是什么,此时数组 str 所保存的值是什么,并思考造成这一现象的原因是什么。

```
#include<stdio.h>
int main(int argc, char * argv[])
```

```
{
    char str[5];                                    /* 定义长度为 5 的字符数组 */
    printf("请输入一个字符串:\n");
    scanf("%s", str);                               /* 输入字符串:programing */
    printf("您所输入的是:%s\n", str);
    return 0;
}
```

6. 思考在运用 calloc 和 malloc 函数动态申请内存空间时,在什么情况下会出现内存分配失败？为了确保程序的健壮性,应当如何处理？

第 9 章

结构体与共用体——聚合不同属性的数据类型

C 语言中提供了整型、浮点型等基础类型，使用它们可定义存储常规数据的变量、数组等，但实际工作中，有很多更复杂的问题需要解决，只使用系统自带的这些基础类型无法满足实际需求。C 语言允许我们根据实际需要建立一些用户自定义数据类型，并使用这些类型来解决更加复杂的问题。

9.1 用户自定义类型引例

问题 1：通过本书前述章节的学习，我们知道 C 语言包含了基本的数据类型如整型、浮点型、字符型等，如需要在内存中存储和操作整型数据，可使用 int、short、long 等类型，但像学生这样的对象，其包含学号、姓名、年龄、性别、成绩等数据，这些数据都是学生对象的组成部分，它们是同时存在且需要集中在一起形成一个不可分割的整体，这时使用 C 语言自带的基本数据类型就不能定义出学生这种对象了，那么该如何实现呢？

解题思路：使用 C 语言派生类型中的结构体类型。可先定义学生结构体数据类型，然后声明学生结构体类型的变量存储学生对象的数据。当然，也可以定义学生类型的结构体数组，存储多个学生对象的信息。

问题 2：假设现在有一个班级，此班级需要存储多个学生的信息，但学生的数量暂时无法确定，如果使用数组结构来存储学生信息，数组存储单元个数如果定义少了怕不够用，定义得很多又可能会出现存储空间的浪费。那么使用什么样的数据结构才使得空间恰好够用，能解决数组的空间不够或空间浪费的问题呢？

解题思路：此问题可使用链表来解决。我们可定义链表数据结构，需要添加学生对象信息时，立即到内存申请新空间进行存储，如果某个学生信息需要删除，也可立即释放此学生对象占用的空间。如果需要再插入一个新学生信息，也可通过指针方式灵活进行而不需要像数组那样进行大量的数据元素移动，很便捷且效率高。

问题 3：假设现需要在同一张表中填写学生对象或教师对象的信息。学生信息包括：身份证号、学号(长度为 10 的字符串)、姓名、性别、出生日期、班级(整数 1 表示 1 班，整数 2 表示 2 班)；教师信息包括：身份证号、教工号(宽度为 8 的整型数据)、姓名、性别、出生日期、职称(长度为 10 的字符串)。相应表格设计如表 9-1 所示，我们发现学生与教师对象存在相同的信息如身份证号、姓名、性别、出生日期，他们不同的信息：如果是学生，则包含学号和班级信息而不包含教工号和职称信息；如果是教师则包含教工号和职称信息而不包括学号和班级信息。在表中，学号与教工号的值不可能同时填写，但共用一个格子空间；班级和职称也不可能同时填写，但共用了一个格子空间。这样的表格如何在C语言中实现呢？

表 9-1　学生/教师信息表

身份类型（s：学生/t：教师）：		身份证号：		学号/教工号：		姓名：	
性别：		出生日期：		班级/职称：			

解题思路：可声明一个结构体类型如Person（人），包含身份类型、身份证号、姓名、性别、出生日期，这些成员都占用独立的格子（存储空间），而另外声明共用体类型解决“学号/教工号”“班级/职称”两部分的共用存储空间（格子）的问题。

问题4：一年有四季，即春季、夏季、秋季、冬季；一个星期有7天，即周一、周二、周三、周四、周五、周六、周日；白天的时段有上午、中午、下午。这种现象在我们日常生活中不计其数，在C语言中如何解决与这些现象对应的问题呢？

解题思路：在C语言中，可声明枚举类型并定义枚举变量实现。

9.2　结构体数据类型

所谓的结构体，犹如一栋楼，此楼就是一个结构体，楼中包含了很多的办公室、卫生间、卧室、厨房等空间，这些空间是同时存在于当前结构体（楼栋）中的成员，且成员类型可能不一样，整栋楼是一个整体。一个学生对象其实也是一个结构体，是由身份证号、学号、姓名、性别、出生日期、班级等成员构成的一个整体，且成员同时存在。

9.2.1　结构体类型定义

在C语言中提供了关键字struct供我们定义结构体类型。定义结构体类型的一般形式如下：

```
1   struct 结构体类型名
2   {
3       数据类型 成员 1;
4       数据类型 成员 2;
5       ...
6       数据类型 成员 n;
7   };
```

定义代码中，第1行使用了关键字struct，其后是结构体类型名称，第2～7行是结构体成员的定义，定义形式与简单变量的定义类似，结构体类型定义的最后要以分号“;”结束。

结构体数据类型中声明的成员变量，如“成员1”“成员2”“成员 n”等，可称为成员，也可称为“域”。

如下代码定义了一个学生结构体类型：

```
struct  student{ //student为结构体类型名
    long long int id;                         //身份证号码
    char no[15];                              //学号
```

```
4       char name[20];                          //姓名
5       char gender;                            //性别
6       int year;                               //出生年
7       int month;                              //出生月
8       int day;                                //出生日
9       int classNo;                            //班级编号
10  };
```

在学生(student)结构体类型的定义体中,成员的个数是没有限制的,我们可根据实际需要添加或减少,成员的数据类型也可以是结构体类型。以上第 6、7、8 三行代码是使用三个整型变量表示出生年、月、日,我们可先将出生日期定义为结构体类型,然后在学生结构体类型中使用,代码如下:

```
1   struct date {                               //出生日期
2       int year;                               //出生年
3       int month;                              //出生月
4       int day;                                //出生日
5   };
6   struct student { //student 为结构体类型名
7       long long id;                           //身份证号码
8       char no[15];                            //学号
9       char name[20];                          //姓名
10      char gender;                            //性别
11      struct date birthday;                   //结构体变量
12      int classNo;                            //班级编号
13  };
```

在以上代码中,第 1～5 行先定义了出生日期结构体数据类型 date,然后在学生结构体类型中第 11 行代码处声明属于 date 类型的成员变量 birthday。

9.2.2 结构体类型变量

犹如使用 int 类型可声明整型变量、使用 char 类型可声明字符类型变量,在定义了结构体数据类型后,就可以声明属于结构体类型的变量,这种变量就称结构体变量。

在 C 语言中,结构体变量有以下三种声明方式。

1. 先定义结构体数据类型,再声明结构体变量

先定义结构体类型,再定义结构体变量的基本结构如下:

```
struct 结构体类型名
{
    数据类型 结构体成员 1;
    数据类型 结构体成员 2;
    ...
    数据类型 结构体成员 n;
};
struct 结构体类型名 结构体变量名列表;
```

注意,C 语言标准规定,先定义类型后声明变量的方式声明结构体变量时必须带上关键字 struct,不能只写结构体类型名称,结构体变量的声明形式如下:

```
struct date {                       //定义出生日期结构体类型
    int year;                       //出生年
```

```
    int month;                          //出生月
    int day;                            //出生日
};
struct date birthday1,birthday2;        //声明结构体变量 birthday1、birthday2
```

通过上述语句，我们首先自定义了结构体类型 date，然后通过“struct date”定义了两个结构体类型的变量 birthday1 和 birthday2。

结构体变量 birthday1 和 birthday2 有别于以往的普通变量，它们具有结构体类型 date 的结构特征，都分别包含 year、month、day 三个域。每一个域都可以被赋予相应的值。结构体变量 birthday1 的内存图如图 9-1 所示，当然，birthday2 的结构也是这样的。在图 9-1 中，结构体变量名为 birthday1，通过 birthday1 就能访问到此内存块，包含的三个域在内存中是顺着存储的，域 year 的起始地址为 aaaf7040，month 域的内存地址是 aaaf7044，day 域的内存地址是 aaaf7048，三个域地址连续，且在当前环境中每个域占用 4 字节空间，birthday1 变量共占用 12 字节。三个域分别存储 2002、12、30，表示出生日期为 2002 年 12 月 30 日。结构体变量占用的字节数可通过 sizeof(struct date)方式运算，不同的环境中计算出来的值可能不一样。

图 9-1　结构体变量

注意，如果编译环境是 C++ 环境，那么声明结构体变量时可把关键字“struct”省略而只写结构体类型名，但是那是 C++ 的标准而非 C 语言标准。在目前的 C 语言标准 C90、C99、C11、C17、C23 中都明确要求在声明结构体变量时 struct 必须写上。

2. 在定义结构体类型的同时定义结构体变量

在定义结构体类型的同时定义结构体变量，其基本语法结构如下：

```
struct 结构体类型名
{
    数据类型 成员 1;
    数据类型 成员 2;
    …
    数据类型 成员 n;
}结构体变量名列表;
```

例如：

```
struct date {                               //定义出生日期结构体类型
    int year;                               //出生年
    int month;                              //出生月
    int day;                                //出生日
}birthday1,birthday2;                       //定义结构体类型的同时声明结构体变量
```

上述代码是在定义结构体变量类型的同时声明了两个结构体变量 birthday1，birthday2，变量名放于结束的分号“;”之前。虽然在定义类型时就声明了变量，我们也仍然可以在后续代码中声明其他结构体变量，例如：

```
struct date birthday3,birthday4;            //声明结构体变量 birthday3、birthday4
```

3. 在不定义结构体类型名的情况下直接定义结构体变量

在不定义结构体类型名的情况下，直接定义结构体变量，这种方法的语法结构如下：

```
struct
{
    数据类型 成员 1;
    数据类型 成员 2;
    ...
    数据类型 成员 n;
}结构体变量名列表;
```

例如：

```
struct{
    int year;                              //出生年
    int month;                             //出生月
    int day;                               //出生日
}birthday1,birthday2;                      //定义结构体类型的同时声明结构体变量
```

注意，由于这种方式没有结构体的类型名称，所以在后续的代码中也就无法定义其他结构体变量了。

4. 使用 typedef 类型声明结构体变量

C 语言允许为一个数据类型起一个新的别名，就像给人起“绰号”一样，起别名的目的不是为了提高程序运行效率，而是为了编码方便。使用关键字 typedef 可以为类型起一个新的别名。typedef 为类型定义关键字，其用法一般为

```
typedef  旧类型名  新类型名;
```

下面的代码，我们使用 typedef 先给结构体类型起一个别名，然后使用别名声明结构体变量。代码结构如下：

```
typedef struct 结构体类型名
{
    数据类型 成员 1;
    数据类型 成员 2;
    ...
    数据类型 成员 n;
}新类型名;
新类型名 结构体变量列表;
```

声明出生日期结构体变量的代码如下：

```
1   typedef struct date {                     //定义出生日期结构体类型
2       int year;                             //出生年
3       int month;                            //出生月
4       int day;                              //出生日
5   }birthday;
6   struct date birthday1,birthday2;          //声明结构体变量 birthday1、birthday2
7   birthday birthday3,birthday4;             //声明结构体变量 birthday3、birthday4
```

以上代码中，使用关键字 typedef 为结构体 struct date 起了一个类型别名 birthday，之后凡是声明此结构体的变量，既可以使用第 6 行的声明方式，更可以使用第 7 行的声明方式。很明显，第 7 行更加便捷，不用再写关键字 struct 了。

在使用关键字 typedef 给结构体类型起别名时，如果在之后的编码中都只考虑使用别名来声明结构体变量，则可省略结构体类型的名称。例如：

```
typedef struct{                          //省略了结构体类型名称
    int year;                            //出生年
    int month;                           //出生月
    int day;                             //出生日
}birthday;                               //别名
birthday birthday3,birthday4;            //只能使用别名来声明变量
```

在以上的四种结构体变量声明方式中，用得最普遍的是第 4 种。结构体变量在使用过程中需要注意以下问题。

(1) 结构体变量的每一个成员可以单独使用，其和普通变量的使用方法是一致的。

(2) 结构体变量的成员名可以与程序中定义的其他变量名相同，两者互不干扰，并不影响相互的使用。

(3) C 语言在进行系统编译时，并不对结构体类型的定义分配内存空间，只有在用结构体类型定义结构体变量时，系统才会为其分配内存空间。

(4) 结构体成员也可以使用结构体类型去定义变量，即在一个结构体的定义中可以嵌套另外一个结构体的结构。例如：

```
struct student {                         //student 为结构体类型名
    long long id;                        //身份证号码
    …
    struct date birthday;                //birthday 为 struct date 结构体类型的变量
    int classNo;                         //班级编号
};
```

上述代码中，struct student 结构体类型中使用了另外一个结构体类型 struct date 的变量 birthday。

注意，在熟悉了结构体数据类型与结构体变量后，我们可能经常将结构体变量简称为结构体。

9.2.3 结构体变量的引用

定义了结构体类型的变量之后，我们可以对结构体变量进行赋值、运算等操作。这些操作涉及对结构体变量的成员进行引用，但在程序运行过程中，不能对结构体变量进行整体引用，而只能对结构体变量的各个域成员进行对应的操作和运算。

对结构体变量中某个域的引用的一般形式如下

```
结构体变量名.域名
```

如例 9.1 为定义出生日期、结构体两种数据类型并声明结构体变量，然后输入/输出数据的案例代码。

【例 9.1】 给结构体变量赋值并输出。

```
#include<stdio.h>
#include<string.h>
//定义出生日期结构体类型
struct date {                            //出生日期
    int year;                            //出生年
    int month;                           //出生月
    int day;                             //出生日
};
//定义学生结构体类型
```

```
10 struct student {                          //student 为结构体类型名
11     long long id;                         //身份证号码
12     char no[15];                          //学号
13     char name[20];                        //姓名
14     char gender;                          //性别
15     struct date birthday;                 //结构体变量
16     int classNo;                          //班级编号
17 };
18 int main() {
19     struct student stu;                   //声明学生结构体类型变量 stu
20     /* 以下代码给结构体变量 stu 的各个域赋值 */
21     stu.id = 532324200212300014;          //给结构体变量 stu 的域 id 赋值
22     strcpy(stu.no, "2022101123");         //给结构体变量 stu 的域 no 赋值
23     strcpy(stu.name, "张小明");           //给结构体变量 stu 的域 name 赋值
24     stu.gender = 'm';                     //给结构体变量 stu 的域 gender 赋值
25     stu.birthday.year = 2002; //给结构体变量 stu 的域 birthday 的成员 year 赋值
26     stu.birthday.month = 12;  //给结构体变量 stu 的域 birthday 的成员 month 赋值
27     stu.birthday.day = 30;    //给结构体变量 stu 的域 birthday 的成员 day 赋值
28     stu.classNo = 1;                      //给结构体变量 stu 的域 classNo 赋值
29     /* 以下代码将结构体变量 stu 的各个域值输出 */
30     printf("id:%lld,no:%s,name:%s,gender:%c:\n", stu.id, stu.no,
               stu.name, stu.gender);
31     printf("birthday:%d-%d-%d,classNo:%d",stu.birthday.year,
               stu.birthday.month, stu.birthday.day, stu.classNo);
32     return 0;
33 }
34
```

程序运行结果：

```
id:721387758,no:2022101123,name:张小明,gender:m:
birthday:2002-12-30,classNo:1
```

在例 9.1 中，第 4～8 行定义了出生日期结构体类型 date，第 10～17 行定义了学生结构体类型 student，其包含了结构体类型 date 的变量 birthday 作为域成员(第 15 行代码)。在 main 函数中，第 19 行代码声明了结构体变量 stu。第 21～28 行代码都是通过"结构体变量名.域名"的方式分别引用结构体变量中的各个域成员并赋值。遇到结构体变量中包含其他结构体变量的情况时，也是通过"结构体变量名.域名"形式一层一层访问，如第 25 行代码"stu.birthday.year"是先通过结构体变量"stu.birthday"引用 stu 结构体变量的域 birthday，然后通过"stu.birthday.year"引用到出生年份数据域成员。

不难发现，结构体变量的域引用方式和常规的变量使用方式本质上是一致的，不同的是结构体变量的域多了一个"结构体变量名."在前面而已。

在例 9.1 中，第 30、31 两行代码将结构体变量 stu 中各个域存储的数据输出。除了写法上加上"结构体变量名."前缀以外，其余的都与常规变量的使用无异。如第 21 行代码"stu.id = 532324200212300014"是给学生结构体的域 id 赋值，如果改成输入则可用如下代码：

```
scanf("%lld", &stu.id);                        //输入身份证号码值
```

其中"%lld"表示输入 long long 类型整数，"&stu.id"表示取结构体变量 stu 中 id 变量的内存地址。

同理，第 22 行代码"strcpy(stu.no, "2022101123");"可改为

```
gets(stu.no);
```

总之，结构体变量中的域引用方式与常规变量的引用方式本质上并无区别，只是在域名前加一个前缀“结构体变量名.”而已，其余的与常规变量的操作原理一致。注意，结构体变量不能整体操作，只能一个一个域成员进行分别操作。

9.2.4 结构体变量的初始化

可以在结构体变量声明时初始化，也可以先声明结构体变量，后初始化，当然，也可以通过输入数据方式给结构体变量赋值。注意，这里提及的初始化、赋值其实是针对结构体变量中的每一个域成员初始化和赋值。

1. 在声明结构体变量时初始化

在声明一个整型变量时可对其初始化，同理在声明一个结构体变量时也可对结构体变量进行初始化，不同的是这里是对结构体中各个域成员初始化。

【例 9.2】 结构体变量初始化。

```
#include<stdio.h>
struct date {                                           //出生日期
    int year;                                           //出生年
    int month;                                          //出生月
    int day;                                            //出生日
};
//定义学生结构体类型
struct student {                                        //student 为结构体类型名
    long long id;                                       //身份证号码
    char no[15];                                        //学号
    char name[20];                                      //姓名
    char gender;                                        //性别
    struct date birthday;                               //结构体变量
    int classNo;                                        //班级编号
}stu1={532324200212300014,"2022101123","张小明",'m',2002, 12, 30, 1};
int main() {
    struct student stu2 = {532324200212311124, "2022101130", "王小丫",
                              'f', {2012, 11, 21}, 2};
    puts("stu1 的信息如下:");
    printf("id:%lld,no:%s,name:%s,gender:%c:\n", stu1.id,
             stu1.no, stu1.name, stu1.gender);
    printf("birthday:%d-%d-%d,classNo:%d\n", stu1.birthday.year,
             stu1.birthday.month, stu1.birthday.day, stu1.classNo);
    puts("stu2 的信息如下:");
    printf("id:%lld,no:%s,name:%s,gender:%c:\n", stu2.id, stu2.no,
             stu2.name, stu2.gender);
    printf("birthday:%d-%d-%d,classNo:%d\n", stu2.birthday.year,
              stu2.birthday.month, stu2.birthday.day, stu2.classNo);
    return 0;
}
```

程序运行结果：

```
stu1 的信息如下:
id:532324200212300014,no:2022101123,name:张小明,gender:m:
birthday:2002-12-30,classNo:1
stu2 的信息如下:
id:532324200212311124,no:2022101130,name:王小丫,gender:f:
birthday:2012-11-21,classNo:2
```

在例 9.2 中，第 15 行代码是在定义结构体类型时声明结构体变量 stu1，并给变量 stu1 按类型声明时的各域成员顺序并使用括号"{}"依次初始化数据，第 17 行代码也是在声明结构体变量 stu2 时给各域成员初始化。在 stu1 或 stu2 结构体变量中，域 birthday 也是一个包含了 year、month、day 三个域的结构体变量，在对 stu1 和 stu2 初始化时使用"{……,'m',2002,12,30,1};"方式，也可使用加括号方式"{……,'m',{2002,12,30},1};"。第 18～23 行是将两个结构体变量 stu1 和 stu2 中的域成员数据输出。

注意，给结构体变量初始化时，初始化数据的顺序对应要与结构体类型的域成员定义顺序一致且类型匹配才行。如 struct student 结构体类型中，身份证号码 id 为排序第一的域成员，那么在初始化时，具体的身份证数据就必须排第 1 个位置，依次是学号数据值、姓名数据值等。

当然，如果只需要给某个或某些成员初始化数据，可通过".成员名"方式。例如：

```
struct student
{
    long long id;
    char no[15];
    char name[20];
    char gender;
    struct date birthday;
    int classNo;
} stu1 = {.id=532324200212300014, .name="张小明"};
```

以上代码通过".id＝532324200212300014"和".name＝"张小明""给 id 与 name 域成员初始化数据。

2. 先声明结构体变量，后赋值

可以像声明整型变量那样先声明结构体变量后赋值，例如：

```
struct student stu;                              //声明结构体变量
/**以下代码是给结构体变量的域成员赋值**/
stu.id = 532324200212300014;
strcpy(stu.no, "2022101123");
strcpy(stu.name, "张小明");
stu.gender = 'm';
stu.birthday.year=2002;
stu.birthday.month=12;
stu.birthday.day=20;
stu.classNo=1;
```

3. 结构体变量整体赋值

我们可以通过现有的已经保存了数据的结构体变量给另外一个结构体进行整体赋值，例如：

```
//声明结构体变量 stu1 并初始化
struct student stu1 = {532324200212300014, "2022101123", "张小明",
                       'm', 2002, 12, 30, 1};
struct student stu2 = stu1;             //将结构体变量 stu1 保存的数据整体赋值给 stu2
puts("stu2 的信息如下:");
printf("id:%lld,no:%s,name:%s,gender:%c:\n", stu2.id, stu2.no,
      stu2.name, stu2.gender);
printf("birthday:%d-%d-%d,classNo:%d\n", stu2.birthday.year,
      stu2.birthday.month, stu2.birthday.day, stu2.classNo);
```

```
puts("stu2 的信息如下:");
printf("id:%lld,no:%s,name:%s,gender:%c:\n", stu2.id, stu2.no, stu2.name,
      stu2.gender);
printf("birthday:%d-%d-%d,classNo:%d\n",stu2.birthday.year,
      stu2.birthday.month, stu2.birthday.day, stu2.classNo);
```

输出信息如下:

```
stu2 的信息如下:
id:532324200212300014,no:2022101123,name:张小明,gender:m:
birthday:2002-12-30,classNo:1
stu2 的信息如下:
id:532324200212300014,no:2022101123,name:张小明,gender:m:
birthday:2002-12-30,classNo:1
```

我们可以发现,stu2 结构体变量和 stu1 存储的数据是一模一样的。

4. 输入数据到结构体变量中

【例 9.3】 输入数据到结构体变量中并输出。

```
#include<stdio.h>
//使用 typedef 为结构体类型 struct date 起别名为 dt
typedef struct date {
    int year;                          //出生年
    int month;                         //出生月
    int day;                           //出生日
} dt;
//使用 typedef 为结构体类型 struct student 起别名为 stu
typedef struct student {
    long long id;                      //身份证号码
    char no[15];                       //学号
    char name[20];                     //姓名
    char gender;                       //性别
    dt birthday;                       //使用别名 dt 类型声明结构体变量 birthday
    int classNo;                       //班级编号
} stu;
int main() {
    stu s; //使用结构体类型别名 stu 声明变量 s
    scanf("%lld", &s.id);
    getchar();                //先获取身份证输入数据后的空串,为下行学号输入作准备
    gets(s.no);                        //输入学号
    gets(s.name);                      //输入姓名
    s.gender = getchar();              //输入性别
    //输入出生日期
    scanf("%d%d%d", &s.birthday.year, &s.birthday.month, &s.birthday.day);
    scanf("%d", &s.classNo);           //输入班级编号
    //输出学生结构体类型占用的空间大小
    printf("s 变量共占用%d 字节空间,存储信息如下:\n", sizeof(stu));
    printf("id:%lld,no:%s,name:%s,gender:%c:\n", s.id, s.no,
            s.name, s.gender);
    printf("date:%d-%d-%d,classNo:%d\n", s.birthday.year,
            s.birthday.month, s.birthday.day, s.classNo);
    return 0;
}
```

输入数据:

```
532324200212311124
```

```
2022101130
王小丫
f
2012 11 21
2
```

程序运行结果：

```
s变量共占用64字节空间,存储信息如下:
id:532324200212311124,no:2022101130,name:王小丫,gender:f:
date:2012-11-21,classNo:2
```

在例9.3中，使用关键字typedef为struct date起别名为dt，为struct student起别名为stu，然后在第14行和第18行都是用结构体类型别名声明结构体变量，省去了写关键字struct的麻烦。

代码中第19～26行完整结构体变量s中各个域成员数据的输入，我们可以发现，使用结构体变量的域成员和使用相同类型的常规变量并无本质区别，仅是需要加上“结构体变量名.”前缀而已，如在输入语句“scanf("%lld", &s.id)”中取s中id变量的地址，这和取常规整型变量的地址是一样的。第21行代码“gets(s.no)”是输入学号到数组s.no中去，因为s.no和常规的数组名一样都是地址常量，所以在“s.no”前无须加取地址符号“&”。也就是，同类型的常规变量如何使用，结构体变量中的域成员变量就如何使用。

注意，由于第19行代码是录入学生的身份证号码，接下来如果直接紧跟第21行代码“gets(s.no)”，则会直接获取录入端身份证号码与换行符号之间的空串而无法获取真正的学号数据，故需要在“gets(s.no)”前先执行第20行语句“getchar()”将录入端身份证号码之后的换行符号获取，那么身份证号码所在的录入行就没有可获取的字符了，第21行代码恰好可以获取接下来的学号数据。

第28行代码通过sizeof(stu)方式能计算出结构体变量s所占用的内存字节大小，输出结果为64字节空间，此结果是这样来的：

- sizeof(long long)：8，即id占用8字节。
- sizeof(char)：1，即no占用15字节；姓名占用20字节；性别占用1字节。
- sizeof(dt)：12，即birthday占用12字节。
- sizeof(int)：4，即classNo占用4字节。

一个学生结构体变量s占用的字节数为8＋15＋20＋1＋12＋4＝60字节，但这仅是理论值，实际上从输出结果可知结构体变量s在内存中占用的是64字节而非60字节。原因是系统在分配空间时要进行字节对齐操作，从而导致实际存储空间的大小和我们的理论计算值不一致。

9.3 结构体数组

整型数组是每个存储单元存储一个整数；结构体数组就是每个存储单元存储一个结构体变量的数组。如某个班级有50个学生，每个学生都包含身份证号、学号、姓名、性别、出生日期、班级等域成员，我们可以定义一个具有50个单元的数组，每个存储单元都存储一个结构体变量，从而将50个学生的信息都进行了存储。

9.3.1 结构体数组定义

结构体数组的声明和结构体变量的声明一样的,可以在定义结构体类型时声明结构体数组,也可以先定义结构体再声明结构体数组。

1. 在定义结构体类型时声明结构体数组

如定义一维结构体数组的代码结构如下:

```
struct 结构体类型名
{
    数据类型 成员 1;
    数据类型 成员 2;
    ...
    数据类型 成员 n;
}结构体数组名[正整数常量表达式];
```

结构体高维数组如二维数组,定义代码如下:

```
struct 结构体类型名
{
    数据类型 成员 1;
    数据类型 成员 2;
    ...
    数据类型 成员 n;
}结构体数组名[正整数常量表达式][正整数常量表达式];
```

【例 9.4】 定义出生日期结构体数组。

```
struct date {
    int year;                          //出生年
    int month;                         //出生月
    int day;                           //出生日
}array[50];                            //声明了具有 50 个存储单元的结构体数组 array
```

2. 先定义结构体数据类型,再声明结构体数组

通过关键字 typedef 定义结构体二维数组的结构如下:

```
typedef struct 结构体类型名
{
    数据类型 成员 1;
    数据类型 成员 2;
    ...
    数据类型 成员 n;
}结构体类型别名;
结构体类型别名 结构体数组名[正整数常量表达式][正整数常量表达式];
```

其实还有其他结构体数组的定义方式,但是最常用的是以上的两种,其他的方式就不再赘述了。

【例 9.5】 定义学生结构体数组。

```
typedef struct date {
    int year;                  //出生年
    int month;                 //出生月
    int day;                   //出生日
}dt;
//使用 typedef 为结构体类型 struct student 起别名为 stu
typedef struct student {
```

```
    long long id;              //身份证号码
    char no[15];               //学号
    char name[20];             //姓名
    char gender;               //性别
    dt birthday;               //使用别名 dt 类型声明结构体变量 birthday
    int classNo;               //班级编号
} stu;
stu stus[50];                  //声明具有 50 个存储单元的学生结构体数组 stus
```

9.3.2 结构体数组的使用

1. 结构体数组的初始化

与整型数组的初始化类似，对结构体数组进行初始化也很简单。例如：

【例 9.6】 声明结构体数组时初始化。

```
typedef struct date {
    int year;
    int month;
    int day;
} dt;
struct student {
    long long id;
    char no[15];
    char name[20];
    char gender;
    dt birthday;
    int classNo;
} stus[] = {{532324200212300014, "2022101123", "张小明",
            'm', {2002, 12, 30}, 2},{532324200212311124,
            "2022101130", "王小丫", 'f', {2012, 11, 21}, 1}};
```

【例 9.7】 先定义结构体类型，后声明数组。

```
typedef struct date {
    int year;
    int month;
    int day;
} dt;
typedef struct student {
    long long id;
    char no[15];
    char name[20];
    char gender;
    dt birthday;
    int classNo;
}stu;
stu stus[] = {{532324200212300014, "2022101123", "张小明", 'm',
              {2002, 12, 30}, 2},{532324200212311124, "2022101130",
              "王小丫", 'f', {2012, 11, 21}, 1}};
```

2. 结构体数组的使用

现有三名选手参加一个比赛，选手的信息包括选手编号、姓名、成绩三个域成员，需要保存三名选手的信息，求出平均成绩并找出分数最高的选手，然后打印出选手信息。

【例 9.8】 打印分数最高的选手信息。

```
1   #include<stdio.h>
2   typedef struct competitor {
3       char no[15];                         //编号
4       char name[20];                       //姓名
5       float score;                         //成绩
6   } com;
7   int main() {
8       com coms[3];                         //声明保存三名选手结构体变量的数组 coms
9       int maxIndex;                        //保存最高成绩的数组编号
10      float maxScore;                      //保存最高成绩
11      float avgScore;                      //保存平均成绩
12      //输入三名选手的信息
13      for (int i = 0; i < 3; ++i) {
14          gets(coms[i].no);
15          gets(coms[i].name);
16          scanf("%f", &coms[i].score);
17          getchar();
18      }
19      //查找成绩最高的选手在数组中的存储单元编号
20      maxIndex = 0;                        //假设 0 号选手的成绩是目前最高的
21      maxScore = coms[0].score;            //先将 0 号选手成绩保存到 maxScore 中
22      avgScore = coms[0].score;            //先将 0 号选手成绩保存到 avgScore 中
23      for (int i = 1; i < 3; ++i) {
24          avgScore += coms[i].score;       //求选手的成绩和
25          if (maxScore < coms[i].score) {
26              maxScore = coms[i].score;
27              maxIndex = i;
28          }
29      }
30      avgScore = avgScore / 3;
31      //输出成绩最高的选手信息
32      printf("平均成绩为:%.1f,最高分选手编号为:%s,姓名为:%s,成绩为:%.1f", avgScore,
                coms[maxIndex].no, coms[maxIndex].name, maxScore);
33      return 0;
34  }
```

输入数据：

```
20231101
王小丫
99.5
20231102
张小明
97
20231103
李刚
100
```

程序运行结果：

```
平均成绩为:98.8,最高分选手编号为:20231103,姓名为:李刚,成绩为:100.0
```

例 9.8 中第 2～6 行通过关键字 typedef 给结构体类型 struct competitor 起别名为 com，第 8 行代码声明包含 3 个结构体变量的数组 coms。第 13～18 行实现三名选手信息的录入，第 14 与 15 行的“coms[i].no”与“coms[i].name”都是第 i 号中结构体变量的数据域，数组名是地址常量，可以直接作为 gets 函数的实参，而第 16 行的 coms[i].score 是一个实型变量，必须使用加地址运算符后的表达式“&coms[i].score”作为函数 scanf 的实参。保存了选手数据的数组内存图如图 9-2 所示，图中每一行都是 coms 数组中存储的结构体变量空间，存储一名选手的信息，依次为编号(no)、姓名(name)和成绩(score)，其中编号和姓名是字符数组域，而成绩是一个实型变量域。

coms	coms[i].no	coms[i].name	coms[i].score
0	"20231101"	"王小丫"	99.5
1	"20231102"	"张小明"	97
2	"20231103"	"李刚"	100

图 9-2　coms 数组

第 20、21 两行先假设 coms 数组中 0 号单元的分数最高，第 22 行先将 0 号单元的分数保存在变量 avgScore 中，第 22～29 行代码用数组中剩余的考生成绩与 maxScore 进行对比，通过循环找到成绩最高的选手在数组中存储的单元下标并保存到 maxIndex 中；循环体中也通过第 24 行求出三名选手的成绩之和，然后用第 30 行代码"avgScore = avgScore / 3"求平均成绩。循环执行完毕后，第 28 行输出平均成绩，并根据 maxIndex 的值输出相应数组单元中存储的选手信息。

通过例 9.8 可知，要访问结构体数组中第 i 号单元中存储的结构体域成员，使用如下的方式：

```
数组名[单元下标号].域成员名称
```

通过本节的学习，我们发现访问结构体数组中第 i 号结构体变量的域成员，其实和访问同类型的常规变量是一样的，只是要加上一个数组单元的前缀"数组名[单元下标号]."而已。

9.4　指向结构体的指针变量

结构体变量在内存中也有存储空间的起始地址，也同样可声明指针变量来保存该内存地址，这种指向结构体变量的指针变量称为结构体指针变量。

9.4.1　结构体指针变量定义及使用

有两种方式声明结构体指针变量，一种是常规的先定义结构体类型，然后像声明整型指针变量的方式声明结构体指针变量。另一种是使用类型定义关键字 typedef 为结构体类型指定带"＊"的别名，然后使用别名声明指针变量。

1. 结构体指针变量的常规声明方式

```
struct 结构体类型名
{
    数据类型 成员 1;
    数据类型 成员 2;
    …
    数据类型 成员 n;
};
struct 结构体类型名 *指针变量名;
```

如下代码定义了指向学生结构体变量的指针变量。

先定义结构体类型 student：

```
typedef struct date {
    …
}dt;
struct student {
    …
    dt birthday;                    //使用别名 dt 类型声明结构体变量 birthday
    …
};
```

声明学生结构体类型的指针变量：

```
struct student s, * p;              //声明结构体变量 s,以及指针变量 p
p=&s;                               //让指针变量 p 指向结构体变量 s
```

2. 通过关键字 typedef 并结合"*"的别名定义指针变量

```
typedef struct 结构体类型名
{
    数据类型 成员 1;
    数据类型 成员 2;
    …
    数据类型 成员 n;
} * 类型别名;                        //注意此处多了一个"*"
类型别名 指针变量名;                 //此处声明指针变量不需要再写符号"*"了。
```

如下代码定义了指向学生结构体变量的指针变量。

先定义结构体数据类型：

```
typedef struct date {
    …
}dt;
typedef struct student {
    …
    dt birthday;                    //使用别名 dt 类型声明结构体变量 birthday
    …
} * stu;                            //注意此处多了一个"*"
```

再定义结构体类型 student：

```
struct student s;
stu p;                              //此处不再需要写符号"*",弊端:容易造成误解
p=&s;                               //让 p 指向结构体变量 s
```

这种方式下，凡是 stu 声明的变量都是一维指针变量(因为类型定义时，stu 前放置了一个符号"*")，如下的声明方式是不同的：

```
stu p;                              //声明一维指针变量 p,弊端:容易被误解为不是指针变量
stu * q;                            //声明二维指针变量 q,弊端:容易被误解为一维指针变量
```

在声明指向结构体的指针变量方式中，第一种方式是普遍使用的方式，第二种方式不常用，因为如果不仔细看类型定义的话容易让人误解。

3. 通过指针引用结构体

在一个指针变量指向结构体变量后，可通过指针变量来引用结构体变量域成员。我们先回忆之前学习过的指向整型变量的指针变量的用法：

```
int a=5;
int *p=&a;
```

上述两行代码使指针变量 p 指向整型变量 a,凡是使用变量名 a 的地方,统统都可替换成“*p”,即使用“*p”与使用 a 完全等价。同理,当指针变量 p 指向结构体变量后,“*p”也完全与使用结构体的名称等价。

【例 9.9】 使用指针变量操作结构体变量。

```
1   #include<stdio.h>
2   typedef struct date {
3       int year;                          //出生年
4       int month;                         //出生月
5       int day;                           //出生日
6   } dt;
7   int main() {
8       dt birthday;                       //声明结构体变量
9       dt *p;                             //声明指向结构体变量的指针变量
10      p = &birthday;                     //让指针变量 p 指向结构体变量 birthday
11      birthday.year = 2002;              //给 birthday 变量的域 year 赋值为 2002
12      (*p).month = 11;                   //"(*p)"等价于结构体变量名称 birthday
13      (*p).day = 20;
14      printf("%d-%d-%d", (*p).year, birthday.month, (*p).day);
15      return 0;
16  }
```

程序运行结果:

```
2003-11-20
```

在例 9.9 中,第 8 行“dt birthday”声明了一个结构体变量 birthday,第 9 行“dt *p”声明了指向结构体变量的指针变量 p,第 10 行“p = &birthday”让指针变量 p 指向结构体变量 birthday,内存图如图 9-3 所示。

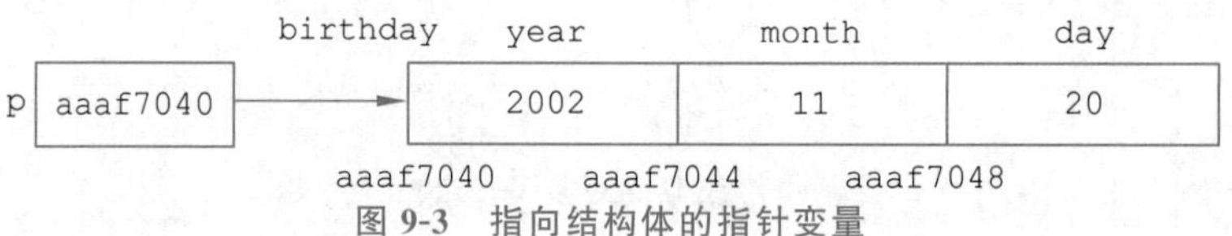

图 9-3 指向结构体的指针变量

在指针变量 p 指向结构体变量 birthday 后,我们仍然可通过结构体变量的名称操作域成员,如第 11 行代码“birthday.year = 2002”,也可以使用与结构体变量名称等价的“*p”来引用域成员,如第 12 行代码“(*p).month = 11”,由于点号“.”的优先级高于“*”号的优先级,使用“*p”必须用括号括起来变成(*p)。所以在指针变量指向结构体变量后,结构体变量如何用,(*p)就如何用,结构体变量与(*p)完全等价。

虽然(*p)与结构体变量完全等价,但毕竟未体现“指针”的特点,所以 C 语言中,“(*指针变量名).域成员”方式建议写成“指针变量名称->域成员”。例 9.9 中的 main 函数代码可改为如下代码:

```
int main() {
    dt birthday;
    dt *p;
    p = &birthday;                     //让指针变量 p 指向结构体变量 birthday
    p->year = 2003;
```

```
    p->month = 11;
    p->day = 20;
    printf("%d-%d-%d", p->year, p->month, p->day);
    return 0;
}
```

在以上的代码中，都是通过“指针变量名称->域成员”方式去引用指针变量指向的结构体变量域成员，这种方式也是最常用的一种方式。

在指针变量指向结构体变量后，引用结构体域成员有以下三种方式。

(1) 结构体名.域名，如“birthday.year=2002”。

(2) (* 指针变量).域名，如“(* p).month = 11”。

(3) 指针变量名称->域成员，如“p->day = 20”，这是有指针变量情况下的推荐使用方式。

注意，表达式“指针变量名称->域成员”的含义是引用指针变量指向的结构体中的域成员，而不是访问指针变量自己的域成员，指针变量只是一个存储内存地址的变量空间，没有其他成员。另外，数组名、函数名是地址常量，所以有部分读者习惯性认为结构体名称也是地址常量，这是不对的。结构体变量是变量，不是地址常量，所以要使用它的地址，必须加取地址符号“&”。

9.4.2 结构体数组的指针

所谓结构体数组的指针即结构体数组在内存中分配的内存单元首地址。我们也可以定义指针变量指向结构体数组，如通过指针变量修改，如例 9.10 程序所示。

【例 9.10】 使用指向结构体数组的指针变量求最高成绩。

```
#include<stdio.h>
typedef struct competitor {
    char no[15];
    char name[20];
    float score;
} com;
int main() {
    com coms[3];                        //声明保存三名选手结构体变量的数组 coms
    com *p;                             //声明指向结构体变量的指针变量
    com * max;                          //指向成绩最高的结构体数组元素
    float maxScore;                     //保存最高成绩
    float avgScore;                     //保存平均成绩
    //输入三名选手的信息
    p = coms;                           //指针变量 p 指向结构体数组首地址
    while (p < coms + 3) {
        gets(p->no);
        gets(p->name);
        scanf("%f", &p->score);
        getchar();
        p++;                            //指针变量往数组高下标端移动
    }
    //查找成绩最高的选手在数组中的存储单元编号
    p = coms;                           //指针变量 p 指向结构体数组首地址
    max = &coms[0];                     //假设 0 号选手的成绩是目前最高的
    maxScore = p->score;                //先将 0 号选手成绩保存到 maxScore 中
    avgScore = p->score;                //先将 0 号选手成绩保存到 avgScore 中
```

```
27      for (p++; p < coms + 3; p++) {
28          avgScore += p->score;           //求选手的成绩和
29          if (maxScore < p->score) {
30              maxScore = p->score;
31              max = p;
32          }
33      }
34      avgScore = avgScore / 3;
35      //输出成绩最高的选手信息
36      printf("平均成绩为:%.1f,最高分选手编号为:%s,姓名为:%s,成绩为:%.1f", avgScore,
                max->no,max->name, maxScore);
37      return 0;
38  }
```

在例 9.10 中只是将结构体数组的使用方式改为指针变量的引用方式，逻辑上与例 9.9 相比并无变化。执行第 14 行代码“p = coms”后，指针变量指向了数组 coms 的 0 号单元，如图 9-4 所示。

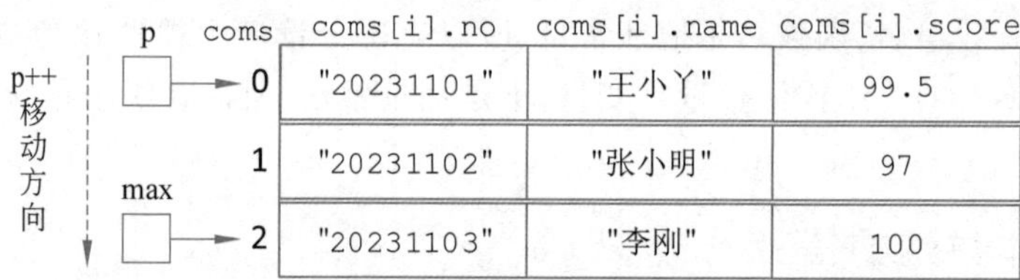

图 9-4 指向结构体数组的指针变量

第 15～21 行是通过让指针变量在数组上移动来实现数据的输入。数据输入结束后，p 已经指向数组的结束地址了，在接下来的代码中还需要使用指针变量来操作数组 coms，所以需要使用第 23 行代码“p = coms”让指针变量 p 指回到数组首地址。第 24～34 行代码实现平均值的计算，以及找出成绩最高的选手，指针 p 用来在数组上往高下标端移动，一旦找到分数更高的选手，立即用指针变量 max 指向它，如图 9-4 所示，max 最后指向数组的 2 号单元，因为此单元存储的结构体中成绩(score)域的成绩 100 是最高的。第 34 行代码用来求平均分，第 36 行代码将操作结果输出。

9.5 结构体与函数

结构体数据类型与整型、字符型、数组类型一样，都可以作为函数的参数。结构体类型作为函数参数时，也同样有传值和传地址两种函数调用方式。

现假设有 3 名选手，每名选手的信息包括编号(no)、姓名(name)、成绩(score)、是否为少数民族(isMinority)四个信息，如果是少数民族，则可在原有的分数基础上加 2 分，最后需要求出最高成绩的选手信息并输出。接下来，我们分别以三种方式求解该问题。

9.5.1 结构体变量作为函数参数求解

结构体变量作为函数参数或者结构体变量的成员作为函数参数与普通变量作为函数参数类似，都是一种“值传递”的方式，对结构体变量形参的操作不会影响到作为实参的结构体变量。但需要注意的是，我们同样要确保实参类型和形参类型的一致性。如果要调用结构体变量作为形参的函数，则实参和形参都必须是相同的结构体类型。

【例 9.11】 使用结构体变量作为函数参数输出最高成绩选手信息。

思路分析：定义一个函数，函数名为 setAndFindMaxScore，此函数使用结构体变量作为其形参，在函数体中进行少数民族加分并判断当前结构体对应的成绩是否为更高成绩，如果是更高成绩则将选手信息保存到全局变量中。由于结构体变量作为函数参数时的函数调用为传值调用，对形参的操作不能影响实参，所以通过在 main 函数前面声明全局变量保存最高成绩选手信息。setAndFindMaxScore 执行完毕后，在 main 函数中输出全局变量中保存的成绩最高的选手信息，最后输出选手结构体数组信息。

```
#include<stdio.h>
#include<stdbool.h>
typedef struct competitor {
    char no[15];                         //编号
    char name[20];                       //姓名
    bool isMinority;   //是否为少数民族:true(1)为少数民族,false(0)不是少数民族
    float score;                         //成绩
} com;
char * no;                               //保存最高成绩的选手编号
char * name;                             //保存最高成绩的选手姓名
bool isMinority;                         //保存最高成绩的选手民族信息
float maxScore = 0.0f;                   //保存最高成绩
void setAndFindMaxScore(com c) {         //结构体变量作为形参,传值调用
    if (c.isMinority == true)c.score += 2;  //若是少数民族,则加 2 分
    if (maxScore < c.score) {  //如果找到更高成绩,则保存相关选手信息到全局变量中
        maxScore = c.score;              //保存较高成绩
        no = c.no;                       //保存较高成绩的选手编号
        name = c.name;                   //保存较高成绩的选手姓名
        isMinority = c.isMinority;       //保存较高成绩选手的民族
    }
}
int main() {
    com coms[3];                         //声明保存三名选手结构体变量的数组 coms4
    //输入三名选手的信息
    for (int i = 0; i < 3; ++i) {
        gets(coms[i].no);
        gets(coms[i].name);
        scanf("%d", &coms[i].isMinority);
        scanf("%f", &coms[i].score);
        getchar();                       //让下次循环能获取真正的编号数据
    }
    for (int i = 0; i < 3; ++i) {        //循环数组
        //传值调用函数加分并查找更高成绩选手信息
        setAndFindMaxScore(coms[i]);  //数组元素 coms[i](第 i 号结构体变量)作实参
    }
    //输出成绩最高的选手信息
    printf("最高分选手编号为:%s,姓名为:%s,成绩为:%.1f,少数民族:%d\n", no, name,
            maxScore, isMinority);
    puts("三名选手的最终成绩分别为:");
    for (int i = 0; i < 3; ++i) {
        printf("编号为:%s,姓名为:%s,成绩为:%.1f,少数民族:%d\n", coms[i].no,
                coms[i].name, coms[i].score,coms[i].isMinority);
```

```
41      }
42      return 0;
43  }
```

输入数据：

```
20231101
王小丫
1
99.5
20231102
张小明
0
97
20231103
李刚
1
100
```

程序运行结果：

```
最高分选手编号为:20231103,姓名为:李刚,成绩为:102.0,少数民族:1
三名选手的最终成绩分别为:
编号为:20231101,姓名为:王小丫,成绩为:99.5,少数民族:1
编号为:20231102,姓名为:张小明,成绩为:97.0,少数民族:0
编号为:20231103,姓名为:李刚,成绩为:100.0,少数民族:1
```

在例 9.11 中，第 3～8 行使用类型定义关键字 typedef 定义了选手结构体类型 com；由于本案例的 setAndFindMaxScore 函数使用结构体变量作为参数，属于传值调用，在函数中对形参的操作不能影响到实参，且此函数无返回值，所以在第 9～12 行定义了四个全局变量来保存成绩最高的选手信息，但是这种方式并非最佳选择，因为全局变量在整个程序运行中一直占用内存空间，直到程序退出时才会被系统释放，这样就造成了整个程序的性能损失。

第 13～21 行代码为 setAndFindMaxScore 函数的定义，其以结构体变量作为函数参数。在此函数被调用时，结构体形参 c 会立即在栈区申请包含 4 个域的内存空间，以接收结构体实参传过来的数据。第 14 行首先判断当前选手如果是少数民族，则加 2 分并把结果保存到结构体形参变量中，但这不能影响到对应的实参结构体变量，因为传值调用时，形参、实参分别占用独立的空间。第 15～20 行代码判断当前选手的成绩是否更高，如果更高则将当前选手的信息保存到全局变量中。

第 25～31 行代码通过循环输入各选手信息，需要注意的是输入 **1** 表示 **true**，即是少数民族，如果 **0** 表示假，即不是少数民族。第 32～35 行代码中通过函数调用语句“setAndFindMaxScore(coms[i])”将 coms 数组中第 i 号结构体变量作为实参传递给 setAndFindMaxScore 函数，判断 i 号选手是否为成绩最高的选手。如执行“setAndFindMaxScore(coms[2])”代码时，系统立即为形参结构体 c 分配栈区空间，并接收来自于实参结构体的数据，如图 9-5 所示。

第 37 行代码输出成绩最高的选手信息，这些信息都保存在全局变量中。第 38～41 行代码输出结构体数组中的选手信息。我们在 setAndFindMaxScore 函数中其实已经对少数民族选手加了 2 分，但由于是值传递方式的函数调用，加分(第 14 行代码)只影响到形参结构体，实参结构体并不受影响，所以输出结果里面的分数还是原来的分数，少数民族选手的分数并未加 2 分，如图 9-5 所示，形参结构体变量 c 的 score 值为 102，但 main 函数中 coms 数组的 2 号单元成绩 score 值还是 100。在值传递的前提下，如果一定要修改实参结构体中

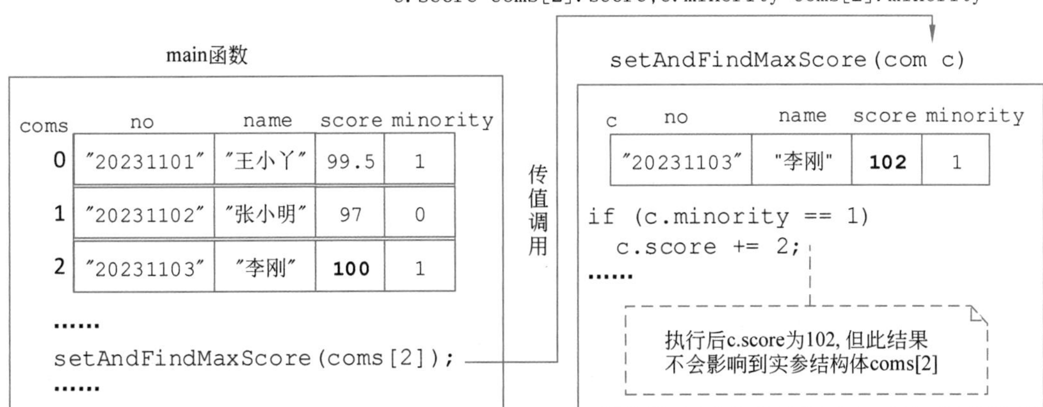

图 9-5　执行"setAndFindMaxScore(coms[2])"的内存状态

的成绩值，setAndFindMaxScore 函数加一个返回值即可，代码如下：

```
float setAndFindMaxScore(com c) {      //结构体变量作为形参,传值调用
    float tempScore = c.score;
    if (c.minority == 1) {             //若是少数名字,则加 2 分
        tempScore += 2;
    }
    if (maxScore < tempScore) {
        maxScore = tempScore;
        no = c.no;
        name = c.name;
        minority = c.minority;
    }
    return tempScore;
}
```

由于在 setAndFindMaxScore 函数中对形参结构体变量成绩的修改并不能影响到实参结构体变量，所以在以上代码中就没有使用原来的表达式"c.score += 2"了，而是定义一个临时成绩变量 tempScore 来保存加分以后的新值，最后返回此变量值给函数的调用方。

修改了 setAndFindMaxScore 函数后，函数调用语句也得修改，例 9.11 中第 34 行代码"setAndFindMaxScore(coms[i]);"需要改为"coms[i].score = setAndFindMaxScore(coms[i]);"，这样 coms 数组中的少数民族选手就能真正加分了。

9.5.2　结构体指针变量作为函数参数求解

在结构体变量作为函数参数时，由于形参结构体变量在函数运行时需要分配独立于实参结构体变量的空间后才能接收实参传递过来的各个域的数据，这有三方面的弊端。

(1) 系统为形参结构体变量分配空间需要花费时间，结构体域成员越多，耗费的时间也就越多。

(2) 如果结构体的域成员很多，形参结构体占用的内存空间也就越多，这样会造成空间性能的损失。

(3) 不能通过对形参结构体的操作影响到实参结构体。

由于结构体变量作为函数参数具有不少弊端，而使用指向结构体变量的指针变量是一个不错的选择，因为函数实参不是传递整个结构体数据，而仅仅传递结构体变量的内存地址，所以占用空间小，耗时少，这大大提高了程序的运行性能，更重要的是，可以通过对形参指针变量的操作，直接影响到实参结构体变量。

接下来，我们使用指向结构体的指针变量作为函数参数修改例 9.11 的代码。

【例 9.12】 使用结构体指针变量作为函数参数输出最高成绩选手信息。

```
#include<stdio.h>
#include<stdbool.h>
typedef struct competitor {
    char no[15];                        //编号
    char name[20];                      //姓名
    bool isMinority;   //是否为少数民族:true(1)为少数民族,false(0)不是少数民族
    float score;                        //成绩
} com;
void setAndFindMaxScore(com* p, int* mi, float* ms, int index) {
    if (p->isMinority == 1) {           //若是少数民族,则加 2 分
        p->score += 2;                  //直接影响实参结构体变量
    }
    if (*ms < p->score) {
        *ms = p->score;
        *mi = index;
    }
}
int main() {
    com coms[3];                        //声明保存三名选手结构体变量的数组 coms
    int maxIndex;
    float maxScore = 0;
    //输入三名选手的信息
    for (int i = 0; i < 3; ++i) {
        gets(coms[i].no);
        gets(coms[i].name);
        scanf("%d", &coms[i].isMinority);
        scanf("%f", &coms[i].score);
        getchar();
    }
    for (int i = 0; i < 3; ++i) {
        setAndFindMaxScore(&coms[i], &maxIndex, &maxScore, i);
    }
    //输出成绩最高的选手信息
    printf("最高分选手编号为:%s,姓名为:%s,成绩为:%.1f,少数民族:%d\n",
            coms[maxIndex].no, coms[maxIndex].name, coms[maxIndex].score,
            coms[maxIndex].isMinority);
    puts("三名选手的最终成绩分别为:");
    for (int i = 0; i < 3; ++i) {
        printf("编号为:%s,姓名为:%s,成绩为:%.1f,少数民族:%d\n", coms[i].no,
                coms[i].name, coms[i].score,coms[i].isMinority);
    }
    return 0;
}
```

输出数据：

```
20231101
王小丫
```

```
1
99.5
20231102
张小明
0
97
20231103
李刚
1
100
```

程序运行结果：

```
最高分选手编号为:20231103,姓名为:李刚,成绩为:102.0,少数民族:1
三名选手的最终成绩分别为:
编号为:20231101,姓名为:王小丫,成绩为:101.5,少数民族:1
编号为:20231102,姓名为:张小明,成绩为:97.0,少数民族:0
编号为:20231103,姓名为:李刚,成绩为:102.0,少数民族:1
```

在例 9.12 中，第 9 行代码 setAndFindMaxScore 函数的三个形参都为指针变量，它们接收主调函数 main 中第 31 行代码"setAndFindMaxScore(&coms[i], &maxIndex, &maxScore, i);"传递的第 i 号选手结构体的地址 &coms[i]，实参 maxIndex 地址，实参 maxScore 地址，这三个参数都是传地址方式，对形参的操作直接就影响到实参，而第 4 个参数是传值调用，仅将当前数组下标传入，如果在函数中，当前选手的成绩最高，便将此数组单元下标值 i 保存到变量 mi 中(第 15 行代码)。如图 9-6 所示，为将数组 coms 的 2 号结构体地址传入 setAndFindMaxScore 函数时的内存图，此时四个形参都分别在栈区申请到相应的内存空间，但是指针变量 p 并未占用结构体数据类型空间，而仅仅是保存 &coms[2]指针(地址)的单个变量空间而已，p 指向 main 函数中数组 coms 的 2 号单元地址，此时在 setAndFindMaxScore 函数中通过"p->域成员"方式的操作直接就是对 main 函数中 coms[2]结构体变量成员的操作。

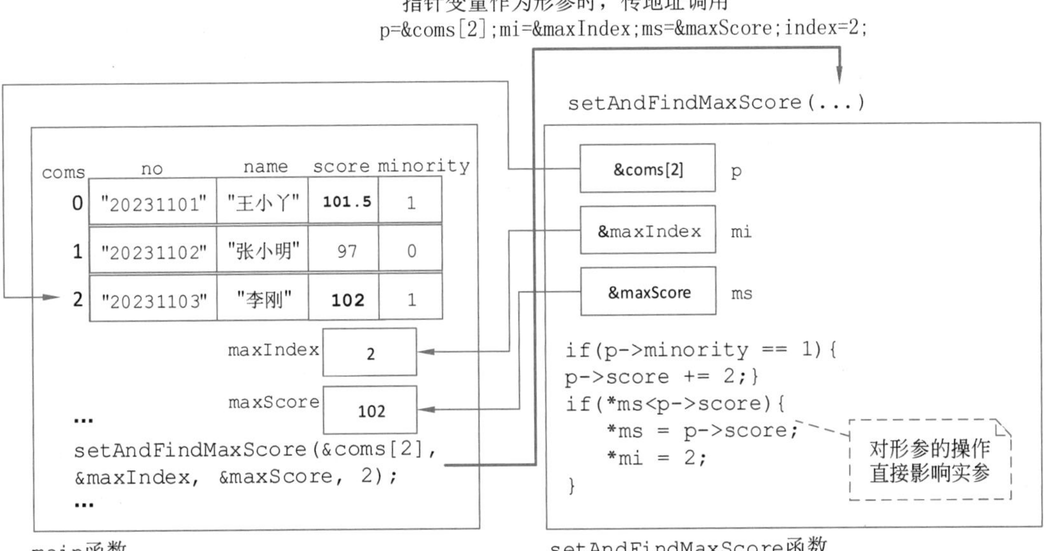

图 9-6　结构体指针变量作为函数参数

setAndFindMaxScore 函数的第 2、3 个参数 mi 与 ms 都是指向 main 函数中局部变量 maxIndex 和 maxScore 变量的指针变量，所以在 setAndFindMaxScore 函数中，对前三个形参指针变量的操作直接就影响到实际参数。setAndFindMaxScore 函数的第 4 个形参 index 是整型变量，是传值调用，主要传入当前循环到的数组单元下标，如果当前选手的成绩更高，则将 index 保存到 mi 指向的实参单元中。

通过程序运行结果可看出，由于 setAndFindMaxScore 函数使用了结构体指针变量作为参数，通过形参可直接影响到实参结构体，所以在第 30～32 行的函数调用结束后，第 36～38行代码输出的结果里面，数组 coms 中凡是少数民族的选手分数都已经加了 2 分。

使用结构体指针变量作为形参对比结构体变量作为形参的优势一目了然，指针变量作为参数时因为只需要向内存申请保存一个地址的形参空间，占用空间小，耗时少，这大大提高了程序的运行性能，关键是对指针形参的操作可直接影响到实参结构体，这样可不使用全局变量，或函数也不用返回结果数据，也提高了程序的运行性能。

9.5.3 使用结构体数组作为函数参数

在调用 setAndFindMaxScore 函数时，如果传入的选手结构体实参是一个一个传递的话，频繁进行实参与形参的结合，也降低了程序的运行性能。如果能一下子将整个数组传入函数，则会极大地提高程序的运行性能，同时在 main 函数中的很多代码都可以提取到 setAndFindMaxScore 函数中。

【例 9.13】 使用结构体指针变量作为函数参数输出最高成绩选手信息。

```
#include<stdio.h>
#include<stdbool.h>
typedef struct competitor {
    char no[15];                    //编号
    char name[20];                  //姓名
    bool isMinority;    //是否为少数民族:true(1)为少数民族,false(0)不是少数民族
    float score;                    //成绩
} com;
com * setAndFindMaxScore(com array[]) {   //查找成绩最高的选手并返回存储元素地址
    com * max = NULL;               //指向成绩最高的数组单元下标
    float maxScore = 0;             //声明保存最高成绩的变量 maxScore,初始化值为 0
    for (int i = 0; i < 3; ++i) {
        //如果是少数民族,则加 2 分
        if (array[i].isMinority == true) array[i].score += 2;
        //如果 i 号选手成绩更高,则让 max 指向 i 号单元
        if (maxScore < array[i].score) {
            maxScore = array[i].score;  //让 maxScore 变量保存更高的成绩
            max = &array[i];      //让 max 指向 i 号单元
        }
    }
    return max;                     //返回成绩最高的数组单元地址
}
int main() {
    com coms[3];                    //声明保存三名选手结构体变量的数组 coms
    com * m;                        //指向存储成绩最高的选手的数组单元指针变量
    //输入三名选手的信息
    for (int i = 0; i < 3; ++i) {
        gets(coms[i].no);
```

```
29            gets(coms[i].name);
30            scanf("%d", &coms[i].isMinority);
31            scanf("%f", &coms[i].score);
32            getchar();
33        }
34        m = setAndFindMaxScore(coms);     //数组名作为函数实参,coms 可改为 &coms[0]
35        //输出成绩最高的选手信息
36        printf("最高分选手编号为:%s,姓名为:%s,成绩为:%.1f,少数民族:%d\n", m->no,
                  m->name, m->score, m->isMinority);
37        puts("三名选手的最终成绩分别为:");
38        for (int i = 0; i < 3; ++i) {
39            printf("编号为:%s,姓名为:%s,成绩为:%.1f,少数民族:%d\n", coms[i].no,
                      coms[i].name, coms[i].score,coms[i].isMinority);
40        }
41        return 0;
42    }
```

在例 9.13 中,第 9～22 行代码定义了返回指针值的 setAndFindMaxScore 函数,此函数使用结构体数组作为参数,属于传地址调用,在函数中对形参的操作会直接反映到形参数组上,所以第 14 行代码对少数民族选手的加分结果会直接保存到主调函数 main 中的 coms 中。第 14～19 行代码找到成绩最高的选手所在的数组单元,并使用指针 max 指向它。第 21 行代码"return max"返回 max 保存的地址(指针),然后在 main 函数中使用指针变量 m 接收此地址,即 m 指向了数组 coms 的 2 号结构体选手,例 9.13 也展示了返回指针值的适用场景,如图 9-7 所示。

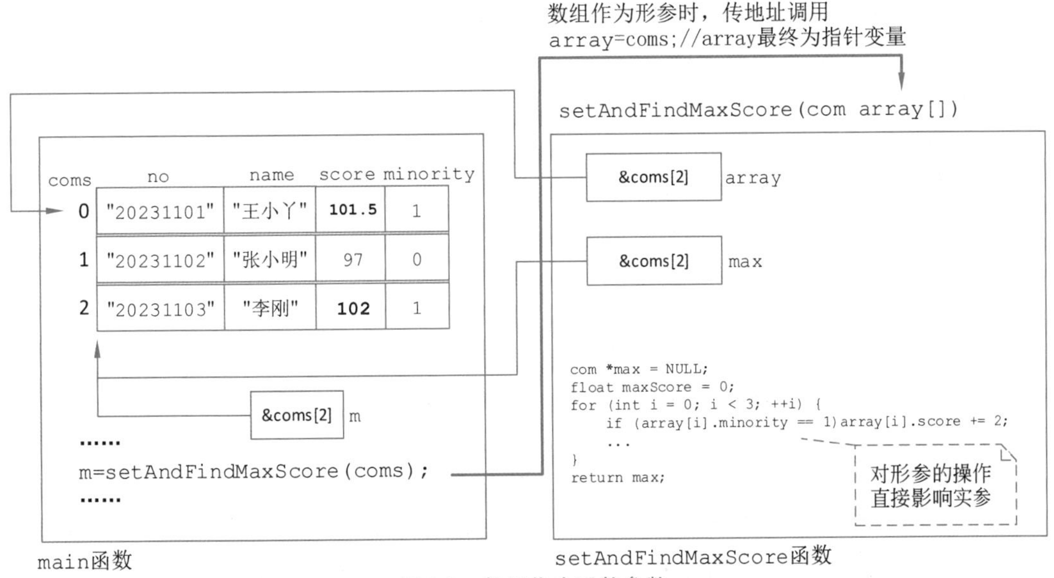

图 9-7　数组作为函数参数

第 27～41 行通过指向成绩最高的指针变量 m 输出成绩最高的选手信息,以及通过循环输出所有的选手信息。从输出结果可看出,在 setAndFindMaxScore 函数中对形参的操作,特别是第 14 行代码"if(array[i].minority==1)array[i].score+=2;"执行结果确实反映到实参数组 coms 中了,每个少数民族的分数都加了 2 分。

在第 8 章中我们学习过,在数组作为函数形参时,编译阶段就会将数组名转换为同类型的指针变量，所以第 9 行代码“**com** * setAndFindMaxScore(**com array**[])”可直接使用指向结构体变量的指针作为形参，即 setAndFindMaxScore 函数可改为

```
com * setAndFindMaxScore(com * p) { //查找成绩最高的选手并返回存储元素地址
    com * max = NULL;               //指向成绩最高的数组单元下标
    float maxScore = 0;             //声明保存最高成绩的变量 maxScore,初始化值为 0
    for (int i = 0; i < 3; ++i) {
        if (p[i].minority == 1)p[i].score += 2;  //如果是少数民族,则加 2 分
        if (maxScore < p[i].score) { //如果 i 号选手成绩更高,则让 max 指向 i 号单元
            maxScore = p[i].score;  //让变量 maxScore 保存更高的成绩
            max = &p[i];            //让 max 指向 i 号单元
        }
    }
    return max;                     //返回成绩最高的数组单元地址
}
```

通过对比解决同一问题的三种实现方式，我们会发现，数组作为函数参数时具有更好的运行效率，代码写法更加简洁，如 setAndFindMaxScore 函数的形参不需要那么多了，函数调用的性能高了，也无须定义全局变量了。当然，在实战编程中还得根据具体问题具体分析，然后才能确定最优的解决方案，并没有在所有场景中都是最优的方案。

9.6 链表

在第 6 章，我们学习了静态数组和动态数组的使用方法。如“int ints[5]”声明一个具有 5 个存储单元的静态数据，其优势主要如下。

(1) 数组定义简单，而且访问方便。

(2) 通过数组下标法访问数组元素比较简单。

(3) 静态数组的存储单元是以地址连续的方式进行存储的，在知道数组首地址情况下可立即定位到某个元素，即能实现数据元素的随机访问。

(4) 按照索引遍历数组方便，查询元素速度快。

但静态数组的缺陷也不少，例如。

(1) 根据内容查找元素速度慢。

(2) 数组的大小一经确定不能改变，如果定义时给予数组很多空间，则可能造成空间浪费，如果给予的空间很少，则可能出现空间不够用的问题。

(3) 数组只能存储一种类型的数据。

(4) 增加、删除元素需要移动大批量的数据，效率低。

(5) 数组的空间必须是连续的，这就造成数组在内存中分配空间时必须找到一块连续的内存空间。所以数组不可能定义得太大，因为内存中也许不可能有那么多大的连续的内存空间。

当然，我们也可以使用 malloc、calloc、realloc 等函数申请动态数组空间，当使用 malloc 函数申请了空间以后，空间不够用时可使用 realloc 函数扩展，但如果发现空间申请多了，想释放其中的某些元素空间则是不行的，使用 free 函数只能释放整个数组空间。

为了解决数组类型的缺陷问题，C 语言引入了链表的概念。链表是 C 语言中非常重要的一种动态存储的数据结构，其通过指针机制将各个链表结点（结构体变量空间）链接在一

起形成一个线性结构，被链接在一起的链表结点并不像数组那样以内存地址连续的方式存储，而是分散存在内存的不同空间中，这种线性结构称为链表。链表结点可在需要时立即申请，不需要时立即释放，插入、删除等操作都不需要进行大批量的数据移动而只需要简单地改变指针的指向即可，所以不会像数组那样出现浪费空间或空间不够的问题。

9.6.1 链表基础知识

如图 9-8 所示为一个简单的单向链表，所谓单向，可看到链表中每一个箭头都是从左指向右的，而无从右指向左的箭头，所以是单向链表。图中的箭头其实就是指针变量的指向，最左边是头指针变量(可简称头指针)，头指针就只是一个保存内存地址的指针变量而已。图中链表结点部分包含四个结点，第一个结点称为首结点，最后一个结点称为尾结点，其余的称为中间结点，每个结点都是一个结构体变量(可简称结构体)，每个结构体包含四个域，从上到下依次为学生的学号、姓名、成绩以及指向下一个结点的指针域，其中学号、姓名、成绩用来保存学生数据，称为数据域，而指向下一个结点的指针变量称为指针域。

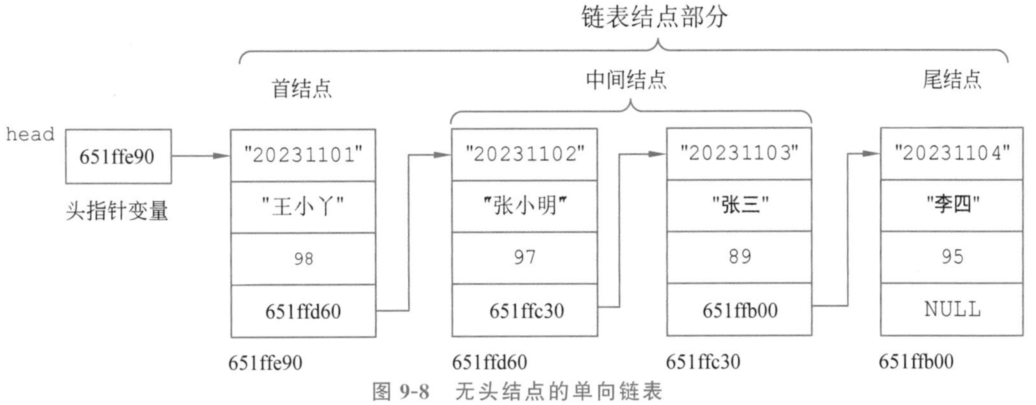

图 9-8 无头结点的单向链表

简单的单向链表有以下几个特点。

(1) 头指针要么指向空，要么指向链表的首结点，不能指向其他任何结点，否则就失去了“头”的意义。头指针指向空的链表称为空链表，如图 9-9 所示。

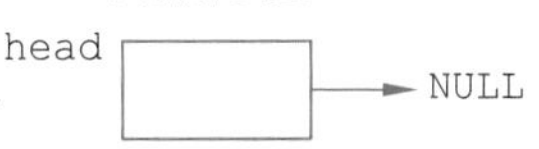

头指针变量

head → NULL

图 9-9 无头结点的空链表

(2) 如图 9-8 所示，链表中结点在内存中的地址是不连续的，是分散存储的。如首结点的内存地址为 651ffe90，此地址也保存在头指针变量 head 中，故头指针变量 head 是指向首结点的；首结点的指针域(从上到下的第 4 个域)存储了第二个结点的内存地址 651ffd60，表示该指针变量指向第二个结点，第二个结点的指针域存储了第三个结点的内存地址 651ffc30，即该指针域指向第三个结点，同理第三个结点的指针域指向第四个结点；最后尾结点的指针域指向空。

(3) 链表中结点除了首结点没有前驱结点外，其余每个结点都有前驱结点，除尾结点外，每个结点都有后继结点。如首结点“王小丫”的后继结点为“张小明”结点；“张小明”结点的前驱结点是“王小丫”结点，后继结点是“张三”结点。

(4) 链表中每个结点的指针域也称为链。每个结点都可以在需要时立即申请，不需要时立即释放，只要简单改变指针域的指向就可以实现，不会出现空间不够用或空间浪费的问题。

(5) 由于链表中结点的内存地址不是连续的,而是通过指针将它们在逻辑上链接在一条线上,所以要获得链表,要引用链表必须通过头指针进行,没有头指针就找不到链表,一个没有头指针的链表是毫无意义的。

(6) 如果要在链表中查找某个学生的信息,必须先找到头指针指向的首结点,然后从首结点往尾结点方向依次地、一个一个地进行对比,要么找到满足要求的结点就结束查找过程,要么是将尾结点都已经对比过了,即链表已经查找完毕都未找到需要的学生信息,此时由于链表已经结束而终止查找过程。由于结点内存地址不连续,查找链表只能采取这种从前往后的"顺藤摸瓜"方式,而不能像数组那样可使用二分查找算法等进行查找,所以链表的查找性能不佳,也不能像数组那样可随机访问,即通过"数组名[i]"一下子就访问到第 i 号元素,链表只能"顺藤摸瓜"访问。

现在假设需要统计链表中结点的个数,以及学生成绩中的最高分、平均分数据。如果是基于图 9-8 所示的链表进行统计,那还需要定义其他的变量来存储统计数据。其实还有一种较好的方式,就是在链表中加入一个结点,此结点位于头指针和首结点之间,称为头结点,如图 9-10 所示为带头结点的单向链表,头结点中从上往下依次为结点个数、最高成绩、平均成绩、首结点的内存地址。在图 9-10 中,头指针变量指向头结点,头结点的指针域指向链表的首结点,如果链表为空,则头结点的指针域指向空,如图 9-11 为带头结点的空链表。

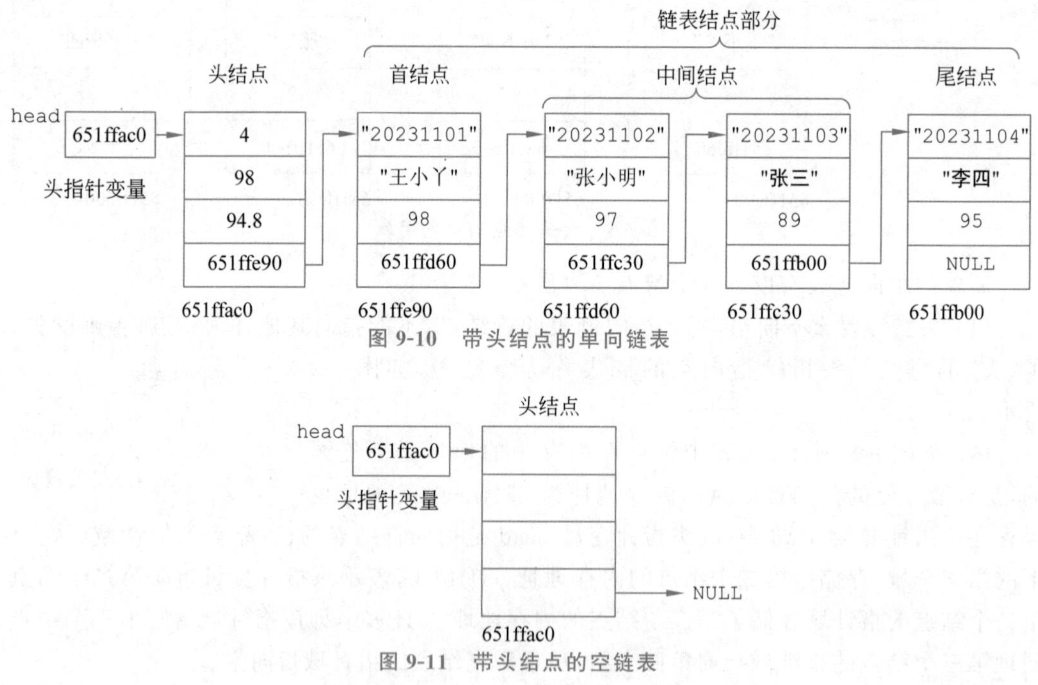

图 9-10 带头结点的单向链表

图 9-11 带头结点的空链表

注意,带头结点的链表中,不管链表有多少个结点,头指针变量 head 一定是指向头结点的,头结点的指针域要么指向链表的首结点,要么指向空(NULL),如果头结点的指针域指向空,则表示当前链表是空链表。

从存储类型的角度来分类,链表有静态链表和动态链表两种类型。静态链表的结点空间存储于用户数据区域的栈区,此区域的空间在函数运行时分配,函数运行结束时自动消亡,空间不能跨函数共用;动态链表的结点空间存储于用户数据区域的堆区,结点空间需要使用 malloc、calloc 等函数在需要时申请,不需要时使用 free 函数释放,此部分结点空间不会随着函数运行结束而消亡,所以可实现链表空间的跨函数共用。

下面通过两种存储类型实现图 9-10 所示的链表。限于本书篇幅,本章节中只讨论带头结点的链表实现,而不带头结点的链表较之更为简单些,学习本节内容,读者应能自行实现无头结点链表的操作。

9.6.2 静态链表的操作

本节主要讲解静态链表的创建和遍历两种操作,作为链表学习的"入门"级知识讲解。掌握了静态链表的操作以后,在学习后续的动态链表的更多操作知识中会比较轻松。

静态链表的创建和遍历过程如例 9.14 所示,本案例主要实现如图 9-10 所示的链表。

【例 9.14】 创建静态链表统计学生最高成绩、平均成绩及人数。

首先定义头结点结构体类型和链表中学生结构体类型,它们是不同的两种结构体数据类型;其次在 main 函数中声明头结点和链表结点结构体变量,并通过指向域将这些结构体链接在一起形成链表;然后通过循环统计人数、查找最高分和统计平均分保存到头结点中;最后输出头结点中的统计信息和链表中的学生信息。代码如下:

```
#include<stdio.h>
typedef struct student {
    char no[15];                          //学生学号
    char name[20];                        //学生姓名
    float score;                          //学生成绩
    struct student * next;                //指向下一个结点的指针变量
} stu, * stup;        //类型别名,stu 声明结构体变量,stup 声明指向结构体的指针变量
typedef struct hnode {
    int n;                                //链表结点个数
    float max;                            //最高成绩
    float avg;                            //平均成绩
    stu * first;                          //指向链表首结点的指针变量
} hn, * hnp;          //类型别名,hn 声明头结点变量,hnp 声明指向头结点的指针变量
int main() {
    hn * head;                            //声明头指针变量,等价于"hnp head;"
    stu * p;                              //声明指向 student 类型链表结点的指针变量
    //在栈区分配头结点空间并初始化
    hn headNode = {0, 0.0f, 0.0f};
    //在栈区分配首结点并初始化
    stu firstNode = {"20231101", "王小丫",89};
    //在栈区分配第二个结点并初始化
    stu secondNode = {"20231102", "张小明",95};
    //在栈区分配第三个首结点并初始化
    stu thirdNode = {"20231103", "张三", 97};
    //在栈区分配尾结点并初始化
    stu tailNode = {"20231104", "李四", 98};
    head = &headNode;                     //让头指针变量指向头结点
    headNode.first = &firstNode;          //头结点指针域指向首结点
    firstNode.next = &secondNode;         //首结点指针域指向第二个结点
    secondNode.next = &thirdNode;         //第二个结点指针域指向第三个结点
    thirdNode.next = &tailNode;           //第三个结点指针域指向尾结点
    tailNode.next = NULL;                 //尾结点指针域指向 NULL
```

```
33      p = head->first;                      //让指针变量 p 指向链表首结点
34      //使用循环遍历链表统计学生人数,最高成绩和平均成绩存储于头结点中
35      while (p!=NULL){
36          head->n++;                        //学生人数加 1
37          //发现较高成绩并保存到头结点中
38          if(head->max <p->score)head->max=p->score;
39          head->avg+=p->score;              //求所有学生的总成绩
40          p=p->next;                        //指针变量 p 移动并指向当前结点的后继结点
41      }
42      head->avg/=head->n;                   //计算平均分
43      //输出头结点中的统计数据
44      printf("人数为:%d,最高分:%.1f,平均分:%.1f\n", head->n, head->max,
                head->avg);
45      //让指针 p 指回到链表首结点
46      p=head->first;
47      while (p != NULL) {                   //使用循环遍历链表
48          //输出指针变量 p 指向的结点中信息
49          printf("学生编号为:%s,姓名为:%s,成绩为:%.1f\n", p->no, p->name,
                    p->score);
50         p = p->next;                       //让 p 指向链表中的下一个结点
51      }
52  }
```

程序运行结果：

```
人数为:4,最高分:98.0,平均分:94.8
学生编号为:20231101,姓名为:王小丫,成绩为:89.0
学生编号为:20231102,姓名为:张小明,成绩为:95.0
学生编号为:20231103,姓名为:张三,成绩为:97.0
学生编号为:20231104,姓名为:李四,成绩为:98.0
```

在例 9.14 中，第 2～7 行代码定义了学生结构体类型 student，类型别名有两个，一个是 **stu**，另外一个是 **stup**（起别名时其前面加了一个“＊”），**stup** 中的“**p**”含义为 **pointer**（指针）。**stu** 类型用来声明常规的结构体变量，**stup** 用于声明指向结构体的指针变量，使用两个别名声明变量时，**stup** 与“**stu** ＊”等价。结构体类型 student 中包含学号（no）、姓名（name）、成绩（score）三个数据域以及指向后继结点的指针域（next），学生结构体数据类型结构如图 9-12 所示。第 8～13 行代码定义了头结点数据类型 hnode，并起了两个别名 hn 与 hnp，hn 用来定义头结点变量，hnp 用来定义指向头结点变量的指针变量，如用“hn ＊ head”与“hnp head”两种形式来定义头指针变量都是可以的，头结点类型包含学生人数（n）、最高成绩（score）、平均成绩（avg）以及指向链表首结点的指针域（first），如图 9-13 所示。

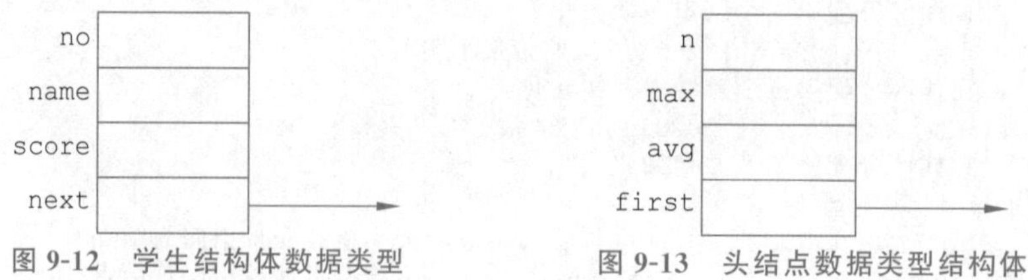

图 9-12　学生结构体数据类型　　**图 9-13　头结点数据类型结构体**

在 main 函数中，第 15 行声明了指向头结点的指针变量 head，第 16 行声明了指向链表中学生结构体的指针变量 p，第 18 行声明了结构体变量 headNode 并初始化域成员数据。第 20～26 行代码分别声明了四个学生结构体变量并初始化域数据。到目前为止，头指针、

头结点、4个学生结构体都是独立的，它们之间目前没有任何联系，接下来就要通过指针机制将它们链接成一个链表。

第27行代码“head = &headNode”使得头指针变量head指向了头结点，执行完毕后的内存图如图9-14所示。

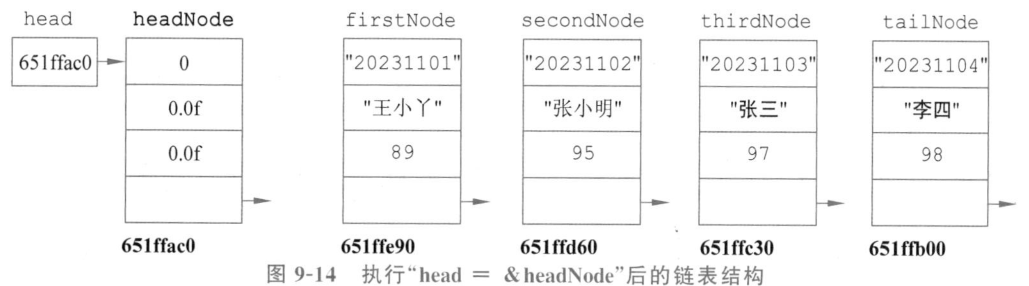

图 9-14　执行“head = &headNode”后的链表结构

第28行代码“headNode.first = &firstNode”让头结点headNode的指针域first指向首结点firstNode，执行完后的链表结构如图9-15所示。

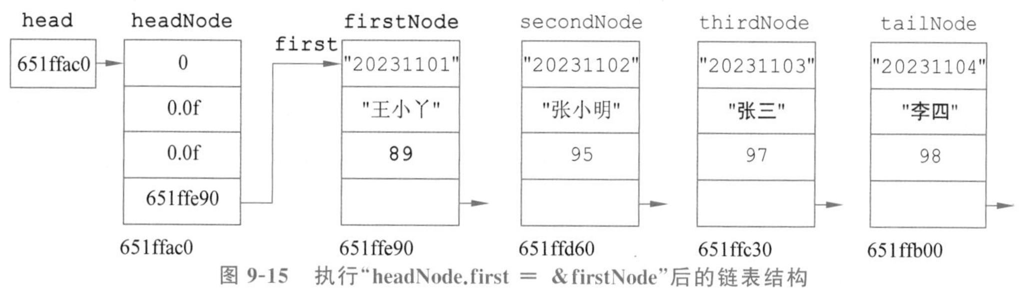

图 9-15　执行“headNode.first = &firstNode”后的链表结构

第29行代码“firstNode.next = &secondNode”让首结点firstNode的指针域next指向第二个结点secondNode，执行完后的链表结构如图9-16所示。

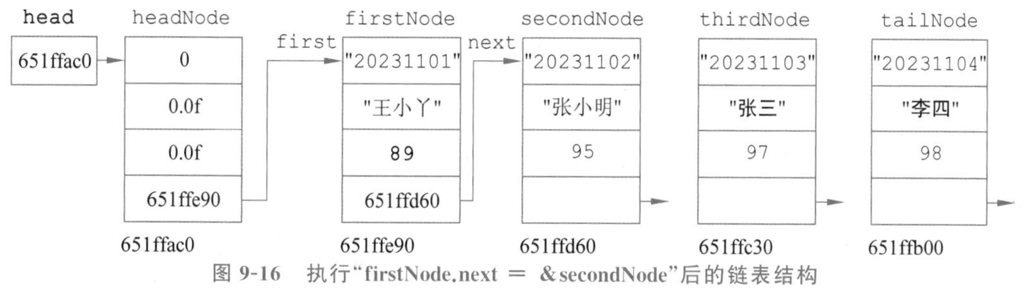

图 9-16　执行“firstNode.next = &secondNode”后的链表结构

第30行代码“secondNode.next = &thirdNode”让第二个结点secondNode的指针域next指向第三个结点thirdNode，执行完后的链表结构如图9-17所示。

第31行代码“thirdNode.next = &tailNode”让第三个结点thirdNode的指针域next指向尾结点tailNode，执行完后的链表结构如图9-18所示。

第32行代码“tailNode.next = NULL”让尾结点tailNode的指针域next指向空(NULL)，执行完后的链表结构如图9-19所示。到此，整个链表构建完毕。

第33行代码“p = head->first”让指针变量p指向链表的首结点。关于表达式“p = head->first”的理解过程如下。

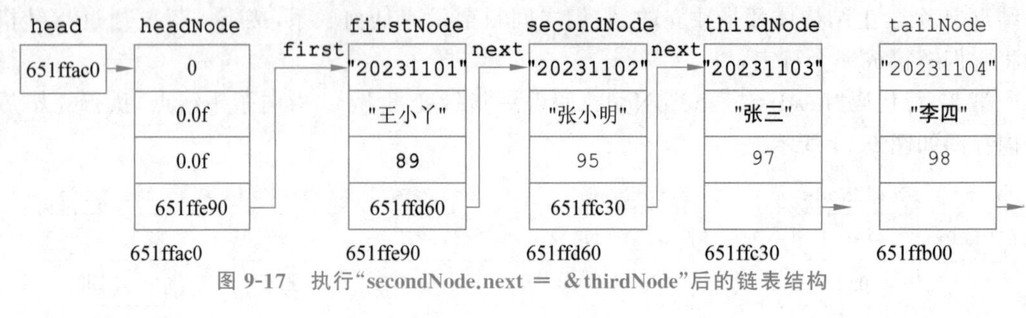

图 9-17　执行"secondNode.next ＝ &thirdNode"后的链表结构

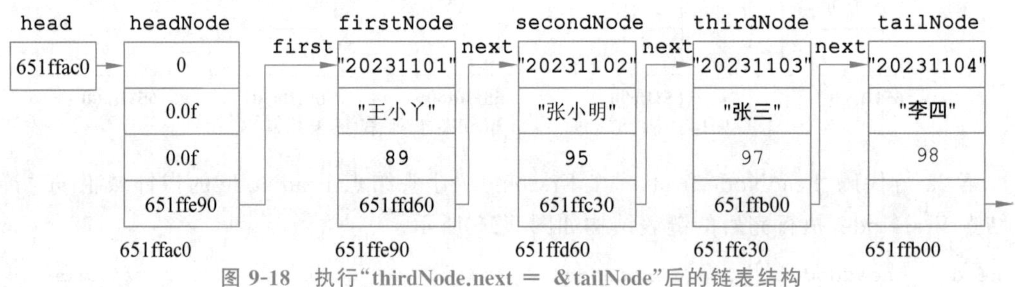

图 9-18　执行"thirdNode.next ＝ &tailNode"后的链表结构

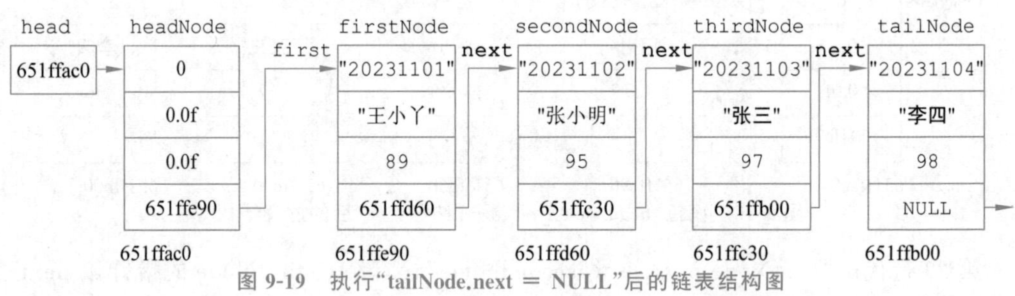

图 9-19　执行"tailNode.next ＝ NULL"后的链表结构图

(1) 一个整型变量,其位于赋值符号最直接左侧则表示当前变量(容器)本身,其他场合一般表示此变量(容器)中存储的数据。例如:

```
int a=5;                //声明整型变量 a
a=a+10;                 //赋值符号最直接左侧 a 代表容器本身,右侧的 a 表示其目前存储的数据 5
```

(2) 与整型变量的理解方式一样,位于赋值符号最直接左侧的指针变量也表示它自己(存储地址的容器),其他场合通常表示此指针变量存储的内存地址。表达式"p ＝ head->first"中赋值符号最直接左侧的指针变量 p 仅代表它自己(存储地址的容器),等号右侧的 head 表示其存储的头结点 headNode 的内存地址 651ffac0,通过此地址就能定位头结点 headNode,故 head 可简单理解为表示其指向的结点 headNode;那么"head->first"则表示 headNode 结点中的 first 指针域,而 first 指针域并非位于赋值符号的最直接左侧,所以"head->first"代表其指向的链表中首结点 firstNode,如图 9-20 所示,最终的结果是取出头结点 headNode 的指针域 first 中保存的地址 651ffe90,然后将此地址赋值给指针变量 p,即"p＝&firstNOde",使得指针变量 p 指向链表的首结点 firstNode,如图 9-21 所示。

在例 9.14 中第 35～42 行代码主要完成学生人数统计、最高分查询和求平均成绩的功能。第 35 行代码先判断指针变量 p 指向的结点是否为 NULL,如果不为空,则说明 p 指向的结点存在,进入循环后执行第 36 行代码"head->n＋＋",让头指针 head 指向的头结点

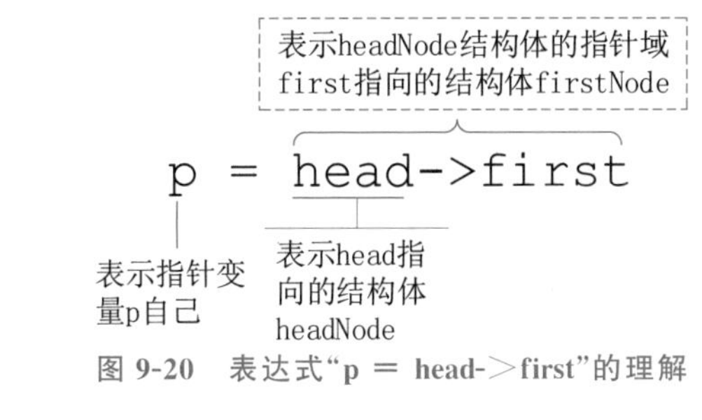

图 9-20　表达式“p = head->first”的理解

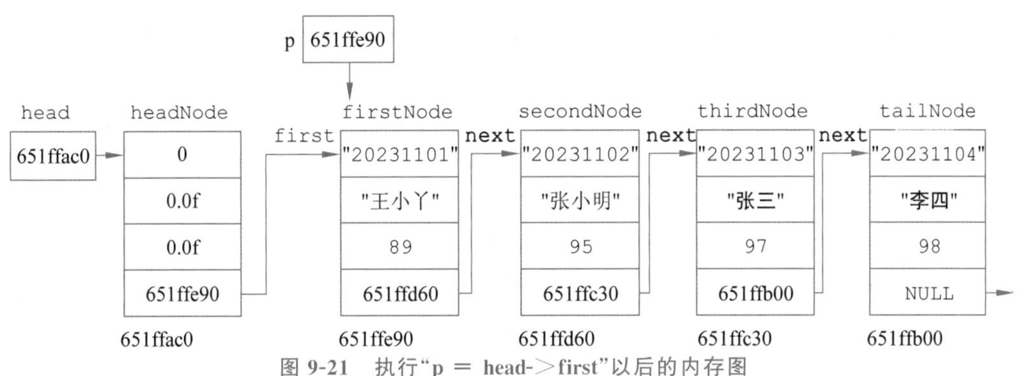

图 9-21　执行“p = head->first”以后的内存图

headNode 的数据域 n 增 1；第 38 行代码中判断表达式“head->max < p->score”成立，则表示 p 指向的结点中数据域 score 值高于头结点中的数据域 max 值，则执行表达式“head->max = p->score”，让头结点中 max 保存更高的成绩 p->score；接下来执行第 39 行代码“head->avg+=p->score”，求成绩的累加值；成绩比较过了，累加和也完成了，继续执行第 40 行代码“p=p->next”，此表达式是将 p 指向的结点中指针域 next 保存的地址值 651ffd60 赋值到指针变量 p 中，犹如执行“p=651ffd60”，而 651ffd60 为 secondNode 结点的内存地址，即 p 的指向被改变而指向 secondNode 结点，如图 9-22 所示。**在链表的操作中，“p=p->next”就是让 p 指向当前结点的后继结点，即让 p 指向下一个结点。**

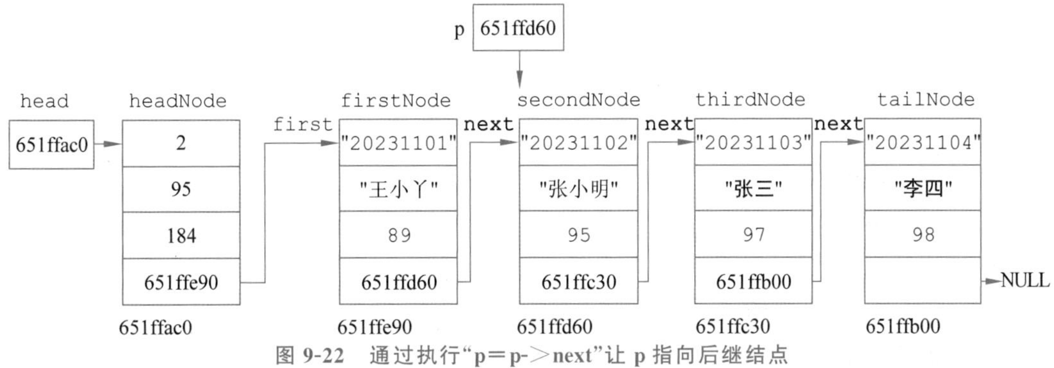

图 9-22　通过执行“p=p->next”让 p 指向后继结点

第 35 行代码的循环中，通过执行表达式“p=p->next”一直让指针变量 p 往链表尾部移动，最后指向 NULL，如图 9-23 所示，此时循环结束（链表遍历过程结束）。接下来执行第 42 行代码求平均值，此时头结点中的数据域值分别是 n 数据域值为 4，max 数据域值为 98，avg 数据值为 94.8。

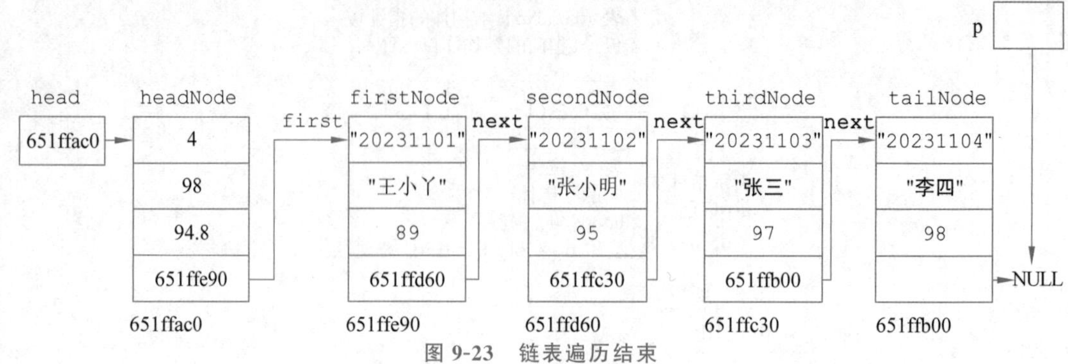

图 9-23　链表遍历结束

第 44 行代码输出头结点中保存的信息,即学生人数、最高分、平均分。第 47～51 行代码为循环遍历链表,依次输出每个结点存储的学生信息。由于之前遍历链表指针 p 已经指向了链表的尾部,所以需要在输出学生信息之前,执行第 46 行代码"p＝head->first",让指针 p 重新指向链表的首结点 firstNode,以便从前到尾"顺藤摸瓜"地输出每个学生的信息。

至此,我们对静态链表的创建、遍历过程就全部完成了。

9.6.3　动态链表的操作

静态链表部分的讲解主要是为了让初学者进入链表的殿堂,仅是链表的"入门"级知识,而在实际的应用中主要使用动态链表而很少使用静态链表,因为静态链表空间存储于内存的栈区域,栈区域的空间会随着函数执行结束而消亡,是不能跨函数共用的,除非将所有的静态链表操作代码都写到同一个函数,但这是不科学的,因为所有的链表操作都写在同一个函数中会造成代码很冗长,这极不利于代码的理解与维护。

在实际的应用中,我们通常将链表的操作功能分解为多个函数,这需要链表空间能跨函数共用,必须使用动态链表。本节主要学习动态链表的各种操作,常规操作如下(以执行图 9-19所示链表为例)。

- 创建链表函数:

```
hn * create();
```

- 遍历链表函数:

```
void display(hn * head);
```

- 链表查询函数:

```
stu * find(char * no,hn * head);
```

- 链表插入函数:

```
hnp insert(stup s,hnp head);
```

- 数据统计函数:

```
void statistics(hnp head);
```

- 链表删除函数:

```
bool del(char * no);
```

- 释放所有链表空间:

```
void freeAll(hnp head);                              //释放所有链表空间
```

- 其他函数：根据业务需求而编写的其他函数。
- 主函数：程序运行入口。

本节需要完成的链表操作代码结构如例 9.15 所示。

【例 9.15】 动态链表操作程序结构。

```
/*---1.头文件引入部分开始---*/
#include<stdio.h>                  //包含输入输出函数的头文件
#include<stdbool.h>                //包含 bool 类型头文件
#include<stdlib.h>                 //空间申请函数 malloc 等函数头文件
#include<string.h>                 //关于字符数组的函数定义的头文件
/*---1.头文件引入部分结束---*/

/*---2.结构体类型定义开始---*/
typedef struct student {
    char no[15];                   //学生学号
    char name[20];                 //学生姓名
    float score;                   //学生成绩
    struct student * next;         //指向下一个结点的指针变量
} stu, * stup;          //类型别名,stu 声明结构体变量,stup 声明指向结构体的指针变量
typedef struct hnode {
    int n;                         //链表结点个数
    float max;                     //最高成绩
    float avg;                     //平均成绩
    stu* first;                    //指向链表首结点的指针变量
} hn, * hnp;             //类型别名,hn 声明头结点变量,hnp 声明指向头结点的指针变量
/*---2.结构体类型定义结束---*/

/*---3.各种操作函数原型定义开始---*/
hn* create();                      //创建动态链表的 create 函数原型声明
void display(hnp head);            //遍历链表的函数原型声明
stu * find(char * no,hn * head)    //通过学号查询学生信息的 find 函数原型声明
hnp insert(stup s,hnp head);       //将指向变量 s 指向的结点插入 head 指向的链表中
void statistics(hnp head);         //统计链表中的结点个数、最高分和平均分
bool del(char* no);                //根据学号删除相应结点的函数 del 原型声明
void freeAll(hnp head);            //释放所有链表空间
/*---3.各种操作函数原型定义结束---*/

/*---4.各种操作函数定义开始---*/
int main() {
    hn* head;                      //声明头指针变量,等价于"hnp head;"
    head = create();               //调用 create 函数创建动态链表
    display(head);
    ......
}
//创建动态链表的 create 函数
hnp create() {                     //其中 hnp 可改为 hn *
    hn* head;                      //声明头指针变量,等价于"hnp head;"
    ......
    return head;                   //返回指向链表头结点的头指针,相当于返回整个链表
}
//遍历链表的函数 display
void display(hnp head) {
    ......
```

```
49 }
50 //通过学号查询学生信息的 find 函数
51 stu * find(char * no,hn * head){
52     …
53 }
54 //将指向变量 s 指向的结点插入链表的合适位置函数 insert
55 hnp insert(stup s,hnp head){
56     …
57 }
58 //统计链表中结点个数、最高分、平均分保持到头结点中
59 void statistics(hnp head){
60     …
61 }
62 //根据学号删除相应结点的函数 del
63 bool del(char* no)
64 {
65     …
66 }
67 void freeAll(hnp head)
68 {
69     …
70 }
71 /*---4.各种操作函数定义结束---*/
```

例 9.15 所示的链表操作代码结构分为 4 部分，第 2～5 行为头文件的引入部分；第 8～20 行为结构体数据类型的定义部分；第 23～30 行对常规的链表操作函数进行原型声明，真正的函数定义体在第 33～70 行。当然，这个代码结构并不是链表操作的唯一代码结构，只是本节要最终实现的代码结构。接下来，我们将一个函数一个函数地实现，最终完成所有的链表操作代码。

1. 动态链表的创建（create 函数的实现）

动态链表的结点需要使用 malloc 函数申请，存储于内存用户数据区域的堆空间，此部分空间能跨函数共用，不会随着函数的运行结束而消亡，所以需要在空间使用完成后立即使用 free 函数释放，以回收内存资源而不造成空间的浪费。

包含头结点单向链表的创建过程与静态链表的创建步骤基本相似，仅是存储空间不同的方式不同而已。创建动态链表代码如例 9.16 所示。虽然本案例主要讲解 create 函数的实现，但也想展示整个程序的完整结构以便读者容易理解，限于篇幅的情况下其他代码部分仅用注释和省略号进行了占位描述。省略号的部分，可再次参考例 9.15 中的代码。

为了让读者更好理解链表中指针的操作，我们再次对前面学习的常用指针表达式复习如下。

(1) **head->n=5**：将 **head** 指针变量指向的结构体数据域 **n** 赋值为 **5**，并非给 head 自己的成员 n 赋值，head 只是一个指针变量而已，仅存储地址。

(2) **p=q**：让等号左侧的指针变量 p 指向右侧指针变量 q 指向的对象，而不是让 p 指向 q，也即右侧的 **q** 指向谁，左侧的 **p** 就指向谁。

(3) **p=p->next**：赋值符号最直接左边的 p 代表指针变量 p 自己，右侧的 p 代表其指向的对象，所以 p->next 表示 p 指向结构体中的 next 指针域，而此指针域代表其指向的结点，即 p->next 表示指向的结点的后继结点。在链表上，**p=p->next** 的功能是让指针变量 **p** 指向当前结点的后继结点，即让 **p** 往后移动一个结点。

【例 9.16】 使用 create 函数创建动态链表。

思路分析：先创建带头结点的空链表，接下来根据输入的标识判断是否继续链表的创建操作。如果继续创建，则申请链表结点空间并输入学生信息，然后将此结点加入链表中去。加入新结点到链表中需要考虑两种情形。

（1）如果当前链表是空链表，则直接将头结点的指针域指向新结点，此时新结点既是链表首结点，同时又是链表尾结点。

（2）如果链表为非空链表，则将新结点直接添加到原链表的尾部，此时新结点变成尾结点。

```
/*---1.头文件引入部分---*/
…
/*---2.结构体类型定义---*/
…
/*---3.各种操作函
数原型定义---*/
hn* create();                          //创建动态链表的 create 函数原型声明
…
/*---4.各种操作函数定义部分---*/
int main() {
    hn *head;                          //声明头指针变量,等价于"hnp head;"
    head = create();                   //调用 create 函数创建动态链表
}
//创建动态链表的函数 create 定义,是一个返回指针值的函数
hnp create() {                         //等价于"hn * create()"
    hn *head;                          //声明头指针变量,等价于"hnp head;"
    stu *p, *t;                        //p 指向新申请的结点,t 指向尾结点
    bool isGoOn;                       //是否继续创建结点
    head = malloc(sizeof(hn));         //创建头结点
    if (head == NULL) {                //头结点申请失败的处理
        puts("头结点创建失败,退出整个程序!");
        exit(0);                       //程序意外退出
    }
    head->n = 0;                       //头结点数据域 n 初始化为 0
    head->max = 0.0f;                  //头结点数据域 max 初始化为 0.0f
    head->avg = 0.0f;                  //头结点数据域 avg 初始化为 0.0f
    head->first=NULL;
                    //头结点指针域 first 初始化为 NULL,到此创建了带头结点的空链表
    while (true) {                     //此循环创建链表中的学生结点信息
        puts("输入数字 0 退出,1 继续:");
        scanf("%d", &isGoOn);          //输入 1(true)继续创建,0(false)结束创建过程
        if (!isGoOn) break;            //如果 isGoOn==false,则退出 while 循环
        p = malloc(sizeof(stu));       //申请学生结构体结点
        if (!p) {                      //学生结构体申请失败的处理
            puts("链表结点创建失败,退出整个程序!");
            exit(0);                   //程序意外退出
        }
        getchar();         //获取 0 或 1 输入行最后的换行符号,以便下行代码能获取学号
        gets(p->no);                   //输入学号
        gets(p->name);                 //输入姓名
        scanf("%f", &p->score);        //输入成绩
        p->next = NULL;                //让指针域 next 指向 NULL
        //如果当前链表为空链表,则让 p 执行的新结点称为首结点,否则加到链表尾部
        if (head->n == 0) {            //当前链表是空链表
```

```
44              //头结点指针域 first 指向 p 指向的结点,p 指向结点为首结点,也是当前的尾结点
45              head->first = p;
46          } else {                          //当前链表为非空链表
47              t->next = p;                  //让尾结点的指针域 next 指向新申请结点
48          }
49          t = p;                            //指针变量 t 指向新的尾结点
50          head->n++;                        //新加入一个结点后,头结点的数据域自增 1
51          if(head->max<p->score) head->max=p->score;
                                              //保存更高的成绩到头结点中
52          head->avg += p->score;            //求成绩累加和
53      }/*循环结束*/
54      head->avg /= head->n;                 //求平均成绩
55      return head;                          //返回链表的头指针
56  }
```

程序运行结果：

```
输入数字 0 退出,1 继续:
1↙
20231101↙
王小丫↙
89↙
输入数字 0 退出,1 继续:
1↙
20231102↙
张小明↙
95↙
输入数字 0 退出,1 继续:
1↙
20231103↙
张三↙
97↙
输入数字 0 退出,1 继续:
1↙
20231104↙
李四↙
98↙
输入数字 0 退出,1 继续:
0↙
```

在例 9.16 中,第 14～55 行代码为创建动态链表的 create 函数定义体。create 函数是一个无形参且返回指针值的函数,其他函数只要调用 create 函数,获取其返回的保存在链表头指针变量中的地址,即相当于获取了整个链表。在 main 函数中第 12 行代码“head = create()”通过调用 create 函数获取了其创建的动态链表。

第 15～17 行定义了 4 个变量,head 是头指针变量,其用来指向头结点,p 用来指向新申请的结点,t 用来指向链表的尾结点,isGoOn 为布尔类型,值为 1(true)标识继续链表的创建过程,值为 0(false)标识结束链表的创建。第 19～27 行代码实现带头结点空链表的创建,执行完第 27 行代码以后的空链表如图 9-24 所示,注意,因为头结点空间是使用 malloc 函数申请的,所以此结构体并无名称,只有指向它的指针变量 head。

第 28～52 行是一个循环创建链表结点的代码块。首先无条件进入循环,如果在第 30 行代码“scanf("%d", &isGoOn);”执行时输入 1 表示继续创建结点,输入 0 表示退出循环从而结束链表的创建过程。第 32 行“p = malloc(sizeof(stu));”代码使用 malloc 函数在堆

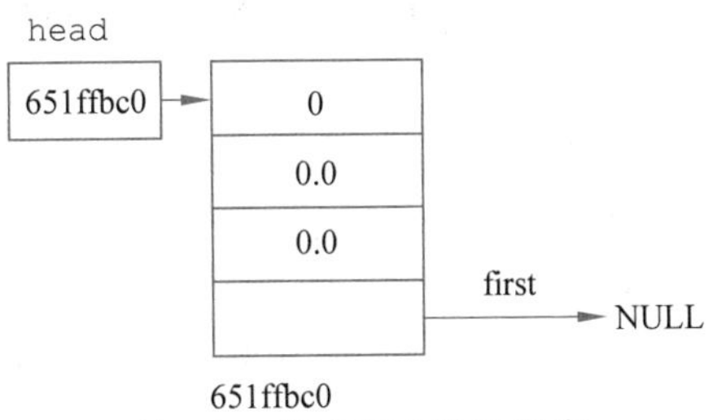

图 9-24 带头结点的空链表

区申请学生结构体并让指针变量 p 指向它,接下来进行是否申请成功的处理,如果申请成功,则通过第 37～40 行代码将学生信息输到结构体的域成员中,此时内存图如图 9-25 所示,head 指向的空链表与 p 指向的新结点并无关系。

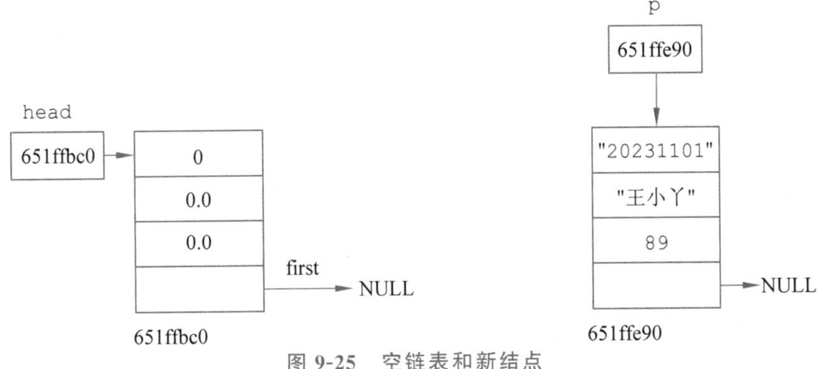

图 9-25 空链表和新结点

接下来执行第 43～48 行的选择分支结构代码,if 语句中"head->==0"成立,表示当前 head 指向的链表是空链表,选择执行第 45 行代码"head->first = p;",此表达式中等号左侧的"head->first"表示 head 指针变量指向的头结点中的指针域变量 first,右边的 p 表示其指向的刚申请的结构体空间。根据"等号右边的指针指向谁,左边的指针就指向谁"原则,执行完表达式"head->first = p;"后,头结点的 first 指向了新申请的结点。执行完第 49 行代码"t=p;"后,t 也指向了 p 指向的新结点,到此,链表的内存图如图 9-26 所示。从图 9-26 中可看出,新结点既是链表的首结点,同时也是链表的尾结点,由于依次执行第 50～52 行代码,头结点中的数据域值也发生了改变。

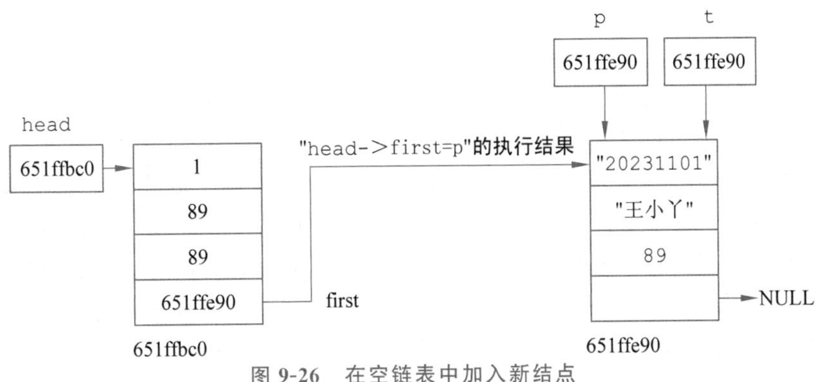

图 9-26 在空链表中加入新结点

到目前为止，我们已经向空链表中成功加入了新申请的结点，链表已经不是空链表了。链尾结点由指针变量 t 指向它。

接下来再次进入 while 循环，执行到循环体中的第 40 行代码时，又申请新的链表结点并输入相应的数据，此时内存空间如图 9-27 所示，从图 9-27 中可看出，p 不再与 t 一起指向链表的尾结点，而是指向了新申请的结点。接下来执行第 43 行代码“head->==0”不成立了，即链表为非空链表了，则选择执行第 47 行语句“t->next=p;”，语句中等号左侧的“t->next”表示 t 指向的尾结点指针域 next，右侧的 p 表示其指向的新申请的结点，根据“等号右侧的指针指向谁，左侧的指针就指向谁”原则，执行完表达式“t->next=p;”，链表尾结点的指针域 next 指向新申请的结点，如图 9-28 所示，此时，p 指向的结点加到了链表当中，且成了链表新的尾结点。

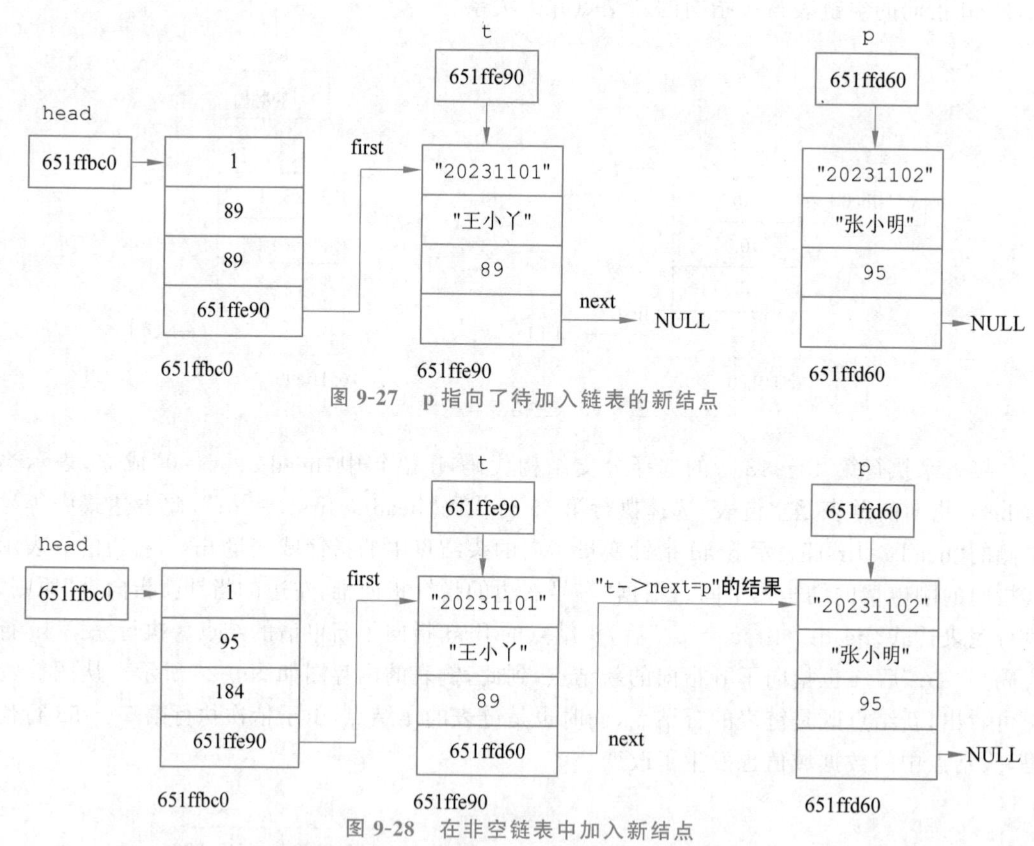

图 9-27　p 指向了待加入链表的新结点

图 9-28　在非空链表中加入新结点

接下来执行第 49 行代码“t=p”让指针变量 t 指向新的尾结点，继续执行第 50～52 行代码可实现头结点中数据域需要的数据统计，如图 9-29 所示。

接下来在 while 循环中根据实际需要输入 1(true)选择继续创建结点。如果输入 0(false)则退出 while 循环，执行第 54 行代码“head->avg /= head->n;”求解平均成绩，最后执行“return head;”返回链表的头指针变量 head 保存的地址，即头结点的内存地址到主调函数 main 中的第 12 行代码处“head = create()”，此时 main 函数中的局部指针变量 head 即指向了 create 函数创建的链表，如图 9-30 所示。在图的虚线框中，create 函数中的局部指针变量 head、p、t，以及布尔变量 isGoOn 栈空间都会随着 create 函数执行结束而消

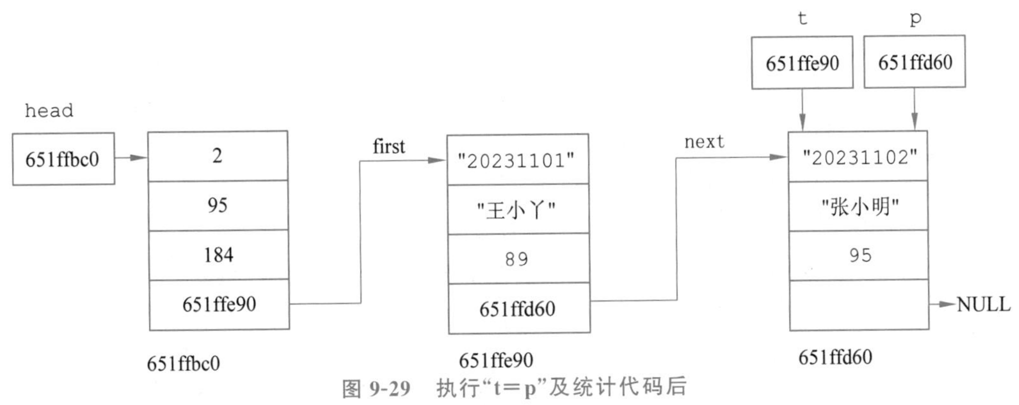

图 9-29 执行"t=p"及统计代码后

亡,但链表部分空间是使用 malloc 函数在堆中申请的,不会随着 create 函数运行结束而消失,回到 main 函数后,main 函数中的局部变量 head 会接收 create 函数返回的头结点内存地址,即 main 函数中的 head 指向了 create 函数中创建的链表空间,那么在 main 函数中通过 head 即可操作此链表了。当然,main 函数也可以将 head 指针变量作为实参传入其他函数,而使得在其他函数中也能操作此 create 函数创建的链表。

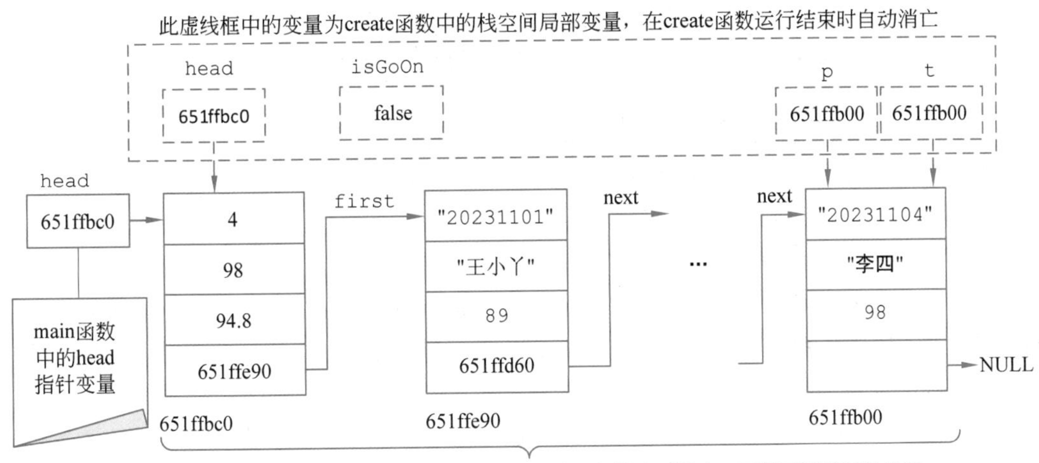

图 9-30 create 函数执行结束返回链表头指针到主调函数 main 中

2. 链表的遍历

所谓链表的遍历,即是在获取链表的头指针后,从链表的首结点开始,一个一个地、按"顺藤摸瓜"的方式"摸到"每个结点,直到尾结点便结束遍历过程。此处以输出链表中每个结点存储的学生信息为例,即实现常规操作中的 display 函数。

【例 9.17】 遍历链表并输出学生信息。

思路分析:首先判断链表是否为空链表,如果是空链表则退出函数而不执行输出操作。如果是非空链表,则使用指针变量 p 依次从首结点遍历至尾结点,指针变量 p 每指向一个结点,就输出一个结点中保存的学生信息,直到 p 指向 NULL。

```
/*---1.头文件引入部分---*/
……
```

```
3   /*---2.结构体类型定义---*/
4   …
5   /*---3.各种操作函数原型定义---*/
6   hn * create();                      //创建动态链表的 create 函数原型声明
7   void display(hnp head);             //遍历链表的函数原型声明
8   …
9   /*---4.各种操作函数定义部分---*/
10  int main() {
11      hn * head;                      //声明头指针变量,等价于"hnp head;"
12      head = create();                //调用 create 函数创建动态链表
13      display(head);                  //调用 display 函数输出链表信息,head 作为实参
14  }
15  hnp create() {                      //create 函数
16    …
17  }
18  void display(hnp head) {            //接收主调函数传入的头指针,等价于 hn * head
19      stup p;                         //等价于 stu * p;
20      if (head->first == NULL) {      //如果是空链表则不执行输出操作
21          puts("此链表为空链表!");
22          return;
23      }
24      //输出头结点中的统计数据
25      printf("人数为:%d,最高分:%.1f,平均分:%.1f\n", head->n,
              head->max, head->avg);
26      p = head->first;                //让指针变量 p 指向首结点
27      while (p != NULL) {
28          //输出指针变量 p 指向的结点中信息
29          printf("学生编号为:%s,姓名为:%s,成绩为:%.1f\n", p->no,
                  p->name, p->score);
30          p = p->next;                //让 p 指向链表中的下一个结点
31      }
32  }
```

在例 9.17 中,先执行第 12 行代码“head = create();”让 head 指针变量指向 create 函数创建的链表,然后执行第 13 行代码“display(head);”,将链表的头指针变量 head 传入 display 函数,即将图 9-30 中头结点的地址 651ffbc0 传入 display 函数。

第 18～32 行代码片段为 display 函数的定义,形参指针变量 head 接收来自于实参传递的头指针,即头结点的地址 651ffbc0,使 display 函数中的头指针变量 head 也指向 create 函数创建的链表。注意,main 函数和 display 函数中都用到了同名的 head 头指针变量,但是它们各自的作用域不同,所以不会相互干扰。此时,两个 head 指针变量都同时指向头结点,但是由于目前是在 display 函数中执行,所以只能使用 display 函数中的 head 指针变量操作链表,而不能使用 main 函数中的 head,如图 9-31 所示。

第 20～23 行代码通过“head->first==NULL”判断链表是否为空链表,如果为空链表则直接退出函数的执行,而不执行第 25 行代码开始的链表遍历和输出操作。如果链表不为空,则首先执行第 25 行代码输出头结点中的统计信息,然后执行第 26 行代码“p = head->first;”使指针变量 p 指向链表的首结点,如图 9-31 所示。

在第 27～31 行的循环代码中,如果 p 指向的结点不为空,则执行第 29 行代码输出 p 指向的结点中保存的学生信息,然后通过第 30 行代码“p=p->next”让 p 指向链表中下一个结点,如此循环下去,直到 p 指向最后一个结点,即尾结点并输出学生信息后,最后一次执行

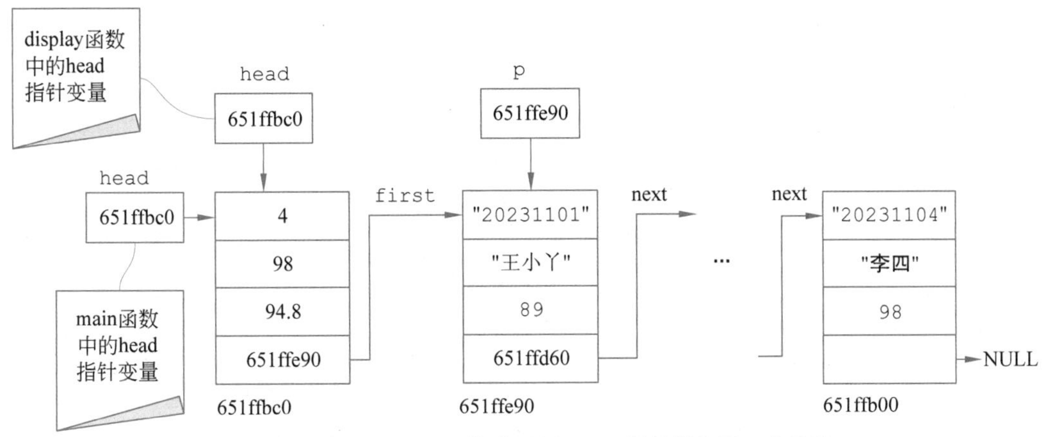

图 9-31 进入 display 函数后，两个 head 指针指向同一个链表

"p=p->next"使 p 指向 NULL，此时循环结束，display 函数也执行结束，如图 9-32 所示。

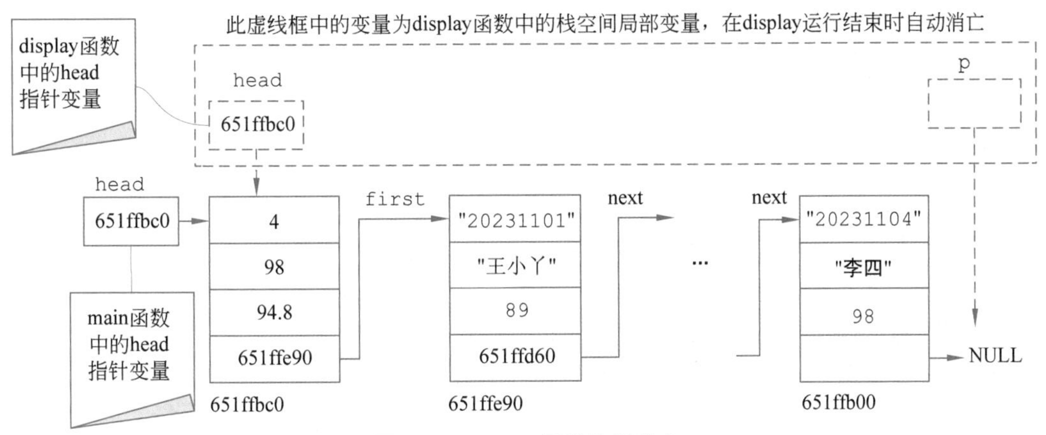

图 9-32 display 函数执行结束

display 函数运行结束回到 main 函数中，即回到第 13 行代码处，此时 display 函数中的局部变量 head、p 都已经消亡，此时只有 main 函数中的 head 函数指向链表了。display 函数的程序运行结果：

```
人数为:4,最高分:98.0,平均分:94.8
学生编号为:20231101,姓名为:王小丫,成绩为:89.0
学生编号为:20231102,姓名为:张小明,成绩为:95.0
学生编号为:20231103,姓名为:张三,成绩为:97.0
学生编号为:20231104,姓名为:李四,成绩为:98.0
```

3. 链表的查询

链表的查询操作，主要是实现 stu * find(char * no,hn * head)函数，即在 head 指向的链表中查询学号 no 是否存在，存在则返回该结点的地址，不存在则返回 NULL。

【例 9.18】 在链表中查询指定学号对应的结点。

思路分析：find 函数通过形参 head 指针变量指向传入的链表，若链表为空，则返回 NULL；若链表非空，则从头结点开始遍历链表的每个结点，并将遍历到的结点中学号与待查找学号对比，相等则返回该结点地址，如果链表都遍历完毕还未找到则返回 NULL。

```
1  /*---1.头文件引入部分---*/
2  …
3  /*---2.结构体类型定义---*/
4  …
5  /*---3.各种操作函数原型定义---*/
6  hn * create();                        //创建动态链表的 create 函数原型声明
7  void display(hnp head);               //遍历链表的函数原型声明
8  stu * find(char * no, hn * head);     //通过学号查询学生信息的 find 函数原型声明
9  …
10 /*---4.各种操作函数定义部分---*/
11 int main() {
12     hn * head;                        //声明头指针变量,等价于"hnp head;"
13     stup s;                           //定义指向链表中学生结构体的指针变量 s
14     head = create();                  //调用 create 函数创建动态链表
15     s = find("20231103",head);        //在 head 指向链表中查询学号为"20231103"的学
                                         //生结点
16     //如果 s 不为 NULL,则输出学生信息
17     if(s) printf("学号为%s 的姓名为:%s,成绩为:%.1f\n", s->no, s->name, s->
score);
18     else puts("该生不存在!");
19 }
20 hnp create() {
21    …
22 }
23 void display(hnp head) {
24     …
25 }
26 //head 指向传入的链表头结点,并查找学号 no 对应的学生结点
27 stu * find(char * no, hn * head) {
28     stup p;                           //等价于 stu * p;
29     if (head->first == NULL) {        //如果是空链表则不执行输出操作
30         puts("此链表为空链表!");
31         return NULL;
32     }
33     p = head->first;                  //让指针变量 p 指向首结点
34     //如果 p 指向结点不为 NULL 则进入循环
35     while (p != NULL) {               //遍历链表,"p != NULL"可改写为 p
36         //如果 p 指向的结点学号等于待查找的学号值则返回该结点
37         if (strcmp(p->no, no) == 0) return p;
38         else p = p->next;             //让 p 指向链表中的下一个结点,else 可省略
39     }
40     //p 为 NULL,说明链表都查找完了,未找到相应学号,则返回 NULL
41     if (p == NULL) return NULL;
42     else return p;       //说明找到了学号对应的结点,则返回 p 指向的结点,else 可省略
43 }
```

在例 9.18 中,第 15 行代码“s = find("20231103",head);”调用 find 函数,传入 head 指向的链表头指针及待查找学号"20231103"。如果找到,find 函数返回找到的结点内存地址并赋值给指针变量 s,如果未找到,则返回 NULL 赋值给 s,第 17 行代码判断 s 如果不为 NULL,则输出 s 指向的结点数据,否则输出“该生不存在!”。

进入 find 函数后，find 中的局部指针变量 head 也指向了链表的头结点。第 29～32 行代码判断此链表是否为空链表，若为空链表则返回 NULL，如不为空链表，则执行第 33 行代码“p = head->first;”让指针变量 p 指向链表首结点，然后执行接下来的 35～39 行的遍历查找学号的代码片段。如果“p != NULL”成立，说明 p 指向的结点存在，则进入循环执行第 37 行代码，通过函数调用表达式“strcmp(p->no, no)”将 p 指向结点的数据域 no 值与待查找的学号 no 值进行对比，如果返回值为 0，则说明找到学号对应的结点，则函数返回 p 指向的结点，否则执行第 38 行代码，让 p 指向当前结点的后继结点，然后继续循环。

注意，字符串是否相等的比较需要使用函数 strcmp(p->no,no)，如果 p->no 与 no 相等，则函数返回 0；如果 p->no 大于 no，则返回大于 0 的正数，一般返回 1；如果 p->no 小于 no，则返回小于 0 的负数，一般返回－1。如果使用“p->no==no”来进行字符串的比较是错误的，因为此表达式不是将两个字符串字面量进行相等比较，而是使用存储字符串的内存块起始地址进行比较，也许两个字符串字面量相同，但是存储的内地地址块不一定相同。

第 35～39 行的循环结束原因有两个：一个是链表遍历完毕，待查找的学号在链表中不存在，此时 p 指向了 NULL，则 NULL 表示未找到！另一个是找到了对应的结点，p 指向了该结点，则执行 42 行代码“return p”。

关于第 27～43 行代码的 find 函数定义体，其实可以写得更简洁一些，可改写代码如下：

```
1   //head 指向传入的链表头结点，并查找学号 no 对应的学生结点
2   stu * find(char * no, hn * head) {
3       stup p;                               //等价于 stu * p;
4       p = head->first;                      //让指针变量 p 指向首结点
5       //如果 p 指向结点不为 NULL 且 p 指向结点的学号与待查找学号不相等则进入循环
6       while (p != NULL && strcmp(p->no, no) != 0) {   //遍历链表
7           p = p->next;                      //让 p 指向链表中的下一个结点
8       }
9       return p;                             //将三种情况合为一种情况返回
10  }
```

以上代码将三种情形合并进行操作，三种情形如下。

(1) 如果链表为空链表，则 head->first 指向 NULL，执行第 4 行代码“p = head->first;”后 p 也指向 NULL，第 6 行代码执行时不会进入循环而直接执行第 9 行代码“return p;”，此时返回 p 指向的 NULL 表示未找到，这个流程没有问题。

(2) 如果链表非空，执行第 4 行代码“p = head->first;”后 p 指向了链表的首结点，执行第 6 行代码时如果首结点的学号与待查找学号相等，即“p != NULL”成立而“strcmp(p->no, no) != 0”不成立，则 strcmp(p->no, no)函数返回值为 0，说明找到了对应学生结点，此时不会进入循环而直接执行第 9 行代码，即返回找到的 p 指向结构体的内存地址，这个流程也是正确的。

(3) 若第 6 行代码中，表达式“strcmp(p->no, no) != 0”一直成立，while 循环的结束就只能是“p != NULL”不成立，即 p 的值为 NULL 导致 while 循环执行结束，这说明链表遍历完毕，未找到相应的结点，那么执行第 9 行代码“return p;”，即返回 p 指向的 NULL 给主调函数，这个流程也是没有问题的。

main 函数中第 17 行代码执行后程序运行结果：

```
学号为 20231103 的姓名为:张三,成绩为:97.0
```

4. 链表的插入

链表的插入操作，对应我们之前总结的链表常规操作函数“hnp insert(stup s, hnp head);”，即将指针变量 s 指向的结点根据相应的规则插到 head 指针变量指向的链表中。接下来我们还是以学生链表(见图 9-33)为例，在该链表中，结点按照学生成绩由低到高依次排序，现需要将指针变量 s 指向的结点插到此链表中，插入以后不能破坏学生的成绩排序。

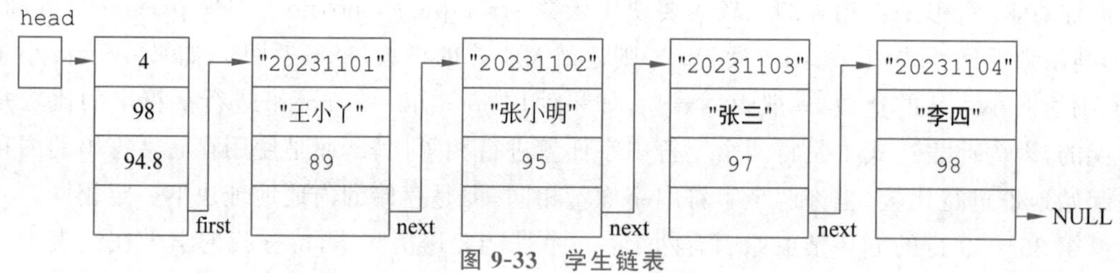

图 9-33　学生链表

由于插入结点到链表中的操作复杂度高于其他操作，我们先进行思路分析，再编写代码。将指针变量 s 指向的结点插到链表中，首先分为两种情况，即链表为空链表和非空链表两种情况。

(1) 链表为空链表。如果链表为空链表，则执行表达式“head->first＝s”让 head->first 指针指向 s 指向的结点，此时插入的结点既是链表的首结点，同时也是链表的尾结点，所以还需要执行“s->next＝NULL”，如图 9-34 所示。

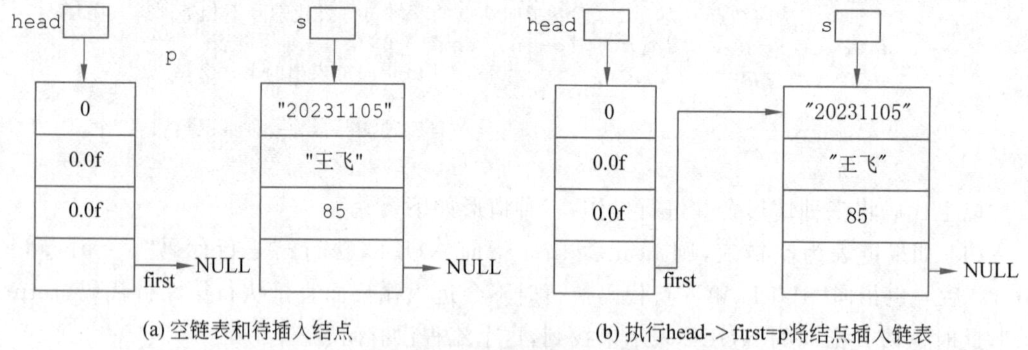

(a) 空链表和待插入结点　　(b) 执行head->first=p将结点插入链表

图 9-34　将结点插入空链表

(2) 链表为非空链表。如果链表非空，首先遍历链表查找待插入结点的插入位置，遍历链表时可引入两个指针变量，一个是 p，其指向链表中当前与待插入结点成绩进行对比的结点；另一个是 pre 指针变量，其指向 p 指向结点的前驱结点。通过成绩对比，找到的插入位置分为两种情形。

第一种情形：插入位置在 **p** 指向结点之前。

待插入结点的成绩小于或等于 p 指向结点的成绩，那么 s 指向的待插入结点应插到 p 指向结点之前。此时又存在两个小情形：一个是 **p** 指向链表首结点，则插入位置在首结点之前；另一个是插入位置在链表中间。

- 插入位置在首结点之前。此时，p 指向的结点恰好是链表首结点，即待插入结点中的成绩小于或等于首结点中的成绩，如成绩为 85，则插入位置在首结点之前。需要执行两个表达式，首先执行表达式“s->next=head->first”，表达式中等号左侧“s->next”表示 s 指向结点的 next 指针域，而右侧的“head->first”代表头结点指针域 first 指向的结点，即首结点，所以表达式“s->next=head->first”是让待插入结点的 next 指针域指向首结点，如图 9-35 (a)所示；然后执行表达式“head->first=s”，让等号左侧的指针，即头结点的 first 指针域指向右侧的指针 s 指向的待插入结点，如图 9-35(b)所示。由于在原链表中，head->first 指针域与指针变量 p 都同时指向首结点，所以表达式“s->next=head->first”也可修改为“s->next=p”。

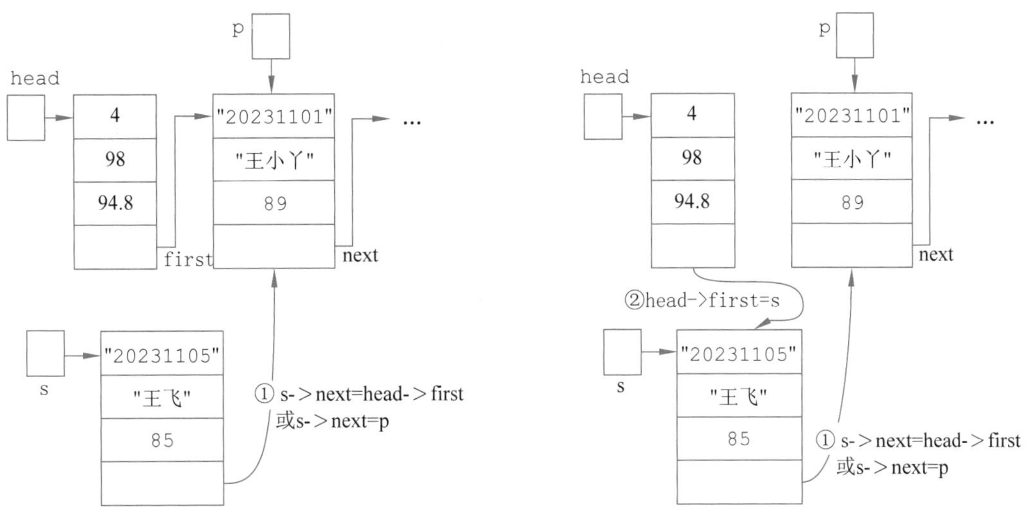

(a) 待插入结点next指针域指向首结点　　(b) 头结点指针域first指向待插入结点

图 9-35　将结点插入到首结点之前

- 待插入结点的位置在链表中。如插到图 9-36 中的“张小明”与“张三”所属两个结点之间，此时待插入结点中存储的成绩可能为 96。

如图 9-36 所示，将结点插到两个结点之间，需要借助引入的 p 和 pre 两个指针变量，pre 指向待插入位置的前一个结点(其成绩比待插入结点成绩小)，p 指向当前比较过成绩数据的结点(其成绩大于或等于待插入结点成绩)。如图 9-36 中 s 指向的待插入结点的成绩为 96 分，pre 指向“张小明”结点成绩为 95，p 指向“张三”结点成绩为 97，待插入结点应插到“张小明”与“张三”所属两个结点之间。首先执行表达式“s->next=p”或“s->next=pre->next”，让 s 指向的待插入结点指针域 next 指向“张三”结点，如图 9-36(a)所示，然后执行“pre->next=s”让“张小明”结点的指针域 next 指向待插入结点，如图 9-36(b)所示，到此，待插入结点成功插到了链表中。

第二种情形：插入位置在链表尾结点之后。

此时说明链表被遍历完了(p->next 指向 NULL)，如待插入结点的成绩为 99，此时插入位置在图 9-33 中尾结点之后。如图 9-37 所示，执行“p->next=s”让原链表尾结点即 p 指向的结点指针域 next 指向待插入结点，然后执行“s->next=NULL”让待插入结点的指针域 next 指向 NULL，此时结点插入成功，插入的结点变成了链表的新尾结点。

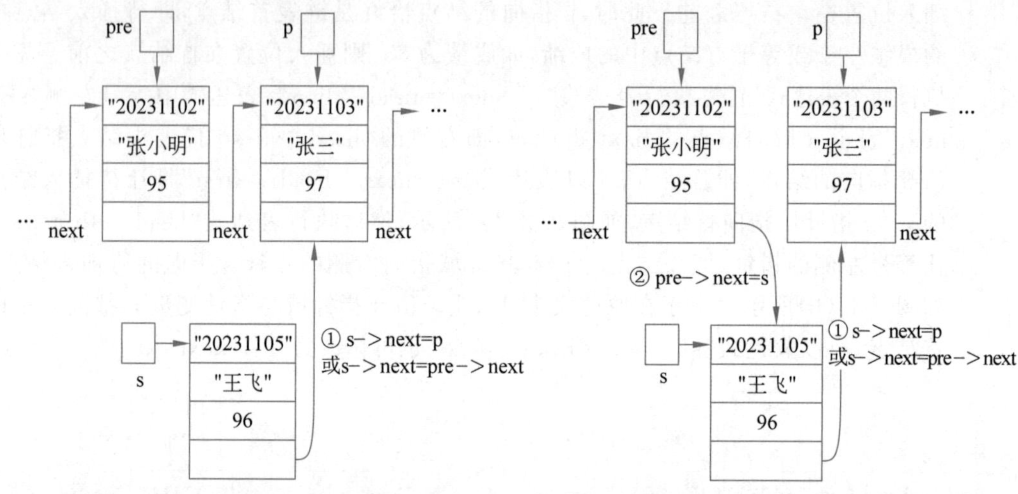

图 9-36 插入成绩为 96 分的结点到链表中

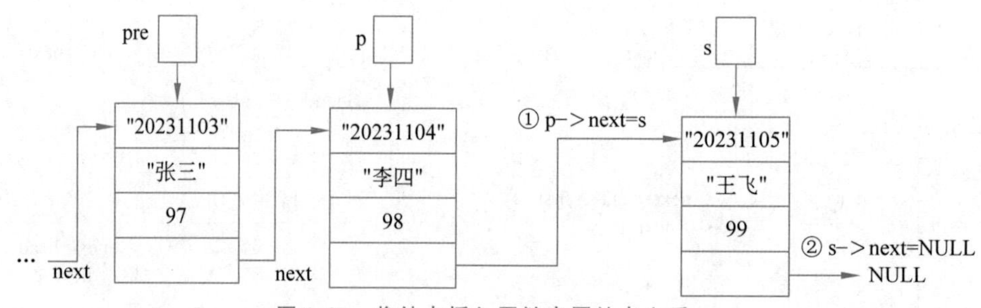

图 9-37 将结点插入原链表尾结点之后

【例 9.19】 链表的插入操作。

```
/*---1.头文件引入部分---*/
…
/*---2.结构体类型定义---*/
…
/*---3.各种操作函数原型定义---*/
…
//将指向变量 s 指向的结点插到链表的合适位置,insert 函数原型声明
hnp insert(stup s, hnp head);
/*---4.各种操作函数定义部分---*/
int main() {
    hn * head;                              //声明头指针变量,等价于"hnp head;"
    stup s;                                 //定义指向链表中学生结构体的指针变量 s
    head = create();                        //调用 create 函数创建动态链表
    s = malloc(sizeof(stu));
    if (s == NULL) {
        printf("待插入结点创建失败!");
        exit(0);
    }
    strcpy(s->no, "20231105");
    strcpy(s->name, "王飞");
    s->score = 96;
    s->next = NULL;
```

```
23     display(head);                      //输出插入结点之前的链表信息
24     insert(s, head);                    //也可写成 head=insert(s, head);
25     puts("-----插入结点之后的链表数据:");
26     display(head);                      //输出插入结点之后的链表信息
27 }
28 hnp create() { … }
29 void display(hnp head) { … }
30 stu * find(char * no, hn * head) { … }
31 hnp insert(stup s, hnp head) {          //将结点插入 head 指向的链表中去
32     stup p, pre;                        //p 指向当前遍历到的结点,pre 指向前驱结点
33     if (head->first == NULL) {          //(1)原链表为空链表
34         head->first = s;                //让头结点的指针域 first 指向待插入结点
35         s->next = NULL;     //待插入结点变成了尾结点,保证其 next 指针域指向 NULL
36     } else {                            //(2)原链表非空链表
37         p = head->first;                //让 p 指针变量指向链表首结点
38         //如下循环查找插入位置
39         //如果待插入结点成绩大于 p 指向结点的成绩,且后继结点存在则继续查找
40         while (s->score > p->score && p->next != NULL) {
41             pre = p;                    //pre 指向 p 指向的当前结点
42             p = p->next;                //p 指向下一个结点
43         }
44         //while 循环因"s->score>p->score"不成立退出,说明结点应插到 p 指向结点之前
45         if (s->score <= p->score) {
46             if (head->first == p) {     //说明 p 指向结点是首结点,插入位置在首结
                                           //点之前
47                 //待插入结点指针域指向原链表首结点,可改为"s->next=head->first"
48                 s->next = p;
49                 head->first = s;        //头结点指针域 first 指向待插入结点
50             } else {                    //插入位置在链表中
51                 //待插入结点指针域指向 p 指向的结点,可改为"s->next=pre->next"
52                 s->next = p;
53                 pre->next = s;          //pre 指向结点指针域指向待插入结点
54             }
55         } else {
56             //插入到链表尾部
57             //while 循环因"p->next!=NULL"不成立退出,则链表遍历完毕
58             //说明待插入结点分数高于链表中所有结点分数
59             p->next = s;                //原尾结点指针域指向待插入结点
60             s->next = NULL;        //待插入结点变成新的尾结点,指针域应指向 NULL
61         }
62     }
63     return head;                        //返回链表头指针
64 }
```

在例 9.19 中,第 13 行代码“head=create();”的执行创建了如图 9-33 所示的链表。第 14～22 行代码创建了待插入的结构体变量,指针变量 s 指向它。第 23 行代码“display(head);”输出执行插入操作之前的链表信息,第 24 行代码“insert(s, head);”将 s 指向的待插入结点传入 insert 函数中插到 head 指向的链表合适位置。第 25、26 两行代码输出执行插入操作以后的链表信息。

第 31～64 行代码是 insert 插入函数的定义体。第 33～35 行代码实现将结点插入空链表的情况,第 36～62 行代码实现原链表非空的插入操作。如果第 33 行代码“head->first == NULL”成立,则说明原链表为空链表,这时执行“head->first=s”让头结点的指针域 first 指向待插入结点,此时待插入的结点变成了链表的尾结点,再执行“s->next=NULL”

保证链表尾结点的指针域 next 指向 NULL。如果“head->first == NULL”不成立，则执行第 37 行代码“p = head->first”让 p 指针变量指向链表首结点，接下来通过第 40～43 行的循环代码查找结点的插入位置。循环部分遍历链表的条件为待插入结点的成绩大于 p 指向结点的成绩且 p 指向结点的后继结点存在，即“s->score > p->score && p->next != NULL”成立，此时需要进入循环执行“p=p->next”让 p 指向其后继结点以便继续在后续的链表部分找到插入位置，在 p 移动之前先让 pre 指针变量指向当前结点。

第 40～43 行代码的 while 循环退出只有两个原因，一个是 “s->score > p->score”不成立，则 p 指向的结点成绩大于或等于待插入结点的成绩，那么待插入结点应该插到 p 指向结点之前，接下就应该执行第 45～55 行代码片段；另外一个原因是遍历链表每个结点时表达式“s->score > p->score”都成立，则只能是链表遍历完毕，待插入结点的成绩高于所有结点的成绩，则需要将结点插入链表的尾部，需要执行第 51～61 行的代码片段。

第 46～54 行代码片段是将结点插到 p 指向结点之前，分两种情况，第一种情况是 p 指向的结点恰好是首结点，即第 46 行代码“head->first == p”条件成立，此时执行第 48、49 两行代码将待插入结点变成新的首结点；第二种情况是 p 指向的结点不是首结点，即如果“head->first == p”不成立，则执行第 52、53 两行代码，将结点插到 pre 和 p 两个指针变量指向的结点之间。

第 23～26 行代码执行以后的程序运行结果：

```
人数为:4,最高分:98.0,平均分:94.8
学生编号为:20231101,姓名为:王小丫,成绩为:89.0
学生编号为:20231102,姓名为:张小明,成绩为:95.0
学生编号为:20231103,姓名为:张三,成绩为:97.0
学生编号为:20231104,姓名为:李四,成绩为:98.0
-----插入结点之后的链表数据:
人数为:4,最高分:98.0,平均分:94.8
学生编号为:20231101,姓名为:王小丫,成绩为:89.0
学生编号为:20231102,姓名为:张小明,成绩为:95.0
学生编号为:20231105,姓名为:王飞,成绩为:96.0
学生编号为:20231103,姓名为:张三,成绩为:97.0
学生编号为:20231104,姓名为:李四,成绩为:98.0
```

从运行结果可看出，成绩为 96 的学生结点确实插到链表中了，但是头结点的数据未改变，如插入一个结点后，头结点中的数据域 n 应该自增 1，最高成绩数据域 max 和平均成绩数据域 avg 的值都应该发生改变，但目前还是原来的数据。

不管是插入新结点到链表中，还是从链表中删除原有结点，头结点的数据都应跟着改变，我们可以将实现该功能的代码写到插入函数中和删除函数中，但由于此部分代码是通用的，所以将此部分功能代码单独封装为一个独立的函数比较好，在需要时调用此函数即可。

5. 链表结点的删除

所谓链表结点的删除，是指根据一定的满足遍历到需要删除的结点，然后执行删除操作。这里还是以在学生链表中删除学生结点的 del 函数为例。

思路分析：

(1) 判断链表是否为空链表，如果为空链表，则不执行删除操作，函数 del 返回 false。

(2) 链表为非空链表，则遍历链表，在链表中根据学号查找对应的结点，分为两种情形：

- 未找到需删除的结点，不执行删除操作，返回 false。

• 找到了要删除的结点，删除结点，返回 true。

当找到要删除的结点，此时 p 指向该结点，我们可考虑两种情形执行删除操作。一种是待删除的结点为首结点，此时“head->first==p”条件成立，执行如图 9-38 所示的操作，先执行“head->first=p->next”，让头结点的指针域 first 指向第二个结点，即 p->next 指针域指向的结点，再执行 free(p)释放原首结点，完成删除操作。另一种是删除除首结点以外的其他结点，包括中间结点或尾结点，如图 9-39、图 9-40 所示，先执行“pre->next=p->next”让 pre 指针变量指向的结点指针域 next 指向 p 指向变量指向的下一个结点(真实结点或 NULL)，然后执行 free(p)释放 p 指向的需要删除的结点。

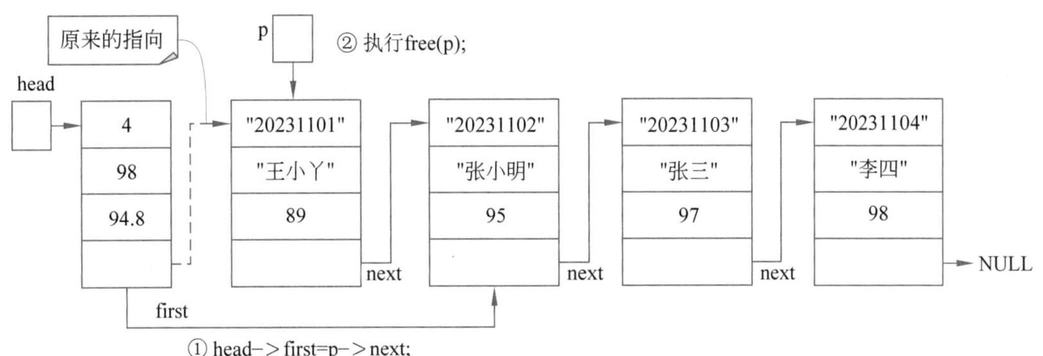

图 9-38 删除头结点

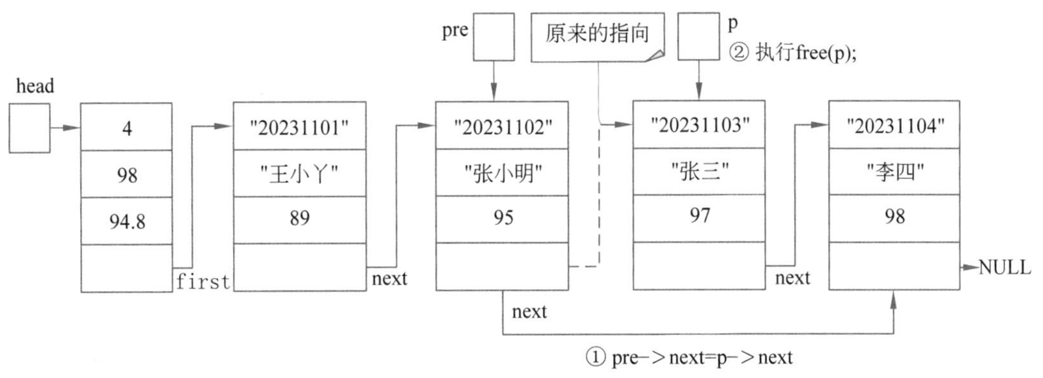

图 9-39 删除中间结点

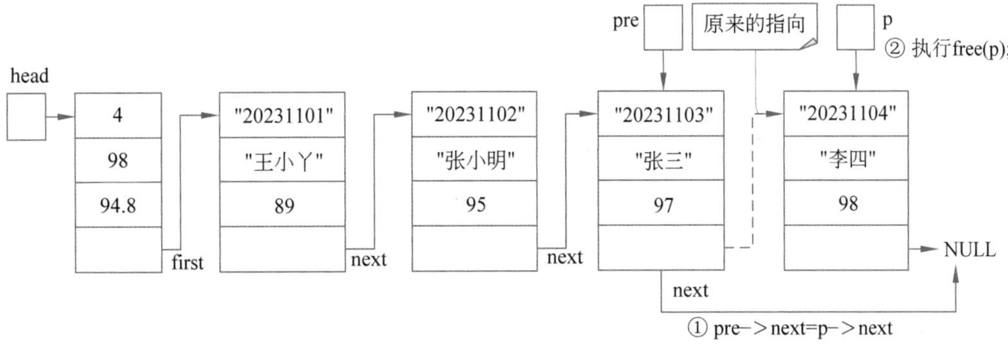

图 9-40 删除尾结点

【例 9.20】 根据学号删除学生结点。

```
/*---1.头文件引入部分---*/
…
/*---2.结构体类型定义---*/
…
/*---3.各种操作函数原型定义---*/
hn * create();                        //创建动态链表的 create 函数原型声明
…
void statistics(hnp head);            //统计链表中的结点个数、最高分和平均分
bool del(char * no, hnp head);        //根据学号删除相应结点的函数 delete 原型声明
…
/*---4.各种操作函数定义部分---*/
int main()
{
    hn * head;                        //声明头指针变量,等价于"hnp head;"
    stup s;                           //定义指向链表中学生结构体的指针变量 s
    head = create();                  //调用 create 函数创建动态链表
    display(head);
    del("20231103", head);   //在 head 指向链表中删除学号为"20231104"的学生结点
    statistics(head);                 //删除结点后调用统计函数
    puts("-----删除结点之后的链表数据:");
    display(head);
}
hnp create(){  …  }
void display(hnp head){  …  }
void statistics(hnp head){  …  }
/*
* 在 head 指向链表中删除学号 no 对应的结点, * 删除成功返回 true,失败返回 flase
**/
bool del(char * no, hnp head)
{
    stup p, pre;                      //p 指向遍历的结点,pre 指向前驱结点
    if (head->first == NULL)          //空链表情况的处理
    {
        puts("链表为空链表,无须执行删除操作!");
        return false;                 //返回 false 表示删除失败
    }
    p = head->first;                  //指针变量 p 指向首结点
    //p 指向结点的学号与 no 不等且后继结点存在,则进入循环
    while (strcmp(no, p->no) != 0 && p->next != NULL)
    {
        pre = p;                      //pre 指向 p 指向的结点
        p = p->next;                  //p 指向下一个结点
    }
    if (strcmp(no, p->no) == 0)       //找到了需要删除的结点
    {
        if (head->first == p)         //需要删除的结点为首结点
        {
            head->first = p->next; //让头结点指针域指向首结点的下一个结点
        }
        else
        {
            pre->next = p->next;
        }
        free(p);
```

```
55            return true;
56        }
57        else
58        {
59            puts("未找到需要删除的结点!");
60            return false;
61        }
62  }
```

在例 9.20 中，第 29～62 行代码定义了链表结点删除函数 del，第 31 行代码定义两个指针变量，p 用于指向当前遍历到的结点，pre 用于指向当前结点的前驱结点。第 32～36 行代码处理链表为空链表的情况，如果为空链表，执行第 35 行代码，结束函数的执行并返回 false。如果链表非空，则执行第 37 行代码，让指针变量 p 指向链表的首结点，然后开始遍历链表查找需要删除的学生结点。

第 39～43 行的循环代码去遍历链表结点查找需要删除的结点，如果 p 指向的当前结点学号不等于待查找的学号 no，即表达式"strcmp(no, p->no) != 0"成立，且后继结点存在，即表达式" p->next != NULL"成立，则进入循环遍历链表剩下的结点。在循环中首先执行 pre=p 让 pre 指针变量指向当前结点，再执行"p=p->next"让 p 指向后继结点，接下来再次循环判断 p 指向的结点学号是否为待查找的学号。

第 44～61 行代码分析第 39～43 行的循环退出的原因并进行相应的处理。第 44 行代码，如果表达式"strcmp(no, p->no) == 0"成立，则说明前面的 while 循环结束是因为"strcmp(no, p->no) != 0"不成立，那表示 p 指向结点的学号等于需要删除的学生结点学号 no，执行第 46～55 行具体的删除操作，然后结束函数执行并返回 true。如果表达式"strcmp(no, p->no) == 0"不成立，则说明链表中所有结点的学号都已经与 no 进行了对比，链表遍历完毕了也未找到要删除的结点，则执行第 57～61 行代码，返回 false。

如果表达式"strcmp(no, p->no) == 0"成立，说明 p 指向的结点就是要删除的结点。首先通过执行第 46 行代码，即如果表达式"head->first == p"成立，则说明 p 指向的结点就是首结点，则执行第 48 行代码"head->first = p->next;"让头结点的指针域指向第二个结点，然后执行第 54 行代码 free(p)释放 p 指向的结点，如图 9-38 所示。如果表达式"head->first == p"不成立，则说明需要删除的结点是中间结点或尾结点，此时执行第 52 行代码"pre->next = p->next;"，让 pre 指向结点的指针域指向 p 指向结点的后继结点，然后执行第 54 行代码 free(p)释放 p 指向的结点，如图 9-39、图 9-40 所示。删除链表中结点和删除尾结点的操作方式是一样的。

main 函数中，第 18 行代码"del("20231103", head)"调用 del 函数在链表中删除学号为"20231103"的结点，接下来执行 19 行代码 statistics(head)统计函数，最后程序的运行结果为

```
人数为:4,最高分:98.0,平均分:94.8
学生编号为:20231101,姓名为:王小丫,成绩为:89.0
学生编号为:20231102,姓名为:张小明,成绩为:95.0
学生编号为:20231103,姓名为:张三,成绩为:97.0
学生编号为:20231104,姓名为:李四,成绩为:98.0
-----删除结点之后的链表数据:
人数为:3,最高分:98.0,平均分:94.0
```

```
学生编号为:20231101,姓名为:王小丫,成绩为:89.0
学生编号为:20231102,姓名为:张小明,成绩为:95.0
学生编号为:20231104,姓名为:李四,成绩为:98.0
```

从运行结果可看出，删除结点之后，统计数据正确，链表中的结点信息也正确，学生编号为“20231103”的学生信息确实被删除了。

6. 释放所有链表结点

在链表创建并进行插入、删除、查找、显示等各种操作完成后，需要人工释放所有的链表结点空间，即 freeAll 函数。分如下情况进行释放。

(1) 链表为空链表，不执行释放操作。

(2) 链表为非空链表，通过指针变量 p 指向首结点，然后让头结点的指针域 first 指向首结点的后继结点 p->next。

(3) 执行 free(p)释放原首结点。

(4) 循环执行步骤(2)、(3)。

【例 9.21】 释放链表所有结点。

```
/*---1.头文件引入部分---*/
…
/*---2.结构体类型定义---*/
…
/*---3.各种操作函数原型定义---*/
…
void freeAll(hnp head);                  //释放所有链表空间
/*---4.各种操作函数定义部分---*/
int main()
{
    hn *head;                            //声明头指针变量,等价于"hnp head;"
    …
    freeAll(head);                       //释放链表空间,放置于 main 函数最后一行
}
… //其他函数定义
/*
* 释放 head 指向的链表所有结点
**/
void freeAll(hnp head)
{
    stup p;                              //指向被释放的结点
    if (head->first == NULL)             //处理空链表的情况
    {
        free(head);                      //释放头结点空间
        return;
    }
    /*以下代码处理非空链表的情况*/
    p = head->first;                     //p 指向首结点
    while (p)                            //如果 p 指向的结点存在
    {
        head->first = p->next;           //头结点的指针域 first 指向后继结点
        free(p);                         //释放 p 指向的结点
        p = head->first;                 //p 指向新链表的首结点
    }
    free(head);                          //释放头结点空间
}
```

在例 9.21 中，第 19～36 行代码为 freeAll 函数代码块，第 22～26 行代码处理空链表情况，如果链表为空，执行第 24 行代码“free(head)”释放头结点空间，然后执行 return 结束函数的运行即可。

第 28～36 行代码处理非空链表的结点空间释放。首先执行第 28 行代码“p = head->first”让指针变量 p 指向链表首结点，然后进入循环执行第 31 行代码“head->first = p->next”，让头结点指针域指向首结点的后继结点，即第二个结点，此时，p 指向的原首结点已经不在链表中了，而原来的第二个结点变成了新链表的首结点了。执行第 32 行代码 free(p) 释放原链表首结点空间，然后再执行第 33 行代码“p = head->first”让 p 指向链表的新首结点，释放第一个结点“王小丫”空间的步骤如图 9-41 所示，获得的新链表如图 9-42 所示。接下来基于图 9-42 所示的新链表继续执行循环，执行相同的首结点空间释放操作，直到指针变量 p 指向 NULL 时结束循环，此时头结点的指针域 first 也指向了 NULL，链表彻底为空链表。最后执行第 35 行代码“free(head)”将头结点空间也释放掉。

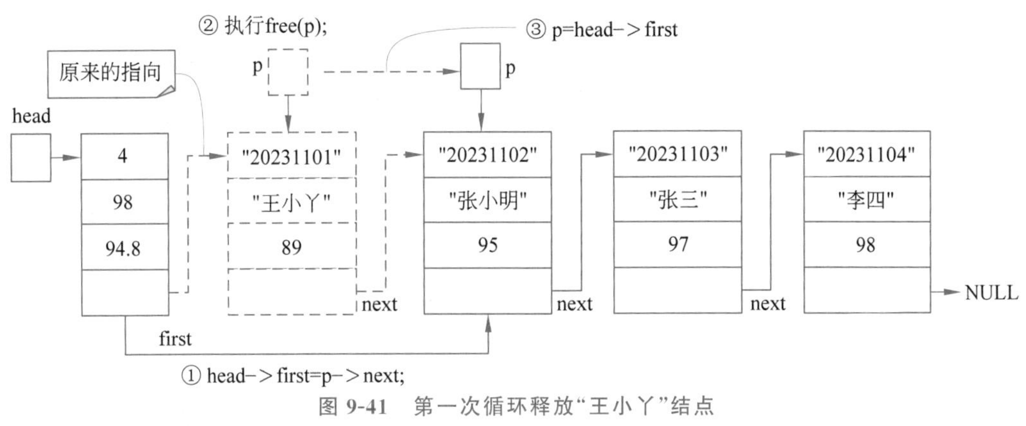

图 9-41　第一次循环释放“王小丫”结点

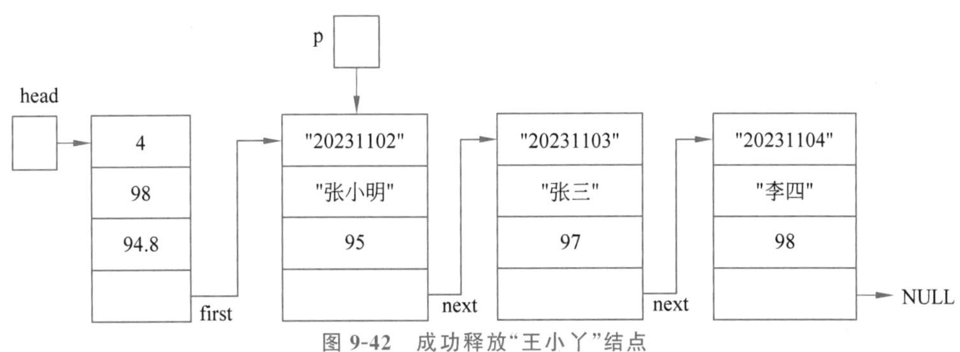

图 9-42　成功释放“王小丫”结点

根据本案例的分析，释放链表空间问题具备递归程序执行的特点，如释放了原来的首结点后获得的新链表的空间释放方式与原链表的释放方式一致，所以可将例 9.21 改为如例 9.22 所示的递归程序。

【例 9.22】　释放链表结点空间递归程序实现。

```
void freeAll(hnp head)
{
    stup p;                              //指向被释放的结点
```

```
4       if (head->first == NULL)              //处理空链表的情况
5       {
6           free(head);                       //释放头结点空间
7           return;
8       }
9       /* 以下代码处理非空链表的情况 */
10      p = head->first;                      //p 指向首结点
11      head->first = p->next;                //头结点的指针域 first 指向后继结点
12      free(p);                              //释放 p 指向的结点
13      freeAll(head);                        //递归调用 freeAll 函数
14  }
```

例 9.22 中，第 4～8 行代码处理链表为空的情况，如果链表为空，则执行第 6 行代码 free(head)释放头结点空间，然后执行第 7 行代码 return 结束函数的执行。如果链表非空，则执行第 10～12 行代码，首先执行表达式“p = head->first”让指针变量 p 指向原链表首结点，然后执行表达式“head->first = p->next”让头结点的指针域 first 指向第 2 个结点，此时 p 指向的原链表首结点从链表中被排除掉，链表成了以原链表第 2 个结点为新首结点的新链表，接下来执行 free(p)将 p 指向的结点空间释放掉。

执行完第 12 行代码后得到的新链表释放方式与原链表的释放方式一模一样，所以执行第 13 行的递归调用代码 freeAll(head)，将新链表的头指针传入函数进入递归执行过程。

9.7 共用体数据类型

有时我们需要在同一段内存单元中存放不同类型的变量数据。例如，一个短整型变量数据、一个字符型变量数据和一个双精度实数型变量数据，这些数据不会同时存在，某一个时刻只存储某个类型的数据。如果使用结构体类型，则三种类型的变量都会占用独立的存储单元，而同一个时刻又只有一个类型数据需要存储，这样就造成了另外两个变量空间的浪费。C 语言的共用体类型允许我们让不同类型的数据共用同一段内存单元。

9.7.1 共用体类型的定义

共用体类型使用关键字 union，定义共用体数据类型的一般形式为

```
union 共用体类型名
{
    数据类型 成员 1;
    数据类型 成员 2;
    ...
    数据类型 成员 n;
};
```

例如：

```
union myData
{
    int a;
    char b;
    double c;
};
```

当然，也可以使用类型定义关键字 typedef 来为共用体类型指定别名，例如：

```
typedef union myData
{
    int a;
    char b;
    double c;
} data;
```

或者进行别名定义时省略共用体类型名称：

```
typedef union
{
    int a;
    char b;
    double c;
} data;
```

9.7.2 共用体变量的定义

在定义了共用体变量的数据类型以后，我们就可以声明共用体数据类型变量。共用体数据类型变量的定义与结构体数据类型变量的定义相似，一般有以下几种。

1. 先定义共用体数据类型，后声明共用体变量

先定义共用体数据类型，再声明共用体类型变量的基本形式如下：

```
union 共用体类型名
{
    数据类型 成员 1;
    数据类型 成员 2;
    ...
    数据类型 成员 n;
};
union 共用体类型名 共用体变量名列表;
```

需要注意的是，C 语言标准规定，先定义类型后声明变量的方式声明共用体变量时必须带上关键字 union，不能只写共用体类型名称，共用体变量的声明形式如下：

```
//先定义共用体数据类型
union myData
{
    int a;
    char b;
    double c;
};
//后声明共用体变量 x,y,z
union myData x,y,z;
```

以上代码定义了三个共用体类型变量 x、y、z，每个共用体变量都包含三个数据成员 a、b、c，这些成员都共用同一段内存空间，这段空间总长度为最大字节成员数据类型长度。如 sizeof(int)为 4 字节，sizeof(char)为 1 字节，sizeof(double)为 8 字节，三个成员中占用空间最多的是 double 类型，则每个共用体变量占用的内存空间就是 8 字节，因为要保证能在这段共享的内存空间中存储最长的 double 类型数据，最长的类型数据都能存储，其他较小长度的类型数据也肯定能存储，共用体变量 x 的内存大小如图 9-43 所

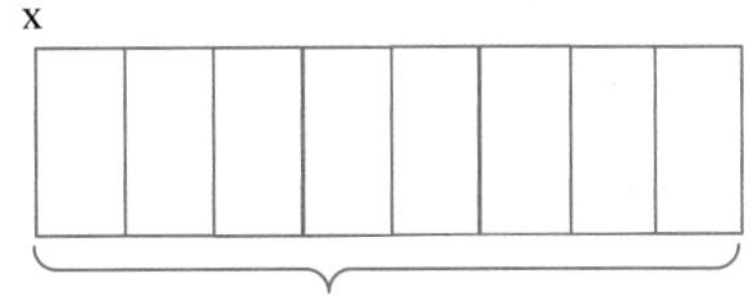

图 9-43 共用体变量 x 的内存大小

示，但是这 8 字节的内存空间，在一个时刻只能存储某个成员的值。

2. 定义共用体类型的同时声明共用体变量

在定义共用体类型的同时定义共用体变量，其基本形式如下：

```
union 共用体类型名
{
    数据类型 成员 1;
    数据类型 成员 2;
    ...
    数据类型 成员 n;
} 共用体变量名列表;
```

例如：

```
union myData
{
    int a;
    char b;
    double c;
}x,y,z;
```

3. 不定义共用体类型名，直接声明共用体变量

在不定义共用体类型名的情况下，直接声明共用体变量，其基本形式如下：

```
union
{
    数据类型 成员 1;
    数据类型 成员 2;
    ...
    数据类型 成员 n;
} 共用体变量名列表;
```

例如：

```
union
{
    int a;
    char b;
    double c;
}x,y,z;
```

4. 使用 typedef 类型声明共用体变量

```
typedef union 共用体类型名
{
    数据类型 成员 1;
    数据类型 成员 2;
    ...
    数据类型 成员 n;
}新类型名;
新类型名 共用体变量列表;
```

例如：

```
typedef union myData
{
    int a;
    char b;
    double c;
```

```
} data;
data x, y;                              //使用类型别名声明共用体变量 x、y
union myData z;                         //也同样可使用共用体本名声明共用体变量
```

如果只需要使用别名来声明结构体变量，那么共用体类型名称可省略。例如：

```
typedef union                           //省略了类型名称
{
    int a;
    char b;
    double c;
} data;
data x, y;                              //只能用类型别名声明共用体变量
```

9.7.3 共用体变量的引用

定义了共用体类型的变量之后，我们就可以对共用体变量进行赋值、运算等操作。这类似于结构体变量的引用。

引用共用体变量中某个成员的一般形式如下：

```
共用体变量名.成员名
```

例如，首先定义共用体数据类型 myData 并起别名为 data，然后通过别名声明共用体变量 x，y，代码如下：

```
typedef union myData
{
    int a;
    char b;
    double c;
} data;
data x, y;
```

可通过“共用体变量名.成员名”方式引用共用体成员，代码如下：

```
x.a = 100;                              //让共享内存空间存储整数 100
x.a = x.a+5;                            //给 a 成员加 5
printf("%d\n", x.a);                    //输出成员 a 的值
```

也可通过“x.b”“x.c”方式引用 b 与 c 两个成员。

9.7.4 共用体变量的赋值

可以在共用体变量声明时初始化，也可以先声明共用体变量，后初始化，当然，也可以通过输入数据方式给共用体变量赋值。注意，这里提及的初始化、赋值其实是针对共用体变量中的每一个域成员初始化和赋值。

1. 在声明共用体变量时初始化

在声明一个整型变量时可对其初始化，同理在声明一个共用体变量时也可对共用体变量进行初始化，不同的是这里是对共用体中某个成员初始化，因为此段共享空间中只能存储一个成员的数据。例如：

```
union myData
{
    int a;
    char b;
```

```
    double c;
} x = {100}, y = {.c='A'}, z = {.c=123.321};
union myData z = {.c=123.321};
```

以上的代码中，在给 x 成员初始化时没有在花括号内写具体的成员，则默认给共用体中第一个成员初始化，“x = {100}”是将 x.a 初始化为 100；“y = {.c='A'}”指明给 y.c 成员初始化为'A'；“z = {.c=123.321}”指明给 z.c 成员初始化为 123.321。

2. 先声明共用体变量，后赋值

```
union myData x;
x.a=100;                    //共用体空间中存储 100
x.b='A';                    //共用体空间中存储字符'A',之前存储的 100 被覆盖
x.c=123.432;                //共用体空间中存储实数 123.432,之前存储的'A'被覆盖
```

9.8 枚举数据类型

一年有四季：春季、夏季、秋季、冬季；一个星期有 7 天：周一、周二、周三、周四、周五、周六、周日；白天的时段有：上午、中午、下午。这种现象在我们日常生活中不计其数，这种有固定取值范围，且多个取值不会同时存在(如白天的时段要么是上午、要么是中午、要么是下午，不可能某个时段既是上午又是中午)。在 C 语言中如何解决与这些现象对应的问题呢？可使用枚举数据类型。

9.8.1 枚举类型的定义

枚举类型使用关键字 enum 来定义，定义枚举类型的一般形式如下：

```
enum 枚举名
{
    枚举值 1, 枚举值 2, …, 枚举值 n
};
```

例如：

```
enum weekday                                //枚举类型名称为 weekday
{
    MON, TUE, WED, THU, FRI, SAT, SUN       //枚举元素或枚举常量
};
```

以上代码定义了枚举类型，类型名称为 **weekday**，取值范围为{MON, TUE, WED, THU, FRI, SAT, SUN}，取值范围中的 MON、TUE 等称为枚举元素或枚举常量，并非变量。在定义了 enum weekday 类型的变量后，枚举变量的取值仅限于声明的取值范围中的枚举常量。

当然，也可以使用类型定义关键字 typedef 来为枚举类型指定别名，例如：

```
typedef enum weekday
{
    MON, TUE, WED, THU, FRI, SAT, SUN
} wd;
```

或者进行别名定义时省略枚举类型名称：

```
typedef enum                                //省略类型名称
```

```
{
    MON, TUE, WED, THU, FRI, SAT, SUN
} wd;
```

枚举类型值范围中的枚举常量,系统自动会使用0开始的整数值与它们对应,且默认第一个枚举常量为整数0,第二个枚举常量的值为第一个元素的值加1,第三个枚举常量的值为第二个常量的值加1,以此类推。如 enum weekday 枚举类型中的取值 MON 值默认为0,TUE 为1,WED 为2,SUN 为6。

但如果不想使用默认的系统给予的整数值,也可以编码指定,例如:

```
typedef enum weekday
{
    SAT = 6, SUN = 7, MON = 1, TUE = 2, WED = 3, THU = 4, FRI = 5
} wk;
```

如上的枚举类型定义中,给每一个枚举值指定了整数值,这样系统就不会再给值元素指定默认整数值了。强烈建议采取此种写法,虽然麻烦,但是很清晰。

9.8.2 枚举变量的声明

声明枚举变量的方式与声明结构体、共用体的方式相似,一般有以下几种方式。

1. 先定义枚举数据类型,后声明枚举变量

先定义枚举数据类型,再声明枚举类型变量的基本形式如下:

```
enum 枚举名
{
    枚举值 1, 枚举值 2, …, 枚举值 n
};
union 枚举类型名 枚举变量名列表;
```

需要注意的是,C语言标准规定,先定义类型后声明变量的方式声明枚举变量时必须带上关键字 union,不能只写枚举类型名称,枚举变量的声明形式如下:

```
//先定义枚举数据类型
enum weekday
{
    MON, TUE, WED, THU, FRI, SAT, SUN
};
//后声明枚举变量 x,y,z
enum weekday x,y,z;
```

以上代码定义了三个枚举类型变量 x、y、z,它们只能取范围{MON, TUE, WED, THU, FRI, SAT, SUN}中的某个值。

2. 定义枚举类型的同时声明枚举变量

在定义枚举类型的同时定义枚举变量,其基本形式如下:

```
enum 枚举类型名
{
    枚举值 1, 枚举值 2, …,枚举值 n
} 枚举变量名列表;
```

例如:

```
enum weekday
```

```
{
    MON, TUE, WED, THU, FRI, SAT, SUN
} x, y, z;
```

3. 不定义枚举类型名，直接声明枚举变量

在不定义枚举类型名的情况下，直接声明枚举变量，其基本形式如下：

```
enum
{
    枚举值 1, 枚举值 2, …, 枚举值 n
} 枚举变量名列表;
```

例如：

```
enum
{
    MON, TUE, WED, THU, FRI, SAT, SUN
} x, y, z;
```

4. 使用 typedef 类型声明枚举变量

```
typedef enum 枚举类型名
{
    枚举值 1, 枚举值 2, …, 枚举值 n
} 新类型名;
新类型名 枚举变量列表;
```

例如：

```
typedef enum weekday
{
    MON, TUE, WED, THU, FRI, SAT, SUN
} wd;
wd x;                                    //使用别名声明枚举变量
enum weekday y, z;                       //使用枚举类型名声明枚举变量
```

以上的代码使用了 typedef 给枚举类型起了一个别名 wd，既可以使用 wd 来声明枚举变量，如"wd x"，也仍然可以使用"enum weekday y, z"来声明枚举变量。

如果只想使用别名来声明枚举类型变量，则可省略枚举类型名。例如：

```
typedef enum                             //省略枚举类型名
{
    MON, TUE, WED, THU, FRI, SAT, SUN
} wd;
wd x;                                    //只能使用别名声明枚举变量
```

9.8.3 枚举变量的引用

定义了枚举类型的变量之后，我们就可以对枚举变量进行赋值、运算等操作。但枚举变量一次只能取类型定义时所指定的枚举元素范围中的一个值。

引用枚举类型值的一般形式如下：

```
枚举名.成员名
```

例如，有如下定义：

```
enum weekday {SAT=6, SUN=7, MON=1, TUE=2, WED=3, THU=4, FRI=5};
enum weekday x, y, z;                    //声明了枚举变量
```

我们可以使用 weekday 枚举值范围中的任何一个元素值，如 MON 来给同类型枚举变量赋值和执行比较操作。

```
x = WED;                                    //给枚举变量 x 赋值
if(x == WED) printf("星期三");              //将枚举变量与枚举值进行比较
```

9.8.4 枚举变量的赋值

我们可以在声明枚举变量时初始化值，也可以在声明了枚举变量后，再给枚举变量赋值。注意，给枚举变量的值必须是枚举类型中某一个枚举常量，也可以是枚举常量对应的整数值，除此不能是其他的值。

1. 在声明枚举变量时初始化

在声明枚举变量时给枚举变量初始化，如例 9.23 所示。

【例 9.23】 给枚举变量初始化并使用。

```
1   #include<stdio.h>
2   typedef enum
3   {
4       SAT = 6, SUN = 7, MON = 1, TUE = 2, WED = 3, THU = 4, FRI = 5
5   } weekday;                              //定义枚举类型别名为 weekday
6   void main()
7   {
8       weekday x = SAT, y = 7, z = FRI;    //声明三个枚举变量并初始化
9       printf("%d,%d,%d\n", x, y, z);      //以十进制整数方式输出三个枚举变量的值
10      if (x > y) //枚举值能进行比较,按枚举常量对应的整数值进行比较
11      {
12          printf("%d", x);
13      }
14      else
15      {
16          printf("%d", y);
17      }
18  }
```

在例 9.23 中，第 2～5 行定义了枚举类型 weekday，在第 8 行声明了三个枚举变量 x、y、z，其中 x 初始化为枚举常量 SAT(对应整数值 6)、y 初始化为整数 7(对应枚举常量为 SUN)、z 初始化为 FRI(对应整数值 5)，这些枚举常量或整数都是在枚举类型的取值范围内的。第 9 行将枚举变量的值以十进制的形式输出，程序运行结果：

```
6,7,5
```

既然枚举常量有对应的整型字面量值，那么可对枚举常量进行是否相等、大于、小于等关系运算。第 10～17 行代码的功能为输出枚举变量 x 与 y 中较大的一个，输出结果为 7。

2. 先声明枚举变量，后赋值

可以先声明枚举变量，然后再给枚举变量赋值。如例 9.23 中第 8 行代码可改为以下写法：

```
weekday x, y, z;                            //声明三个枚举变量
x = SAT, y = 7, z = FRI;                    //给枚举变量赋值
```

学习到此，结构体、共用体、枚举三种用户自定义类型的基础我们都讲解完毕。但是读者可能对共用体和枚举两种类型的实际应用会有些困惑，例如，它们在哪些实际的场景中使

用比较合适呢？

假设现需要在同一张表中填写学生对象或教师对象的信息。学生信息包括：身份证号、学号（长度为10的字符串）、姓名、性别、出生日期、班级（整数1表示1班，整数2表示2班）；教师信息包括：身份证号、教工号（宽度为8的整型数据）、姓名、性别、出生日期、职称（长度为10的字符串）。相应表格设计如表9-2所示，我们发现学生与教师对象存在相同的信息如身份证号、姓名、性别、出生日期，他们不同的信息：如果是学生，则包含学号和班级信息而不包含教工号和职称信息；如果是教师则包含教工号和职称信息而不包括学号和班级信息。在表9-2中，学号与教工号的值不可能同时填写，但共用一个格子空间；班级和职称也不可能同时填写，但共用了一个格子空间。

表9-2 学生/教师信息表

身份类型（s：学生/t：教师）：		身份证号：		学号/教工号：		姓名：	
性别：		出生日期：		班级/职称：			

思路分析：可声明一个结构体类型如 person（人），包含身份类型、身份证号、姓名、性别、出生日期，这些成员都占用独立的格子（存储空间），而另外声明共用体类型解决“学号/教工号”“班级/职称”两部分的共用存储空间（格子）的问题。其中身份类型、性别的取值都是固定且有限的，可定义为枚举类型，“学号/教工号”与“班级/职称”都需要共用同一个空间，所以可使用共用体数据类型。

【例9.24】 人员表格的填写和输出。

```
#include<stdio.h>
/*
* 定义枚举类型 personType(人员类型),取值范围为 Student 或 Teacher
**/
typedef enum
{
    STUDENT = 0, TEACHER = 1                //执行用 0 表示学生,1 表示教师
} personType;
/*
* 定义性别枚举类型
**/
typedef enum
{
    MALE = 0, FEMALE = 1                    //0 表示男,1 表示女
} genderType;
/*
* 定义编号共用体类型 personNo(编号)
**/
typedef union
{
    char studentNo[11];                     //学生学号
    long teacherNo;                         //教工号
} personNo;
/*
* 定义班级号或教工职称共用体类型 classNoOrRank(班级号或职称)
**/
typedef union
```

```
{
    int classNo;                    //班级号
    char rank[11];                  //职称
} classNoOrRank;
/*
 * 定义结构体类型 birthday
 **/
typedef struct
{
    int year;                       //出生年
    int month;                      //出生月
    int day;                        //出生日
} birthday;

/*
 * 定义结构体体类型 person
 **/
typedef struct                      //定义人员结构体类型(person)
{
    personType type;                //定义人员类型,枚举类型变量
    long long int id;               //身份证号码
    personNo no;                    //学号或教工号,共用体变量
    char name[20];                  //姓名
    birthday birthday;              //结构体变量
    genderType gender;              //性别,枚举类型变量
    classNoOrRank noOrRank;         //班级号或教工职称,共用体变量
} person;
/*
 * main 函数中实现人员表格的"填写"和输出
 **/
void main()
{
    person personTable;             //声明人员表格结构体变量
    /*---输入表格中的通用信息开始---*/
    puts("请输入人员类型:");
    scanf("%d", &personTable.type);
    puts("请输入身份证号:");
    scanf("%lld", &personTable.id);
    getchar();          //读取身份证号最后的换行,让下行能正确输入姓名字符串
    puts("请输入姓名:");
    gets(personTable.name);
    puts("请输入性别:");
    scanf("%c", &personTable.gender);
    puts("请输入出生年月:");
    scanf("%d%d%d", &personTable.birthday.year,
        &personTable.birthday.month, &personTable.birthday.day);
    /*---输入表格中的通用信息结束---*/
    /*---处理表格中的教师和学生的不同信息开始---*/
    if (personTable.type == STUDENT) //如果是学生,则"填入"学号和班级号
    {
        puts("请输入学生学号:");
        getchar();              //读取出生年月最后的换行,让下行能正确输入学号
        gets(personTable.no.studentNo);                 //输入学号
        puts("请输入班级号:");
        scanf("%d", &personTable.noOrRank.classNo);     //输入班级号
    }
```

```
84     else //教师身份,则"填入"教工号和职称信息
85     {
86         puts("请输入教工号:");
87         scanf("%ld", &personTable.no.teacherNo);            //输入教工号
88         getchar();                   //读取教工号最后的换行,让下行能正确输入职称
89         puts("请输入职称:");
90         gets(personTable.noOrRank.rank);                    //输入教师职称
91     }
92     /*---处理表格中的教师和学生的不同信息结束---*/
93     /*---以下代码输出人员信息---*/
94     printf("身份证号码为:%lld,", personTable.id);
95     printf("姓名:%s,", personTable.name);
96     printf("性别:%s,", personTable.gender == MALE ?"男" : "女");
97     printf("出生年月:%d-%d-%d,", personTable.birthday.year,
98           personTable.birthday.month, personTable.birthday.day);
99     if (personTable.type == STUDENT)            //人员是学生,则输出学号和班级号
100    {
101        printf("学号:%s,", personTable.no.studentNo);        //输出学号
102        printf("班级:%d班", personTable.noOrRank.classNo); //输出班级号
103    }
104    else                                                   //人员是教师
105    {
106        printf("教工号:%ld,", personTable.no.teacherNo);    //输出教工号
107        printf("职称:%s", personTable.noOrRank.rank);       //输出职称
108    }
109 }
```

程序运行结果:

```
请输入人员类型:
1↙
请输入身份证号:
522324197810152014↙
请输入姓名:
刘德华↙
请输入性别:
0↙
请输入出生年月:
1978 10 15↙
请输入教工号:
20066666↙
请输入职称:
副教授↙
身份证号码为:522324197810152014,姓名:刘德华,性别:男,出生年月:1978-10-15,教工号:
20066666,职称:副教授
```

在例 9.24 中,第 2～15 行定义枚举数据类型 personType 和 genderType 来表示人员类型、性别这种取值固定且范围比较有限的类型;第 16～31 行使用共用体类型来定义“学生学号/教工号”“班级号/职称”,因为学生学号与教工号、班级号与职称需要分别共用同一份内存空间;main 函数中使用“person personTable”声明了一个结构体变量来表示表 9-2 所示表格,在第 47、52 两行都使用了枚举变量来作为结构体 person 类型的域成员;第 49、53 两行分别使用共用体变量来作为结构体的域成员,main 函数中接下来的代码就是输入数据到结构体变量中,然后又输出。

9.9 综合案例

1. 使用结构体数组存储员工信息

现有某公司需要保存员工的信息,员工信息包含身份证号(ID)、工号(no)、姓名(name)、年龄(age)、工资(salary)、入职日期(hireDate),由于该公司刚成立不久,目前只有4名员工。编写程序实现员工信息的录入和输出。

【问题分析】

需要先定义一个结构体类型 employee,用于保存员工的基本信息。为了实现4名员工信息的输入与输出,可通过结构体数组 employees 来存储信息。

【问题求解】

综合案例1:使用结构体数组存储员工信息

```
#include<stdio.h>
#define  N 4
/*
* 定义日期结构体类型 date
**/
typedef struct
{
    int year;                              //出生年
    int month;                             //出生月
    int day;                               //出生日
} date;
/*
* 定义结构体类型 employee
**/
typedef struct
{
    long long int id;                      //身份证号码
    long no;                               //工号
    char name[20];                         //姓名
    short age;                             //年龄
    float salary;                          //工资
    date hireDate;                         //结构体变量
} employee;
/*
* 用于输入员工数据的函数
**/
void inuptData(employee *p)
{
    for (int i = 0; i < N; ++i)
    {
        printf("请输入第%d号员工的信息:\n", i + 1);
        scanf("%lld", &p[i].id);
        scanf("%ld", &p[i].no);
        getchar();
        gets(p[i].name);
        scanf("%d", &p[i].age);
        scanf("%f", &p[i].salary);
        scanf("%d%d%d", &p[i].hireDate.year, &p[i].hireDate.month,
```

```
                &p[i].hireDate.day);
    }
}
/*
* 输出员工信息
* */
void outputData(employee employees[])
{
    for (int i = 0; i < N; ++i)
    {
        printf("第%d号员工的信息如下:\n", i + 1);
        printf("身份证:%lld,工号:%ld,姓名:%s,年龄:%d,工资:%.2f,
                入职日期:%d-%d-%d\n", employees[i].id, employees[i].no,
                employees[i].name, employees[i].age, employees[i].salary,
                employees[i].hireDate.year, employees[i].hireDate.month,
                employees[i].hireDate.day);
    }
}
void main()
{
    employee employees[N];                  //定义具有N个单元的结构体数组
    inuptData(employees);                   //调用输入员工信息
    outputData(employees);                  //调用输出员工信息
}
```

程序数据输入过程：

```
第输入第 1 号员工的信息:
522324197810152014↙
20066281↙
王老五↙
44↙
8700.25↙
2022 10 15↙
第输入第 2 号员工的信息:
522324198011252011↙
20066282↙
李四↙
43↙
8100.25↙
2022 10 16↙
第输入第 3 号员工的信息:
522324200112152012↙
20066283↙
张三↙
22↙
5600.47↙
2022 10 17↙
第输入第 4 号员工的信息:
522324200211162018↙
20066284↙
王二↙
21↙
4600.15↙
2022 10 18↙
```

程序运行结果：

```
第 1 号员工的信息如下:
身份证:522324197810152014,工号:20066281,姓名:王老五,年龄:44,工资:8700.25,入职日期:2022-10-15
第 2 号员工的信息如下:
身份证:522324198011252011,工号:20066282,姓名:李四,年龄:43,工资:8100.25,入职日期:
2022-10-16
第 3 号员工的信息如下:
身份证:522324200112152012,工号:20066283,姓名:张三,年龄:22,工资:5600.47,入职日期:
2022-10-17
第 4 号员工的信息如下:
身份证:522324200211162018,工号:20066284,姓名:王二,年龄:21,工资:4600.15,入职日期:
2022-10-18
```

【应用扩展】

利用结构体数组能够很好地存储学生信息,方便对学生信息进行处理。对结构体类型进行修改,要求包括 5 门课的成绩,增加出生日期、性别等成员。增加函数,完成对学生信息的增、删、改、查等操作。

2. 使用链表存储员工信息

在综合案例 1 中,考虑到公司规模会慢慢壮大,员工人数也会越来越多,如果一直使用结构体数组来存储员工数据是不容易扩展的。为此,我们可使用链表结构来存储员工的信息数据。本案例使用不带头结点的链表实现。

综合案例 2:使用无头结点的链表存储员工信息

```
#include<stdio.h>
#include<stdlib.h>
#include<stdbool.h>
/*
* 定义日期结构体类型 date
**/
typedef struct
{
    int year;                           //出生年
    int month;                          //出生月
    int day;                            //出生日
} date;
/*
* 定义结构体类型 employeeType
**/
typedef struct employeeType
{
    long long int id;                   //身份证号码
    long no;                            //工号
    char name[20];                      //姓名
    short age;                          //年龄
    float salary;                       //工资
    date hireDate;                      //结构体变量
    struct employeeType * next;         //指向下一个员工的指针域
} employee;
employee * inputData();                 //声明 inputData 函数原型声明
void outputData(employee * head);       //员工信息输出函数原型声明
int main()
{
    employee * head;                    //定义指向首结点的指针变量
```

```
    head = inputData();                  //输入员工信息
    outputData(head);                    //输出员工信息
    return 0;
}
/*
* 输入员工信息并创建动态链表的函数 inputData 定义,是一个返回指针值的函数
**/
employee *inputData()
{
    employee *head;                      //声明头指针变量
    int i = 1;                           //变量 i 用于计数使用
    employee *p, *t;                     //p 指向新申请的结点,t 指向尾结点
    bool isGoOn;                         //是否继续创建结点
    while (true)
    {//此循环创建链表中的员工结点信息
        puts("输入数字 0 退出,1 继续:");
        scanf("%d", &isGoOn);            //输入 1(true)继续创建,0(false)结束创建过程
        if (!isGoOn) break;              //如果 isGoOn==false,则退出 while 循环
        p = malloc(sizeof(employee)); //申请员工结构体结点空间
        if (!p)
        {//员工结构体申请失败的处理
            puts("链表结点创建失败,退出整个程序!");
            exit(0);                     //程序意外退出
        }
        printf("第输入第%d 号员工的信息:\n", i);
        scanf("%lld", &p->id);
        scanf("%ld", &p->no);
        getchar();
        gets(p->name);
        scanf("%d", &p->age);
        scanf("%f", &p->salary);
        scanf("%d%d%d", &p->hireDate.year, &p->hireDate.month,
              &p->hireDate.day);
        p->next = NULL;                  //让指针域 next 指向 NULL
        //如果当前链表为空链表,则让 p 执行的新结点称为首结点,否则加入链表尾部
        if (head == NULL)
        {//当前链表是空链表
            //头结点指针域 first 指向 p 指向的结点,p 指向结点为首结点,也是当前的尾结点
            head = p;
        }
        else
        {                                //当前链表为非空链表
            t->next = p;                 //让尾结点的指针域 next 指向新申请结点
        }
        t = p;                           //指针变量 t 指向新的尾结点
        i++;
    }/*循环结束*/
    return head;                         //返回链表的头指针
}

/*
* 输出员工信息
**/
void outputData(employee *head)
{//接收主调函数传入的头指针,等价于 hn *head
    employee *p;                         //等价于 stu *p;
```

```
    int i = 1;                              //变量 i 用于计数使用
    if (head == NULL)
    {//如果是空链表则不执行输出操作
        puts("此链表为空链表!");
        return;
    }
    p = head;                               //让指针变量 p 指向首结点
    while (p != NULL)
    {
        printf("第%d号员工的信息:\n", i++);
        //输出指针变量 p 指向的结点中信息
        printf("身份证:%lld,工号:%ld,姓名:%s,年龄:%d,工资:%.2f,
                入职日期:%d-%d-%d\n", p->id, p->no,
                p->name, p->age, p->salary, p->hireDate.year,
                p->hireDate.month, p->hireDate.day);
        p = p->next;                        //让 p 指向链表中的下一个结点
    }
}
```

程序数据输入过程：

```
输入数字 0 退出,1 继续:
1↙
第输入第 1 号员工的信息:
522324197810152014↙
20066281↙
王老五↙
44↙
8700.25↙
2022 10 15↙
输入数字 0 退出,1 继续:
1↙
第输入第 2 号员工的信息:
522324198011252011↙
20066282↙
李四↙
43↙
8100.25↙
2022 10 16↙
输入数字 0 退出,1 继续:
1↙
第输入第 3 号员工的信息:
522324200112152012↙
20066283↙
张三↙
22↙
5600.47↙
2022 10 17↙
输入数字 0 退出,1 继续:
1↙
第输入第 4 号员工的信息:
522324200211162018↙
20066284↙
王二↙
21↙
4600.15↙
```

```
2022 10 18↙
输入数字 0 退出,1 继续:
0↙
```

程序运行结果：

```
第 1 号员工的信息:
身份证:522324197810152014,工号:20066281,姓名:王老五,年龄:44,工资:8700.25,入职日期:2022-10-15
第 2 号员工的信息:
身份证:522324198011252011,工号:20066282,姓名:李四,年龄:43,工资:8100.25,入职日期:2022-10-16
第 3 号员工的信息:
身份证:522324200112152012,工号:20066283,姓名:张三,年龄:22,工资:5600.47,入职日期:2022-10-17
第 4 号员工的信息:
身份证:522324200211162018,工号:20066284,姓名:王二,年龄:21,工资:4600.15,入职日期:2022-10-18
```

注意，综合案例 2 中的链表不包含头结点结构体变量，头指针变量直接指向链表的首结点。

【应用扩展】

对结构体类型进行修改，要求包括增加出生日期、性别等成员。增加函数，完成对员工信息的增、删、改、查、链表空间释放等操作。同时也尝试使用带头结点的链表来存储员工信息。

3. 图书信息管理

定义一个保存图书信息(包含书名、价格、出版日期)的结构体类型，然后定义一个相应的结构体数组，从键盘输入 4 本图书的信息，再按书名的升序输出所有图书的信息。

【问题分析】

本题需要定义一个结构体类型 book，用于保存图书的基本信息。为了实现对 4 本图书的处理，需要定义一个结构体数组 books[4]。在定义结构体类型时需注意出版日期包括年、月、日，可以用一个结构体来实现。为了实现对图书名的排序，可以调用字符串比较函数 strcmp，这需包含 string.h 头文件。排序方法很多，比较常见的有选择排序和冒泡排序，本例采用了冒泡排序法。

【问题求解】

```
#include<stdio.h>
#include<string.h>
#define N 4
/*
* 定义日期结构体类型
* */
typedef struct
{
    int year;
    int month;
    int day;
} dateType;
/*
* 定义书籍结构体类型
* */
```

```
typedef struct
{
    char name[30];
    float price;
    dateType date;
} book;
/*
* 定义根据书名排序的函数
**/
void sort(book books[])
{
    int i, j;
    book temp;                          //定义临时变量,用于做交换
    /*使用冒泡排序算法按书名进行排序*/
    for (i = 0; i < N - 1; i++)
        for (j = 0; j < N - 1 - i; j++)
        {
            if (strcmp(books[j].name, books[j + 1].name) > 0)
            {
                temp = books[j];
                books[j] = books[j + 1];
                books[j + 1] = temp;
            }
        }
}
int main()
{
    int i;
    book b[N];
    printf("请输入 %d 本书的信息:\n", 4);
    printf("请以回车分隔输入:书名(字符串),价格(小数),
          年(整数),月(整数),日(整数):\n");
    for (i = 0; i < N; i++)
    {
        scanf("%s%f%d%d%d", b[i].name, &b[i].price, &b[i].date.year,
            &b[i].date.month, &b[i].date.day);
        getchar();
    }
    sort(b);                            //按照书名排序
    printf("\n%d本书的信息如下:\n", N);
    for (i = 0; i < N; i++)
        printf("书名:%s,价格:%.2f 出版日期:%d.%d.%d\n", b[i].name, b[i].price,
            b[i].date.year, b[i].date.month, b[i].date.day);
    return 0;
}
```

程序输入数据过程:

```
请输入 4 本书的信息:
请以回车分隔输入:书名(字符串),价格(小数),年(整数),月(整数),日(整数):
C语言程序设计↙
30.5↙
2019↙
10↙
5↙
数据结构与算法↙
38.6↙
```

```
2019↙
3↙
15↙
面向对象程序设计↙
40↙
2018↙
8↙
6↙
软件设计师教程↙
50↙
2020↙
9↙
16↙
```

程序运行结果：

```
4本书的信息如下：
书名:C语言程序设计,价格:30.50 出版日期:2019.10.5
书名:面向对象程序设计,价格:40.00 出版日期:2018.8.6
书名:软件设计师教程,价格:50.00 出版日期:2020.9.16
书名:数据结构与算法,价格:38.60 出版日期:2019.3.15
```

【应用扩展】

本例中，排序函数 sort 的参数是结构体数组名，所以排序时直接对结构体数组进行操作。函数调用结束，排序结果自动保存。按照书名排序，比较的对象是结构体的书名成员，而排序过程中交换的是结构体变量，不仅是书名成员。

排序的方法很多，不同的排序方法各有优缺点，尝试使用选择排序法按照升序输出所有图书的信息。

思考与练习

一、简答题

1. 什么是“结构体”数据类型？
2. 在C语言中，结构体与数组有什么区别？
3. 简述定义结构体变量有哪些形式。
4. 简述结构体指针变量和结构体数组作为函数参数有什么区别。
5. 结构体与共用体有什么区别和联系？

二、选择题

1. 以下程序的运行结果为(　　)。

```
#include<stdio.h>

struct dt
{
    char a[4];
    int b;
    float c;
}data;
int main()
{
    printf("%d\n", sizeof(struct dt));
```

```
    return 0;
}
```

A. 4　　B. 8　　C. 12　　D. 16

2. 若有以下定义，则下列输入错误的是(　　)。

```
struct student
{
    int num;
    char name[20];
    char sex;
    float score;
} student1, *p = &student1;
```

A. scanf("%d", &student1.num);　　B. scanf("%s", &student1.name);

C. scanf("%c", &(*p).sex);　　D. scanf("%f", &(p->score));

3. 若有以下定义，则下面输出语句中能输出字母 T 的是(　　)。

```
struct student
{
    int num;
    char name[20];
};
struct student school[1000] =
{
    {1001,"Mike"},
    {1002,"James"},
    {1002,"Tom"}
};
```

A. printf("%c", school[0].name[0]);

B. printf("%c", school[1].name[0]);

C. printf("%c", school[2].name);

D. printf("%c", school[2].name[0]);

4. 定义一个共用体变量时，系统分配给它的内存空间的字节数是(　　)。

A. 各成员所需内存字节数之和

B. 共用体中第一个成员的内存字节数

C. 共用体中最后一个成员所需的内存字节数

D. 成员中占内存字节数最大的

三、程序填空题

输入矩形的长与宽，计算并输出其周长和面积。

```
#include<stdio.h>
#define  PERIMETER(x, y) (2*((x)+(y)))
#define AREA(x, y) ((x)*(y))
typedef struct rectangle
{
    float ____(1)____
    float ____(2)____
    float ____(3)____
} ____(4)____;
int main()
{
```

```
    RECTANGLE r;
    printf("length:");
    scanf("%f", &r.length);
    printf("width:");
    scanf("%f", &r.width);
    r.perimeter=____(5)____
    printf("perimeter = %lf\n", r.perimeter);
    r.area=____(6)____
    printf("area = %lf\n", r.area);
    return 0;
}
```

四、程序阅读题

1. 写出以下程序的运行结果。

```
#include<stdio.h>
struct student
{
    int num;
    float score;
};
void fun(struct student a)
{
    struct student stu[2]={{1015, 560}, {1016, 480}};
    a.num=stu[1].num;
}
int main()
{
    struct student stu[2]={{1013,550},{1014,470}};
    fun(stu[0]);
    printf("%d,%4.0f\n", stu[0].num, stu[0].score);
    return 0;
}
```

程序运行结果：________。

2. 写出以下程序的运行结果。

```
#include<stdio.h>
union
{
    short int m;
    char c[2];
} a;
int main()
{
    char x;
    a.m=345;
    x=a.c[0];
    a.c[0]=a.c[1];
    a.c[1]=x;
    printf("%d\n", a.m);
    return 0;
}
```

程序运行结果：________。

3. 写出以下程序的运行结果。

```
#include<stdio.h>
int main()
{
    enum workday{sun=7, mon, tue, wed, thu, fri, sat} workday;
    int today = tue;
    int tomorrow = today - 6;
    printf("Tomorrow is the %d day of this week\n", tomorrow);
    return 0;
}
```

程序运行结果：________。

五、编程题

1. 定义一个结构体类型 Date(包括年、月、日)，然后在 main 函数中定义一个 Date 类型的变量 date，再从终端接收用户输入的年月日信息，计算该日期是本年中的第几天。注意闰年问题。

2. 编写一个 print 函数，要求打印公司 50 名职工的基本信息，包括姓名、性别、薪资。用主函数输入这些信息，并用 print 函数输出这些信息。

六、思考题

1. 已知北京、上海等地的经纬度信息如表 9-3 所示。思考如何运用结构体数组来保存这些数据，编写一完整的 C 语言程序来实现该功能。将其与使用普通数组来保存进行对比，深刻体会运用结构体保存数据的优势。

表 9-3　地区的经度与纬度

地　　址	经　　度	纬　　度
北京	116.403 613°	39.915 351°
上海	121.475 366°	31.236 423°
广州	113.270 279°	23.136 931°
深圳	114.063 402°	22.548 456°
贵阳	106.636 58°	26.652 807°

2. 在编写函数时，若需要返回多个数据类型不同的数据，思考应当如何实现，并编写一个示例程序来说明这个问题。

3. 在矩阵中，若数值为 0 的元素数目远远多于非 0 元素的数目，并且非 0 元素分布没有规律，则称该矩阵为稀疏矩阵。稀疏矩阵在所有的大型科学工程计算领域应用普遍，包括计算流体力学、统计物理、电路模拟、图像处理、纳米材料计算等方面。如何在计算机中存储稀疏矩阵并进行相应的矩阵运算？思考如何运用链表来表示一个二维的稀疏矩阵。

第10章 文件——程序的辅助性存储

10.1 文件的相关概念

10.1.1 文件应用概述

在第7章中讨论了变量的生存期与存储方式问题。程序中的变量或数组在分配存储空间后有的可以存续到程序结束时才释放空间,如全局变量或静态局部变量,有的则仅存续到函数调用结束就释放了,如自动变量。无论如何,变量和数组的生命周期无法跨越程序执行期,一旦程序执行结束,所有的存储空间都会被释放。在这种情况下,程序执行过程中所使用的数据或计算得到的结果不能传给程序的下一次执行继续使用。

在实际应用中,如果想在程序执行结束或计算机关机掉电后持续地保存数据,以便后续的程序执行可以继续使用数据,就必须借助计算机系统的外部辅助存储设备或设施,如磁盘、U盘和网络存储等。其中一种常见的方式就是以文件的形式将数据保存在外部存储设备上。对于文件,使用过计算机的人想必都不会陌生。在计算机的操作系统中使用各种类型的文件对不同类型的数据和信息进行保存,如字处理文件、图片文件、音频文件和视频文件等。从程序设计的角度来看,则可以将文件分为源程序文件、头文件、目标文件和可执行文件等。

程序的输入/输出解决了程序中的数据从何而来以及计算结果送到哪里去的问题。在此前的章节中,程序主要通过标准输入/输出与外界交互,即从键盘输入数据并将结果输出到显示器显示。这些程序所涉及的输入/输出问题,主要只与标准输入/输出设备(键盘和显示器)有关。然而在实际的应用中,程序所涉及的输入/输出设备远不止于此。

本章将引入文件的概念,将程序中的输入/输出操作扩展至对文件的访问:可以让程序从文件中获取输入数据,也可以将程序中的数据输出到文件中进行保存。存储在文件中的数据不会随着程序执行的结束或者计算机的关机而消失,是一种持久化的存储手段。使用文件,可以让程序跨越多次执行来共享数据集合。

10.1.2 文件的定义

文件本身是来自操作系统的一个重要概念。为了简化用户对各种输入/输出设备的操作,使用户不必去区分各种输入/输出设备之间的底层差异,操作系统中使用了文件的概念,把各种外部设备都统一作为文件来处理。从操作系统的角度看,所有与主机相连接的输入/输出设备都可以看成一种文件,都可以用统一的方式进行访问。这事实上是操作系统提供的一种抽象，目的是屏蔽底层硬件的复杂性。例如，键盘可以看成输入文件，显示器和打印机则可以看成输出文件。除了对本地设备的访问可以使用文件访问方式之外，对网络的访问同样也是如此。无论是对哪种文件进行访问，对于程序来说，文件事实上就是一个字节序列而已。

在本章中，主要学习的是通过程序来访问存放在系统外部存储介质上的文件。在系统的外部存储介质如磁盘上，操作系统以文件为单位对数据进行组织和管理。因此磁盘文件可以看成存储在外部磁盘介质上的数据的集合。如果要访问文件中的数据，就需要根据磁盘文件的名字找到对应的文件并打开文件，然后对文件的数据进行读写操作。在下文中，当提到文件时主要指的是这种情况，即磁盘文件。

10.1.3 文件标识

计算机系统中的每一个磁盘文件都需要有唯一的文件标识。有了文件标识，文件才能被识别和引用。完整的文件标识包含三部分信息。

(1) 文件的路径：文件的路径标识了文件在操作系统的文件系统中的存储路径。

(2) 文件名主干：这是在建立文件时给文件所起的名字。

(3) 文件后缀：文件后缀或扩展名，用于标识文件的类型。

下面是一个文件标识的实例：

```
C:\Document\Programming\file1.c
```

在这个文件标识中，"C：\Document\Programming\"部分描述了文件的路径，即该文件存储的位置是 C 盘根目录下的 Document 目录下的 Programming 子目录。"file1"是该文件的文件名主干。后面的".c"则是该文件的后缀(扩展名)，指明这是一个 C 源程序文件。

为了方便，可以把文件标识称为文件名。此时所谓的文件名是包含了以上三部分完整信息的，而不仅仅是文件名主干。要在计算机系统中唯一地标识一个文件，三部分信息都必须提供。

10.1.4 二进制文件与文本文件

对于 C 程序而言，文件实际上是一个字节(字符)序列。它是由一个个字节(字符)按照一定的方式组合而成的。根据数据组织形式的不同，文件通常分为二进制文件和 ASCII 文件(文本文件)。二进制文件是把内存中的数据按照其在内存中的存储形式原样输出到磁盘上存放的一种数据存储形式(将内存中的二进制内容直接存储在文件中)；ASCII 文件又称为文本文件(TXT 文件)，其中每一字节对应一个 ASCII 码，代表一个字符(如字母 'a'或者符号 '+')，最终形成一个 ASCII 码的序列。

例如，对于整数 69887，其在内存中需要 4 字节进行存储，存储的是 32 位二进制数 00000000 00000001 00010000 11111111。如果按照二进制文件形式存储，则不需要对 69887 进行转换，按照其在内存中的形式输出到磁盘文件中，仍然需要占据 4 字节的存储空间。这就是二进制文件，可以认为它是存储在内存的数据的映像。

但是如果将 69887 按照文本文件的形式存储，则需要对其进行转换。将 69887 看成由 '6'、'9'、'8'、'8'和'7'五个字符组成的字符序列，分别存储这五个字符的 ASCII 码，这样就需要占据磁盘文件 5 字节的存储空间，如图 10-1 所示。

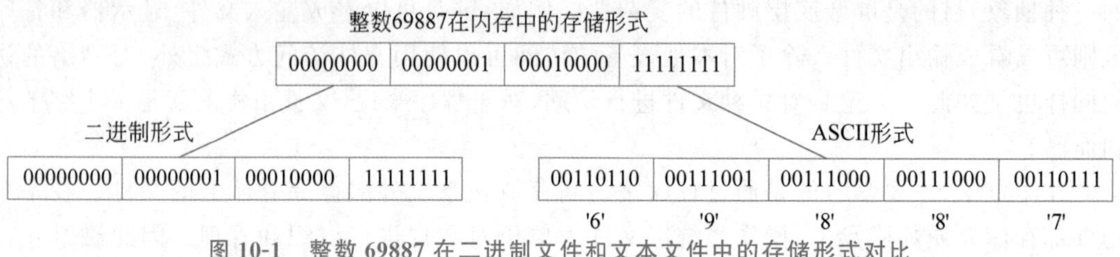

图 10-1　整数 69887 在二进制文件和文本文件中的存储形式对比

使用文本文件形式处理文件中的数据时每一字节与一个字符对应，便于对字符进行逐个处理，但一般占据的存储空间比二进制文件形式要多，而且要花费时间在二进制形式与ASCII 码形式之间进行转换；使用二进制文件形式存储数据时，直接将数据在内存中的存储内容原封不动地输出到文件中，可以相对节省存储空间和转换时间的开销，同时也不一定存在一字节对应一个字符的关系，如整数 69887 的 4 字节是作为一个整体存储到二进制文件中的。

10.1.5　文件缓冲区

根据文件进行输入和输出时存取方式的不同，可以将文件系统分为缓冲文件系统和非缓冲文件系统。缓冲文件系统(缓冲式输入/输出)是指系统自动地在内存中为每一个正在被程序使用的文件开辟一个缓冲区，使用缓冲的方式实现程序对文件的读写操作。在计算机系统中，对磁盘文件数据进行存取的速度与对内存数据进行存取的速度相比要慢得多。因此在使用文件时，如果文件的数据量比较大，直接对磁盘进行存取访问会影响数据的读写速度。为了提高数据的存取速度，通过设置文件缓冲区来解决这一问题。标准 C 采用缓冲文件系统来实现对二进制文件和文本文件的处理。当程序对文件进行读写访问时，需要在它们之间构建一个内存缓冲区，程序与文件之间的数据交换通过内存缓冲区来实现。

文件缓冲区的使用过程：当程序向某个磁盘文件写入数据时，必须先将要写入的数据送到文件缓冲区中，直到缓冲区装满后，才由操作系统将缓冲区中的数据写入磁盘文件中(此时才会真正对磁盘进行访问)；当从磁盘文件中读取数据时，先由操作系统把一批数据(一定大小的数据量)从磁盘读入文件缓冲区中，然后程序按照要求将数据从文件缓冲区逐个读到程序的数据区中(给程序中变量或数组)。

一般而言，缓冲区的大小是由 C 编译系统决定的，通常为 512 字节。因为缓冲区的存在，程序在进行文件处理时，主要是借助内存缓冲区进行数据的读取和写入，并非直接与磁盘打交道。这减少了程序执行过程中磁盘访问的次数，提高了程序的执行效率，节省了数据的存取时间。

程序中每一个被打开的文件都会有一个缓冲区。当向文件写数据时，它就作为输出缓冲区；当从文件读取数据时，它就作为输入缓冲区。

10.1.6　FILE 结构体与指向文件的指针变量

在 C 程序中，除了为文件的读写开辟读写缓冲区之外，还会为每个被程序使用的文件在内存中开辟一个相应的文件信息区来存放和该文件有关的信息，包括文件的名字，文件的状态，文件当前的读写位置等。这些信息是以结构体变量的形式组织起来进行存放的，不同的成员存储不同的信息。这个存放文件信息的结构体类型名字为 FILE,是由系统预定义的。不同的 C 编译系统的 FILE 类型可能并不完全相同,但是对程序设计者来说,一般不必关心 FILE 类型内部的成员组成,只需要关心如何通过 FILE 类型定义所谓文件指针变量(FILE 结构体类型的指针变量),然后通过文件指针变量实现对文件的相关操作即可。

下面是某 C 编译系统的头文件 stdio.h 中有关于 FILE 类型的声明:

```
typedef struct
{
    short level;
    unsigned flags;
    char fd;
    short bsize;
    unsigned char * buffer;
    unsigned char * curp;
    unsigned char hold;
    unsigned istemp;
    short token;
}FILE;
```

在实际的程序中通常不会去直接定义 FILE 类型的变量。这是因为在打开一个文件时,系统会自动为这个文件建立 FILE 类型的变量作为该文件的文件信息区并根据情况将文件的相关信息自动填入。但是在程序中可以定义一个 FILE 类型的指针变量,用这个指针变量指向一个打开的文件信息区(对应的 FILE 结构体变量)。此后通过这个指针变量就可以访问到该文件的相关信息,进而实现对文件的各种操作。这个指针变量通常被称为指向文件的指针变量。

通过 FILE 结构体类型定义指向文件的指针变量的方法如下:

```
FILE * 标识符;
```

例如:

```
FILE * fp;
```

该语句定义了一个 FILE 类型的指针变量 fp,在后续的操作中可以使用 fp 指向某一个文件的文件信息区,然后通过文件信息区中的信息来实现对文件的访问。因此可以说通过文件指针变量能够找到与它关联的文件。通常将这种指向文件信息区的指针变量称为指向文件的指针变量(简称文件指针变量)。需要注意的是,指向文件的指针变量这个名字容易让人误以为它是指向磁盘文件的开头,事实上它只是指向相关文件的文件信息区的开头。

10.2 文件实际问题引例

问题 1:使用文本文件存储全班所有学生的姓名。

解题思路:学生的姓名是一个字符串。要存储全班所有学生的姓名,需要建立并打开一个文本文件,以一行一个字符串的形式将所有的学生姓名输出到对应的文本文件中进行存储,输出结束后要关闭文件。

问题 2:对问题 1 中存储学生姓名的文本文件进行复制。

解题思路:要实现文本文件的复制,需要打开已经存在的旧文件并建立一个新的文本文件。然后对旧文件逐行进行读取,将读到字符串逐行输出到新的文件中进行存储。完成复制之后，要关闭旧文件和新文件。

问题 3：使用二进制文件对全班 50 个学生的信息进行存储并查找第 10 个学生的信息。

解题思路：要存储学生的各种信息需要在程序中定义学生结构体类型。该结构体类型的各个成员分别用于存储学生各方面信息，如学号、姓名、专业和班级等。全班有 50 个学生则可以在程序中建立结构体数组用于存储这些学生的信息。要将所有学生的信息存储到二进制文件，可以在打开文件后将学生结构体数组中的数组元素逐一输出到文件中存储并最后关闭文件。要查找第 10 个学生的信息，可以在重新打开文件后先将文件读写位置定位到第 10 个学生记录然后再进行读操作。

上述问题涉及对文件的各种操作，包括文件的打开与关闭、对文件的读与写、文件读写位置的定位等。根据具体问题的不同，有时需要操作文本文件，有时则需要操作二进制文件；有时需要对文件进行顺序读写，有时则需要对文件进行随机读写。本章将学习这些内容并对相关问题进行解决。

10.3 文件的打开与关闭

要对文件进行读写操作，首先必须打开文件，文件操作完毕之后则需要关闭它。所谓打开和关闭文件，只是一种形象的说法，事实上是在读写文件之前为要访问的文件在内存中建立文件信息区和文件缓冲区，而在完成读写操作之后，撤销其文件信息区和文件缓冲区。在实际的程序中，当通过库函数 fopen 打开文件后，将会得到一个指向文件的指针变量指向该文件，从而建立起和该文件之间的联系。后续对文件的相关操作都需要通过这个指针变量进行。文件使用完毕之后，使用库函数 fclose 关闭文件，使文件指针变量不再指向该文件，脱离和文件的关联。

10.3.1 打开文件

标准 C 定义了 fopen 函数，专门用来实现文件的创建和打开。fopen 函数调用的一般形式为

```
fopen("文件名", "文件使用方式");
```

fopen 函数需要两个参数，第一个参数指明要打开的文件的名字，第二个参数则指明文件的使用方式。该函数按照“文件使用方式”打开一个名为“文件名”的文件并返回所打开的文件的文件信息区的指针。文件的打开操作可能会因错误而失败，例如，用只读方式打开一个不存在的文件、磁盘出现故障、磁盘空间不足无法建立新的文件等，这时 fopen 函数将返回空指针（NULL）。

fopen 函数通常的用法是将函数的返回值（指向文件的指针）赋值给一个 FILE 类型的指针变量。例如：

```
FILE * fp = fopen("a1.txt", "r");
```

或者

```
FILE * fp;
fp = fopen("a1.txt", "r");
```

在上面的例子中，按照“只读”方式打开名为“a1.txt”的文件（这个例子中的文件名没有

给出完整的存储路径，系统会默认在当前工作目录下去找这个文件），并将函数返回值赋值给 FILE 类型的指针变量 fp，此后指针变量 fp 就指向了这个文件，或者说 fp 与文件 a1.txt 建立了联系。

由于 fopen 函数打开文件可能会因错误而失败，因此在实际的程序中常用下面的代码片段来打开一个文件：

```
if((fp = fopen("a1.txt","r") == NULL)
{
    printf("Error, can not open this file!");
    exit(0);
}
```

这段程序对 fopen 函数的返回值进行了检测。如果 fp 等于 NULL 则说明此前的打开操作由于某种原因出错失败了，这时向用户输出“Error, can not open this file!”的错误提示信息，最后使用系统函数 exit 关闭所有文件并终止正在运行的程序。注意，使用 exit 函数需要包含头文件 stdlib.h。

在上面的例子中，打开文件的文件使用方式是"r"，这代表对文件进行只读访问。除了这种方式之外，还有多种其他的使用方式。文件的各种使用方式信息如表 10-1 所示。

表 10-1　文件的使用方式及意义

序号	文件使用方式	表达含义
1	r	为输入以只读方式打开一个文本文件
2	rb	为输入以只读方式打开一个二进制文件
3	r+	为读/写打开一个文本文件
4	rb+	为读/写打开一个二进制文件
5	w	为输出以只写方式打开一个文本文件
6	wb	为输出以只写方式打开一个二进制文件
7	w+	为读/写建立一个新的文本文件
8	wb+	为读/写建立一个新的二进制文件
9	a	向文本文件尾部增加数据
10	ab	向二进制文件尾部增加数据
11	a+	为读/写打开一个文本文件
12	ab+	为读/写打开一个二进制文件

表 10-1 中列出的文件使用方式大致可以对应 4 种模式。

- 只读模式：只从文件输入。
- 只写模式：只向文件输出。
- 更新模式：既从文件输入，也向文件输出。
- 追加模式：从文件末尾处开始向文件输出。

在实际的程序中，可以参考表 10-1 中列出的信息选取合适的“文件使用方式”来对文件打开并进行相关操作。例如：

```
FILE * fp;
fp = fopen("a1.txt", "w");
```

或者

```
FILE *fp;
fp = fopen("a1.txt", "a+");
```

10.3.2 关闭文件

文件使用完毕后应该关闭它。关闭文件就是撤销该文件的文件信息区和文件缓冲区，释放文件指针变量与文件的关联，使之不再指向关闭的文件。标准C使用fclose函数进行文件关闭操作，其调用的一般形式为

```
fclose(文件指针变量);
```

例如：

```
fclose(fp);
```

注意，在fclose函数调用之前，fp应该指向一个此前打开但并未关闭的文件。

fclose函数关闭某个文件之后，如果成功，则系统返回0；如果失败，则返回EOF(系统默认为-1)。

之所以在程序中使用文件完毕之后需要使用fclose函数明确地对文件进行关闭操作，是因为如果不关闭文件就结束程序运行将可能导致数据丢失。C程序采用缓冲的方式对文件进行访问，当向文件写数据时并不是直接将数据输出到外部存储介质上的文件中，而是先将数据输出到文件缓冲区中，当缓冲区满了以后才会进行磁盘访问并将数据输出到文件中。如果在缓冲区未满的情况下就结束程序的运行，那么此前已经输出到缓冲区中但还没有输出到文件中的数据就可能会丢失。当使用fclose函数关闭文件时，会把此前已经输出到缓冲区中的数据输出到磁盘文件中，然后才撤销文件信息区。有些编译系统可能会在程序结束之前自动地将缓冲区中的数据输出到文件中，但最好还是养成在文件使用结束后通过程序主动关闭文件的习惯。

10.4 文件的顺序读写

在文件被打开后，就可以对它进行读(输入)和写(输出)操作了。对文件的读写方式可以分为顺序读写和随机读写。在文件的相关信息中有一个文件位置标记，用来标识当前对文件进行读写操作的位置。

顺序读写就是打开文件后文件位置标记指向文件的最开始，从这个位置开始进行读写操作。随着读写操作的进行，文件位置标记也会相应向前(向文件末尾)移动。例如，在顺序写文件时，先写入的数据存放在文件中前面的位置，后写入的数据则存放在文件中后面的位置；而在顺序读文件时，先读出存放在文件中前面位置的数据，后读出存放在文件中后面位置的数据。对于文件的顺序读写来说，对文件数据的读写顺序和数据在文件中存储的物理顺序是一致的。随机读写是指在读写文件的过程中，可以根据需要设置文件的位置标记，然后再进行读写的方式。在本节中先讨论文件的顺序读写，在10.5节中再学习文件的随机读写。对文件的读写操作是通过一系列的库函数来实现的。

10.4.1 字符数据的顺序读写

先来看一下最简单的单个字符数据的文件读写操作。从文本文件中读入或向文本文件输出一个字符可以使用库函数 fgetc 和 fputc。

1. fgetc 函数

fgetc 函数可以从某个已打开的文本文件中读取一个字符到程序中的字符型变量中，其调用的一般形式为

```
fgetc(文件指针变量);
```

例如：

```
char ch;
ch = fgetc(fp);
```

在上面的例子，fgetc 函数的参数 fp 是一个文件指针变量，指向一个已经打开的文件。fgetc 函数的功能是从文件指针变量 fp 指向的文件中读取一个字符并赋值给字符变量 ch。如果读到文件末尾，则该函数将返回 EOF，其对应的值为－1。也可以使用系统提供的 feof 函数来判断文件是否结束，若 feof(fp)的值非 0，则表示文件结束；如果为 0，则表示文件未结束。

2. fputc 函数

fputc 函数可以向某个已经打开的文件中写入一个字符，其调用的一般形式为

```
fputc(字符常量或变量, 文件指针变量);
```

例如：

```
char ch = 'A';
fputc(ch, fp);
```

在上面的例子中，fputc 函数的参数 fp 是一个文件指针变量，指向一个已经打开的文件。fputc 函数的功能是将字符变量 ch 的值写入文件指针变量 fp 所指向的文件中，如果写入成功，则该函数返回该字符，否则返回 EOF。

【例 10.1】 对文本文件中的字符数据进行顺序读写示例。

在本例中，需要编写一个程序，先从键盘读入一串字符，然后用 fputc 函数将这些字符逐个写入文件，再用 fgetc 函数从文件中逐个读取字符并输出到显示器。读取文件时使用循环判断是否读到了文件末尾，如果没有达到文件末尾就输出对应的字符。示例程序如下：

```
#include<stdio.h>
#include<stdlib.h>                        /* 因使用 exit 函数,所以需引入此头文件 */
#define MAX 100                           /* 允许用户输入的最大字符数 */
int main()
{
    char str[MAX];                        /* 定义字符数组 */
    char ch;                              /* ch 用于读取文件中的字符 */
    int i;
    FILE * fp;                            /* 定义文件指针变量 */
    gets(str);                            /* 从键盘读入字符串 str */
    if((fp = fopen("file.txt", "w")) == NULL)   /* 以写方式打开文件 */
    {
        printf("Error, can not open this file!");
```

```
14            exit(0);
15        }
16        for(i = 0; str[i] != '\0'; i++)
17            fputc(str[i], fp);              /* 将字符串中的字符逐个写入文件 */
18        fclose(fp);                         /* 关闭文件 */
19        if((fp = fopen("file.txt", "r")) == NULL) /* 以读方式重新打开文件 */
20        {
21            printf("Error, can not open this file!");
22            exit(0);
23        }
24        while((ch = fgetc(fp)) != EOF)      /* 判断是否读到了文件末尾 */
25            putchar(ch);                    /* 从文件读取字符并输出到屏幕 */
26        fclose(fp);                         /* 关闭文件 */
27        return 0;
28    }
```

在例 10.1 中，先使用 gets 函数从键盘输入一个字符串。该函数允许用户输入一行包括空格与水平制表符在内的字符串，以回车键(换行)作为输入结束。在写文件时，使用 for 循环对字符串进行扫描，根据是否遇到空字符来判断字符串是否结束，从而结束写文件的操作；在读文件时，逐一读入字符并判断读取的是否是 EOF，如果读到 EOF，则说明到达文件末尾，从而结束读文件的操作。注意，在第一次以写方式打开文件时，由于文件原先不存在，因此会在磁盘上建立名为 file.txt 的新文件，而第二次以读方式打开文件时，文件已经存在了。

第 24～25 行从文件读取字符并输出的循环也可以改写为

```
ch = fgetc(fp);
while(!feof(fp)){
    putchar(ch);
    ch = fgetc(fp);
}
```

程序运行结果：

```
Hello Wolrd↙
Hello Wolrd
```

在上面的执行中，从键盘输入“Hello World”，则程序将输出“Hello World”，同时在可执行程序的相同路径下会创建一个名为“file.txt”的文本文件，在操作系统中通过记事本打开该文件，可以看到该文件的内容如图 10-2 所示。

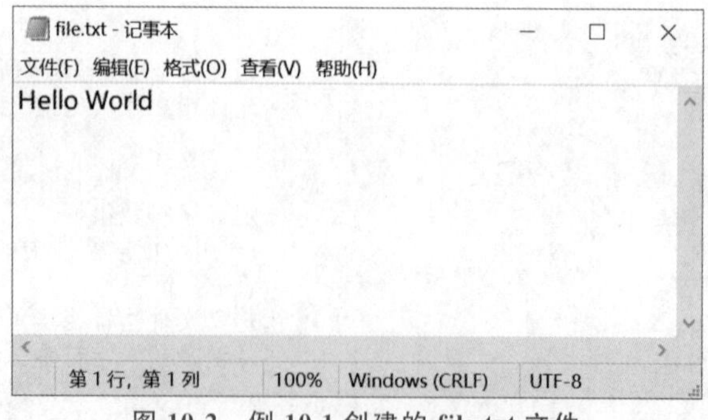

图 10-2　例 10.1 创建的 file.txt 文件

通过图 10-2 可以看到，file.txt 文件中存入了字符序列"Hello World"，这正是在程序中第一次以写方式打开文件后，通过 for 循环使用 fputc 函数输出到文件中的。同时在第二次以读方式重新打开文件后，又将该字符序列按顺序使用 fgetc 函数读到程序中并输出到显示器。

在例 10.1 中，需要两次对文件进行打开操作。第一次打开文件用的是写方式，第二次打开文件是读方式。在进行文件打开操作时，如果用写方式打开文件，若文件原先不存在，则会创建新的文件，若文件原先存在，则建立新文件覆盖旧文件；而如果用读方式打开文件，若文件原先不存在，则打开出错失败，fopen 函数返回空指针。每次打开文件使用完毕之后，注意都要用 fclose 函数关闭文件，否则会导致后续文件操作出错。

【例 10.2】 使用 fgetc 和 fputc 函数实现文本文件的复制。

将例 10.1 中创建的 file.txt 文件复制为一个名为 file_copy.txt 的文件。要实现文件的复制，需要以读方式打开被复制的文件 file.txt，同时以写方式打开新文件 file_copy.txt，由于新文件之前不存在，因此会在磁盘上建立该文件。示例程序如下：

```
1   #include<stdio.h>
2   #include<stdlib.h>
3   int main()
4   {
5       char ch;
6       FILE * fin, * fout;                  /* 定义文件指针变量 fin 和 fout */
7       /* 以读方式打开被复制的文件 */
8       if((fin = fopen("file.txt","r")) == NULL)
9       {
10          printf("Error, can not open this file!");
11          exit(0);
12      }
13      /* 以写方式打开新文件 */
14      if((fout = fopen("file_copy.txt","w")) == NULL)
15      {
16          printf("Error, can not open this file!");
17          exit(0);
18      }
19      while((ch = fgetc(fin)) != EOF)      /* 判断是否读到了文件末尾 */
20          fputc(ch, fout);                 /* 从旧文件读取的字符输出到新文件 */
21      fclose(fin);                         /* 关闭文件 */
22      fclose(fout);
23      return 0;
24  }
```

在例 10.2 中，先打开要复制的旧文件和要建立的新文件，用文件指针变量 fin 指向旧文件并用文件指针变量 fout 指向复制出的新文件。然后使用程序 19～20 行的循环完成文件内容的复制：

```
while((ch = fgetc(fin)) != EOF)
    fputc(ch, fout);
```

上面这个循环从旧文件读取字符并检测是否到达旧文件的末尾。如果旧文件没有结束，就将从旧文件中读取到的字符写入新文件之中。程序的执行不需要键盘输入，也没有屏幕输出。程序执行结束之后，会在可执行程序的相同路径下创建一个名为“file_copy.txt”的文本文件。在操作系统中通过记事本打开复制出的文件 file_copy.txt，可以看到该文件的内容与之前的 file.txt 的内容完全相同，如图 10-3 所示。

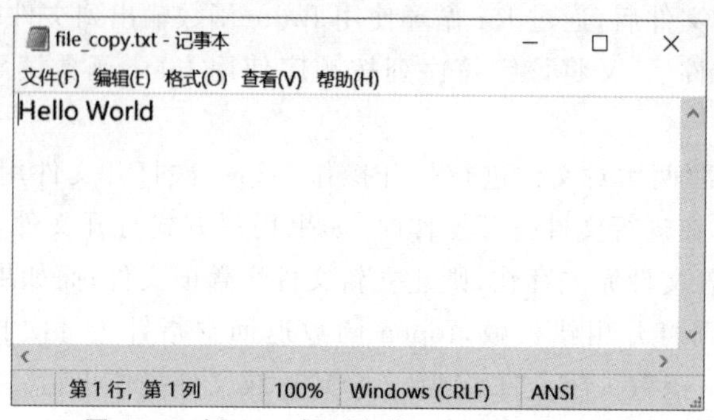

图 10-3　例 10.2 复制出的 file_copy.txt 文件

10.4.2　字符串的顺序读写

前面已经讨论了读写单个字符数据的方法,接下来学习一次读写一个字符串的方法。字符串在内存中是通过字符数组的形式进行存放的。除了存放字符串中的字符之外,还会在字符串的末尾存储一个字符串结束符,即以空字符'\0'作为字符串的结束标志。对字符串的各种处理,都是以遇到空字符而标志字符串结束的。

在 C 程序中从文本文件读取字符串或者向文本文件写入字符串,可以使用 fgets 函数和 fputs 函数。

1. fgets 函数

在第 6 章字符串部分曾经介绍过 fgets 函数的使用。当时只是使用它从键盘简单地输入一行字符串,并未对它的使用进行全面的介绍。fgets 函数可以从文件中读取一个字符串,而这里所谓的文件不一定是指磁盘文件。本章开头介绍过,文件这个概念是操作系统提供的一种抽象,用来实现对各种输入/输出设备的操作,屏蔽各种不同设备底层差异的复杂性,简化应用程序的操作。因此,fgets 函数不仅可以从磁盘文件进行输入,也可以从如键盘这样的"文件"进行输入。在第 6 章的字符串部分,使用 fgets 函数从键盘输入字符串时使用了 stdin 这个名字作为函数的第三个参数。stdin 是一个系统预定义好的文件指针,用于指向标准输入流文件,也就是从键盘获取输入。利用 stdin 这个文件指针就可以从键盘获取输入,这和从磁盘文件输入数据一样简单方便,并不需要了解底层的输入/输出设备是如何工作的,以及它们之间的各种差异,简化了程序的操作,这就是抽象的好处。除了 stdin 之外,系统还预定义了另外两个文件指针 stdout 和 stderr,分别指向标准输出流文件和标准错误输出流文件。系统会为每个执行的程序自动打开这三个文件,标准输入流是从终端的输入(通过键盘输入),标准输出流是向终端的输出(向显示器的输出),标准错误输出流是当程序出错时将出错信息发送到终端输出(通常也是输出到显示器)。

fgets 函数从文件指针指向的文件中读取一个字符串,其函数原型为

```
char* fgets(char *str, int n, FILE *fp);
```

该函数一般调用形式为

```
fgets(字符型指针, 最大读入长度, 文件指针);
```

例如:

```
fgets(str, n, fp);
```

上述调用实现的功能：从文件指针变量 fp 所指向的文件中读取一个具有 n−1 个字符的字符串，存入起始地址为 str 的内存区域（str 通常指向一个字符数组），并在结尾自动加上字符串结束标志'\0'。实际调用中，实参 str 可以是字符数组名或字符型指针变量。在读取数据过程中，如果 fgets 函数还没有读取完 n−1 个字符就到达了文件末尾或遇到了换行符'\n'，则读取操作结束，并将遇到的换行符'\n'也作为一个字符读入。如果 fgets 函数调用成功，则返回指针 str；如果失败，则返回 NULL。由于 fgets 函数的第二个参数限制了读取字符数量的上限，因此使用 fgets 函数读取字符串可以避免内存越界和缓冲区溢出问题。在使用 fgets 函数从键盘输入字符串时，相比 gets 函数要更加安全。注意，gets 函数不会把'\n'也读入字符串。

2. fputs 函数

fputs 函数将一个字符串写入文件指针指向的文件中，其函数原型为

```
int fputs(char * str, FILE * fp);
```

其一般调用形式为

```
fputs(字符型指针, 文件指针);
```

例如：

```
fputs(str, fp);
```

上述调用实现的功能：将 str 所指向的字符串输出到文件指针变量 fp 所指向的文件中，字符串的结束标志'\0'不输出。如果成功，则函数返回值为 0，否则为 EOF（值为−1）。

fgets 和 fputs 函数的功能类似于 gets 和 puts 函数，但是 gets 和 puts 函数只能以终端为读写对象，而 fgets 和 fputs 函数则以指定的文件（包括终端）为读写对象。

【例 10.3】 字符串的文件读写应用。

从键盘输入多个字符串，并将这些字符串按一行一个的方式存储到文件 string.txt 中，然后再打开文件将写入的字符串读到程序中输出，也是一行一个。示例程序如下：

```
#include<stdio.h>
#include<stdlib.h>
#define MAX 100
int main()
{
    FILE * fp;                              /* 定义文件指针变量 fp */
    char str[MAX];                          /* 定义字符数组用于输入输出 */
    /* 以写方式打开文件 string.txt */
    if((fp = fopen("string.txt", "w")) == NULL)
    {
        printf("Error, can not open this file!");
        exit(0);
    }
    while(gets(str))
    {
        fputs(str, fp);                     /* 将字符串输出到文件 */
        fputc('\n', fp);                    /* 将换行符输出到文件 */
    }
    fclose(fp);                             /* 关闭文件 */
    /* 以读方式打开文件 string.txt */
    if((fp = fopen("string.txt", "r")) == NULL)
```

```
22      {
23          printf("Error, can not open this file!");
24          exit(0);
25      }
26      while(fgets(str, MAX, fp) != NULL)  /*判断是否到了文件末尾*/
27          printf("%s", str);              /*从文件读取字符串并直接输出到显示器*/
28      fclose(fp);                         /*关闭文件*/
29      return 0;
30  }
```

在例 10.3 中，首先以写方式打开文件，并使用程序第 14～18 行的循环从键盘读入字符串并输出到文件：

```
while(gets(str))
{
    fputs(str, fp);
    fputc('\n', fp);
}
```

这段 while 循环的循环条件是 gets(str)，即调用 gets 函数从键盘输入一行字符串存储在数组 str 中并检测其返回值判断是否需要执行循环体。如果用户没有输入 EOF，gets 函数的返回值不等于 NULL，但是当用户输入 EOF 时，gets 函数的返回值为 NULL，这时循环结束。在 Windows 系统的字符控制台界面中通过键盘上的组合键 Ctrl＋Z 输入 EOF。因此上面的循环条件也可以写为

```
gets(str) != NULL
```

在 while 循环的循环体中使用 fputs 函数将 str 字符串输出到文件中。由于要求在文件中一行存储一个字符串，因此在输出字符串之后，使用 fputc 函数在字符串的后面输出换行符号'\n'，这样就可以按行存储字符串了。

此后关闭文件并以读文件方式重新打开 string.txt 文件并使用程序第 26～27 行的循环来读取文件中的字符串：

```
while(fgets(str, MAX, fp) != NULL)
    printf("%s", str);
```

这段循环使用 fgets 函数从文件中读取字符串。此前文件中的字符串是按行进行存储的，因此 fgets 函数每次读取字符串遇到换行符号'\n'就结束了。由于数组 str 的空间比较大(MAX＝100)，因此每次读取字符串时会把每个字符串最后的换行符也读到数组 str 中，因此在循环体中输出字符串时，没有使用 puts 函数(puts 函数输出字符串会自动附加换行)，而是使用了 printf 函数且格式字符串中没有进行换行。于是在输出时也是一行一个字符串的效果。当到达文件末尾后，fgets 函数返回 NULL，这时文件的读操作就结束了，最后关闭文件。

程序运行结果：

```
Hello World↙
How Are You↙
I Love China↙
^Z↙
Hello World
How Are You
I Love China
```

在例 10.3 中,从键盘输入若干行字符串,最后一行输入^Z,程序输出若干行字符串。注意:在 Windows 系统中,^Z 是通过键盘上的组合键 Ctrl+Z 得到的。

程序执行结束之后,在可执行程序的相同路径下创建了名为"string.txt"的文件。在操作系统中通过记事本打开文件 string.txt,会看到该文件的内容如图 10-4 所示。

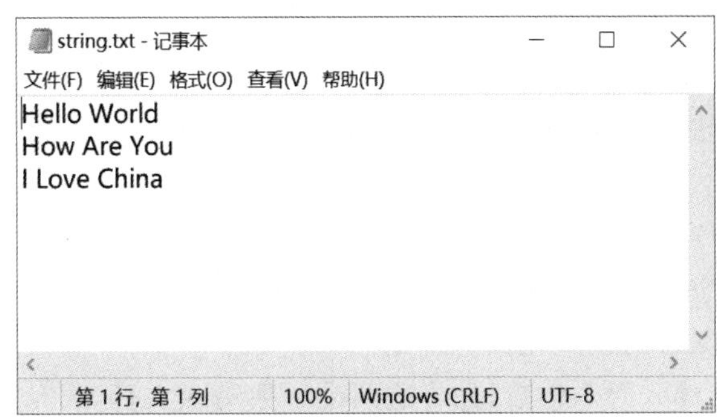

图 10-4　例 10.3 创建的 string.txt 文件

10.4.3　文本文件的格式化读写

前面主要讨论的是字符型数据(单个字符与字符串)的输入和输出。然而在程序中要处理的数据除了字符型数据之外还有其他的类型,如整型和浮点型。那么这些类型的数据该如何基于文件进行输入/输出呢?本节将学习如何将程序中的非字符型数据以字符序列形式存储到文本文件中,或者将文本文件中的数据输到程序中的非字符型变量中。由于程序中的变量是非字符型的,因此在对文件读写时,需要进行 10.1.4 节中所提到的转换。10.4.4 节将学习怎样进行二进制方式的文件读写。

使用 scanf 和 printf 函数进行面向终端(键盘和显示器)的输出操作目前已经很熟悉了。scanf 和 printf 函数是格式输入和格式输出函数,可以用各种不同的格式以终端为对象进行数据的输入与输出。当需要以文件为对象也进行格式化的输入/输出时,则可以使用类似的两个库函数:fscanf 和 fprintf。

1. fscanf 函数

类似于 scanf 函数,fscanf 函数从(文本)文件中以特定的格式输入数据,其一般调用形式为

```
fscanf(文件指针,格式字符串,输入列表);
```

例如:

```
int a, b;
fscanf(fp, "%d,%d", &a, &b);
```

在这个例子中,调用 fscanf 函数通过文件指针变量 fp 从其指向的文件中按照格式字符串参数指定的格式输入数据,分别赋值给整型变量 a 和 b。

如果对应的磁盘文件中有字符序列"37,59",则将磁盘文件中的字符序列"37"读入转换为整型数值 37 并赋值给变量 a,将磁盘文件中的字符序列"59"读入转换为整型数值 59 并赋值给变量 b。字符序列中的','作为两个输入数据的分隔符号并不会输入。

2. fprintf 函数

类似于 printf()函数,fprintf()函数以特定格式向(文本)文件输出数据,其一般调用形

式为

```
fprintf(文件指针,格式字符串,输出列表);
```

例如:

```
int a = 13,b = 27;
fprintf(fp, "%d,%d", a, b);
```

在这个例子中,调用 fprintf 函数通过文件指针变量 fp 向其指向的文件中按照格式字符串参数指定的格式输出数据,即以字符序列的形式输出 a 和 b 的值,并以逗号','进行分隔。

由于 a 和 b 的值分别是 13 和 27,因此系统会将这两个整数值从整型转换为对应的字符序列,中间用逗号','进行分隔输到文件中,即输出到文件中的字符序列为"13,27"。

【例 10.4】 文本文件的格式化读写应用。

在本例中,从键盘读入两个整数,先将这两个整数写入文件,再从文件中读取这两个整数,计算它们的和、差、积、商,并按照类似"5 + 3 = 8"(这只是一个例子,具体的整数值在程序执行时由用户从键盘输入)的格式写入文件中。示例程序如下:

```
#include<stdio.h>
#include<stdlib.h>
int main()
{
    int a, b, c, d;
    FILE * fp;                                 /* 定义文件指针变量 */
    scanf("%d%d", &a, &b);                     /* 输入变量 a 和 b */
    if((fp = fopen("calculation.txt","w"))==NULL)   /* 以写方式打开文件 */
    {
        printf("Error, can not open this file!");
        exit(0);
    }
    fprintf(fp, "%d,%d", a, b);                /* 将 a 和 b 写入文件,以逗号分隔 */
    fclose(fp);                                /* 关闭文件 */
    /* 下面以读写方式打开文件 */
    if((fp = fopen("calculation.txt","r+")) == NULL)
    {
        printf("Error, can not open this file!");
        exit(0);
    }
    fscanf(fp, "%d,%d", &c, &d);               /* 从文件中读取数据到 c 和 d */
    fprintf(fp, "\n%d + %d = %d", c, d, c + d);
    fprintf(fp, "\n%d - %d = %d", c, d, c - d);
    fprintf(fp, "\n%d * %d = %d", c, d, c * d);
    if(c % d == 0)
        fprintf(fp, "\n%d / %d = %d", c, d, c / d);
    else
        fprintf(fp, "\n%d / %d = %.2f", c, d, 1.0 * c / d);
    fclose(fp);                                /* 关闭文件 */
    return 0;
}
```

在例 10.4 中,先从键盘输入变量 a 和 b 的值,然后以写方式("w")打开文件 calculation.txt 并用fprintf 函数将 a 和 b 的值写入文件(a 和 b 的值会转换为字符序列且以逗号分隔),此后关闭文件。然后以读写方式("r+")重新打开文件,先使用 fscanf 函数读取文件中的数据赋值给变量 c 和 d。由于此前 a 和 b 的值转换为字符序列后输到文件时是以逗号分隔的，因此在使用 fscanf 函数读取数据到 c 和 d 时，格式字符串中也应该出现对应的逗号作为分隔。程序的最后将 c 和 d 的和、差、积、商算式按照指定格式用 fprintf 函数输到文件中。

程序运行结果：

```
8 6↙
```

在上面的执行中，从键盘输入 8 和 6，用空格分隔，程序没有输出。程序执行后在可执行程序相同的路径下会创建名为“calculation.txt”的文件，该文件的内容如图 10-5 所示。

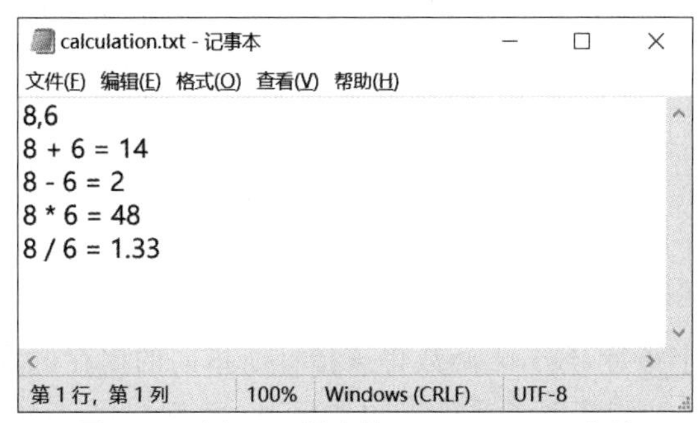

图 10-5　例 10.4 创建的 calculation.txt 文件

文件中的第 1 行是第一次打开文件后写入的。而第 2～5 行则是第二次打开文件并读取数据后再写入的。在例 10.4 中，两次对文件进行了打开操作。其中第二次打开文件是以"r+"(读写)方式打开的，并且先进行了读操作，此时文件位置标记已经指向原有数据的后面，因此再进行写操作时是输出到原有数据的后面，写入的数据并不会覆盖原来的文件内容。如果打开文件后不进行读操作就直接输出数据，由于此时文件位置标记指向文件的开始，输出的数据会将原有数据覆盖掉。

10.4.4　二进制数据的顺序读写

前面几节讨论的都是对文本文件的读写。其中在 10.4.3 节中当需要将非字符型数据输到文件或从文件输入非字符型数据时，需要在字符序列和其他数据类型之间进行转换。在 10.1.4 节中曾经讨论过，这种转换增加了处理时间的开销，并有可能增加存储空间的开销。本节将学习基于二进制方式对(二进制)文件进行数据读写。在实际程序中读写数据时，并不一定都是读写单个的普通变量，而是常常需要对一组数据进行输入/输出，如数组或结构体变量。如果要对数据，特别是成组的数据在不进行转换的情况下进行直接的二进制读写，则可以使用 fread 和 fwrite 函数。

在 C 程序中，使用 fread 函数一次可以从文件中输入一个数据块(字节序列)，而用 fwrite 函数则一次可以向文件输出一个数据块(字节序列)。使用这两个函数进行数据的输入/输出是以二进制形式进行的。在对磁盘文件进行写操作时，将内存中的一个数据块中的若干字节原封不动、不加转换地输出到文件中；反之，在对磁盘文件进行读操作时，则是将磁盘文件中的若干字节原封不动、不加转换地加载到内存中的某个区域中(如某个数组或结构体变量的存储空间)。

1. fread 函数

fread 函数调用时从某个文件中输入一组数据(一个字节序列)，其一般调用形式为

```
fread(buffer, size, count, fp);
```

其中,参数 buffer 是一个指针,用于指明从文件中读入的数据存放到内存中的位置,即所谓的缓冲区地址;参数 size 和 count 共同指明了要输入的数据量(字节数),count 指明要输入的数据项的数量,而 size 是单个数据项的长度,因此实际要输入的字节数是两者的乘积;参数 fp 是文件指针变量,指向要进行读操作的文件。

例如:

```
fread(arr, 4, 5, fp);
```

在这个例子中,调用 fread 函数从 fp 指针指向的文件中读取 5 个数据项,每项 4 字节(一共 20 字节),将读取的数据存储到指针 arr 指向的内存空间中(arr 可能是一个数组的名字或者数组的首地址)。

2. fwrite 函数

fwrite 函数调用时向某个文件中输出一组数据(一个字节序列),其一般调用形式为

```
fwrite(buffer, size, count, fp);
```

其中,参数 buffer 是一个指针,fwrite 函数将该指针所指向的内存区域中的数据输到指定文件中;参数 size 和 count 共同指明了要输出的数据量(字节数),count 指明要输出的数据项的数量,而 size 是单个数据项的长度,因此实际要输出的字节数是两者的乘积;参数 fp 是文件指针变量,指向要进行写操作的文件。

例如:

```
fwrite(arr, 4, 5, fp);
```

在这个例子中,调用 fwrite 函数将指针 arr(arr 可能是一个数组的名字或数组的首地址)所指向的内存区域中的 5 个长度为 4 字节的数据项(一共 20 字节)输到文件指针 fp 指向的文件中。

【例 10.5】 数组数据的文件读写应用。

在本例中将建立一个二维数组,并将该二维数组的数据以二进制格式输到二进制文件中。然后再将文件中的数据读取到程序中的另一个二维数组中并输出。示例程序如下:

```
#include<stdio.h>
#include<stdlib.h>
#define N 8                                          /*用N定义数组的大小*/
int main()
{
    FILE * fp;
    double src[N][N];
    double dst[N][N];
    int i, j;
    /*用二重循环对 src 数组的元素进行赋值*/
    for(i = 0; i < N; i++)
    for(j = 0; j < N; j++)
    src[i][j] = (i + 1) * ( j + 1);
    if((fp = fopen("array.dat", "wb"))==NULL)    /*以二进制写方式打开文件*/
    {
        printf("Error, can not open this file!");
        exit(0);
    }
```

```
19      fwrite(src, sizeof(double), N * N, fp);          /* 将数组 src 的数据写到文件 */
20      fclose(fp);                                      /* 关闭文件 */
21      /* 下面以二进制读方式重新打开文件 */
22      if((fp = fopen("array.dat", "rb")) == NULL)
23      {
24          printf("Error, can not open this file!");
25          exit(0);
26      }
27      fread(dst, sizeof(double), N * N, fp);           /* 读取文件内容到数组 dst */
28      /* 用二重循环输出 dst 数组的元素 */
29      for(i = 0; i < N; i++)
30      {
31          for(j = 0; j < N; j++)
32              printf("%4.0f", dst[i][j]);
33          printf("\n");
34      }
35      fclose(fp);                                      /* 关闭文件 */
36      return(0);
37  }
```

在例 10.5 中，创建了两个 8×8 的 double 型数组，并使用二重循环对数组 src 的元素赋值。然后使用二进制写方式("wb")打开文件 array.dat(二进制文件)，程序第 19 行调用 fwrite 函数将数组 src 的数据输到文件中：

```
fwrite(src, sizeof(double), N * N, fp);
```

该数组一共有 64 个元素，共需要 512 字节的存储空间。数据输出结束后关闭文件，然后再以二进制读方式("rb")重新打开文件 array.dat，程序第 27 行调用 fread 函数将文件中的数据读到第二个数组 dst 的内存空间中：

```
fread(dst, sizeof(double), N * N, fp);
```

读取结束后，程序输出数组 dst 的所有元素。

程序运行结果：

```
 1   2   3   4   5   6   7   8
 2   4   6   8  10  12  14  16
 3   6   9  12  15  18  21  24
 4   8  12  16  20  24  28  32
 5  10  15  20  25  30  35  40
 6  12  18  24  30  36  42  48
 7  14  21  28  35  42  49  56
 8  16  24  32  40  48  56  64
```

在上面的执行中，程序输出数组 dst 的所有元素。通过对程序进行分析不难发现，数组 dst 元素的值和数组 src 元素的值应该是一致的。程序执行结束后，在可执行程序相同的路径下建立了一个名为"array.dat"的二进制文件。在操作系统中查看该文件的属性时，会发现该文件的大小正好就是 512 字节。

【例 10.6】 结构体数据的文件读写应用。

在本例中将定义一个结构体类型 struct Student，在程序中建立一个结构体变量并从键盘输入该变量各个成员的数据，然后将该结构体变量的数据以二进制形式存储到二进制文件中。然后再将文件中的数据读取到程序中的另一个结构体变量中并输出。示例程序如下：

```
1   #include<stdio.h>
2   #include<stdlib.h>
3   /*定义结构体类型*/
4   struct Student
5   {
6       char name[20];
7       int num;
8       struct
9       {
10          int year;
11          int month;
12          int day;
13      }birthday;
14      char addr[50];
15  };
16  int main()
17  {
18      FILE *fp;
19      struct Student s1,s2;                          /*定义结构体变量 s1 和 s2*/
20      /*下面输入变量 s1 各个成员的数据*/
21      scanf("%s", s1.name);
22      scanf("%d", &s1.num);
23      scanf("%d/%d/%d", &s1.birthday.year, &s1.birthday.month,
24            &s1.birthday.day);
25      scanf("%s", s1.addr);
26      /*以二进制写方式打开文件*/
27      if((fp = fopen("student.dat", "wb")) == NULL)
28      {
29          printf("Error, can not open this file!");
30          exit(0);
31      }
32      fwrite(&s1,sizeof(struct Student),1,fp);   /*将变量 s1 的数据写到文件*/
33      fclose(fp);                                  /*关闭文件*/
34      /*以二进制读方式打开文件*/
35      if((fp = fopen("student.dat", "rb")) == NULL)
36      {
37          printf("Error, can not open this file!");
38          exit(0);
39      }
40      fread(&s2, sizeof(struct Student), 1, fp); /*读取文件内容到变量 s2*/
41      /*下面输出变量 s2 各个成员的数据*/
42      printf("Name:%s\n", s2.name);
43      printf("Num:%d\n", s2.num);
44      printf("Birthday:%d/%d/%d\n",s2.birthday.year,
            s2.birthday.month,
45          s2.birthday.day);
46      printf("Addr:%s\n", s2.addr);
47      fclose(fp);                                  /*关闭文件*/
48      return(0);
49  }
```

在上面的程序中，创建了两个 Student 结构体变量 s1 和 s2 并输入变量 s1 的各个成员的数据。然后使用二进制写方式("wb")打开文件 student.dat(二进制文件)，程序第 32 行调用 fwrite 函数将变量 s1 的数据输到文件中：

```
fwrite(&s1, sizeof(struct Student), 1, fp);
```

注意第一个实参是对变量名 s1 取地址来获取该变量在内存中的存储地址。该变量一共需要 88 字节的存储空间(struct Student 类型的结构体所有成员的长度之和为 20+4+12+50=86,但由于内存对齐要求,实际上共需要 88 字节,是 4 字节对齐的)。输出完毕后关闭文件,然后以二进制读方式("rb")重新打开文件 student.dat,程序第 40 行调用 fread 函数将文件中的数据读到第二个结构体变量 s2 的内存空间中:

```
fread(&s2, sizeof(struct Student), 1, fp);
```

第一个实参同样需要对变量 s2 取地址,表示将读入的数据存储在 s2 的内存空间中。读取结束后,程序输出变量 s2 的所有成员的数据。

程序运行结果:

```
Zhanglin 20210001 2003/7/7 GuiYang↙
Name:Zhanglin
Num:20210001
Birthday:2003/7/7
Addr:GuiYang
```

在上面的执行中,从键盘输入变量 s1 的所有成员,程序输出变量 s2 的所有成员。通过观察不难发现,变量 s2 各个成员的数据和变量 s1 的各个成员是完全一致的。程序执行结束后,在可执行程序相同的路径下建立了一个名为"student.dat"的二进制文件。在操作系统中查看该文件的属性时,会发现该文件的大小正好就是 88 字节。

不妨将例 10.5 和例 10.6 结合起来,编写一个可以对结构体数组进行文件读写的程序。

10.5 文件的随机读写

在 10.4 节中对文件的读写操作是一种顺序读写。对文件顺序读写虽然比较容易理解也容易操作,但有时并不符合实际需要。例如,某二进制文件中存储了 1000 个学生的数据(可参考例 10.6 中的 Student 结构体),现在要对其中的第 n 个学生的数据进行读操作(n 的值假设在 1~1000,由用户输入)。如果按照顺序读写,就不得不先将前面 $n-1$ 个学生的数据先读进来,才能读第 n 个学生的数据,很明显这样做效率是很低的。本节将讨论文件的随机读写。随机读写可以根据实际需要设置文件的读写位置,而不需要按照物理顺序依次读写,这种读写方法的效率要比顺序读写高得多。

10.5.1 文件位置标记

在 C 程序中,系统为每个打开的文件设置了一个文件位置标记,简称文件标记,用于指示接下来要读写的下一个字符(字节)的位置。在一些文献中,文件位置标记也被形象化地称为文件位置指针。但这种叫法容易和第 8 章的指针(内存地址)概念相混淆(两者不是一回事),也容易和本章前面提到的 FILE 类型指针(指向文件的指针)相混淆,因此在本章中使用文件位置标记这个名字。

一般情况下,当文件刚打开时,文件位置标记会指向文件的开头(文件头,即第一个字符或第一个字节)。随着顺序读写的进行,文件位置标记会根据已读写的数据量向前(向文件末尾)自动进行移动,指向接下来要读写的位置。

例如，在顺序读文件时，第一次读取了16字节数据，文件位置标记就指向第17字节的位置，下一次就从这个位置开始继续往后读。注意，文件有一个文件末尾(文件尾)的概念。所谓文件末尾，是指文件最后一个字符(字节)的后面(文件末尾不是指最后一个字符或字节)的位置。在读操作时，当文件位置标记到达文件末尾时，意味着文件的结束，这时读操作就该结束了。使用feof函数可以判断当前是否达到了文件末尾。

在顺序写文件时，也有类似的处理。每一次写完若干字符(字节)的数据后，文件位置标记都会顺序向前(向文件末尾)移动相应的位置，然后下一次写操作时把数据写入文件位置标记所指向的位置(也就是上一次写入的数据的后面)，直到把所有数据写完，此时文件位置标记位于最后一个字符(字节)之后。

为了实现文件的随机读写，就必须能由程序设计者控制文件位置标记的移动，将文件位置标记移动到任意需要读写的位置上，从而进行数据的读写。在随机读写方式中，每次读写完数据后，并不一定要继续读写后续的字符(字节)，而是可以将当前的文件位置标记向前或向后移动，或者直接移动到文件头或者文件末尾，然后再在新的位置进行读写。可见要实现文件的随机读写，关键就在于对文件位置标记的定位。

10.5.2 读写位置定位及随机读写的实现

要实现文件位置标记的定位进而实现文件的随机读写，需要使用一系列和文件位置标记定位有关的函数，如rewind、fseek、ftell函数等。

1. rewind 函数

rewind函数用于重定位文件位置标记，其一般调用形式为

```
rewind(文件指针);
```

该函数的参数是一个指向已打开文件的文件指针，其功能是使该文件的文件位置标记重新指向文件的开头，该函数没有返回值。

【例10.7】 文件读写定位函数rewind()的应用。

先从键盘读入一串字符，用fputs函数将字符串写入文件，再用fgets函数从文件中读取字符串，输到屏幕上。要求在只对文件打开一次的前提下完成读和写操作，因此可以在写完文件之后，利用rewind函数将文件位置标记移动到文件的开始处再进行读操作。示例程序如下：

```
#include<stdio.h>
#include<stdlib.h>
#define MAX 100
int main()
{
    FILE * fp;
    char str[MAX];
    char buffer[MAX];
    gets(str);                              /* 从键盘输入字符串 str */
    if((fp = fopen("file2.txt", "w+")) == NULL) /* 以读写方式打开文件 */
    {
        printf("Error, can not open this file!");
    exit(0);
    }
```

```
    fputs(str, fp);                            /* 写数据到文件 */
    rewind(fp);                                /* 移动文件位置标记到文件开头 */
    fgets(buffer, strlen(str) + 1, fp);        /* 从文件读取字符串到 buffer */
    puts(buffer);
    fclose(fp);                                /* 关闭文件 */
    return(0);
}
```

在例 10.7 中,打开文件使用的方式是"w+",而在例 10.4 中曾经以"r+"方式打开过文件。在这两个例子中,都要在文件打开后对文件进行读和写两种操作,都可以称为以读写方式打开文件,那么它们有什么区别呢? 在例 10.4 中,使用"r+"方式打开文件时,只有在文件已经存在的情况下,才能成功打开,否则将会出错失败,而在本例中使用"w+"方式打开文件,如果文件不存在则建立新文件,如果文件已存在则覆盖原文件。

在本例中,当文件打开后,文件位置标记指向文件的开头,然后将用户输入的字符串写入文件,这时文件位置标记被移动到了写入的数据的后面。为了接下来将字符串读出,使用 rewind 函数将文件位置标记又移回文件的开头,于是当读数据的时候就把此前写入文件的字符串读了出来。

程序运行结果:

```
This is a C program↙
This is a C program
```

从键盘输入一行字符串,在第二行上输出这个字符串。程序执行后,在可执行程序相同的路径下创建了名为“file2.txt”的文件,该文件的内容如图 10-6 所示。

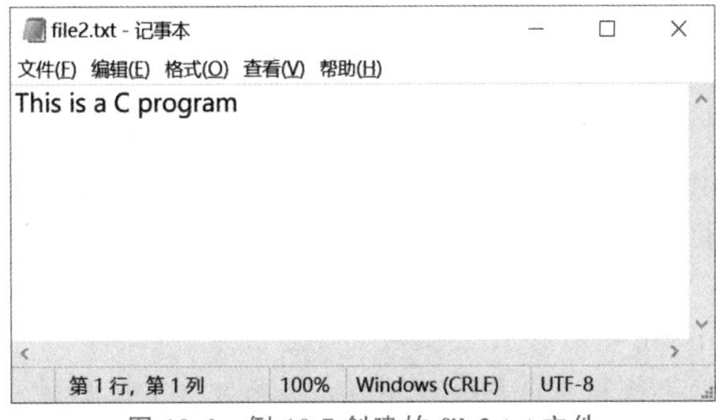

图 10-6　例 10.7 创建的 file2.txt 文件

2. fseek 函数

fseek 函数可以根据用户需要将文件位置标记移动到指定的位置,从而实现文件的随机读写。fseek 函数的一般调用形式为

```
fseek(文件指针, 位移量, 起始点);
```

该函数的第一个参数指向要读写的文件。第二个参数表示要将文件位置标识相对于起始点进行移动的量(位移量),其数据类型为长整型(long),单位为字节。当位移量为正时,表示向前移动(向文件尾移动);当位移量为负时,表示向后移动(向文件头移动)。第三个参数用于表明移动的起始位置,取值可以为 0、1 或 2。0 代表“文件开始位置”,1 代表“文件当前位置”,2 代表“文件末尾位置”,如表 10-2 所示。

表 10-2　文件位置标记移动的起始点

起　始　点	常　量　名	数　　值
文件开始位置	SEEK_SET	0
文件当前位置	SEEK_CUR	1
文件末尾位置	SEEK_END	2

例如：

```
fseek(fp, 50L, 0);
```

上述调用表示将 fp 指向的文件位置标记从文件开始位置向前（向文件尾）移动 50 字节。注意第二个实参 50L 使用了 L 后缀，表明其类型为 long。

```
fseek(fp, 10L, 1);
```

上述调用表示将 fp 指向的文件位置标记从文件当前位置向前（向文件尾）移动 10 字节。

```
fseek(fp, -10L, 1);
```

上述调用表示将 fp 指向的文件位置标记从文件当前位置向后（向文件头）移动 10 字节。

```
fseek(fp, -50L, 2);
```

上述调用表示将 fp 指向的文件位置标记从文件的末尾向后（向文件头）移动 50 字节。

3. ftell 函数

ftell 函数的作用是得到文件位置标记的当前位置，其一般调用形式为

```
ftell(文件指针);
```

例如：

```
long pos = ftell(fp);
```

该函数返回文件位置标记的当前位置，用相对于文件开头的位移量来表示。因此当刚打开文件时，调用 ftell 函数的返回值为 0L，当文件位置标记位于文件末尾时，ftell 函数的返回值为文件中的字符（字节）数。如果调用函数出错（如不存在 fp 指向的文件），则其返回值为－1L。

【例 10.8】 使用 fseek 函数和 ftell 函数实现随机读写示例。

先从键盘读入一串字符和一个整数 n，用 fputs 函数将字符串写入文件，再用 fgets 函数从文件中读取第 n 个字符之后的字符串（不包括第 n 个字符）输到屏幕上。读取文件时可以使用 fseek 函数将文件位置指针移动到第 $n+1$ 个字符处。示例程序如下：

```
#include<stdio.h>
#include<stdlib.h>
#define MAX 100
int main()
{
    FILE * fp;
    int n, len;
    char str[MAX];
    char buffer[MAX];
    gets(str);                        /* 从键盘输入字符串 str */
    scanf("%d", &n);                  /* 从键盘输入 n */
    if((fp = fopen("file3.txt", "w+")) == NULL)  /* 以读写方式打开文件 */
```

```
13      {
14          printf("Error, can not open this file!");
15          exit(0);
16      }
17      fputs(str, fp);                    /* 将字符串 str 写入文件 */
18      len = ftell(fp);                   /* 获得写入文件的字节数,即字符串 str 的长度 */
19      if(n < len)                        /* 判断 n 是否超出字符串的长度 */
20      {
21          fseek(fp,n, 0);                /* 将文件位置标记移动到第 n+1 个字符的位置 */
22          fgets(buffer, len - n + 1, fp);  /* 从当前位置读取字符串到 buffer */
23          puts(buffer);
24      }
25      else
26          printf("n is bigger than or equal to the length of string!\n");
27      fclose(fp);                        /* 关闭文件 */
28      return(0);
29  }
```

在例 10.8 中,当字符串 str 被写到文件中之后,这时文件位置标记指向了所写入的最后一个字节之后。此时调用 ftell 函数得到返回值就是此前写入的字符串的长度,在程序中这个值被保存在变量 len 之中。然后程序第 21 行使用 fseek 函数将文件位置标记移动到第 $n+1$ 个字符的位置:

```
fseek(fp, n, 0);
```

注意,调用 fseek 函数时的第二个参数是 n,第三个参数是 0,表示将文件位置标记相对于文件的开头位置向前(向文件末尾)移动 n 字节。由于文件开头是第一个字符,因此向前移动 n 字节就移动到第 $n+1$ 个字符的位置。

程序第 22 行使用 fgets 函数将从第 $n+1$ 个字符开始的字符串剩余部分从文件中读到数组 buffer 中:

```
fgets(buffer,len - n + 1, fp);
```

程序运行结果:

```
How Are You? Hello World↙
8↙
You? Hello World
```

上面输入的字符串的总长度为 24 个字符,输入的 n 等于 8,因此从第 9 个字符开始输出了剩余的字符串。程序执行后,在可执行程序相同的路径下创建了名为"file3.txt"的文件,该文件的内容如图 10-7 所示。

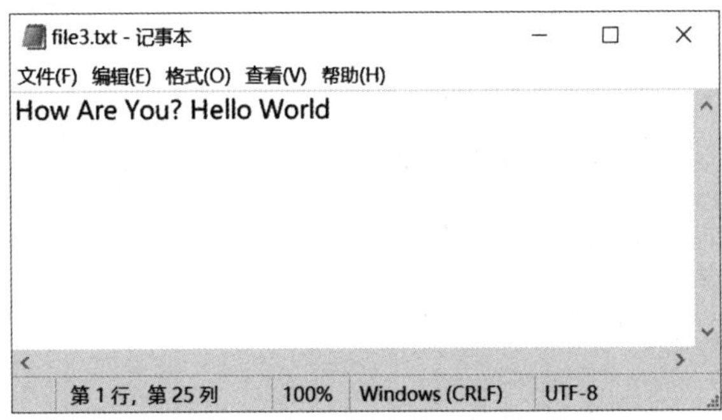

图 10-7　例 10.8 创建的 file3.txt 文件

在例 10.7 中，使用 rewind 函数将文件位置标记移动到文件的开头。学习了 fseek 函数之后，也可以用 fseek(fp, 0L, 0)来达到同样的目的。如果要直接把文件位置标记移动到文件末尾则可以用 fseek(fp, 0L, 2)来达到目的。

4. feof 函数

feof 函数用来检测文件位置标志是否到了文件结尾，其一般调用形式为

```
feof(文件指针);
```

该函数的功能是检测文件中的位置标记是否移动到了文件末尾，如果在文件末尾，则返回值为非 0，否则为 0。

5. ferror 函数

ferror 函数用来检测对文件的访问是否出错，其一般调用形式为

```
ferror(文件指针);
```

该函数的功能是检测对文件的相关访问，例如，调用各种函数进行读写访问时是否出错，如果返回值为非 0，则表示出错；返回 0，则表示未出错。

10.6 文件读写综合案例

本节将实现一个简单的书籍信息存储与读取的程序。

【问题分析】

将书籍信息的存储和读取等功能从 main 函数中分离出来，定义成多个独立的函数。在 main 函数中通过调用其他函数的形式完成对文件的各种处理。

除 main 函数之外，定义以下三个函数。

- printBook 函数：用于输出书籍信息。
- writeBook 函数：用于向文件输出书籍信息。
- readBook 函数：用于从文件输入书籍信息。

【问题求解】

综合案例：书籍信息存储与读取（不含 **main** 函数部分）

```
#include<stdio.h>
#include<stdlib.h>
/* 用于存储书籍信息的结构体的定义 */
struct Book
{
    char name[20];
    char isbn[18];
    char author[20];
    double price;
};
/* 符号常量 BOOKSIZE 是 Book 结构体的大小 */
#define BOOKSIZE sizeof(struct Book)
/* printBook 函数用于输出结构体变量中的书籍信息 */
void printBook(struct Book *book)
{
    printf("Name:%s\n", book->name);
    printf("ISBN:%s\n", book->isbn);
    printf("Author:%s\n", book->author);
```

```
    printf("Price:%.2f\n", book->price);
}
/* writeBook 函数用于将书籍信息输出到二进制文件中 */
void writeBook(char * filename, struct Book * bookw)
{
    FILE * fp;
    if((fp = fopen(filename, "ab")) == NULL)  /* 以追加方式打开文件 */
    {
        printf("Error, can not open this file!");
        exit(0);
    }
    fwrite(bookw, BOOKSIZE, 1, fp);             /* 将书籍信息写入文件 */
    fclose(fp);                                 /* 关闭文件 */
}
/* readBook 函数用于读出二进制文件中第 index 本书籍的信息 */
struct Book * readBook(char * filename,struct Book * bookr,int index)
{
    FILE * fp;
    int size;
    if((fp = fopen(filename, "rb")) == NULL)  /* 以读方式打开文件 */
    {
        printf("Error, can not open this file!");
        exit(0);
    }
    fseek(fp,0L,2);                             /* 将文件位置标志移动到文件末尾 */
    size = ftell(fp) / BOOKSIZE;                /* 计算文件中图书信息的数量 */
    rewind(fp);                                 /* 将文件位置标记移回文件开头 */

    if(index <= 0 || index > size)              /* 判断 index 是否合法 */
        return NULL;
    else
    {
        /* 将文件位置标记移动到第 index 本图书 */
        fseek(fp, (index - 1) * BOOKSIZE, 0);
        /* 将文件中第 index 本书籍的信息读入 */
        fread(bookr, BOOKSIZE, 1, fp);
        fclose(fp);                             /* 关闭文件 */
        return bookr;
    }
}
```

在程序的最开头定义了 Book 结构体类型用于存储图书的信息，包括书名、ISBN、作者和价格四个成员。还定义了符号常量 BOOKSIZE，代表 Book 结构体变量的大小。接下来是三个函数的定义。

1. printBook 函数

该函数的原型为

```
void printBook(struct Book * book);
```

printBook 函数接收一个 Book 结构体变量的指针，输出该结构体变量各个成员的数据。

2. writeBook 函数

该函数的原型为

```
void writeBook(char * filename,struct Book * bookw);
```

writeBook 函数将参数 bookw 所指向的结构体变量中的数据写到指定名字的文件中。在该函数中以追加方式"ab"打开文件。如果文件之前不存在则建立新文件，如果文件已经存在则将数据在原有数据的后面进行追加写入。

3. readBook 函数

该函数的原型为

```
struct Book *readBook(char *filename,struct Book *bookr,int index);
```

readBook 函数将指定名字的文件中的第 index 个(inedx 从 1 开始排)Book 数据读入参数 bookr 指向的结构体变量中。如果参数 index 小于或等于 0 或大于文件中 Book 数据的数量，将返回空指针 NULL，表示读入失败；如果 index 的值大于或等于 1 且小于或等于文件中的 Book 数据的数量，则成功将数据读入，且返回值为 bookr。

readBook 函数中为了计算文件中 Book 数据的数量，使用 fseek 函数直接将文件位置标志移动到文件末尾，此时调用 ftell 函数的返回值就是文件中的字节数量，用文件的字节数量和 BOOKSIZE 相除的结果就是 Book 数据的数量。

第一次执行程序前存储数据的文件不存在，用下面的 main 函数对该程序进行测试：

综合案例：书籍信息存储与读取(**main** 函数部分)

```
/*main 函数的定义*/
int main(){
    char filename[]="Book.dat";
    /*定义三个结构体变量并初始化*/
    struct Book b1={"C Programming", "978-7-302-48114-7",
                    "Wang Jian", 39.0};
    struct Book b2={"Jave Programming", "978-1-307-12345-8",
                    "Zhang Lin", 44.0};
    struct Book b3={"Thinking in C", "978-7-309-42336-7",
                    "Liu Feng", 40.0};
    struct Book br;
    /*将三个结构体变量对应的书籍数据依次写入文件*/
    writeBook(filename,&b1);
    writeBook(filename,&b2);
    writeBook(filename,&b3);
    /*将文件中所有书籍的数据读出*/
    int index=1;
    while(readBook(filename,&br,index)){
        printf("第%d本书的信息:\n",index);
        printBook(&br);
        printf("\n");
        index++;
    }
    return 0;
}
```

程序运行结果：

```
第1本书的信息:
Name:C Programming
ISBN:978-7-302-48114-7
Author:Wang Jian
Price:39.00

第2本书的信息:
```

```
Name:Jave Programming
ISBN:978-1-307-12345-8
Author:Zhang Lin
Price:44.00

第 3 本书的信息:
Name:Thinking in C
ISBN:978-7-309-42336-7
Author:Liu Feng
Price:40.00
```

以上输出的正是存储在文件中的三本书籍对应的数据。程序执行后在可执行程序相同的路径下建立了名为“Book.dat”的文件，该文件的大小为 216 字节，而 strcut Book 结构体的大小为 72 字节(由于内存对齐要求，该结构体的大小并不是正好等于所有成员大小之和 20＋18＋20＋8＝66 字节，而是 72 字节，需要满足 8 字节对齐要求)，正好存储了三本书籍的数据。

【应用扩展】

由于 writeBook 函数是以追加方式"ab"打开文件，因此如果再次执行该程序，会在原有文件中原有数据的后面继续写入数据，文件中的书籍数据的数量就增加了，程序执行后的输出相应也会产生变化。可以在本例程序的基础上继续增加功能，如查询书籍数据、修改书籍数据、删除书籍数据等，不妨思考一下如何完成。

思考与练习

一、简答题

1. 为什么需要使用文件存储数据?

2. 在 C 程序中，根据数据组织形式的不同，文件可以划分为哪些类型?

3. 文件顺序读写和随机读写的区别是什么?

4. 为什么文件使用完毕后应该关闭文件?

二、选择题

1. 在 C 程序中，下面对文件的叙述正确的是(　　)。

A. 用“r+”方式打开的文件只能从文件中读数据

B. 用“w”方式打开文件时，如果文件不存在则打开失败

C. 用“wb”方式打开文本文件并对其进行写操作

D. 用“a”方式打开文件向文件尾部添加数据

2. 在 C 程序中，文件指针变量(　　)。

A. 用于指向文件的第一个字节　　B. 用于指向文件中的读写位置

C. 用于指向文件的名字　　D. 用于指向文件信息区

3. 在 C 程序中，在文本文件和二进制文件中分别存放整数－12345 时占用的字节数为(　　)。

A. 5 和 4　　B. 5 和 2　　C. 6 和 4　　D. 6 和 2

4. 在程序中如果要打开 E 盘一级目录 abc 下名为“book.dat”的二进制文件用于读写操

作，则打开文件的正确方式为(　　)。

A. fopen("E：\abc\book.dat"，"rb＋")

B. fopen("E：\book.dat"，"rb＋")

C. fopen("E：/abc/book.dat"，"rb＋")

D. fopen("E：\abc\book.dat"，"rb")

5. 如果要将文件位置标记置于文件尾，正确的语句是(　　)。

A. feof(fp)；　　B. rewind(fp)；

C. fseek(fp，0L，0)；　　D. fseek(fp，0L，2)；

6. 下列选项中，主要用于从二进制文件中读取数据的函数是(　　)。

A. fgetc　　B. fgets　　C. fscanf　　D. fread

三、填空题

1. 下面的程序从键盘输入一个文件名并以写方式打开文件。然后输入一行字符并写入该文本文件，最后将输入的字符中大写字母和小写字母的个数也写到文件中。将该程序补充完整。

```
#include<stdio.h>
#include<string.h>
int main()
{
    FILE * fp;
    char ch, fname[32];
    int count1 = 0, count2 = 0;
    printf("Input the filename : ");
    scanf("%s", fname);
    strcat(____(1)____,".txt");
    getchar();
    if((fp = ____(2)____(fname, "w")) == NULL)
    {
        printf("Can't open file:%s \n", fname);
        exit(0);
    }
    printf("Enter data: ");
    while((ch = ____(3)____) != '\n')
    {
        ____(4)____(ch, fp);
        if(islower(ch))
            count1++;
        if(isupper(ch))
            count2++;
    }
    fprintf(____(5)____, ":%d:%d\n", count1, count2);
    fclose(fp);
    return 0;
}
```

2. 下面的程序从文件中依次读取字符直到文件结束。如果每次读到的是小写字母，则输出对应的大写字母，如果读到的是大写字母，则输出对应的小写字母，如果读到的是其他字符就照原样输出。将该程序补充完整。

```
#include<stdio.h>
```

```
int main()
{
    FILE * fp;
    char ch;
    if((fp = fopen("file.txt", "r")) == NULL)
    {
        printf("Can't open file");
        exit(0);
    }
    while((ch = ____(1)____) != ____(2)____)
    {
        if(islower(ch))
            putchar(toupper(ch));
        else if(isupper(ch))
            putchar(tolower(ch));
        else
            putchar(ch);
    }
    ____(3)____;
    return 0;
}
```

3. 下面的程序先将十个整数存储在文件中，然后再次打开文件读出其中的第 1、3、5、7、9 位上的数并输出。将该程序补充完整。

```
#include<stdio.h>
int main()
{
    ____(1)____;
    int a[] = {23,35,17,6,89,43,76,52,67,91};
    int i, num;
    if((fp = fopen("integer.dat", "wb")) == NULL)
    {
        printf("Can't open file");
        exit(0);
    }
    fwrite(a,____(2)____,10,fp);
    fclose(fp);
    if((fp = fopen("integer.dat", "rb")) == NULL)
    {
        printf("Can't open file");
        exit(0);
    }
    for(i=1; i <= 10; i += 2)
    {
    fread(____(3)____, sizeof(int), 1, fp);
        fseek(fp,sizeof(int),____(4)____);
        printf("%d ",num);
    }
    fclose(fp);
    return 0;
}
```

4. 下面的程序用于统计文件中存储的 double 型数据的个数并输出(假设存储的都是 double 型的数据)。将该程序补充完整。

```
#include<stdio.h>
int main()
{
    FILE * fp;
    int count;
    if((fp = fopen("double.dat", "rb")) == ____(1)____)
    {
        printf("Can't open file");
        exit(0);
    }
    fseek(____(2)____);
    count = ____(3)____ / sizeof(____(4)____);
    printf("count=%d",count);
    fclose(fp);
    return 0;
}
```

四、编程题

1. 编写程序,创建一个文本文件,从键盘输入 n 个字符串并按从小到大顺序存储到该文件中,一行存储一个字符串。

2. 有两个文本文件,已经按从小到大的顺序分别存储了若干字符串(一行存储一个)。编写程序,将这两个文本文件的内容合并成一个文本文件,且保证第三个文本文件中的字符串仍然是从小到大有序的。

五、思考题

1. 梳理总结对文件进行读写的流程及注意事项。

2. 下面的程序将两个字符串"ABC"和"abcde"输到文本文件中存储,在每个字符串后面还会输出换行符('\n')。在 Windows 系统中执行该程序之后,会建立一个"file.txt"文件。通过查看该文件的属性会发现,文件的大小是 12 字节。但是两个字符串的大小加上换行符也只有 10 字节。解释为什么文件的大小是 12 字节。

```
#include<stdio.h>
int main()
{
    FILE * fp;
        char s1[]="ABC";
        char s2[]="abcde";
        if((fp = fopen("file.txt", "w")) == NULL)
        {
            printf("Can't open file");
            exit(0);
        }
        fputs(s1,fp);
        fputc('\n', fp);
        fputs(s2,fp);
        fputc('\n', fp);
        fclose(fp);
        return 0;
}
```

第11章

综合实践——产品信息管理系统

通过对前面各章内容的学习和编程实践，相信读者已经对编写 C 程序的基本方法有了较为完整和深入的理解。本章将综合运用此前所学的各方面知识来设计并实现一个小型的信息管理系统——产品信息管理系统。通过本章的综合实践，将使读者对如何运用 C 语言来编写实现一些较为复杂且具有实践意义的程序建立更加深刻的认识。

11.1 系统功能需求分析

本章所要实现的产品信息管理系统主要用于对产品的相关信息进行管理，这些信息包括产品型号、产品名称、产品类别、生产厂家、生产日期、价格等。系统要实现的功能主要包括产品信息的新增、查询、修改和删除，要能够将数据保存到文件并从文件加载数据。对主要的系统功能需求进行分析如下。

1. 产品信息的新增

系统提供录入新的产品信息的功能并以文件的形式将产品信息进行持久化存储。录入产品信息时，依照产品型号、产品名称、产品类别、生产厂家、生产日期、价格的顺序依次录入各项数据。在录入过程中，系统需要给出相应的提示信息来引导用户的操作。

2. 产品信息的查询

系统提供遍历输出全部产品信息的功能，也提供根据指定的产品型号查询对应产品信息的功能。在进行产品信息查询时，若能找到对应的产品信息则进行显示输出，输出信息时应遵循一定的格式规范，若找不到对应的产品信息则给出相应的提示。

3. 产品信息的修改

系统提供修改产品信息的功能。可根据产品型号修改指定产品的特定信息，如修改产品的类别或价格等。若指定型号的产品信息不存在，系统需要给出相应的提示。若指定型号的产品信息存在，则提示用户选择要修改的信息项（如产品名称、产品类别、生产厂家、价格等），然后根据用户的选择，提示用户所要修改的信息项的当前内容并让用户输入新的信息。例如，提示用户产品的原价格为 2 000 元并让用户输入新的价格。用户修改产品信息后，能将修改后的信息保存到文件中。

4. 产品信息的删除

系统提供删除产品信息的功能。可根据产品型号删除指定产品的信息。若指定型号的产品信息不存在，系统需要给出相应的提示。若指定型号的产品信息存在，则将该产品的信息从系统中删除。

除了以上主要功能外，系统应当以菜单方式让用户选择可执行的操作。用户在执行各种操作时，需要给出清晰的操作提示。系统还应当具备一定的容错能力，可以正确处理用户的错误操作或输入，并给出相应的错误提示。

11.2 系统设计

11.2.1 系统功能架构设计

根据产品信息管理系统功能的需求分析，可将该系统划分为产品信息管理和数据存储管理两个模块。产品信息管理模块包含新增产品信息、打印产品列表、查询产品信息、修改产品信息、删除产品信息和产品信息排序六个子模块；数据存储管理模块包含系统数据初始化、保存数据到文件和从文件重新加载数据三个子模块，系统功能框架如图 11-1 所示。

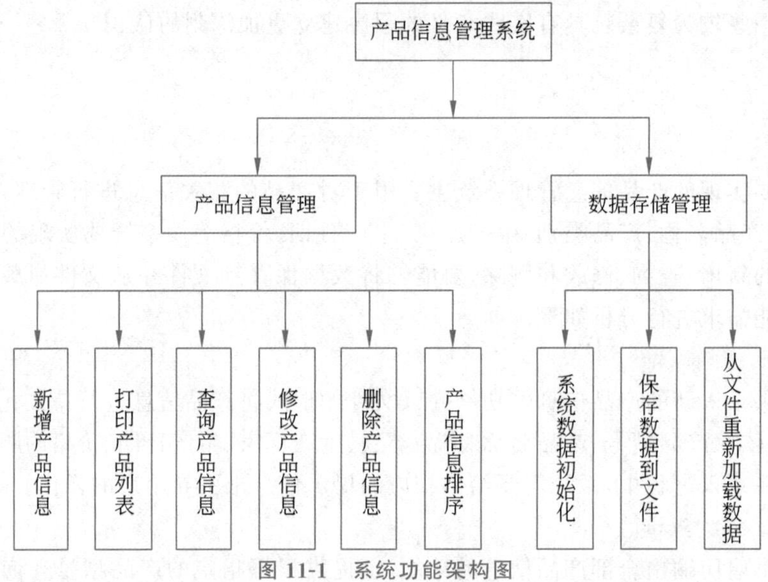

图 11-1 系统功能架构图

程序开始执行时，先对系统数据进行初始化，将文件中的数据加载到全局数组。在程序执行过程中，使用全局数组对产品信息数据进行存储和处理，并可以将数据保存到文件。产品信息管理模块中的子模块直接对全局数组中的数据进行各种操作，而数据存储管理模块中的子模块则针对文件进行读写操作。

11.2.2 数据结构设计

产品信息管理系统主要用于对产品的相关信息进行管理。产品信息包括产品型号、产品名称、产品类别、生产厂家、生产日期和价格。因此，根据各个信息项的表示和存储需要定义相应的结构体类型。本系统所用的结构体类型声明如下：

```
typedef struct
{
    char model[21];                        /* 产品型号 */
    char name[21];                         /* 产品名称 */
```

```
    char category[21];                  /* 产品类别 */
    char manufacturer[21];              /* 生产厂家 */
    struct
    {
        int year;
        int month;
        int day;
        }date;                          /* 生产日期 */
        double price;                   /* 价格 */
}Product;
```

程序定义了 Product 类型，内部各个成员存储产品的不同信息项。其中，date 成员也是结构体类型的变量，内部有 year、month 和 day 三个成员，分别用于存储生产日期的年、月、日信息。

11.3 系统编码实现

根据系统的功能需求分析、功能架构设计和数据结构设计，按照 C 语言的编程规范，可以编写出相应的程序代码如下：

综合实践案例：产品信息管理系统

```
#include<stdio.h>
#include<stdlib.h>
#include<string.h>
#include<ctype.h>

#define MAXRECORDCOUNT 1000             /* 定义最大记录数 */
#define PRODUCTSIZE sizeof(Product)     /* PRODUCTSIZE 表示 Product 类型的大小 */

/* 定义 Product 类型用于存储产品的信息 */
typedef struct
{
    char model[21];                     /* 产品型号 */
    char name[21];                      /* 产品名称 */
    char category[21];                  /* 产品类别 */
    char manufacturer[21];              /* 生产厂家 */
    struct
    {
        int year;
        int month;
        int day;
    }date;                              /* 生产日期 */
    double price;                       /* 价格 */
}Product;

Product ProductInfo[MAXRECORDCOUNT]; /* 定义全局数组 */
int iCurrentRecord = 0;                 /* 当前记录计数 */
char strTmp[100];                       /* 用于输入字符串 */

/* 相关函数声明 */
void initData(void);                    /* 初始化系统数据 */
void printMenu(void);                   /* 输出菜单选项 */
void addProduct(void);                  /* 新增产品信息 */
```

```
void printProductList(void);            /* 打印产品列表 */
void searchProduct(void);               /* 查询产品信息 */
void modifyProduct(void);               /* 修改产品信息 */
void deleteProduct(void);               /* 删除产品信息 */
void saveToFile(void);                  /* 保存数据到文件 */
void reloadFromFile(void);              /* 从文件重新加载数据 */
void exitSystem(void);                  /* 退出系统 */
void sortInfo(void);                    /* 产品信息排序 */
char * getChars(unsigned int count);    /* 从键盘获取长度受限的字符串 */

/* main 函数使用循环输出菜单选项并根据用户的选择进行处理 */
int main(void)
{
    int iSelected = 0;                  /* 变量 iSelected 用于输入用户的选择 */
    initData();                         /* 初始化系统数据 */
    system("color 0A");           /* 设置屏幕的背景色为 0(黑色),前景色为 A(淡绿色) */
    do
    {
        printMenu();                    /* 输出菜单选项 */
        scanf("%d", &iSelected);        /* 输入用户选择 */
        getchar();                      /* 接收输入后的回车 */
        system("cls");                  /* 清除屏幕上的信息 */

        /* 根据用户选择的选项执行相应的操作 */
        switch(iSelected)
        {
            case 1:
                addProduct();           /* 新增产品信息 */
                break;
            case 2:
                printProductList();     /* 打印产品列表 */
                break;
            case 3:
                searchProduct();        /* 查询产品信息 */
                break;
            case 4:
                modifyProduct();        /* 修改产品信息 */
                break;
            case 5:
                deleteProduct();        /* 删除产品信息 */
                break;
            case 6:
                sortInfo();             /* 产品信息排序 */
                break;
            case 7:
                saveToFile();           /* 保存数据到文件 */
                break;
            case 8:
                reloadFromFile();       /* 从文件重新加载数据 */
                break;
            case 9:
                exitSystem();           /* 退出系统 */
                break;
            default:
                printf("您所选择的选项不存在,请重新输入\n\n");
        }
```

```
        printf("\n");
        system("pause");                    /* 显示"按任意键继续..."信息 */
        system("cls");                      /* 清除屏幕上的信息 */
    }while(1);
    return 0;
}

/* printMenu 函数用于输出菜单选项信息 */
void printMenu(void) {
    int i = 0;
    /* 输出菜单边框上沿 */
    printf("╔");                            /* 输出菜单边框左上角 */
    for (i = 0; i < 56; i++)
    {
        printf("=");
    }
    printf("╗ \n");                         /* 输出菜单边框右上角 */
    /* 菜单边框上沿输出完毕 */

    /* 输出菜单中间部分的边框及菜单选项的内容 */
    printf("║ 系统演示,请选择所要执行的操作(输入相应的编号)          ║ \n");
    printf("║ 1. %-52s ║ \n", "新增产品信息");
    printf("║ 2. %-52s ║ \n", "打印产品列表");
    printf("║ 3. %-52s ║ \n", "查询产品信息");
    printf("║ 4. %-52s ║ \n", "修改产品信息");
    printf("║ 5. %-52s ║ \n", "删除产品信息");
    printf("║ 6. %-52s ║ \n", "产品信息排序");
    printf("║ 7. %-52s ║ \n", "保存数据到文件");
    printf("║ 8. %-52s ║ \n", "从文件重新加载数据");
    printf("║ 9. %-52s ║ \n", "退出系统");

    /* 输出菜单边框下沿 */
    printf("╚");                            /* 输出菜单边框左下角 */
    for (i = 0; i < 56; i++)
    {
        printf("=");
    }
    printf("╝ \n");                         /* 输出菜单边框右下角 */
    /* 菜单边框下沿输出完毕 */
}

/* initData 函数用于初始化数组 ProductInfo,将文件中的数据加载进来 */
void initData(void)
{
    int i;
    printf("欢迎使用产品信息管理系统,下面进行数据初始化......\n\n");
    iCurrentRecord = 0;                     /* 当前记录数设置为 0 */
    /* 从文件加载产品信息 */
    FILE * fp;
    /* 以读方式打开存储产品信息的 Product.dat 文件并读取产品信息到数组中 */
    if((fp = fopen("Product.dat", "rb")) == NULL)
    {
        /* 如果未能打开文件或文件不存在 */
        printf("当前系统中还没有任何产品信息\n\n");
    }
    else                                    /* 如果文件成功打开 */
```

```
    {
        fseek(fp,0,2);                  /* 将文件位置标志移动到文件末尾 */
        /* 计算文件中产品信息记录的数量 */
        iCurrentRecord = ftell(fp) / PRODUCTSIZE;
        if(iCurrentRecord == 0)         /* 如果文件中没有数据 */
        {
            printf("当前系统中还没有任何产品信息\n\n");
        }
        else                            /* 如果文件中有数据 */
        {
            /* 将文件中所有产品信息记录加载到数组 ProductInfo */
            rewind(fp);                 /* 将文件位置标记移回文件开头 */
            for(i = 0; i < iCurrentRecord; i++)
                fread(&ProductInfo[i], PRODUCTSIZE, 1, fp);
            fclose(fp);                 /* 关闭文件 */
            printf("产品信息初始化完成,当前共有%d条记录\n\n",
                    iCurrentRecord);
        }
    }
    printf("系统数据初始化完毕......\n\n");
    return 0;
}

/* getChars 函数从键盘获取字符串并处理可能输入的换行符 */
char * getChars(unsigned int count)
{
    fgets(strTmp, count + 1, stdin);   /* 从键盘获取字符串,长度不超过 count */
    if(strTmp[strlen(strTmp) - 1]=='\n')
        strTmp[strlen(strTmp) - 1] = '\0';   /* 处理可能被输入的换行符 */
    fflush(stdin);                      /* 清空输入缓冲区,避免影响下一次输入 */
    return strTmp;
}

/* addProduct 函数用于录入新增的产品信息 */
void addProduct(void)
{
    char strModel[21];                  /* 用于输入产品型号 */
    char strName[21];                   /* 用于输入产品名称 */
    char strCategory[21];               /* 用于输入产品类别 */
    char strManufacturer[21];           /* 用于输入生产厂家 */
    int year,month,day;                 /* 用于输入年、月、日 */
    double price;                       /* 用于输入价格 */
    char cExit;                         /* 用于接收用户选择 */
    do
    {
        system("cls");                  /* 清除屏幕上的信息 */
        printf("当前操作:新增产品信息\n\n");
        /* 依次录入产品型号、产品名称、产品类别、生产厂家、年、月、日和价格 */
        printf("请输入产品型号(不多于 20 个字符):");
        strcpy(strModel, getChars(20));
        printf("请输入产品名称(不多于 20 个字符):");
        strcpy(strName, getChars(20));
        printf("请输入产品类别(不多于 20 个字符):");
        strcpy(strCategory, getChars(20));
        printf("请输入生产厂家(不多于 20 个字符):");
        strcpy(strManufacturer, getChars(20));
```

```
        printf("请输入生产日期(按照年/月/日的格式,示例:2020/7/1):");
        scanf("%d/%d/%d", &year, &month, &day);
        printf("请输入价格(示例:33.00):");
        scanf("%lf", &price);

        /* 保存信息到数组 ProductInfo */
        strcpy(ProductInfo[iCurrentRecord].model, strModel);
        strcpy(ProductInfo[iCurrentRecord].name, strName);
        strcpy(ProductInfo[iCurrentRecord].category, strCategory);
        strcpy(ProductInfo[iCurrentRecord].manufacturer,
                strManufacturer);
        ProductInfo[iCurrentRecord].date.year = year;
        ProductInfo[iCurrentRecord].date.month = month;
        ProductInfo[iCurrentRecord].date.day = day;
        ProductInfo[iCurrentRecord].price = price;
        iCurrentRecord++;                /* 当前记录计数自增 */
        getchar();                       /* 接收录入价格后的回车 */

        /* 询问用户是否结束新增操作 */
        printf("当前记录录入成功,是否继续录入(Y/N)?");
        scanf("%c", &cExit);
        getchar();                       /* 接收用户输入后的回车 */
    }while(toupper(cExit) == 'Y');
}

/* printProductList 函数用于打印所有产品的列表 */
void printProductList(void)
{
    int i;
    printf("当前操作:打印产品列表\n\n");
    if (iCurrentRecord == 0)
    {
        printf("系统中暂时没有任何产品的信息!\n\n");
    }
    else
    {
        /* 由于屏幕宽度有限,只输出部分信息 */
        printf("\n");
        printf("%4s%20s%20s%20s\n","序号","产品型号","产品名称","价格");
        for (i = 0; i < iCurrentRecord; i++)
        {
            printf("%04d%20s%20s%20.2f\n", i + 1, ProductInfo[i].model,
                    ProductInfo[i].name, ProductInfo[i].price);
        }
    }
}

/* searchProduct 函数用于查询产品信息 */
void searchProduct(void)
{
    int i;
    char strModel[21];                   /* 待查询的产品型号 */
    printf("当前操作:查询产品信息\n\n");
    /* 查询指定型号的产品信息 */
    printf("请输入所要查询的产品型号:");
    strcpy(strModel, getChars(20));
```

```
    /* 遍历数组,查找是否有指定型号的产品,如果有就输出其完整信息 */
    printf("\n");
    for (i = 0; i < iCurrentRecord; i++)
    {
        if(strcmp(ProductInfo[i].model, strModel) == 0)
        {
            printf("产品型号:%s\n", ProductInfo[i].model);
            printf("产品名称:%s\n", ProductInfo[i].name);
            printf("产品类别:%s\n", ProductInfo[i].category);
            printf("生产厂家:%s\n", ProductInfo[i].manufacturer);
            printf("生产日期:%d/%d/%d\n", ProductInfo[i].date.year,
                ProductInfo[i].date.month, ProductInfo[i].date.day);
            printf("价    格:%.2f\n", ProductInfo[i].price);
            break;
        }
    }
    if (i == iCurrentRecord)
        printf("不存在型号为"%s"的产品信息\n\n", strModel);
}

/* modifyProduct 函数用于修改产品信息 */
void modifyProduct(void)
{
    int i;
    printf("当前操作:修改产品信息\n\n");
    int iModifyField = 0;
    char strModel[21];                  /* 待修改信息的产品的型号 */
    /* 指定待修改产品的型号 */
    printf("请输入待修改信息的产品的型号:");
    strcpy(strModel, getChars(20));
    /* 找到待修改信息的产品并进行修改 */
    for (i = 0; i < iCurrentRecord; i++)
    {
        /* 遍历数组,查找是否有指定型号的产品,如果有就对其进行修改 */
        if (strcmp(ProductInfo[i].model, strModel) == 0)
        {
            /* 选择要修改的信息:型号、名称、类别、厂家、生产日期或价格 */
            do
            {
                printf("\n请选择要修改的信息:\n");
                printf("1:型号 2:名称 3:类别 4:厂家 5:生产日期 6:价格\n");
                scanf("%d", &iModifyField);
                if (iModifyField < 1 || iModifyField > 6)
                {
                    printf("输入的选项不存在,请重新输入!\n");
                    continue;
                }
                else
                {
                    getchar();          /* 接收此前输入的回车 */
                    switch (iModifyField)
                    {
                        case 1:
                            printf("原产品型号为 %s,请输入新的型号:",
                                        ProductInfo[i].model);
                            strcpy(ProductInfo[i].model, getChars(20));
```

```
                    break;
                case 2:
                    printf("原产品名称为 %s,请输入新的名称:",
                            ProductInfo[i].name);
                    strcpy(ProductInfo[i].name, getChars(20));
                    break;
                case 3:
                    printf("原产品类别为 %s,请输入新的类别:",
                            ProductInfo[i].category);
                    strcpy(ProductInfo[i].category, getChars(20));
                    break;
                case 4:
                    printf("原生产厂家为 %s,请输入新的厂家:",
                            ProductInfo[i].manufacturer);
                    strcpy(ProductInfo[i].manufacturer,
                             getChars(20));
                    break;
                case 5:
                    printf("原生产日期为 %d/%d/%d,请输入新的日期:",
                        ProductInfo[i].date.year,
                        ProductInfo[i].date.month,
                          ProductInfo[i].date.day);
                    scanf("%d/%d/%d", &(ProductInfo[i].date.year),
                       &(ProductInfo[i].date.month),
                       &(ProductInfo[i].date.day));
                    getchar(); /* 接收此前输入的回车 */
                    break;
                case 6:
                    printf("原价格为 %.2f,请输入新的价格:",
                           ProductInfo[i].price);
                    scanf("%lf", &(ProductInfo[i].price));
                    getchar(); /* 接收此前输入的回车 */
                    break;
            }
            printf("是否继续修改该产品的信息?(Y/N):");
            if(toupper(getchar()) == 'N')
            {
                break;
            }
        }
    }while(1);
    /* 修改之后输出该产品的完整信息 */
    printf("\n 修改后的产品信息如下:\n");
    printf("产品型号:%s\n", ProductInfo[i].model);
    printf("产品名称:%s\n", ProductInfo[i].name);
    printf("产品类别:%s\n", ProductInfo[i].category);
    printf("生产厂家:%s\n", ProductInfo[i].model);
    printf("生产日期:%d/%d/%d\n", ProductInfo[i].date.year,
        ProductInfo[i].date.month, ProductInfo[i].date.day);
    printf("价    格:%.2f\n", ProductInfo[i].price);
    break;
  }
}
if (i == iCurrentRecord)
{
    printf("\n 不存在型号为"%s"的产品信息\n", strModel);
```

```
    }
}

/* deleteProduct 函数用于删除产品信息 */
void deleteProduct(void)
{
    int i;
    printf("当前操作:删除产品信息\n\n");
    char strModel[21];                     /* 待删除产品的型号 */
    /* 指定待删除产品的型号 */
    printf("请输入待删除产品的型号:");
    strcpy(strModel, getChars(20));

    /* 找到待删除产品并删除 */
    for (i = 0; i < iCurrentRecord; i++)
    {
        /* 遍历数组,查找是否有指定型号的产品,如果有就对其进行删除 */
        if (strcmp(ProductInfo[i].model, strModel) == 0)
        {
            /* 将该产品数据空间清零 */
            memset(&ProductInfo[i],0,PRODUCTSIZE);
            break;
        }
    }
    if (i == iCurrentRecord)
    {
        /* 若要删除的产品不存在 */
        printf("\n 不存在型号为"%s"的产品信息\n\n", strModel);
    }
    else
    {
        /* 若删除的产品不是最后一个产品,则将后面的产品信息记录依次往前移 */
        if (i < iCurrentRecord - 1)
        {
            for (; i < iCurrentRecord; i++)
            {
                strcpy(ProductInfo[i].model, ProductInfo[i+1].model);
                strcpy(ProductInfo[i].name, ProductInfo[i+1].name);
                strcpy(ProductInfo[i].category,
                          ProductInfo[i+1].category);
                strcpy(ProductInfo[i].manufacturer,
                          ProductInfo[i + 1].manufacturer);
                ProductInfo[i].date.year =  ProductInfo[i+1].date.year;
                ProductInfo[i].date.month =  ProductInfo[i+1].date.month;
                ProductInfo[i].date.day =  ProductInfo[i+1].date.day;
                ProductInfo[i].price =  ProductInfo[i+1].price;
            }
            iCurrentRecord--;          /* 当前记录数减 1 */
            /* 将原来的最后一个产品的数据空间清零 */
            memset(&ProductInfo[iCurrentRecord],0,PRODUCTSIZE);
        }
        else
        {
            /* 如果删除的是最后一个产品的信息 */
            iCurrentRecord--;          /* 当前记录数减 1 */
        }
```

```
        printf("\n产品信息删除成功\n\n");
    }
}

/* saveToFile 函数用于保存数据到文件 */
void saveToFile(void)
{
    int i = 0;
    printf("当前操作:保存数据到文件\n\n");
    FILE * fp;                          /* 定义文件指针变量 */
    /* 打开存储产品信息的 Product.dat 文件 */
    if ((fp = fopen("Product.dat", "wb")) == NULL)
    {
        printf("无法打开 Product.dat 文件,保存失败\n\n");
        return;
    }
    /* 文件已经成功打开,则将数组 ProductInfo 的数据写入文件 */
    fwrite(ProductInfo, PRODUCTSIZE, iCurrentRecord, fp);
    fclose(fp);                         /* 关闭文件 */
    printf("数据保存成功,共保存%d 条记录\n\n",iCurrentRecord);
    fclose(fp);
}

/* reloadFromFile 函数用于从文件重新加载数据 */
void reloadFromFile(void)
{
    printf("当前操作:从文件重新加载数据\n\n");
    FILE * fp;                          /* 定义文件指针变量 */
    /* 打开存储产品信息的 Product.dat 文件 */
    if ((fp = fopen("Product.dat", "rb")) == NULL)
    {
        printf("无法打开 Product.dat 文件,该文件可能不存在,重新加载失败\n\n");
        return;
    }
    /* 文件已经成功打开,则加载数据 */
    fseek(fp,0,2);                      /* 将文件位置标志移动到文件末尾 */
    iCurrentRecord = ftell(fp) / PRODUCTSIZE;   /* 重置 iCurrentRecord */
    rewind(fp);                         /* 将文件位置标记移回文件开头 */
    int i;
    for(i = 0; i < iCurrentRecord; i++)
        fread(&ProductInfo[i], PRODUCTSIZE, 1, fp);
    fclose(fp);                         /* 关闭文件 */
    printf("从文件重新加载数据完成,共加载%d 条记录\n\n",iCurrentRecord);
}

/* exitSystem 函数用于退出系统 */
void exitSystem(void)
{
    char cExit;
    printf("当前操作:退出系统\n\n");
    /* 询问用户是否退出系统 */
    printf("是否退出系统(Y/N)?");
    scanf("%c", &cExit);
    getchar();                          /* 接收键盘输入的回车 */
    if (toupper(cExit) == 'N')
    {
```

```
        return;
    }
    else
    {
        exit(0);
    }
}

/*根据字符串型关键字进行排序,order的值为0表示升序,否则表示降序*/
void sortByString(char keyWords[][21],int productNos[], int order)
{
    int i, j, mID, iTmp;
    char tmp[21];
    for (i = 0; i < iCurrentRecord; i++)
    {
        mID = i;
        /*从[i, iCurrentRecord]范围中找出最小或最大关键字所在位置*/
        for (j = i + 1; j < iCurrentRecord; j++)
        {
            if (order == 0)          /*升序*/
            {
                /*若当前字符串关键字比目前的最小关键字小,则更新mID的信息*/
                if (strcmp(keyWords[j], keyWords[mID]) < 0)
                {
                    mID = j;
                }
            }
            else                     /*降序*/
            {
                /*若当前字符串关键字比目前的最大关键字大,则更新mID的信息*/
                if (strcmp(keyWords[j], keyWords[mID]) > 0)
                {
                    mID = j;
                }
            }
        }
        /*交换下标为i的关键字(编号)与最小或最大关键字(编号)*/
        strcpy(tmp, keyWords[mID]);
        strcpy(keyWords[mID], keyWords[i]);
        strcpy(keyWords[i], tmp);
        iTmp = productNos[mID];
        productNos[mID] = productNos[i];
        productNos[i] = iTmp;
    }
}

/*根据int型关键字进行排序,order的值为0表示升序,否则表示降序*/
void sortByInt(int keyWords[], int productNos[], int order)
{
    int i, j, mID, iTmp;
    for (i = 0; i < iCurrentRecord; i++)
    {
        mID = i;
        /*从[i, iCurrentRecord]范围中找出最小或最大关键字所在位置*/
        for (j = i + 1; j < iCurrentRecord; j++)
        {
```

```
            if (order == 0)           /* 升序 */
            {
                /* 若当前整型关键字比目前的最小关键字小,则更新 mID 的信息 */
                if (keyWords[j] < keyWords[mID])
                {
                    mID = j;
                }
            }
            else                      /* 降序 */
            {
                /* 若当前整型关键字比目前的最大关键字大,则更新 mID 的信息 */
                if (keyWords[j] > keyWords[mID])
                {
                    mID = j;
                }
            }
        }
        /* 交换下标为 i 的关键字(编号)与最小或最大关键字(编号) */
        iTmp = keyWords[mID];
        keyWords[mID] = keyWords[i];
        keyWords[i] = iTmp;
        iTmp = productNos[mID];
        productNos[mID] = productNos[i];
        productNos[i] = iTmp;
    }
}

/* 根据 double 型关键字进行排序,order 的值为 0 表示升序,否则表示降序 */
void sortByDouble(double keyWords[],
                  int productNos[], int order)
{
    int i, j, mID, iTmp;
    double dTmp;
    for (i = 0; i < iCurrentRecord; i++)
    {
        mID = i;
        /* 从[i, iCurrentRecord]范围中找出最小或最大关键字所在位置 */
        for (j = i + 1; j < iCurrentRecord; j++)
        {
            if (order == 0) /* 升序 */
            {
                /* 若当前 duoble 型关键字比目前的最小关键字小,则更新 mID 的信息 */
                if (keyWords[j] < keyWords[mID])
                {
                    mID = j;
                }
            }
            else /* 降序 */
            {
                /* 若当前 double 型关键字比目前的最大关键字大,则更新 mID 的信息 */
                if (keyWords[j] > keyWords[mID])
                {
                    mID = j;
                }
            }
        }
```

```
        /* 交换下标为 i 的关键字(编号)与最小或最大关键字(编号) */
        dTmp = keyWords[mID];
        keyWords[mID] = keyWords[i];
        keyWords[i] = dTmp;
        iTmp = productNos[mID];
        productNos[mID] = productNos[i];
        productNos[i] = iTmp;
    }
}

/* sortInfo 函数用于对产品信息进行排序输出 */
void sortInfo(void)
{
    int i;
    int iCurNo;
    int iSortField;
    int iSortOrder;

    int iKeyWords[iCurrentRecord];                  /* 整型关键字数组 */
    char strKeyWords[iCurrentRecord][21];           /* 字符串关键字数组 */
    double dKeyWords[iCurrentRecord];               /* double 型关键字数组 */
    int productNos[iCurrentRecord];                 /* 索引数组 */
    printf("当前操作:产品信息排序\n\n");
    /* 先检测系统中是否有数据,若无数据则直接返回 */
    if (iCurrentRecord == 0)
    {
        printf("系统中尚无数据,请先录入数据或从文件中加载数据!\n");
        return;
    }

    /* 指定要排序的依据 */
    do
    {
        printf("请选择排序的依据:\n");
        printf("1:型号 2:名称 3:类别 4:厂家 5:生产日期 6:价格\n");
        scanf("%d", &iSortField);
        if (iSortField < 1 || iSortField > 6)
        {
            printf("输入的选项不存在,请重新输入!\n");
            continue;
        }
        else
        {
            break;
        }
    }while(1);
    /* 指定排序顺序 */
    do
    {
        printf("请指定要排序的顺序,0:升序 1:降序\n");
        scanf("%d", &iSortOrder);
        if (iSortOrder < 0 || iSortOrder > 1)
        {
            printf("输入的选项不存在,请重新输入!\n");
            continue;
        }
```

```
    else
    {
        break;
    }
}while(1);
/*初始化数组 productNos*/
for (i = 0; i < iCurrentRecord; i++)
{
    productNos[i] = i;
}

/*根据给定的排序字段,取出关键字信息*/
switch (iSortField)
{
    case 1:
        for (i = 0; i < iCurrentRecord; i++)
        {
            strcpy(strKeyWords[i], ProductInfo[i].model);
        }
        /*根据型号进行排序,以获得排好序的索引数组 productNos*/
        sortByString(strKeyWords, productNos, iSortOrder);
        break;
    case 2:
        for (i = 0; i < iCurrentRecord; i++)
        {
            strcpy(strKeyWords[i], ProductInfo[i].name);
        }
        /*根据名称进行排序,以获得排好序的索引数组 productNos*/
        sortByString(strKeyWords, productNos, iSortOrder);
        break;
    case 3:
        for (i = 0; i < iCurrentRecord; i++)
        {
            strcpy(strKeyWords[i], ProductInfo[i].category);
        }
        /*根据类别进行排序,以获得排好序的索引数组 productNos*/
        sortByString(strKeyWords, productNos, iSortOrder);
        break;
    case 4:
        for (i = 0; i < iCurrentRecord; i++)
        {
            strcpy(strKeyWords[i], ProductInfo[i].manufacturer);
        }
        /*根据厂商进行排序,以获得排好序的索引数组 productNos*/
        sortByString(strKeyWords, productNos, iSortOrder);
        break;
    case 5:
        for (i = 0; i < iCurrentRecord; i++)
        {
            iKeyWords[i] = ProductInfo[i].date.year * 10000 +
            ProductInfo[i].date.month * 100 +
            ProductInfo[i].date.day;
        }
        /*根据生产日期进行排序,以获得排好序的索引数组 productNos*/
        sortByInt(iKeyWords, productNos, iSortOrder);
        break;
```

```
        case 6:
            for (i = 0; i < iCurrentRecord; i++)
            {
                dKeyWords[i] = ProductInfo[i].price;
            }
            /*根据价格进行排序,以获得排好序的索引数组 productNos */
            sortByDouble(dKeyWords, productNos, iSortOrder);
    }

    printf("\n");
    /*根据索引数组 productNos 输出排序后的结果 */
    for (i = 0; i < iCurrentRecord; i++)
    {
        iCurNo = productNos[i];
        printf("%-13s%-18s%-13s%-13s%d/%d/%d\t%.2f\n",
            ProductInfo[iCurNo].model, ProductInfo[iCurNo].name,
            ProductInfo[iCurNo].category,
            ProductInfo[iCurNo].manufacturer,
            ProductInfo[iCurNo].date.year,
            ProductInfo[iCurNo].date.month,
            ProductInfo[iCurNo].date.day, ProductInfo[iCurNo].price);
    }
}
```

11.4 代码解读及运行结果展示

11.3 节的程序清单给出了产品信息管理系统的实现。本节对程序清单的主要内容进行简单解读并展示系统运行结果。

1. main 函数

main 函数是整个程序的入口。程序开始执行后,main 函数调用 system 函数设置系统运行界面的前景色和背景色。例如,system("color 0A")表示设置屏幕的背景色为 0(黑色),前景色为 A(淡绿色)。也可以改成 system("color F0")表示设置屏幕的背景色为 F(亮白色),前景色为 0(黑色)。

颜色设置完成后,main 函数调用 initData 函数对系统数据进行初始化。初始化数据的方式是从指定的 Product.dat 文件中读取数据到全局数组 ProductInfo 中。如果该文件不存在(无法打开)或文件中没有数据,则系统初始状态下没有任何数据;如果文件中有数据,则将这些数据读到数组中。初始化完成后会在屏幕上显示初始化结果。

接下来 main 函数使用 do-while 循环周而复始地调用 printMenu 函数输出系统菜单并让用户选择所要进行的操作。根据用户的选择,调用对应的函数去完成相应的操作。如果用户选择的是退出系统,则先结束循环,然后结束程序的执行。

系统首次执行时的运行界面如图 11-2 所示。

2. initData 函数

initData 函数用于在系统刚开始运行时对数据进行初始化。该函数使用"rb"方式打开 Product.dat 文件并计算文件中存储的产品信息记录的数量。具体的方法是用文件的字节数除以单个 Product 结构体变量的大小 PRODUCTSIZE。根据计算的结果为全局变量 iCurrentRecord 赋值。于是 iCurrentRecord 的值就是在当前系统中存储的产品信息记录的

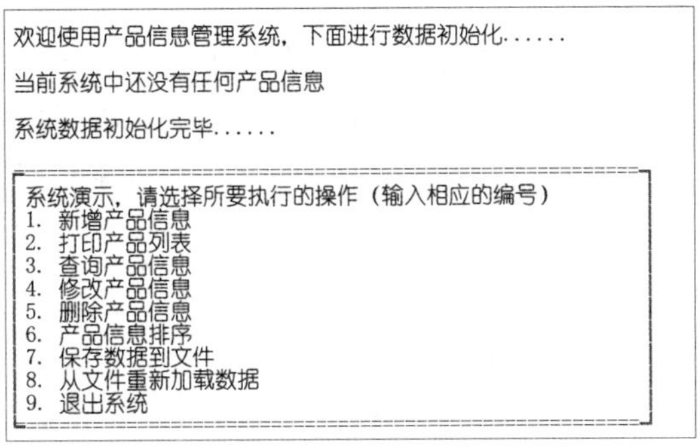

```
欢迎使用产品信息管理系统，下面进行数据初始化......
当前系统中还没有任何产品信息
系统数据初始化完毕......
==================================================
系统演示，请选择所要执行的操作（输入相应的编号）
1. 新增产品信息
2. 打印产品列表
3. 查询产品信息
4. 修改产品信息
5. 删除产品信息
6. 产品信息排序
7. 保存数据到文件
8. 从文件重新加载数据
9. 退出系统
==================================================
```

图 11-2　系统首次执行时的运行界面

数量。然后使用循环从文件中读取 iCurrentRecord 个 Product 结构体的数据并存储到全局数组 ProductInfo 中。最后关闭文件并将数据初始化的结果提示给用户。

3. printMenu 函数

printMenu 函数比较简单，用于输出系统的菜单选项，在 main 函数中被调用。

4. getChars 函数

getChars 函数是一个辅助函数，用于从键盘获取限定长度的字符串并处理可能输入的换行符。在程序的执行过程中，经常要输入限定长度的字符串，例如，在输入产品信息的某个数据项时，由于存储空间的限制，就会限制用户输入的字符串的长度。

在使用 fgets 函数从键盘输入字符串时，如果用户输入的字符串长度小于存储空间的大小，可能会将换行符'\n'也输入。getChars 函数对这种可能的情况进行了处理，去除了字符串中可能存在的换行符。当用户输入的字符串长度超出存储空间的限制时，fgets 函数虽然只会截取限定长度的字符串，但是输入缓冲区中仍会有数据存在，会对下一次的输入产生影响。因此 getChars 函数还调用了 fflush(stdin)来清空输入缓冲区，避免影响下一次输入的正常进行。

5. addProduct 函数

addProduct 函数用于新增产品信息记录。该函数使用一个 do-while 循环让用户录入新的产品信息记录的各个数据项，并将这些数据项存储在全局数组 ProductInfo 的某个数组元素中。每增加一条新的记录，全局变量 iCurrentRecord 的值就加 1，对当前系统中的产品信息记录的数量进行调整。录完一条新的记录之后，询问用户是否继续录入下一条，根据用户的选择决定是继续录入还是结束录入返回系统菜单界面。

注意，addProduct 函数新增的产品信息记录是存储在全局数组 ProductInfo 中的，在 Product.dat 文件中并没有保存。需要回到系统菜单选择“保存数据到文件”选项，才会把新增的数据写到文件中。录入产品信息记录的界面如图 11-3 所示。

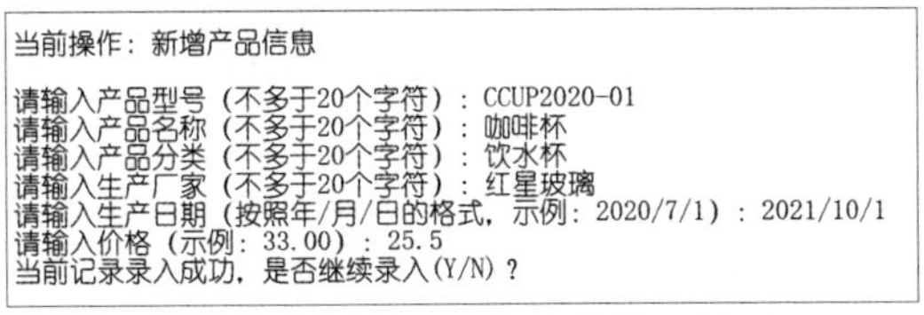

```
当前操作：新增产品信息
请输入产品型号（不多于20个字符）：CCUP2020-01
请输入产品名称（不多于20个字符）：咖啡杯
请输入产品分类（不多于20个字符）：饮水杯
请输入生产厂家（不多于20个字符）：红星玻璃
请输入生产日期（按照年/月/日的格式，示例：2020/7/1）：2021/10/1
请输入价格（示例：33.00）：25.5
当前记录录入成功，是否继续录入(Y/N)？
```

图 11-3　产品信息记录的录入界面

6. printProductList 函数

printProductList 函数用于打印当前所有产品信息记录的列表，帮助用户快速浏览所有的产品信息记录。该函数根据全局变量 iCurrentRecord 的值，将全局数组 ProductInfo 中的产品信息数据输出显示到屏幕上。由于是简要的列表，每条记录只打印三个数据项。执行界面如图 11-4 所示。

```
当前操作：打印产品列表

序号         产品型号          产品名称          价格
0001      CCUP2020-01          咖啡杯          25.50
0002       CJ-2019-01      圆形大黄鸭餐盘      35.00
0003       CJ-2021-03       蓝色方形餐盘       37.00
```

图 11-4　打印产品列表的界面

7. searchProduct 函数

searchProduct 函数用于查询产品信息记录。该函数执行过程中首先要求用户输入要查询的产品的型号，然后根据用户输入的型号在全局数组 ProductInfo 中查找对应的产品信息记录。如果有信息记录与之匹配则进行输出，如果没有找到匹配的记录则提示用户产品信息不存在。产品信息查询的界面如图 11-5 所示。

8. modifyProduct 函数

modifyProduct 函数用于对产品信息数据进行修改。该函数执行过程中首先要求用户输入要修改信息的产品的型号，然后根据用户输入的型号在全局数组 ProductInfo 中查找对应的产品信息记录。如果有信息记录与之匹配则进行进一步操作，如果没有找到匹配的记录则提示用户产品信息不存在。

如果有匹配的记录就继续询问用户要修改的数据项。用户选择后先显示该数据项的当前值，并让用户输入新的值。修改完一项数据后继续询问用户是否还要修改本记录的其他数据项。如果用户选择“是”(“Y”)就继续修改，如果选择“否”(“N”)就结束修改操作，输出该记录在修改操作后所有数据项的值。

注意，modifyProduct 函数修改的产品信息记录是存储在全局数组 ProductInfo 中的，在 Product.dat 文件中并没有保存。需要回到系统菜单选择“保存数据到文件”选项，才会把修改后的数据写到文件中。产品信息修改的界面如图 11-6 所示。

```
当前操作：查询产品信息

请输入所要查询的产品型号：CJ-2021-03

产品型号：CJ-2021-03
产品名称：蓝色方形餐盘
产品类别：餐盘
生产厂家：南方陶瓷
生产日期：2022/3/7
价    格：37.00
```

图 11-5　产品信息查询的界面

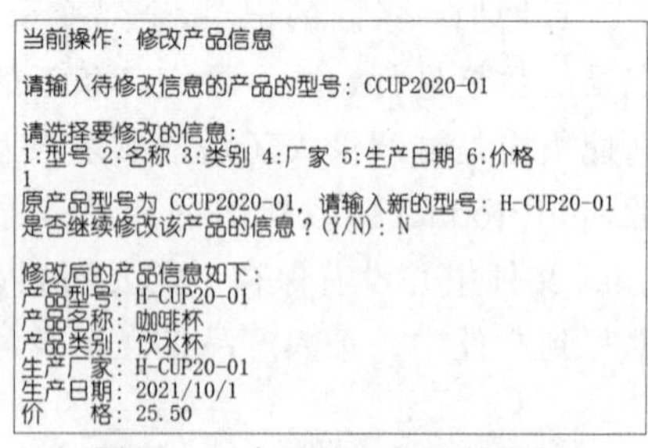

```
当前操作：修改产品信息

请输入待修改信息的产品的型号：CCUP2020-01

请选择要修改的信息：
1:型号 2:名称 3:类别 4:厂家 5:生产日期 6:价格
1
原产品型号为 CCUP2020-01，请输入新的型号：H-CUP20-01
是否继续修改该产品的信息？(Y/N)：N

修改后的产品信息如下：
产品型号：H-CUP20-01
产品名称：咖啡杯
产品类别：饮水杯
生产厂家：H-CUP20-01
生产日期：2021/10/1
价    格：25.50
```

图 11-6　产品信息修改的界面

9. deleteProduct 函数

deleteProduct 函数用于删除产品信息记录。该函数执行过程中首先要求用户输入要删除记录的产品的型号，然后根据用户输入的型号在全局数组 ProductInfo 中查找对应的产品信息记录。如果有信息记录与之匹配则进一步操作，如果没有找到匹配的记录则提示用户产品信息不存在。

如果有匹配的记录则判断是否是最后一条记录。如果是最后一条记录则只需对其存储空间清零；如果不是最后一条记录则需要将其存储空间清零且将全局数组 ProductInfo 中该记录后面的记录依次前移。无论是否是最后一条记录，最后都需要将全局变量 iCurrentRecord 的值减 1，调整为最新的记录数。

注意，deleteProduct 函数只是将存储在全局数组 ProductInfo 中的记录删除了，在 Product.dat 文件中并没有删除。需要回到系统菜单选择“保存数据到文件”选项，才会把删除记录后的数组 ProductInfo 的最新状态写到文件中，实现数据的同步。产品信息删除的界面如图 11-7 所示。

10. saveToFile 函数

saveToFile 函数用于将全局数组 ProductInfo 中存储的产品信息记录全部输出到 Product.dat 文件中进行保存。无论是新增记录、修改记录还是删除记录，此前都是对全局数组 ProductInfo 中的数据进行的操作。为了使数据的变化在文件中也得到同步，就必须将数据保存到文件。saveToFile 函数以"wb"方式打开文件，如果此前文件不存在则建立新文件，如果之前文件存在则覆盖之前的文件。该函数根据全局变量 iCurrentRecord 的值，将全局数组 ProductInfo 中若干记录的数据写入文件进行保存，最后还会将数据保存情况提示给用户。保存数据到文件的界面如图 11-8 所示。

```
当前操作：删除产品信息
请输入待删除产品的型号：H-CUP20-01
产品信息删除成功
```

图 11-7 产品信息删除的界面

```
当前操作：保存数据到文件
数据保存成功，共保存3条记录
```

图 11-8 保存数据到文件的界面

11. reloadFromFile 函数

有时候，全局数组 ProductInfo 的数据被修改了，如果想恢复还原原先存储在 Product.dat 文件中的数据，则可以使用 reloadFromFile 函数。该函数所做的工作和 initData 函数相似，也是从 Product.dat 文件中读取数据加载到全局数组 ProductInfo 中并设置全局变量 iCurrentRecord 的值，只是一些具体的信息提示稍有不同，执行界面如图 11-9 所示。

12. exitSystem 函数

exitSystem 函数用于结束系统的执行。当用户从系统菜单中选择退出系统时就执行该函数。该函数询问用户是否确认退出系统，根据用户的选择决定退出系统或回到系统菜单继续执行。该函数的执行界面如图 11-10 所示。

```
当前操作：从文件重新加载数据
从文件重新加载数据完成，共加载3条记录
```

图 11-9 从文件重新加载数据的界面

```
当前操作：退出系统
是否退出系统(Y/N)？_
```

图 11-10 退出系统的确认界面

13. sortInfo 函数及其辅助函数 sortByString、sortByInt 和 sortByDouble

除了提供产品信息记录的增、删、改、查和文件保存功能之外，本系统还提供了产品信息的排序输出功能。在 Product.dat 文件和全局数组 ProductInfo 中，数据是按其录入的先后顺序进行存储的，并没有进行排序。如果想以某个信息项为关键字对产品信息记录进行排序输出，就可以调用 sortInfo 函数。sortInfo 函数与其辅助函数 sortByString、sortByInt 和 sortByDouble 协同工作，在本系统中实现排序任务。

先来看一下 sortInfo 函数。该函数首先让用户选择用于排序的关键字。Product 类型存储了产品 6 方面的信息：产品型号、产品名称、产品类别、生产厂家、生产日期和价格。其中前 4 个都是字符串，价格是 double 型数据，而生产日期比较特殊，其本身也是一个结构体类型，内部又包含了年、月、日信息。为了便于处理，可以对生产日期的信息进行加工后再进行比较。具体方法是，将年信息乘上 10 000 的值加上月信息乘上 100 的值再加上日信息的值，这样就得到一个整型数据，通过对这个整型数据的比较就可以实现对生产日期的比较。选择了排序的关键字之后，还要让用户选择是升序排列还是降序排列。

sortInfo 函数排序的关键是使用了一个索引数组 productNos，这个数组用来存储按照某一关键字排序后，全局数组 ProductInfo 中的元素的下标序列。例如，假设数组 ProductInfo 中当前有三个元素，按照某一关键字降序排列后，ProductInfo[1]最大，ProductInfo[2]次之，而 ProductInfo[0]最小，则此时的下标序列"1、2、0"就体现了原来数组中的元素之间的大小顺序。现在将这个序列存储到索引数组 productNos 中，即 productNos[0]存储最大元素 ProductInfo[1]的下标 1，productNos[1]存储排名第二的元素 ProductInfo[2]的下标 2，而 productNos[2]存储最小元素 ProductInfo[0]的下标 0。

这样，将来使用循环对数组 productNos 进行遍历，就可以依次取出前述下标序列中的某个下标，再用这个下标去对目标数组 ProductInfo 进行访问，就实现了对目标数组的按序访问。这种排序方法没有改变目标数组的物理存储顺序，而是基于索引数组的一种逻辑排序。

在刚开始的时候，sortInfo 函数对数组 productNos 进行初始化。由于还没有排序，就按照数组 ProductInfo 的物理顺序将所有元素的下标序列存储在数组 productNos 中，即从 0 到 iCurrentRecord－1。

接下来根据之前用户选择的排序关键字，将全局数组 ProductInfo 中所有数组元素对应成员的值(排序关键字的值)复制到相应的关键字数组中去。关键字数组只存储用于排序的成员(关键字)的值。如果选择根据产品型号、产品名称、产品类别或生产厂家排序，将 ProductInfo 中所有数组元素对应成员的值复制到关键字数组 strKeyWords 中去；如果选择根据价格排序，则将 ProductInfo 中所有数组元素的 price 成员的值复制到关键字数组 dKeyWords 中去；如果选择根据生产日期排序，则按照前面提到的方法，将 ProductInfo 中所有数组元素的 date 成员中的年、月、日信息组合成一个整型数据再复制到关键字数组 iKeyWords 中去。

再接下来，根据之前用户选择的排序关键字，调用不同的辅助函数完成排序。如果选择根据产品型号、产品名称、产品类别或生产厂家排序需要调用 sortByString 函数；如果选择根据价格排序则调用 sortByDouble 函数；如果选择根据生产日期排序则调用 sortByInt 函数。这三个函数非常相似，第一个参数传递排序关键字数组的首地址，第二个参数传递索引数组 productNos 的首地址，第三个参数的值用于决定是升序排列还是降序排列。

sortByString、sortByInt 和 sortByDouble 函数实际上不会对全局数组 ProductInfo 本身进行物理排序，而是使用选择排序的方法对关键字数组和索引数组 productNos 进行排序。完成排序后，索引数组 productNos 中存储的下标序列，就描述了全局数组 ProductInfo

中元素的某种顺序关系了。根据排序关键字的不同，当然生成的下标序列也可能会不同。

sortByString、sortByInt 或 sortByDouble 函数完成排序工作回到 sortInfo 函数中后，对索引数组 productNos 进行遍历，依次取出其元素的值，而这些元素的值其实就是全局数组 ProductInfo 中某个元素的下标，使用这些下标去访问数组 ProductInfo，将对应元素的数据打印输出，于是用户看到的就是对所有产品信息按照某一关键字升序或降序排列后的结果。产品信息排序的界面如图 11-11 所示。

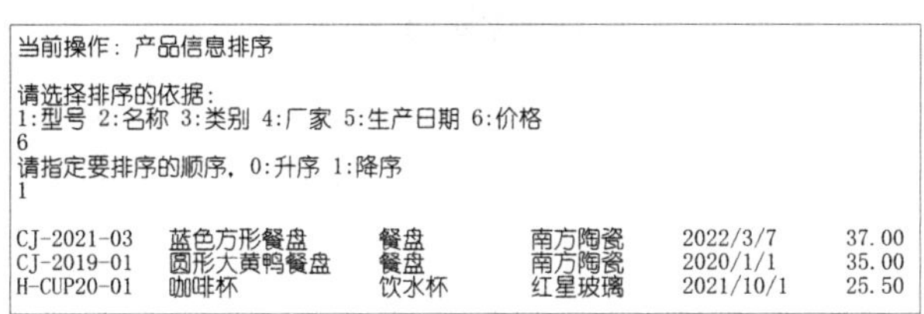
当前操作：产品信息排序
请选择排序的依据：
1:型号 2:名称 3:类别 4:厂家 5:生产日期 6:价格
6
请指定要排序的顺序，0:升序 1:降序
1
CJ-2021-03 蓝色方形餐盘 餐盘 南方陶瓷 2022/3/7 37.00
CJ-2019-01 圆形大黄鸭餐盘 餐盘 南方陶瓷 2020/1/1 35.00
H-CUP20-01 咖啡杯 饮水杯 红星玻璃 2021/10/1 25.50

图 11-11　产品信息排序的界面

11.5　综合实践小结

本章综合运用 C 程序设计的相关知识设计并实现了一个简单的产品信息管理系统。系统主要涉及的核心知识总结如下。

（1）采取自顶向下，逐步求精的设计方法，基于模块化的思想将整个系统按功能分解为两个大模块和九个小模块。在编码实现中，设计并实现了若干函数来实现这些功能模块和一些系统辅助功能。

（2）设计 Product 结构体类型作为系统主要的数据类型，用于在系统中存储产品信息数据。系统基于结构体数组的访问实现了产品信息数据的增、删、改、查操作。

（3）使用二进制文件实现产品信息数据的持久化存储。在系统中可以使用文件对系统数据进行初始化或者恢复还原数据，也可以在系统中修改数据后将数据输出到二进制文件进行保存。

（4）使用选择排序算法实现了产品信息数据的排序功能。由于产品信息结构体数组规模较大，如果直接对产品信息结构体数组进行物理排序会产生较大的开销，因此在系统中基于索引数组进行了逻辑排序，提高了排序效率。

（5）基于循环结构实现了一个简单的菜单系统，便于用户的操作。

附　录